软件系统开发指导教程系列丛书

计算机系统导论

张云鹏　朱怡安　主编

西北工業大學出版社

【内容简介】 本书为软件工程专业软件系统开发指导教程系列丛书之一。全书共分4篇。其中,硬件篇(第1章、第2章)介绍计算机的基本组成、应用、发展、硬件选购和计算机维护等知识;软件篇(第3章、第4章)介绍操作系统的相关概念和知识,并介绍了常见应用软件和办公软件的基本使用方法;网络篇(第5章、第6章)介绍网络方面的基础知识;提高篇(第7章、第8章、第9章)介绍网络协议、局域网、广域网和计算机安全的知识。本书概念清晰、通俗易懂,书中讲述的概念与当代计算机科学的发展紧密结合。

本书可作为高等院校计算机类课程教材,也可作为计算机相关专业以及有志了解计算机知识的各类人员的参考书。本书更适合各类软件学院作为软件工程教育核心教材。

图书在版编目(CIP)数据

计算机系统导论/张云鹏,朱怡安编.—西安:西北工业大学出版社,2009.3
(软件系统开发指导教程系列丛书)
ISBN 978-7-5612-2532-5

Ⅰ.计… Ⅱ.①张… ②朱… Ⅲ.电子计算机—教材 Ⅳ.TP3

中国版本图书馆CIP数据核字(2009)第032801号

出版发行:西北工业大学出版社
通信地址:西安市友谊西路127号　　**邮编**:710072
电　　话:(029)88493844　　88491757
网　　址:www.nwpup.com
印 刷 者:陕西向阳印务有限公司
开　　本:787 mm×960 mm　1/16
印　　张:19.25
字　　数:408千字
版　　次:2009年3月第1版　　2009年3月第1次印刷
定　　价:33.00元

《软件系统开发指导教程系列丛书》编委会

出版说明

2001 年 12 月，教育部批准成立了 35 所示范性软件学院，旨在为国家软件产业的发展培养多层次、实用型、高水平、具有国际竞争力的专业人才，以适应社会对软件高端人才的需要。各软件学院在这样的大环境下，纷纷挖掘自身的优势，采用各种先进的教学模式，注重教育与教学改革，已形成了各具特色的软件工程教育体系。广大教师也在这样的教育教学中不断对传统软件工程教学进行总结，并汲取国外先进教学中的精髓，取长补短，积累了丰富的教学实践经验。

有鉴于此，我们组织策划了《软件系统开发指导教程系列丛书》。本系列丛书共 10 册，包括：《信息系统导论》《计算机系统导论》《Java 面向对象编程基础》《以用户为中心的设计和测试》《数据库系统——设计与应用》《数据结构与运算》《系统级别编程》《网络与分配计算》《软件规范测试与维护》《软件项目组织与管理》。本系列丛书的出版意欲将广大教师在培养国际化、应用型软件工程化人才的教育教学中积累的经验进行推广与传播。特别是将这种教学理念在一些外语基础薄弱，还不能适应双语教学的学生中推广。

本系列丛书的分册主编均是各软件学院活跃在教学第一线的教师。他们都具有多年的教学经验、深厚的专业功底和丰富的软件开发实践经验，因而保证了这套丛书理论与实践兼备，教与学互动，特色鲜明。

为确保本系列丛书的质量，我们邀请了各软件学院的一些专家、教授，成立了《软件系统开发指导教程系列丛书》的编委会。他们当中有全国知名的计算机专家、科学院院士，也有在软件工程教育中有着丰富工作经验的教授、博导；也不乏具有出国留学经历的教师，他们对国际与国内该领域的技术状况、应用环境都十分了解。这些均有利于从总体上把握该丛书向着适应国内需要并与国际接轨的方向发展。

出版社将以高度的社会责任感，投入满腔的工作热忱，精益求精，为广大读者提供高质量的精品图书。

西北工业大学出版社

2009 年 3 月

前言

目前，许多高校的计算机专业逐步开始使用国外原版教材进行双语教学，甚至引进了国外软件系统开发系列课程。编者所在高校自2004年也开展了该项工作。几年来，编者一直负责计算机系统导论课程的教学，该课程全面介绍计算机相关知识，为后续计算机专业基础课和专业课做引导。但在实际教学过程中，教师和学生普遍感到中国的教育模式和国外的教材不能很好地结合，同时，由于原版教材是全英文，容易造成课程教学质量两极分化现象。为了改变上述不足，我们编写了本书，目的是吸收国外教学内容的精华，适应国内实际情况，为广大读者更好地服务。

本书是编者在多年从事计算机教学实践，并参考国内外多种教材的基础上编写而成的。其中去掉了一些不符合国内实际情况的信息，增加了一些适合计算机基础教学的内容。在内容编排上力求与目前计算机科学和技术的发展相结合；对书中的章节、实例、图表都通过精选，按照步步启发的模式设计安排；多数章之后有适量的阅读材料，可供读者了解计算机的发展历史和实用知识。

本书涵盖了计算机系统导论课程的所有知识结构。其内容新颖、概念清晰、通俗易懂，既有利于教师在教学过程中发挥，也有利于学生在学习中拓展。

本书由张云鹏、朱怡安任主编。全书共分4篇9章，第2，3，5，6，7，8章由张云鹏编写，第9章由朱怡安编写，第1章由郑美云编写，第4章由焦会琴编写。此外，吕文权参与了第1，2章，李召恒、曹晓勇参与了第3，4章，林夏参与了第5，6，9章的部分编写工作；魏庆劼和曹晓勇参与了后期的校对工作。

由于编者水平有限，书中难免存在不当和疏漏之处，恳请读者批评指正。

编　者

2008年12月

目　录

硬　件　篇

软　件　篇

网 络 篇

提 高 篇

硬 件 篇

第 1 章　计算机硬件基础

21 世纪是信息化的时代，计算机在人们的社会生活中起着不可替代的作用。随着微电子技术的发展，个人计算机的价格越来越低，使得用户能够构建自己的计算机。本章主要介绍计算机的基础知识、计算机的选购和基本的维护。

1.1　计算机基本组成

现代计算机的基本结构大多建立在冯·诺依曼计算机模型基础上，即冯·诺依曼体系结构计算机。计算机主要由运算器、控制器、存储器、输入和输出设备组成。简单地说，计算机系统由硬件和软件构成。硬件与软件是相辅相成的，硬件是计算机的物质基础，好比各种乐器本身，没有硬件就无所谓计算机；软件是计算机的灵魂，好比乐谱，没有软件，计算机的存在就毫无价值。同时，硬件系统为软件系统提供了良好的开发环境，而软件系统的发展又给硬件系统提出了新的要求。本节将系统介绍计算机的基本组成部件及基础知识。

1.1.1　计算机结构概览

冯·诺依曼体系结构是现代计算机的范式，冯·诺依曼原理是说计算机应采用二进制运算以及存储程序的工作方式。存储程序是将表示计算步骤的程序同参加计算的数据一起存储在存储器中，由计算机执行程序自动完成计算过程。冯·诺依曼计算机的特点可以归结为以下几点：

(1) 计算机由运算器、控制器、存储器、输入和输出设备五大部件组成。

(2) 指令和数据都以二进制方式表示。

(3) 指令和数据存放于内存中，并且可以按其地址寻访。

(4) 计算机以运算器为中心，输入/输出设备与存储器的数据传送通过运算器完成。

图 1.1 是计算机的基本结构图，它也是建立在冯·诺依曼体系结构的基础之上，其中微处理器即中央处理器，集成了运算器和控制器，图中各部件将在以后详细介绍。

现代计算机正向着巨型化、微型化、网络化和智能化的方向发展。随着其用途的不同，计算机可分为多种类型：按用途可以分为通用计算机和专用计算机；按工作原理可以分为数字计算机、模拟计算机和混合计算机；按性能和规模可以分为巨型机、大型机、中型机、小型机、微型机（又有台式机和便携式计算机之分）和单片机。虽然计算机的类型、种类和用途各不相同，但是他们都具有计算机的普遍特点，即运算速度快、计算精度高、具有记忆功能、具有逻辑判断功能和高度自动化等特点。

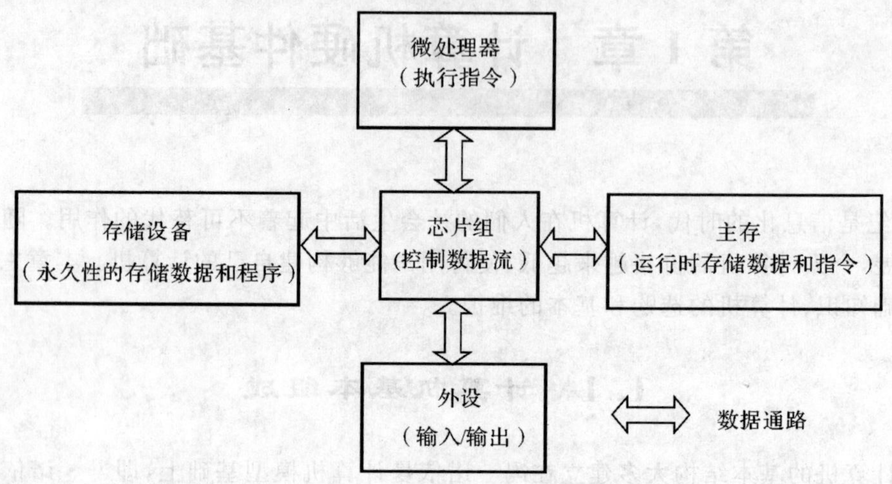

图 1.1 计算机基本结构

在了解了计算机的基本组成概况之后，还必须了解计算机是如何工作的。那么，计算机是如何将数据和文件显示出来的呢？如图 1.1 所示，首先，微处理器向存储设备发送指令（通过芯片组 Chipset）请求特定的文件，并装载在主存中；然后，存储设备通过芯片组将指定的文件数据发送到主存中，由微处理器在主存中读取文件数据；最后，微处理器通过芯片组将显示数据传送到显示器。这里需要简单介绍两个概念：程序是为计算机解决问题而编排的指令序列；指令是指示计算机完成某种操作的命令，它包括算术逻辑运算指令、数据传送指令、程序控制指令、状态管理和控制指令以及输入/输出指令。

1.1.2 中央处理器

1. CPU 的概念

CPU 是中央处理单元（Central Processing Unit）的缩写，也称微处理器或处理器。CPU 作为计算机必不可少的核心部分，决定着计算机系统整体性能的高低。CPU 好比人的大脑，因为它负责处理、运算计算机内部的所有数据，没有它计算机就不可能开展任何工作。如图 1.2 所示为两款 CPU。

根据 CPU 处理信息的字长可以将其分为 8 位 CPU、16 位 CPU、32 位 CPU 以及 64 位 CPU 等。CPU 的种类决定了使用的操作系统和相应的软件，如今较为流行的 CPU 是 32 位和 64 位的，应用软件和操作系统大部分也是 32 位的。不管什么样的 CPU，其内部结构归纳起来均可以分为控制单元、逻辑单元和存储单元 3 大部分，这 3 个部分相互协调，便可以进行分析、判断、运算并控制计算机各部分协调工作。简单的加、减、乘、除，以至于更复杂的多媒体图像指数运算，都须在 CPU 中完成工作，因此，CPU 的处理速度经常会被认为是计算机性能优越与否的重要指标。

图 1.2　CPU

2. CPU 的结构

(1) CPU 的内部结构。CPU 主要由控制单元、逻辑单元和存储单元 3 大部分组成，这三部分协同完成对操作指令的存储、分析和执行。控制单元负责发出各种操作命令序列；逻辑单元负责完成算术运算、逻辑运算和条件判断等任务；存储单元负责存储指令的地址和对指令进行译码等工作。除这三部分外，当前的 CPU 还包括中断系统和高速缓冲存储器(Cache)。这里要说明的是，由于集成度越来越高，CPU 内基本已经集成了 1 级高速缓存和 2 级高速缓存，甚至目前的有些 CPU 已经集成了 3 级高速缓存；另外，CPU 也有内部总线，它就好比一条传送带，负责各种数据的传输任务。简单来讲，这几部分相互协调，便可以进行分析、判断、运算并控制计算机各部分协调工作。如图 1.3 所示为 CPU 的实物外观及内部结构图。

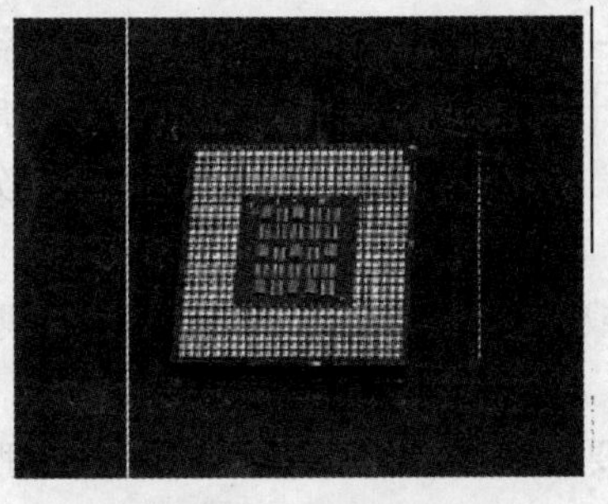

CPU 实物外观

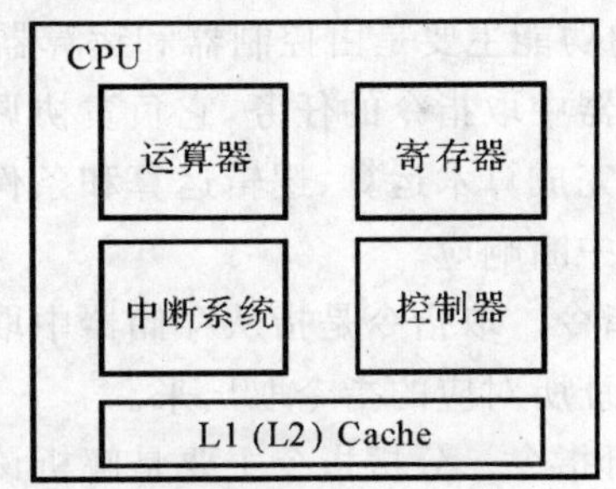

CPU 内部结构

图 1.3　CPU 实物外观及内部结构图

CPU 的工作原理就像加工产品的过程：首先是原料(指令和数据)通过传送带(总线)进入加工车间(CPU)。该车间有两个功能，分别为原料分配调度和原料加工。加工车间首先要对原料进行分配和调度(控制单元)，调度完之后分别将原料送往加工车间(逻辑运算单元)进行加工，最后将加工好的原料(即处理后的数据)放在仓库中(存储单元)等待使用。

(2) CPU 的物理结构。从物理结构看，CPU 主要由内核、基板及填充物组成，通过封装工艺完成 CPU 的制作。

1)内核。内核是由单晶硅做成的芯片,主要由极其微小的晶体管和电容等组成。整个芯片一般只有指甲盖大小,随着微电子技术的发展,单位面积硅片上集成的晶体管数量将越来越多。

2)基板。基板即为承载内核的电路板,负责内核芯片与外界的通信,并决定芯片的时钟频率。

3)填充物。填充物起到传递热量,固定芯片和电路基板的作用。

4)封装。封装即所见到的 CPU 外壳,可以起到隔绝空气与灰尘的作用,同时加大了 CPU 的整体面积,有利于散热和实际使用。

3. CPU 的功能

从宏观上讲,CPU 的作用就是进行计算。不论在计算机上使用计算器、打游戏还是运行程序,都需要 CPU 运算。所有计算机的操作几乎都要依靠 CPU 强大的运算能力。CPU 的功能主要包括四个部分:

(1)指令控制。CPU 执行程序并根据程序中的指令控制计算机各个部件工作。

(2)操作控制。CPU 要将指令控制功能转换成具体的操作信号发往各个部件。

(3)时间控制。CPU 对各个操作的时间进行严格控制,以便各部件协调工作。

(4)数据控制。CPU 对数据进行算术和逻辑运算。

但是,仅从宏观的角度去了解 CPU 未免太狭隘了,CPU 是个十分精细的部件,它的宏观功能是由其内部多种结构联合实现的,各个结构有其不同的功能,因此必须了解 CPU 的微观功能,这样才能更全面地认识它。

CPU 的功能主要是由控制器和运算器完成。一旦程序进入存储器后,控制器就专门负责完成从存储器中取指令的任务,它负责协调并控制计算机各部件执行程序的指令序列;然后由运算器负责完成算术运算、逻辑运算和条件判断等。CPU 的基本功能是取指令、分析指令、执行指令以及中断响应。

(1)取指令。取指令是指从存储器中取出指令或数据的过程,由控制器发出取指令命令,并将命令地址所对应的指令取出来。

(2)分析指令。分析指令主要是解析该指令需要完成什么样的操作,也可以理解为需要让 CPU 进行逻辑运算还是进行条件判断,即此时需要控制器发出什么的操作指令;同时还要分析这次操作的数据(操作数)的真实地址(有效地址)。

(3)执行指令。执行指令就是根据分析指令阶段解析出的需要执行的命令和需要操作的数据地址的要求,通过运算器和存储器以及相关的设备(如 I/O 设备)执行该指令。

(4)中断响应。CPU 还能处理中断响应。这就像小组讨论会议,有时好几位成员会不约而同地发表意见,这时候就需要会议主席(CPU)决定到底谁先发言。

总之,CPU 是计算机的核心,它必须具有控制程序的执行、产生控制指令、对操作的时间进行控制、对数据进行算术运算和逻辑运算及处理中断等功能。

4. CPU 的主要性能指标

CPU 的性能直接影响着计算机的性能，其中包括运算能力、多任务的处理能力等。下面介绍 CPU 的主要性能指标。

(1)主频。主频也叫时钟频率，表示在 CPU 内数字脉冲信号振荡的频率，单位是 Hz，用来表示 CPU 的运算速度。例如 2.0 GHz CPU 就表示这块 CPU 的主频是 2.0 GHz(即每秒经历 20 亿个时钟周期)。CPU 的主频＝外频×倍频系数。很多人认为主频就决定着 CPU 的运算速度，这不但是片面的，而且对于服务器来讲，这种认识也有一定的偏差。至今，没有一条确定的公式能够说明主频和实际的运算速度两者之间确切的数值关系，即使是两大处理器厂家 Intel 和 AMD，在这点上也存在着很大的争议。从 Intel 产品的发展趋势可以看出，Intel 很注重加强自身主频的发展。而有些其他处理器厂家，如 AMD 则强调 CPU 的运行效率而弱化主频这个概念。当然，主频和实际的运算速度是有关的，只能说主频仅仅是 CPU 性能表现的一个方面，而不代表 CPU 的整体性能。

(2)外频。外频是 CPU 的基准频率，单位也是 Hz。外频是 CPU 与主板之间同步运行的频率。目前，绝大部分计算机系统中外频也是内存与主板之间的同步运行的频率，在这种方式下，可以理解为 CPU 与内存处于同步运行状态。频率一致的好处是会使系统变得更加稳定。

(3)倍频。倍频系数是指 CPU 主频与外频之间的相对比例关系。在相同的外频下，倍频越高，CPU 的频率也越高。但实际上，在相同外频的前提下，高倍频的 CPU 本身意义并不大。这是因为 CPU 与系统之间数据传输速度是有限的。Intel 的 CPU 一般都是锁定了倍频的，而 AMD 以前的 CPU 都没有锁定。

(4)CPU 的位和字长。位和字长相当于 CPU 处理信息的单位。“位”在数字电路和计算机技术中采用二进制，代码只有“0”和“1”，无论是“0”还是“1”在 CPU 中都是一“位”；字长是计算机技术中对 CPU 在单位时间内能一次处理的二进制数的位数。因此能处理字长为 32 位的 CPU 就能在单位时间内处理字长为 32 位的二进制数据，也叫 32 位 CPU。

(5)缓存。缓存是 CPU 的重要指标，缓存的大小和结构都直接影响着 CPU 的速度。CPU 内缓存的运行频率极高，一般是和处理器同频运作，工作效率远远大于系统内存。高速缓冲存储器均由静态 RAM 组成，结构较复杂。当 CPU 实际工作时往往需要重复读取同样的数据块，而缓存容量的增大，可以大幅度提高 CPU 内部读取数据的命中率，而不用再到内存或者硬盘上寻找，以此提高系统性能。表 1.1 为不同缓存类型及其性能指标。

表 1.1　缓存类型及其性能指标

缓存类型	CPU 位置	类　型	容　量	对 CPU 的影响
一级缓存(L1 Cache)	内　置	数据缓存 指令缓存	32～512 KB	很重要
二级缓存(L2 Cache)	内置或外置	数据缓存	256 KB～2 MB	重　要
三级缓存(L3 Cache)	内置或外置	数据缓存	256 KB 以上	一般重要

(6)CPU 指令集。CPU 依靠指令来计算和控制系统，每款 CPU 在设计时就规定了一系列与其硬件电路相配合的指令系统。指令的强弱也是 CPU 性能的重要指标。从现阶段的主流体系结构讲，指令集可分为复杂指令集和精简指令集两类。要知道什么是指令集还要从 X86 架构的 CPU 说起，X86 指令集是 Intel 为其第一块 16 位 CPU(i8086)专门开发的，IBM 于 1981 年推出的世界第一台 PC 机中的 CPU——i8088(i8086 简化版)——使用的也是 X86 指令，同时计算机中为提高浮点数据处理能力而增加了 X87 芯片，以后就将 X86 指令集和 X87 指令集统称为 X86 指令集。虽然随着 CPU 技术的不断发展，Intel 陆续研制出更新型的 i80386，i80486 直到 Pentium 3，Pentium 4 系列，但为了保证计算机能继续运行以往开发的各类应用程序以保护和继承丰富的软件资源，Intel 生产的所有 CPU 仍然继续使用 X86 指令集，因此它的 CPU 仍属于 X86 系列。

于是，在复杂指令集(CISC)微处理器中，程序的各条指令是按顺序串行执行的，每条指令中的各个操作也是按顺序串行执行的。顺序执行的优点是控制简单，但计算机各部分的利用率不高，执行速度慢。

在 CISC 的基础上出现了精简指令集(RISC)。有人对 CISC 机进行测试表明，各种指令的使用频度相当悬殊，最常使用的是一些比较简单的指令，它们仅占指令总数的 20%，但在程序中出现的频度却高达 80%。为了降低处理器的复杂性，20 世纪 80 年代，RISC 型 CPU 诞生了，相对于 CISC 型 CPU ，RISC 型 CPU 不仅精简了指令系统，还采用了一种叫做超标量和超流水线结构，大大增加了计算机的并行处理能力。

(7)制造工艺。制造工艺微米级是指 CPU 芯片内电路与电路之间的距离。制造工艺的趋势是向密集度更高的方向发展。密度越高的芯片，意味着在同样大小面积的芯片中，可以拥有密度更高、功能更复杂的电路设计。目前，市场多为 90 nm，65 nm 制造工艺的芯片。最近 45 nm 的芯片制造工艺也已投入生产。

(8)CPU 内核和 I/O 工作电压。从 586 CPU 开始，CPU 的工作电压分为内核电压和 I/O 电压两种，通常 CPU 的内核心电压小于等于 I/O 电压，其中内核电压的大小是根据 CPU 的生产工艺而定，一般制造工艺越先进，内核工作电压越低；I/O 电压一般都在 1.6～5 V。发热是 CPU 面临的一个最重大的问题，电压越低发热也就越少。

(9)超流水线与超标量。流水线是 Intel 首次在 486 芯片中开始使用的。正如流水线这一名字一样，它的工作方式与工业生产流水线如出一辙，即每一级完成其各自不同的任务。其原理是将不同功能的电路单元组成一条流水线式的指令处理单元，然后将指令分成不同的步骤交给这些电路单元分别执行，这样就能在一个 CPU 时钟内完成一条指令，以此提高 CPU 的运算速度。

超流水线是通过细化流水、提高主频，使在一个机器周期内完成一个甚至多个操作，其实质是以时间换取空间。将流水线设计的级越长，其完成一条指令的速度越快，因此才能适应工作主频更高的 CPU；但是流水线过长也带来了一定副作用，即很可能出现主频较高的 CPU 实际运算速度较低的现象。Intel 的 Pentium 4 就出现了这种情况，虽然它的主频可以高达 1.4 GB以上，但其运算性能却比不上 Pentium 3。

超标量是通过内置多条流水线来同时执行多个指令，其实质是以空间换取时间。

(10)多核心。多核心是指单芯片多处理器(Chip Multiprocessors，简称 CMP)。目前双核、三核、四核处理器均属这类 CPU。CMP 是由美国斯坦福大学提出的，其思想是将大规模并行处理器中的 SMP(对称多处理器)集成到同一芯片内，各个处理器并行执行不同的进程。2005 年下半年，Intel 和 AMD 的新型处理器也融入了 CMP 结构。例如 Intel 酷睿 2 双核处理器高达 6MB 的二级缓存，其内建晶体管已超过 4 亿个。

1.1.3 存储器

存储器充当着计算机的存储仓库，主要用来保存计算机的运行指令及数据资料。计算机中的全部信息，包括输入的数据、计算机程序、中间运行结果和最终运行结果都保存在存储器中。它根据控制器指定的位置存入和取出数据。有了存储器，计算机才有了记忆能力，才能保证日常工作的顺利完成。计算机使用的存储器主要为内存和外存。内存中主要存放计算机运行需要的数据，但掉电后内存中的数据会消失；外存是辅助存储设备，用于存储需要保存的数据，掉电后数据不消失。

1. 存储器的构成

目前构成存储器的存储功能主要采用半导体器件和磁性材料。存储体是存储器的核心，是存储单元的集合体。存储器中最小的存储单位是一个双稳态半导体，或是一个晶体管，或是磁性材料，它可存储一个二进制代码。由若干个存储元组成一个存储单元，再由许多存储单元组成一个存储器。一个存储器包含许多存储单元，每个存储单元的位置都有一个编号，即地址，一般用十六进制表示。一个存储器中所有存储单元可存放数据的总和称为存储器的存储容量。一般而言，为了减少存储器芯片的封装引脚数和简化译码器结构，存储体总是按照二维矩阵的形式来排列存储单元电路，通常有两种方式：一种是“多字一位”结构(简称位结构)，即将多个存储单元的同一位排在一起，其容量表示成 N 字×1 b，例如，1K×1 b，4K×1 b 等；另一种排列是多字多位结构(简称字结构)，即将一个单元的若干位(如 4 b，8 b)连在一起，其容量表示为 N 字×4 b/字或 N 字×8 b/字，例如静态 RAM6264 为 8K×8 b。

2. 存储器的分类

存储器的种类很多，分类方式也多种多样，基本分类如表 1.2 所示。

表 1.2 存储器分类表

分类方式	存储器	说明
按存储介质分	半导体存储器	用半导体器件组成的存储器
	磁表面存储器	用磁性材料制成的存储器
按存储方式分	随机存储器	内容能被随机存取，且存取时间与存储单元的物理位置无关

续表

分类方式	存储器	说　明
按存储方式分	顺序存储器	只能按某种顺序来存取，存取时间与存储单元的物理位置有关
按存储器的读写功能分	只读存储器(ROM)	存储的内容是固定不变的，只能读出而不能写入内容的半导体存储器
	随机读写存储器(RAM)	既能读出又能写入的半导体存储器
按信息的可保存性分	非永久记忆的存储器	断电后信息即消失的存储器
	永久记忆性存储器	断电后仍能保存信息的存储器
按存储器用途分	主存储器	内存，存放计算机运行期间的大量程序和数据，存取速度较快，存储容量不大
	辅助存储器	外存，存放系统程序和大型数据文件及数据库，存储容量大，位成本低
	高速缓冲存储器	Cache，高速存取指令和数据，存取速度快，但存储容量小

3. 存储器的层次结构

为了解决对存储器容量大、速度快、成本低三项要求之间的协调问题，目前通常采用多级存储器体系结构，即使用高速缓冲存储器、内存和外存。如图 1.4 所示为缓存-主存和主存-外存层次结构。

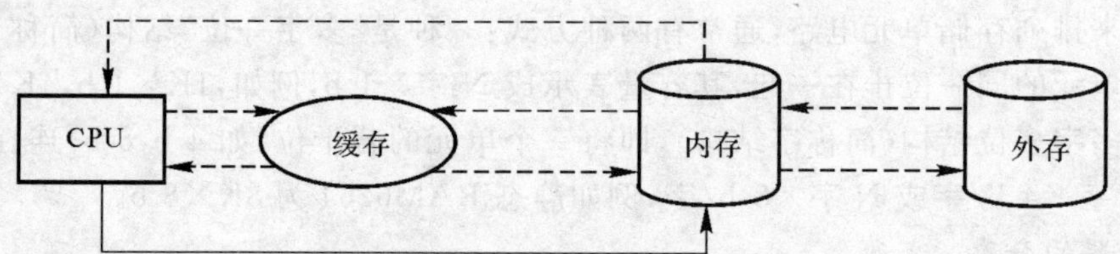

图 1.4　存储器层次结构

内存属于主机的组成部分；外存属于外部设备。CPU 不能像访问内存那样，直接访问外存，外存要与 CPU 或 I/O 设备进行数据传输，必须通过内存进行。对于低档计算机，主存即为内存。在 80386 以上的微机中，还配置了高速缓冲存储器(Cache)，这时内存则又包括主存与高速缓存两部分。把存储器分为几个层次主要基于下述原因：

(1)为解决高速的 CPU 与速度相对较慢的主存之间的矛盾，使用高速缓存。它采用速度很快、价格更高的半导体静态存储器，甚至将其与微处理器做在一起，存放当前使用最频繁的指令和数据。当 CPU 需要读取指令和数据时将首先访问高速缓存，如果所需内容在高速缓存中，就能立即获取；如果不在，则要从主存中读取，并且读取的数据要比实际需要得多，将这些数据同时存入高速缓存以便下次使用。这样，就可以通过增加少量成本而获得更高的速度。

(2)为解决速度与成本之间的矛盾以得到较高的性能价格比，普遍使用内存-外存模型。由于半导体存储器速度快，但价格高，容量不宜做得很大，因此仅用做与 CPU 频繁交流信息的内存储器；而磁盘存储器价格较便宜，可以把容量做得很大，但存取速度较慢，因此被用做存取次数较少，且须存放大量程序、原始数据（许多程序和数据是暂时不参加运算的，因此不需要把它们放入内存）或运行结果的外存储器。计算机在执行某项任务时，仅将与此任务有关的程序和原始数据从磁盘上调入容量较小的内存，通过 CPU 与内存进行高速的数据处理，然后将最终结果通过内存再写入磁盘。这样的配置价格适中，综合存取速度则较快。如表 1.3 所示为高速缓存、主存与外存的区别。

表 1.3　高速缓存、主存与外存的区别

项目 / 名称	与 CPU 交换数据的方式	容　量	存取速度	价格(位价比)
高速缓存	直接交换	很　小	很　快	很　高
内　存	直接交换	小	快	高
外　存	间接交换	大	慢	低

4. 内存

内存储器是计算机中的主要部件（简称内存），它是相对于外存而言的。日常使用的程序，如 Windows 操作系统、打字软件、游戏软件等，一般都是安装在硬盘等外存上的，但仅此是不能对其进行应用的，必须把它们调入内存中运行，才能真正使用其功能。计算机执行的命令、要处理的信息、要运算的数据，都必须先保存在内存中，再由 CPU 调出进行处理。

内存主要分为随机存储器（RAM）、只读存储器（ROM）和高速缓冲存储器（Cache）（见图 1.5）。

只读存储器(ROM)

随机存储器(RAM)

图 1.5　内存储器

(1)随机存储器。随机存储器 RAM(Random Access Memory)表示既可以从中读取数据,也可以向其中写入数据,当掉电后于其中的数据就会丢失。通常购买或升级的内存条就是用做计算机内存的随机存储器。随机存储器有以下几类。

DRAM(Dynamic RAM):动态随机存储器,是一种常见的 RAM。该存储器由 Integrated Circuit (IC)制成,包含上百万个晶体管和电容,其中电容能保存电荷。一个空电容表示一个"0",而一个有电的电容则表示一个"1"。每个电容能为存储单元存储一个"1",或者一个"0",存储一位数据。晶体管像一个开关,控制是要读取电容的状态("1"或"0")还是要改变电容的状态。电容里的电荷是不断流失的,为了保持电量,内存控制器需要周期性地对其充电或刷新,刷新电容需要花费时间,并使内存速度降低。由于它的状态无法保持,而刷新又是个动态过程,因此,它被叫做动态 RAM。

SDRAM(Synchronous Dynamic RAM):同步动态随机存取存储器。这种 RAM 大量用于个人计算机中,它存储速度快并且价格相对比较便宜。"同步"是指这种 RAM 工作时要与时钟同步,内部命令的发送与数据的传输都以时钟频率为基准;其动态性与 DRAM 的动态性相同。

DDR SDRAM(Double Data Rate SDRAM):双倍速率同步动态随机存储器。该存储器每个时钟周期传送的数据是 SDRAM 的两倍,最大容量是 2 GB。

RDRAM (Rambus Dynamic RAM):动态随机存储器是美国的 RAMBUS 公司开发的一种内存。这种存储器与 DDR 和 SDRAM 不同,它采用了串行的数据传输模式,它比 SDRAM 的带宽高,其价格也比 SDRAM 更高。这种内存提高了对大量访问内存的能力,例如,real-time video 和 video editing。RDRAM 在推出时,因为其彻底改变了内存的传输模式,无法保证与原有的制造工艺相兼容,而且内存厂商要生产 RDRAM 还必须要缴纳一定专利费用,再加上其本身制造成本,就导致了 RDRAM 从一问世,其高昂的价格让普通用户无法接收。而同时期的 DDR 则能以较低的价格以及相对优越的性能,逐渐成为当时主流,虽然 RDRAM 曾得到 Intel 公司的大力支持,但始终没有成为主流。

SRAM(Static RAM):静态随机存储器。它是一种具有静止存取功能的储存器,不需要刷新电路即能保存它内部存储的数据。SRAM 使用晶体管存储数据,因为 SRAM 不使用电容,所以读取数据不再需要给电容充电,因此它比 DRAM 存储速度快。但是 SRAM 也有它的缺点,即它的集成度较低,与同样大小的 DRAM 相比,它能存储的位数要少,而能耗却要更高。由于这种 RAM 的存取速度快,它一般被用于高速缓存 Cache 中。表 1.4 列出了常用 RAM 的性能及价格比。

(2)只读存储器。只读存储器 ROM(Read Only Memory)。在制造 ROM 的时候,信息(数据或程序)就被写入并永久保存,因为用户不需要关心它实际存储的内容。这些信息只能读出,一般不能写入,即使机器掉电,这些数据也不会丢失。ROM 一般用于存放计算机的基本程序和数据。

表 1.4　各种 RAM 的性价比

RAM 类型	容　量	价　格	速　度
SDRAM	@@	¥	#
DDR SDRAM	@@@	¥	##
RDRAM	@@@	¥¥	###
SRAM	@	¥¥¥	####

(3)高速缓冲存储器。高速缓冲存储器 Cache 是内存家族中重要的一员，它位于 CPU 与内存之间或是集成在 CPU 中，是一个读写速度非常快的存储器。当 CPU 向内存中写入或读出数据时，这个数据也被存储进高速缓冲存储器中；当 CPU 再次需要这些数据时，CPU 就从高速缓冲存储器读取数据，而不是访问速度相对较慢的内存，当然，如果需要的数据在 Cache 中没有(不命中)，CPU 会再去读取内存中的数据。根据程序访问的局部性原理(程序总是趋向于使用最近使用过的数据和指令)，为了充分利用 Cache 高速存取的特性，就要通过设置适当的地址映射方式和替代算法来提高 Cache 的命中率，从而达到提高整个系统效率的目的。概括地说，所谓存储器映射关系就是如何组织 Cache，使得下级存储器中每个部分的信息都能够在需要时调入 Cache，并且能够确定所调入的内容存放在 Cache 中的位置，以便更加准确、迅速地查找。通常有三种映射策略：直接映像(主存的一个块只能对应 Cache 的某一特定行)、全相联映像(主存的一个块可以存放在 Cache 中的任何行)、组相联映像(Cache 行被分为 M 组，每组包含 N 行。主存的一个块和一个特定的组相对应，可存放在该组的任何一行)。

一个好的 Cache 替换算法可以产生较高的命中率，在学习中通常考虑下面三种替换算法：

1)先进先出策略(FIFO)。这种策略在 Cache 失效时，替换掉存放在 Cache 中时间最长的候选存储块。这种算法的优点是实现起来比较容易，但是，最先调入并被多次命中的块很可能被优先替换，因而不符合局部性规律。

2)最近最少使用策略(LRU)。这种策略是把当前近期 Cache 中使用次数最少的那个信息块替换出去。这种方法比较好地反映了程序局部性规律。

3)随机替换策略(RAND)。这是最简单的一种替换算法，是一种采用随机数的方法，它不管 Cache 块的过去、现在及将来的使用情况，只是简单地根据机器产生的一个随机数，来选择一个 Cache 块替换出去。这种方法简单、易于实现，但命中率比较低。

内存的性能指标。内存的性能指标包括工作频率、存储容量、工作电压、内存带宽、内存校验等。

1)工作频率。内存的工作频率表示的是内存传输数据的频率，一般以 MHz 为计量单位。

2)存储容量。存储容量是指一根内存条可以容纳的二进制信息量。目前常见的内存存储容量单条为 256 MB，512 MB，1 GB 等。

3)工作电压。工作电压即内存正常工作所需要的电压值，不同类型的内存电压其电压值也不同，不能超出规格，否则就会损坏内存。

4)内存带宽。内存带宽是指内存的数据传输速度，也就是内存一次能处理的数据宽度。它是衡量内存性能的重要标准。

5)内存校验。最早使用的内存软错误的检测方法是奇偶校验，就是内存每一个字节外又额外增加了一位作为错误检测之用。当CPU返回读取储存的数据时，它会再次相加前8位中存储的数据，比较其计算结果与校验是否一致，当CPU发现二者结果不同时就会自动处理。现在有一种叫ECC(Error Checking and Correcting，错误检查和纠正)内存，它同样也是在数据位上额外的位存储一个用数据加密的代码。当数据被写入内存时，相应的ECC代码也被保存下来。当重新读回刚才存储的数据时，保存下来的ECC代码就会和读数据时产生的ECC代码做比较。如果两个代码不相同，它们则会被解码，以确定数据中的哪一位是不正确的。

使用ECC校验的内存，会对系统的性能造成不小的影响，不过这种纠错对服务器等应用而言是十分重要的，带ECC校验的内存价格比普通内存价格要高出许多。

5. 外存储器

外存储器也是现代计算机最常用的存储设备之一，外存储器简称外存。由于内存容量较小、价格昂贵并且是易失性的，因此必须要有价格低廉、容量大并且能长期存储数据的设备来辅助存储数据，外存也便由此需求应运而生。常用的外存储器有磁盘存储器、光盘存储器和闪存等(见图1.6)。

磁盘存储器

光盘存储器

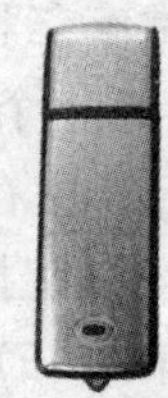

闪存

图1.6　外存储器

(1)磁盘存储器。磁盘存储器又分为软盘存储器和硬盘存储器。软磁盘(Floppy Diskette)是一种涂有磁性介质的聚酯薄膜圆盘，盘片较柔软，因此称为软盘；硬盘存储器是我们熟知的计算机配件之一，其结构比较复杂，如图1.7展示了硬盘的基本内部结构。

硬盘的物理结构主要包括磁头组件、磁盘盘片、磁头传动结构。磁头组件是硬盘中最昂贵的部件，也是硬盘制造技术中最重要和最关键的一个环节，正是这个小装置，起着读写磁盘的关键作用。当硬盘工作时，磁头离磁盘盘片的距离相当近，但是又不能接触盘片，因此当硬盘在运行时，一定要让硬盘保持平稳的状态，不能晃动，否则硬盘就很容易损坏。磁盘盘片是由硬质合金组成的，在盘片上涂有一层磁性物质，现在还出现了玻璃盘片，它的主要作用就是储存数据和资料。磁头传动结构也就是使磁盘盘片运动起来的部分，它决定了硬盘的转速。

硬盘的基本参数主要有容量、转速、缓存、平均寻道时间和数据保护系统等。

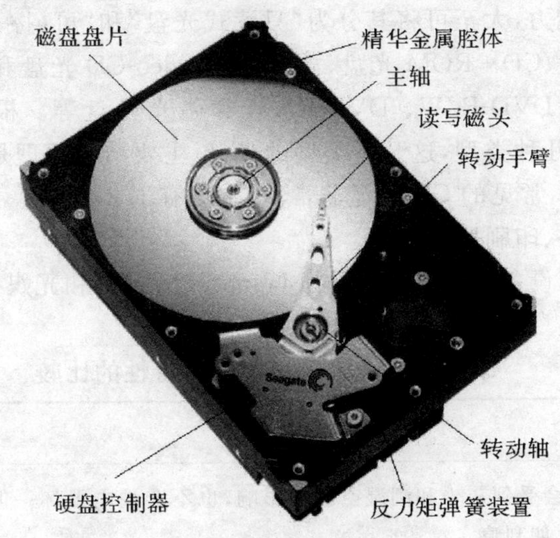

图 1.7　硬盘内部结构

1)容量是指硬盘的存储量。这里要注意，一般硬盘厂商定义的单位 1 GB=1 000 MB，而系统定义的 1 GB=1 024 MB，所以会出现硬盘上的标称值小于格式化容量的情况，此为业界惯例，属于正常情况。

2)转速是指硬盘内电机主轴的转动速度，单位是 r/min(转/分)。目前一般的硬盘转速为 5 400 r/min和 7 200 r/min。转速越快则数据传输率也越高，可以这样简单理解：当磁头在盘片定位寻找数据时，如果盘片转动速度越快，磁头则可更快地定位到要找的数据，那么硬盘一秒钟内可读取的数据也就越多。

3)缓存是为解决硬盘的存取速度和内存存取速度不匹配而设计的，这类似于 CPU 的一、二级缓存。当然缓存价格是很高的，因此缓存不可能太大。

4)平均寻道时间是指硬盘磁头移动到数据所在磁道时所用的时间，单位为 ms(毫秒)，现在硬盘的平均寻道时间一般低于 9 ms。平均寻道时间越短，硬盘读取数据能力就越高。硬盘是脆弱的，因此，数据安全对于用户来说，永远都是一个重要的话题。目前硬盘普遍采用 S. M. A. R. T 技术(Self Monitoring Analysis and Reporting Technology 自监测、分析及报告技术)来保护数据，这样用户使用起来就可以更加放心了。

(2)闪存存储器。闪存是 Flash Memory 的直译，是一种基于半导体介质的存储器的存储单元。闪存具有掉电后仍可以保留信息、在线写入等优点，并且其读写速度比 EEPROM 更快且成本较之更低。闪存盘具有容量大、防磁、防振、防潮的特点，其性能优良，大大加强了数据的安全性。闪存盘可重复使用，性能稳定，可反复擦写达 100 万次，数据至少可保存 10 年。但是，由于现在各个厂商之间所使用的技术不同，闪存的类型也有很多。目前来说，比较常见的包括 USB 闪盘、CFC 卡、MMC 卡以及 Sony 的 Memory Stick 等。

(3)光盘存储器。光盘也是目前最为流行的存储器之一，凭借其具有的大容量得以广泛使用。根据光盘的读写能力，大至可将其分为“只读式光盘”和“可(擦)写式光盘”两大类。前者包括CD光盘、LD光盘、CD－ROM光盘、－I光盘、Video-CD光盘和DVD－ROM等；后者包括－R光盘、相变光盘、DVD-R/W、DVD-RAM和磁光光盘等。根据光盘结构则主要分为CD、DVD、蓝光光盘等几种类型，这几种类型的光盘，主要结构原理是一致的，但在结构上有所区别。以CD光盘为例，常见的CD光盘非常薄，它只有1.2 mm厚，主要分为五层，包括基板、记录层、反射层、保护层、印刷层等。

目前的大容量存储设备主要是磁媒体(Magnetic Media)和光媒体(Optical Media)。其性能如表1.5所列。

表1.5　光媒体和磁媒体特性的比较

名　称	特　　性
光媒体	不会受到灰尘和潮湿空气的影响，也不会被电毁坏。但是，它们会受到物理损害，比如刮痕。 平均故障间隔时间在30～300年之间
磁媒体	读写速度比光盘快(软盘除外)。磁媒体的平均故障间隔时间大约是3～7年，大多数磁媒体能提供比光媒体更大的容量

1.1.4　系统主板

主板(Mother Board)，也称做母板。主板在计算机中的重要性毋庸置疑，它是整个计算机的主要结构部件，承载着众多的元件和设备。打个比方，主板就好比航空母舰，而主板上的各种设备，则好比航空母舰上的各种舰载机。主板不仅是整个计算机系统平台的载体，还负担着系统中各种信息的交流。好的主板可以让计算机稳定地发挥系统性能，反之，系统则会变得不稳定。

主板的结构如图1.8所示。主板的平面是一块PCB印刷电路板，分为四层板和六层板。为了节约成本，现在的主板多为四层板，包括主信号层、接地层、电源层、次信号层；而六层板增加了辅助电源层和中信号层，当然六层PCB的主板抗电磁干扰能力更强，主板也更加稳定。在电路板上面，不仅有星罗棋布、错落有致的电路布线，还有棱角分明的各个部件，如各种插槽、芯片、电阻、电容等。下面就详细为大家介绍主板上的各种部件。

1. 芯片部分

(1)BIOS芯片。BIOS一般是一块方形的存储芯片。BIOS芯片是可以写入的，用户可以不断从Internet上更新BIOS的版本，以获取更好的性能及对计算机最新硬件的支持。

(2)南北桥芯片。横跨AGP插槽左右两边的两块芯片就是南北桥芯片。CPU插槽旁边，被散热片盖住的是北桥芯片；南桥芯片多位于PCI插槽的上面。北桥芯片主要负责处理

CPU、内存、显卡三者间的数据在北桥芯片内部传输,并提供一些纠错支持,由于发热量较大,因而需要散热片散热。南桥芯片则负责硬盘等存储设备和 PCI 之间的数据流通。“桥”形象地说明了这对芯片组的功能,即数据交互和流通,它将不同速率的数据协调起来,使系统能稳定地工作。南桥和北桥合称芯片组,不过现在由于集成度的提高,有些主板的南北桥芯片已经被集成在一起了。芯片组在很大程度上决定了主板的功能和性能的优劣。

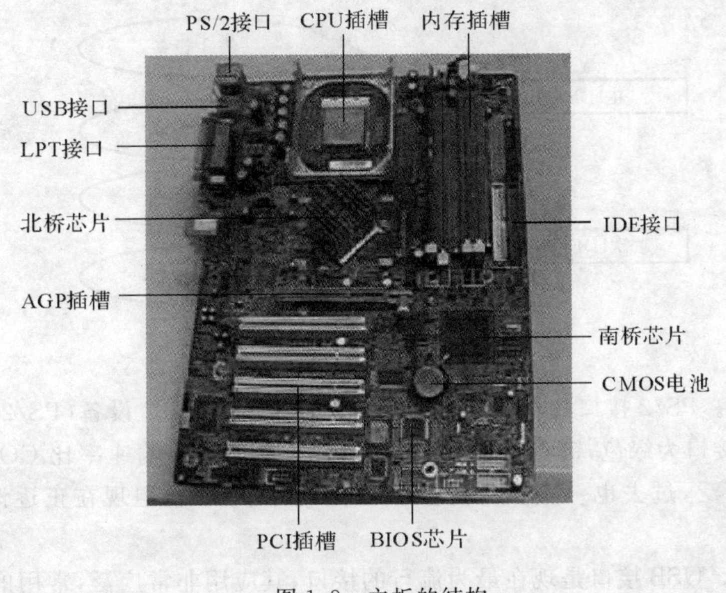

图 1.8 主板的结构

2. 插槽部分

插槽部分也就是其他组件即插即用的地方。

(1)内存插槽。内存插槽一般位于 CPU 插座旁边,内存要与 CPU 快速交换数据,离得近当然比离得远要好。

(2)AGP 插槽。AGP 插槽位于北桥芯片和 PCI 插槽之间。AGP 插槽有 1×,2×,4×和 8×之分。AGP 4×的插槽中间没有间隔,AGP 2×则有间隔。现在的显卡多为 AGP 显卡。

(3)PCI 插槽。PCI 插槽多为白色,是主板的必备插槽,可以插上声卡、网卡、多功能卡等设备。

3. 接口部分

(1)IDE 接口。IDE 接口提供了存储设备与计算机连接的标准方式。IDE 控制器通常被整合在磁盘或 CD-ROM 设备里,来控制、指挥磁盘存储访问数据。IDE 接口通过将控制器和磁盘结合起来,实现了使用计算机磁盘方法的标准化,因为控制器和磁盘的分离会导致信号质量很差。IDE 接口可分为 IDE1 和 IDE2,一般情况下,IDE1 接硬盘,IDE2 接光驱。

除了 IDE 接口外还有 EIDE,即增强型 IDE 接口,它提供了两个 IDE 接口(整合了设备供电)。如图 1.9 所示,EIDE 包括主接口和次接口,每个接口延伸出一条有两个插头的电缆,每个插头可以连接一个设备。因此总共可以容纳四个设备:两个在主接口上,两个在次接口上。

(2)COM 接口(串口)。目前大多数主板都提供了两个 COM 接口,分别为 COM1 和 COM2,其作用是连接串行鼠标和外置 Modem 等设备。

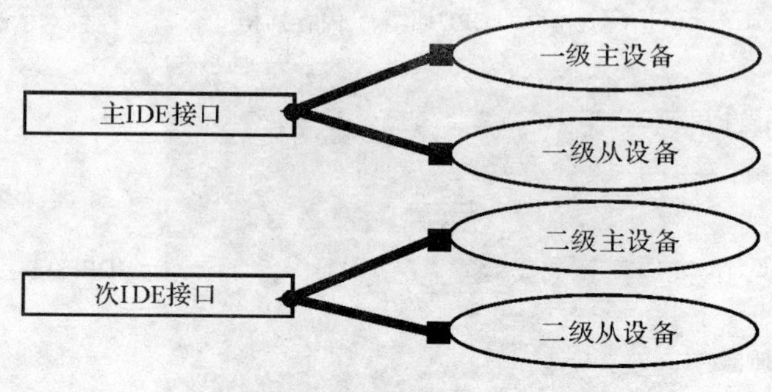

图 1.9 EIDE 示图

(3)PS/2 接口。PS/2 接口的功能比较单一,仅用于连接 PS/2 设备(PS/2 键盘和鼠标)。一般情况下,鼠标接口为绿色,键盘接口为紫色。PS/2 接口的传输速率比 COM 接口稍快一些,PS/2 使用很广泛,过去也一直作为键盘和鼠标的标准接口,但现在正逐渐被 USB 接口取代。

(4)USB 接口。USB 接口是现在最为流行的接口,其应用非常广泛,常用的 U 盘、数码相机等都可以通过 USB 接口与计算机相连。USB 接口支持热拔插,真正做到了即插即用。一个 USB 接口可同时支持高速和低速 USB 外设的访问,由一条四芯电缆连接,其中两条是正负电源,另外两条是数据传输线。

(5)LPT 接口(并口)。一般用来连接打印机或扫描仪。

(6)MIDI 接口。声卡的 MIDI 接口和游戏杆接口是共用的。接口中的两个针脚用来传送 MIDI 信号,可连接各种 MIDI 设备,例如电子键盘等。

(7)DB-9。DB-9 被称做串口(Serial Port),现在正逐渐被淘汰,在 USB 接口出现之前,用来连接 PDA 设备,也用于连接外置 Modem、条码扫描仪以及其他老的电子设备。

(8)DB-25F。DB-25F 称做并口(Parallel Port),每次传送 1B 数据,要求电缆上有 25 针的插拔头(阳)(DB-25M),被用于打印机或其他外部设备。

1.1.5 总线与接口

总线是一种内部结构,负责计算机各种模块间的数据传输任务。计算机就是通过总线结构来连接各种不同功能的模块,同时各模块也共享这个传输介质。早期的计算机大多采用分散连接,各模块之间采用单独的连线。但是随着计算机技术的高速发展,这种结构本身的复杂性也逐渐不能适应越来越多的 I/O 设备，因此，总线连接方式也就应运而生。

总线是由许多传输线组成的，每一条传输线可传输一个二进制位。假如有 20 条传输线组成总线，那么同一时间就可以传输 20 个二进制位。

1. 总线的分类

总线的种类可谓五花八门，应用也十分广泛。按数据的传输方式可以分为串行总线和并行总线；按时钟信号是否独立可分为同步总线和异步总线；按传输数据的宽度则又可分为 16 位、32 位、64 位总线等。下面介绍几种总线结构。

(1)片内总线。片内总线是指芯片内部的总线。CPU 芯片内有 CPU 片内总线，例如，寄存器与寄存器之间，寄存器与逻辑单元之间都有总线连接。

(2)系统总线。系统总线是指连接 CPU、内存和多种 I/O 接口模块的数据通路。按系统传输信息的不同又将系统总线分成三类，即数据总线(DB)、地址总线(AB)和控制总线(CB)。数据总线用来传输数据信息，它是双向传输总线，既可以把 CPU 的数据传输到存储器或 I/O 等其他部件，也可以将其他部件的数据传输给 CPU；地址总线是专门用来传送源或目的数据在主存中的地址的，它只能单向传输，即从 CPU 传向存储器或 I/O 接口；控制总线用来传输控制信号，其传输方向由具体的控制信号来定，可以是双向的，也可以是单向的。

2. 总线的结构

总线的结构一般分为单总线和多总线两大类。在单总线系统中，CPU、主存以及所有 I/O 设备均通过一组总线连接，其结构简单，总线控制也较简单，系统易于扩展。然而，由于所有的数据传输都必须通过这组共享通路，因此数据流量受到很大的限制，在信息传输量相对较小的计算机系统中可考虑采用单总线结构。单总线结构可由图 1.10 表示。

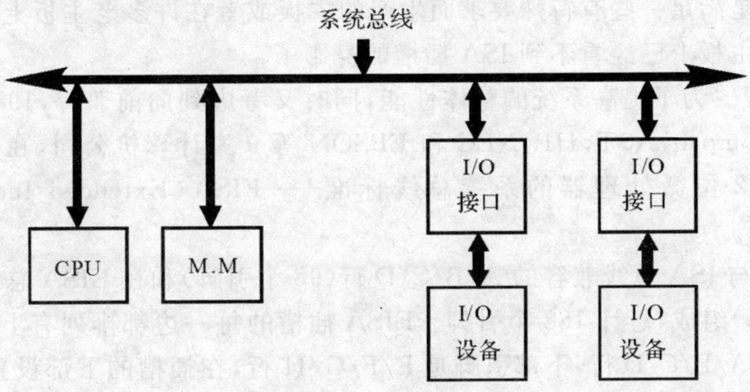

图 1.10　单总线结构

多总线结构分为双总线、三总线、四总线结构等。多总线结构本身比单总线结构复杂，但是更加适合于大、中型计算机。由于设备种类越来越多，为了提高计算机系统的吞吐量和计算机系统的利用率，今天的计算机大多使用多总线结构。

3. 局部总线

局部总线是在ISA总线(工业标准结构总线)和CPU总线之间增加的一级总线或管理层,这样可将一些高速外部设备,如图形卡、硬盘控制器等从ISA总线上卸下而通过局部总线直接挂接到CPU总线上,使之与高速的CPU总线相匹配。局部总线可分为三种:专用局部总线、VL总线(VESA Local Bus)、PCI总线(Peripheral Component Intelconnect)。

4. 总线的主要技术指标

(1)总线的带宽。总线的带宽是指单位时间内总线上传输的数据量,即每秒钟最大数据传输率,即

总线的带宽=总线的工作频率×总线的位宽/8

(2)总线的位宽。总线的位宽是指总线能同时传输的二进制数据的位数,如32位、64位总线等。总线的位宽越宽,每秒钟数据传输率越大,总线的带宽越宽。

(3)总线的工作频率。总线的工作时钟频率以MHz为单位,工作频率越高,总线工作速度越快,总线带宽越宽。

5. 计算机中的总线和接口

计算机中的总线种类很多,下面介绍几种常见的总线。

(1)ISA总线。ISA(Industrial Standard Architecture,工业标准结构总线)总线是IBM公司于1984年在XT总线标准的基础上进一步扩充得到的,ISA总线又称AT总线,是在PC/AT计算机上所配备的扩展系统总线。

ISA插槽是基于ISA总线的扩展插槽,其颜色一般为黑色,比PCI接口插槽要长些,位于主板的最下端。它的缺点是CPU资源占用量大,数据传输带宽太小,这种插槽目前已基本被淘汰。目前,除非是满足一些有特殊要求而生产的主板或者在许多老主板上才能看到ISA插槽,而时下最新的主板上已经看不到ISA插槽的身影了

(2)EISA总线。为了提高系统的整体性能,同时又考虑到向前兼容,1989年,以Compaq公司为代表,由Compaq,AST,HP,NEC和EPSON等9家计算机公司,在ISA总线的基础上,推出了适应32位微处理器的系统总线标准——EISA(Extended Industrial Standard Architecture)总线。

EISA插槽由与ISA总线兼容的A/B/C/D行(98个引脚)和在EISA总线中新增加的E/F/G/H(90个引脚)组成,总计188个引脚。EISA插槽的每一边都排列有上部和下部两部分引脚,上部引脚是A/B/C/D行,下部引脚是E/F/G/H行,在插槽的下部设置有访问键,由于ISA扩展板没有与访问键相对应的访问槽口,而受到访问键的阻挡,只能与上部的引脚相接触。由于EISA扩展板有与访问键相对应的槽口,可以插得更深,与插槽的上部和下部都能接触,这样可以实现EISA总线与ISA总线的兼容。同样,这种总线目前也基本被淘汰。

(3)前端总线。前端总线的英文名字是Front Side Bus,通常用FSB表示,是将CPU连接到北桥芯片的总线。计算机的前端总线频率是由CPU和北桥芯片共同决定的。

(4)PCI总线。在个人计算机中,局部总线主要有VESA VL和PCI两个标准。VL总线

的设计思想是低价、快速，但这也带来了一些局限性，如一个 VL 总线上不能连接多于 3 个扩展卡。目前使用更为普遍的局部总线是 PCI 总线。

PCI 总线是 1991 下半年由 Intel 公司首先提出的，并与 IBM，Compaq，AST，HP 和 DEC 等 100 多家公司联合，于 1993 年推出的 PC 局部总线标准——PCI 总线。

PCI 的含义为周边器件互连(Peripheral Component Intel Connect)。PCI 总线能够配合彼此间需求快速访问或快速访问系统存储器的适配器工作，也能让处理器以接近自身总线全速的速度访问适配器。PCI 总线因其具有的高性能、低成本、应用广泛、生命周期长等优点，已成为计算机界的主流工业标准。PCI 总线不但具有高的性价比，还能适应将来的系统要求，能在多种平台和体系结构上应用，如服务器高/中/低档台式系统、便携机等多种平台。

(5)ATA 接口。硬盘接口 IDE(Integrated Drive Electronies)也称 AT 总线接口，这是一种并行接口，是当前硬盘驱动器普遍采用的一种接口，它最早由 Texan 和 Compaq 公司提出，目的是把硬盘控制器嵌入到驱动器中。

通用串行总线 USB。为了规范众多接插件的不同接入标准，由 Intel 和 Microsoft 等公司提出并实现了一种称为通用串行总线(Universal Serial Bus，简称 USB)的接口标准。USB 允许外设在主机和其他外设工作时进行连接、配置、使用和移动。USB 的应用可减少计算机与外设连接的 I/O 接口，仅用一个串行接口来代替，使 PC 机与外设之间的连接更容易。

(6)IEEE 1394。IEEE 1394 也叫火线(Firewire)，采用串行传输。Firewire 是苹果和德州仪器公司为一种技术开发产品杜撰的名字，该产品基于 IEEE 1394 串行传输标准开发。IEEE 1394 接口分为 4 针和 6 针两种接口，主要用途是与数码摄像机连接进行影像数据传输，其传输速率非常快，最高可达 400 Mb/s。

1.1.6　输入、输出设备

输入、输出是计算机系统与外部设备进行信息交换的过程。输入、输出设备称为外部设备(简称外设)，它们是人机对话的通道。外部设备比较复杂，性能和功能也千差万别，不同的外部设备，其结构方式也不同，有机械式、电动式、电子式等。图 1.11，图 1.12 介绍了计算机的基本输入、输出设备。对于输入、输出设备将在 1.3 节中介绍。

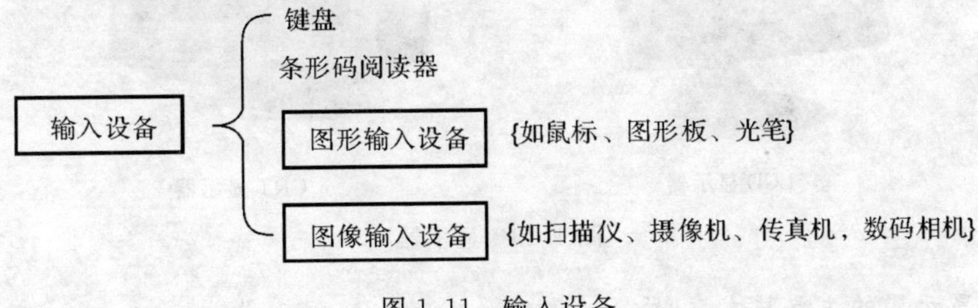

图 1.11　输入设备

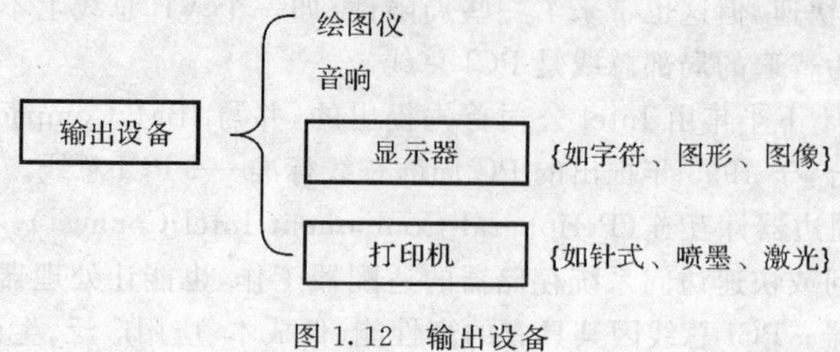

图 1.12 输出设备

1.2 常见外部设备

主机是整个计算机系统的核心，相当于人的大脑，但是光有大脑还不够，还需要眼睛、四肢、耳朵等来辅助其工作，计算机的外围设备就充当着这样的角色。主机以外的各种硬件装置统称为外部设备。

外设主要分为输入、输出设备，辅助存储设备，计算机终端设备，过程控制设备和脱机设备。这些外设起着各自不同的作用，它们是人机对话的通道，也是计算机在各领域应用的桥梁；外设可完成媒体数据的转换，也可存储数据和程序。

1.2.1 显示器

显示器是计算机和用户交流的窗口，是展示计算机处理的数据的平台。目前市场上显示器产品主要有 CRT(阴极射线管)显示器和 LCD(液晶)显示器两种，如图 1.13 所示。

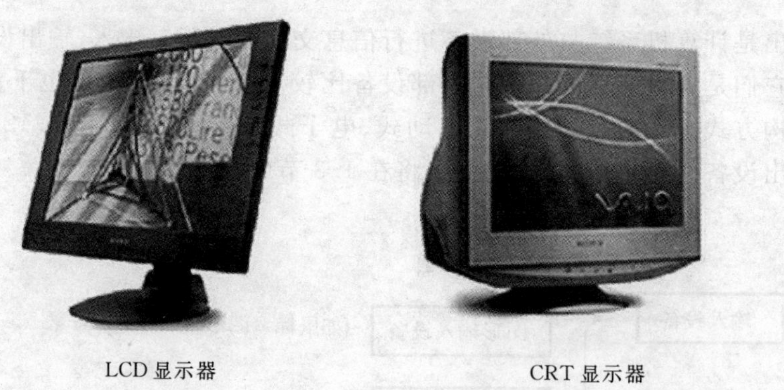

LCD 显示器　　CRT 显示器

图 1.13 显示器

1. CRT 显示器的主要技术参数

(1)可视面积。可视面积是指显示器可以显示图形的最大范围。通常所说的 17 in(英寸)、19 in 实际上所指显像管的尺寸，而实际可视区域却远远达不到这个数值。17 in 显示器的可视区域大多是在 15～16 in 之间。19 in 显示器可视区域也只能达到 18 in 左右。

(2)分辨率。分辨率就是屏幕图像的密度。分辨率越高,屏幕上所能呈现的图像也就越精细。分辨率不仅与显示尺寸有关,也受显像管点距、视频带宽等因素的影响。

(3)刷新频率。刷新频率是指显示屏幕刷新的频率,它的单位是 Hz。刷新频率越低,图像闪烁就越厉害,眼睛疲劳得就越快;刷新频率越高,图像显示也自然更清晰。如刷新频率达到 80 Hz 以上,就可完全消除图像的闪烁和抖动感,眼睛也不会太易感到疲劳。

1)水平刷新率,又叫行频(Horizontai scanning trequency),它是显示器 1 s 内扫描水平线的次数,单位是 kHz。

2)垂直刷新率,又叫场频(Vertical scanning frequency),单位是 Hz,它是由水平刷新率和屏幕分辨率共同决定的,垂直刷新率表示屏幕的图像每秒钟刷新的次数,一般来说,垂直刷新率不应低于 85Hz。

(4)带宽。宽的带宽能处理的频率更高,图像质量自然也更好。专业的显示器和一般应用的显示器其带宽的差距是很大的,带宽越高,显示器的价格也越贵。可接受的带宽计算公式为

可接受带宽＝水平分辨率×垂直分辨率×最大刷新频率×1.5

2. LCD 显示器的主要技术参数

(1)分辨率。LCD 是通过液晶像素实现显示的,但因为液晶像素的数目和位置都是固定不变的,所以液晶只有在标准分辨率下才能实现最佳显示效果;而在非标准的分辨率下则是由 LCD 内部的 IC 芯片通过插值算法计算而得,因此画面会变得模糊不清。LCD 显示器的真实分辨率由 LCD 的面板尺寸决定,17 in 的显示器,其分辨率为 1 280×1 024。

(2)响应时间。响应时间是 LCD 显示器的一个重要指标,它是指各像素点对输入信号反应的速度,即像素由暗转亮或由亮转暗花费的时间,其单位是 ms。响应时间是越小越好,如果响应时间过长,当显示动态影像(特别是在看 DVD、玩游戏)时,就会产生较严重的“拖尾”现象。

(3)可视角度。可视角度也是 LCD 显示器非常重要的一个参数。由于 LCD 显示器必须在一定的观赏角度范围内,才能够获得最佳的视觉效果。如果从其他角度看,则画面的亮度会变暗(亮度减退)、颜色改变。由此而产生的上下(垂直可视角度)或左右(水平可视角度)所夹的角度,就是 LCD 的可视角度。由于提供 LCD 显示器显示的光源经折射和反射后输出时已有一定的方向性,在超出这一范围观看就会产生色彩失真现象。

(4)LCD 显示器的刷新频率。由于设计上的不同,LCD 显示器并不会像 CRT 显示器那样因为刷新频率的高低而产生闪烁的状况。

(5)亮度。亮度是指背光光源所能产生的最大光强度。它是以每平方米烛光(cd/m^2)为单位,通常会在液晶显示器规格中标示出来。一般 LCD 显示器都有显示 200 cd/m^2 的亮度能力,更高的甚至可以达到 300 cd/m^2 以上。亮度越高,适应的使用环境也就越广泛。

(6)信号输入接口。LCD 显示器使用了两种信号输入方式:传统模拟 VGA 的 15 针状 D 型接口(15 pin D-sub)和 DVI 输入接口。为了适应主流的带模拟接口的显示卡,大多数的 LCD 显示器均提供模拟接口,接着在显示器内部将来自显卡的模拟信号转换为数字信号。

(7)LCD 坏点。坏点可以说是 LCD 的致命伤,所谓的坏点,就是不管显示器所显示出来的图像如何,LCD 上的某一点永远是显示同一种颜色(一般坏点以绿色、蓝色或红色较多)。LCD 坏点是很容易出现的,一般 3 个坏点以内都算正常。检查坏点的方式相当简单,只要将 LCD 显示器的亮度及对比度调到最大(让显示器成全白的画面),或调成最小(让显示器成全黑的画面),就可以轻易找出无法显示颜色的坏点。

1.2.2 键盘与鼠标

1. 键盘

键盘是计算机系统中常用和必备的标准输入设备,用户通过它可以向计算机输入控制命令和数据。随着计算机技术的不断发展,键盘从早期的 83 键、101 键、102 键,发展到后来针对 Windows 95 操作系统的 104 键盘,可谓种类繁多。微软的 Windows 98 操作系统流行后,市场上又出现了一种 107 键的 Windows 98 键盘。与 104 键键盘相比,107 键键盘新增加了 Windows 98 的功能键:【Power】键、【Sleep】键和【Wake Up】键。现在大多数用户使用的都是 107 键键盘,即 Windows 98 键盘(见图 1.14)。

图 1.14 Windows 98 键盘

键盘的分类。按照键盘的工作原理和按键方式的不同可以将键盘划分为四种:

(1)机械式键盘。采用类似金属接触式开关,工作原理是使触点导通或断开,具有工艺简单、噪声大、易维护的特点。

(2)塑料薄膜式键盘。该键盘内部共分四层,实现了无机械磨损。其特点是低价格、低噪声和低成本,市场占有相当份额。

(3)导电橡胶式键盘。该键盘触点的结构是通过导电橡胶相连。键盘内部有一层凸起带电的导电橡胶,每个按键都对应一个凸起,按下时把下面的触点接通。这种类型被键盘制造厂商所普遍采用。

(4)电容式键盘。使用类似电容式开关的原理,当按键时,通过改变电极间的距离引起电容容量改变从而驱动编码器。其特点是无磨损且密封性较好。

根据键盘的外形可将其分为标准键盘和人体工程学键盘(见图 1.15)。人体工程学键盘是在标准键盘上将指法规定的左手键区和右手键区这两大板块左右分开,并形成一定角度,使操作者不必有意识地夹紧双臂,保持一种比较自然的形态,这种键盘被微软公司命名为自然键盘(Natural Keyboard),对于习惯盲打的用户可以有效地减少左右手键区的误击率,例如可减少字母“G”和“H”的误击。有的人体工程学键盘还有意添加了一些独特的创新,如加大常用键如空格键和回车键的面积,在键盘的下部增加护手托板,给悬空中的手腕以支持点,减少由于手腕长期悬空而产生的疲劳。这些都可以视为人性化的设计。

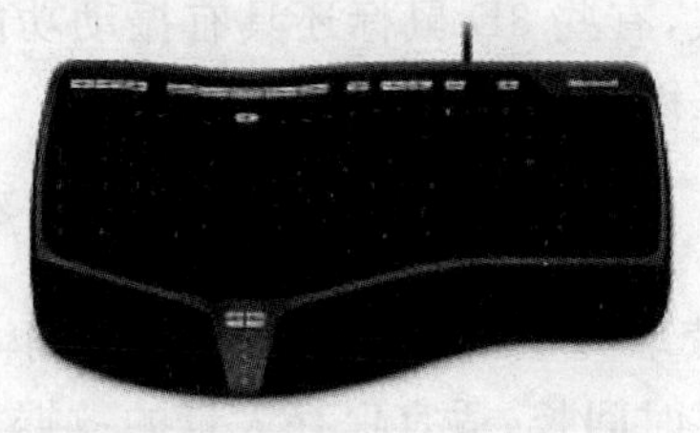

图 1.15　人体工程学键盘

图 1.16　鼠标

2. 鼠标

鼠标的标准称呼应该是鼠标器,英文名 Mouse。它从出现到现在已经有 39 年的历史了。鼠标的使用是为了使计算机的操作更加简便,使用图形化的输入来代替键盘那烦琐的指令(见图 1.16)。

鼠标的分类及其工作原理:

(1)机械鼠标。机械鼠标底部有一个可滚动的胶质小球,这个小球在滚动时会带动一对转轴转动(分别为 X 转轴、Y 转轴),在转轴的末端有一个圆形的译码轮,译码轮上附有金属导电片与电刷直接接触。当转轴转动时,这些金属导电片与电刷就会依次接触,出现“接通”或“断开”两种形态,前者对应二进制数“1”,后者对应二进制数“0”。接下来,这些二进制信号被送交鼠标内部的专用芯片作解析处理并产生对应的坐标变化信号。只要鼠标在平面上移动,小球就会带动转轴转动,进而使译码轮的通断情况发生变化,产生一组组不同的坐标偏移量,反应到屏幕上,就是光标可随着鼠标的移动而移动。

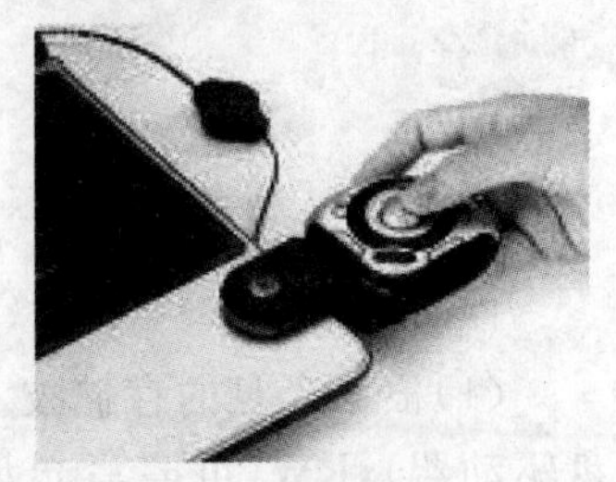

图 1.17　轨迹球鼠标

(2)光电鼠标。光电鼠标是一种完全没有机械结构的数字化鼠标。设计这种光电鼠标的初衷是将鼠标的精度提高到一个全新的水平,使之可充分满足专业应用的需求。光电鼠标没有传统鼠标的滚球、转轴等设计,其主要部件为两个发光二极管、感光芯片、控制芯片和一个带有网格的反射板(相当于专用的鼠标垫)。工作时光电鼠标必须在反射板上移动,X 发光二极管和 Y 发光二极管会分别发出光线照射在反射板上,并被反射板反射回去,经过镜头组件传递后照射在感光芯片上。感光芯片将光信号转变为对应的数字信号后将之送到定位芯片中进行专门处理,进而产生 X－Y 坐标偏移数据。

(3)轨迹球鼠标。轨迹球鼠标从外观上看就像是翻转过来的机械鼠标(见图 1.17),用手拨动轨迹球来控制光标的移动。有时在笔记本计算机上可以看到这种鼠标,它夹在笔记本的一侧,用起来十分贴手。

(4)3D 鼠标。3D 振动鼠标是一种新型的鼠标器,它不仅可以当做普通的鼠标器使用,而且还具有其独有的特点:首先,它的移动方向是立体的,3D 鼠标结构是由一个底座和一个能活动的控制器构成,这样鼠标就能以空间的方式移动;其次,有些 3D 鼠标还具有振动功能,使用户在玩游戏时会感到强烈的真实感;再次,它是真正的三键式鼠标。

1.2.3 光盘驱动器

光盘驱动器就是平常所说的光驱(CD-ROM),是读取光盘信息的设备,是多媒体计算机不可缺少的硬件配置。光盘存储容量大,价格便宜,保存时间长,适宜保存大量的数据,例如声音、图像、动画、电影等多媒体信息。

衡量光驱的最基本指标是数据传输率(Data Transfer Rate),即大家常说的倍速,单倍速(1X)光驱是指每秒钟光驱的读取速率为 150 KB;同理,双倍速(2X)就是指每秒光驱读取速率为 300 KB,现在市面上的 CD-ROM 光驱一般都在 48X,50X 以上。高倍速换来了更大的数据传输速度,但却使得数据的准确性大为降低,而且造成光驱寿命缩短,增加了用户的投资。常见光驱的外观如图 1.18 所示。

图 1.18 光驱

1. 光驱的分类

(1)根据光盘的存储技术可将光盘驱动器分为 CD-ROM(只读光盘驱动器),R(可写光盘驱动器),RW(可擦写光盘驱动器),DVD-ROM(DVD 只读光盘驱动器)及 DVD-RAM,DVD+R/RW,DVD-R/RW(可反复擦写 DVD 光盘存储器)。

(2)根据光盘驱动器是否放在机箱内部可分为内置式光盘驱动器和外置式光盘驱动器。

(3)根据光盘驱动器的速度可分为 52 速、40 速、16 速、8 速等类型。

(4)根据 CD-ROM 的接口可分为 IDE 接口、SCSI 接口、并口和 USB 接口。

CD-ROM 已经成为微机的标准配置,随着价格的下降,RW 及 DVD 正逐渐被用户接受,有望取代 CD-ROM。

2. 光驱的技术指标

(1)数据传输率(Data Transfer Rate)。数据传输率即大家常说的倍速,它是衡量光驱性能的最基本指标。

(2)平均寻道时间(Average Access Time)。平均寻道时间是指激光头(光驱中用于读取数据的一个装置)从原来位置移到新位置并开始读取数据所花费的平均时间。显然,平均寻道时间越短,光驱的性能就越好。

(3)CPU 占用时间(CPU Loading)。CPU 占用时间是指光驱在维持一定的转速和数据传输率时所占用 CPU 的时间,它也是衡量光驱性能好坏的一个重要指标。CPU 占用时间越少,其整体性能就越好。

(4)数据缓冲区(Buffer)。数据缓冲区是光驱内部的存储区。它能减少读盘次数,提高数据传输率。现在大多数光驱的缓冲区为 128KB 或 256KB。不要小看这几个数字,它们是光驱最重要的性能指标之一。

3. 光驱的工作原理

激光头是光驱的中心部件,光驱都是通过它来读取数据的。光驱在读取信息时,激光头会向光盘发出激光束,当激光束照射到光盘的凹面或非凹面时,反射光束的强弱会发生变化,光驱就根据反射光束的强弱,把光盘上的信息还原成为数字信息,即“0”或“1”,再通过相应的控制系统,把数据传输给计算机。

1.2.4　打印机与扫描仪

1. 打印机

打印机是计算机的输出设备之一,用于将计算机处理结果打印在相关介质上。

打印机分为两大类:撞击(针)式打印机和非撞击式打印机。日常使用的打印机一般是指针式打印机、喷墨式打印机和激光打印机三种,如图 1.19 所示。表 1.6 为三种打印机的性能特点。

图 1.19　打印机

表 1.6　三种打印机的性能特点

打印机种类	工作方式	优　点	缺　点
针式打印机	撞击式	耗材相对低	噪声大,速度慢,分辨率相对较低
喷墨式打印机	非撞击式	价格最低,噪声小,打印速度比较快	墨盒贵,喷头极易堵塞
激光打印机	非撞击式	噪声小,打印速度快,分辨率高	寿命短,价格相对高

2. 扫描仪

扫描仪是通过捕获图像,并将之转换成计算机可以显示、编辑、储存和输出信息的数字化输入设备,它的功能与打印机刚好相反。可以看做是功能和打印机恰好相反的一种设备它对照片、文本页面、图纸、美术图画、照相底片、菲林软片,甚至纺织品、标牌面板、印制板样品等三维对象都可作为扫描对象,提取和将原始的图形、文字、平面实物转换成可以编辑及加入文件中的装置。

扫描仪可分为三大类型:滚筒式扫描仪、平面扫描仪和笔式扫描仪,如图 1.20 所示。

图 1.20　扫描仪

扫描仪的技术指标:

(1)光学分辨率。光学分辨率这是扫描仪物理上所能够捕捉到的真实分辨率,可通过计算得到分辨率指标。平板式扫描仪的光学分辨率=CCD 的点数/扫描仪的最大扫描宽度。CCD(电荷耦合器件)作用是将几条扫描仪所扫描的图像光学信号转化成电信号,单位为 dpi。

(2)插值分辨率。插值分辨率是在采集数据的基础上通过软件计算得到的数据。在扫描彩色原稿时,不建议使用插值分辨率,但在扫描线条稿时,可以很好地消除线条上的锯齿。

(3)扫描幅面。扫描幅面是决定扫描仪的扫描面积大小的参数。

(4)色彩位数。色彩位数决定了扫描仪 CCD 的色彩分析,表示扫描仪在采样时,捕捉的每个像素上检测出的最大颜色或灰阶级。从理论上说,色彩位数增加,可以捕捉到的细节数量增加,密度范围增加。但是由于采用的 CCD 品质不同,信噪比不同,故此不能一概而论。

(5)接口类型。接口类型决定了扫描仪向计算机传输的速度。

1.2.5 其他外部设备

计算机外部设备可谓丰富多彩、千姿百态。除上述常用的计算机外设外,还包括输入设备中的数码相机和语音输入系统、手写输入系统、IC卡输入系统;输出设备中的绘图仪;多媒体设备中的声卡、音箱、视频卡、电视接收卡、SCSI卡及摄像头等多媒体适配器;网络设备中的调制解调器、网卡、集线器、路由器、网桥、网关和交换机,等等。

计算机外设的发展是随着人们的需求一起发展的,只要人们有了新的需求,就会出现新的外设。计算机的发展给各种外设提供了良好的应用基础,同时外设的不断更新发展也丰富了计算机的用途。总之,外设已成为现代计算机应用和发展必不可少的一环。

1.3 BIOS应用

BIOS的全称是Basic Input-Output System,即计算机的基本输入输出系统,其内容集成在计算机主板上的一个ROM芯片上,主要保存着有关计算机系统最重要的基本输入输出程序,系统信息设置、开机上电自检程序和系统启动自举程序等。ROM BIOS芯片可以在主板上看到,同时BIOS管理功能的好坏在很大程度上决定了主板性能是否优越。在日常操作和维护计算机的过程中经常会使用到BIOS,因此有必要对BIOS有一个初步了解。

1.3.1 BIOS基础知识

BIOS完整地说应该是ROM BIOS,它实际上是被固化到计算机中的一组程序,为计算机提供最低级的、最直接的硬件控制。许多人认为既然BIOS是"程序",那它就应该属于软件,就像常用的显卡驱动程序一样。但也有很多人不这么认为,因为它与一般的软件还有一些区别,而且它与硬件的联系又相当地紧密。准确地说,BIOS是硬件与软件之间的一个接口,负责解决硬件的即时需求,并按软件对硬件的操作要求具体执行。

1. BIOS的管理功能

(1)BIOS系统设置程序。计算机部件配置记录是放在一块可读写的CMOS RAM芯片中的,主要保存着系统的基本情况、CPU信息、键盘、硬盘驱动器、显示器等部件的信息。在ROM BIOS芯片中装有系统设置程序,用来设置CMOS RAM中的各项参数。这个程序在开机时按下某个特定键(各种主板可能不一样,较多是按【Del】键)即可进入设置状态,并提供良好的界面供操作人员使用。事实上设置CMOS参数的过程,习惯上也称为BIOS设置。一旦CMOS RAM芯片中关于计算机的配置信息不正确时,轻者会使得系统整体运行性能降低,硬件驱动器不能识别,严重时就会引发系统的软硬件故障。

(2)BIOS中断服务程序。BIOS中断服务程序实质上是计算机系统中软件与硬件之间的一个可编程接口,主要用来在程序软件与计算机硬件之间实现衔接。例如,DOS和Windows操作系统中对键盘、硬盘、光驱等外围设备的管理,都是直接建立在BIOS系统中断服务程序的基础上，而且操作人员也可以通过访问 INT 5，INT 13 等中断点来直接调用 BIOS 中断服务程序。这在汇编程序中经常使用。

(3)POST 上电自检。计算机通电后，系统首先由 POST(Power On Self Test，上电自检)程序来对内部各个设备进行检查。在计算机开机时首先看到的就是自检信息，通常完整的 POST 自检将包括对 CPU、内存、ROM、主板、CMOS、串并口、显示卡、软硬盘子系统及键盘进行测试，一旦在自检中发现问题，系统将给出提示信息或鸣笛警告。

(4)BIOS 系统启动自举程序。系统在完成 POST 自检后，ROM BIOS 就按照系统 CMOS 设置中保存的启动顺序搜寻软硬盘驱动器及 CD－ROM 等进行有效地驱动器启动，读入操作系统引导记录后将系统控制权交给引导记录，由引导记录把操作系统装入计算机，在计算机启动成功后，BIOS 的任务就完成了。

2. BIOS 的种类

BIOS 总是直接和硬件资源打交道，由于各种硬件资源差距甚远，因而 BIOS 总是针对某一类型的硬件系统。随着硬件技术的发展，同一种 BIOS 也先后出现了不同的版本，新版本的 BIOS 比起老版本来说，功能更强大。

目前市场上的 BIOS 主要有 AMI BIOS 和 Award BIOS。

(1)AMI BIOS。AMI BIOS 是 AMI 公司出品的 BIOS 系统软件，最早开发于 20 世纪 80 年代中期，为多数的 286 和 386 计算机系统所采用，因对各种软、硬件的适应性好、硬件工作可靠、系统性能较佳、操作直观方便的优点而受到用户的欢迎。

AMI Win BIOS 已经有多个版本，目前用得较多的有奔腾机主板的 Win BIOS，具有即插即用、绿色节能、PCI 总线管理等功能。

(2)Award BIOS。Award BIOS 是 Award Software 公司开发的 BIOS 产品，目前十分流行，功能比较齐全，对各种操作系统提供良好的支持。Award BIOS 也有许多版本。

3. 通过 BIOS 自检音识别硬件状态

计算机启动后会通过 BIOS 对计算机进行自检。自检情况一般通过 PC 喇叭发出的响铃予以表达。了解这种响铃，对于诊断计算机硬件故障大有裨益。每个品牌的 BIOS 自检响铃所表达的意义有所不同。其具体意义如表 1.7 所示。

表 1.7　BIOS 自检音识别明细

自检音形式		意　　义
Award BIOS 自检音	1 短	系统正常启动
	2 短	常规错误，可进入 CMOS 重新设置
	1 长 1 短	内存或主板出错

续表

自检音形式		意义
Award BIOS 自检音	1 长 2 短	显示器或显示卡错误
	1 长 3 短	键盘控制器错误
	1 长 9 短	主板错误或 BIOS 损坏
	不断地响(长声)	内存条未插紧或损坏
	不停地响	电源、显示器未和显示卡连接好
	重复短响	电源有问题
AMI BIOS 自检音	1 短	内存刷新失败
	2 短	内存 ECC 校验错误
	3 短	系统基本内存(第 1 个 64 KB)检查失败
	4 短	系统时钟出错
	5 短	CPU 错误
	6 短	键盘控制器错误
	7 短	系统实模式错误,不能切换到保护模式
	8 短	显卡内存错误
	9 短	BIOS 检验错误
	1 长 3 短	内存错误
	1 长 8 短	显示测试错误

1.3.2 BIOS 与 CMOS

在日常操作和维护计算机的过程中,常常可以听到有关 BIOS 设置和 CMOS 设置的一些说法,使得许多初学者对 BIOS 和 CMOS 经常混为一谈。CMOS(本意是指互补金属氧化物半导体存储器,是一种大规模应用于集成电路芯片制造的原料)是计算机主板上的一块可读写的 RAM 芯片,用来保存当前系统的硬件配置和操作人员对某些参数的设定信息。CMOS RAM 芯片由系统通过一块电池供电(即主板上的钮扣电池),因此无论是在关机状态中,还是遇到系统掉电情况,CMOS 信息都不会丢失。由于 CMOS RAM 芯片本身只是一块存储器,只具有保存数据的功能,所以对 CMOS 中各项参数的设定要通过特定的程序。而 BIOS 中系统设置程序是完成参数设置。早期的 CMOS 设置程序是驻留在软盘上的(如 IBM 的 PC/AT 机型),使用很不方便。现在多数厂家将 CMOS 设置程序做到了 BIOS 芯片中,在开机时通过按下某个特定键就可进入 CMOS 设置程序,从而非常方便地对系统进行设置,因此这种 CMOS 设置又通常被叫做 BIOS 设置。因此，准确的说法应是通过 BIOS 设置程序对 CMOS 参数进行设置。而平常所说的 CMOS 设置和 BIOS 设置是其简化说法，这就在一定程度上造成了两个概念的混淆。

1.3.3 BIOS 的优化

对于内存读写等待时间、硬盘数据传输模式、Cache 的使用、节能保护、电源电压管理、开机启动顺序等参数，BIOS 中预定的设置对系统而言并不一定就是最优的，此时往往需要经过多次试验才能找到系统优化的最佳组合。许多计算机爱好者对硬件进行超频就是通过 BIOS 设置来做的。

系统开机时，BIOS 会先进行自检。此时按下特定的键即可进入 BIOS 设置界面，其基本功能和操作说明可以参考主板的使用手册。

BIOS 优化的三种常用方法如下：

(1)修改第一启动设备。Frist Boot Device 表示第一启动驱动设备，表明系统会先从某一设备开始启动，如果预设是光驱，则系统会先从光驱开始查找启动信息。这种启动方式会加长开机的时间同时减少光驱的寿命。如果将光驱改为硬盘，这样开机就会快上几秒。

(2)关闭硬盘搜索。它的作用就是在每次启动的时候，告诉系统这个 IDE/SATA 通道是否连接了驱动器(硬盘或者光驱)。如果设置为 Auto，每次开机的时会花费 2～3 s 钟用于该项检测。对于大多数的普通用户来说，在整机中通常只会安装一块硬盘和一个光驱，完全可以将没有利用到的 SATA 和 IDE 通道设置为“NULL”。这样系统就不会去检测设置为“NULL”的通道了。

(3)关闭无用的设置。对于使用独立显卡、声卡、网卡的用户来说，板载声卡、网卡和 IEEE 1394 接口都很少用到，可以选择关闭来节省系统资源。

1.4 计算机系统内的数据表示

计算机所能识别的数只有“0”和“1”，也就是二进制。不管平时输入的数据多么复杂，在计算机看来就是“0”和“1”，或者说是高、低电平。在计算机中能直接表示和使用的数据有数值数据和字符数据两大类。数值数据用于表示数量的多少，可带有表示数值正负的符号位；符号数据又叫非数值数据，包括英文字母、汉字、运算符号以及其他专用符号。不管是数值数据还是字符数据都要转换成等值的二进制数或二进制编码才能在计算机中存储和操作。

1.4.1 数据与进制

1. 按权展开

如果数制只采用 R 个基本符号，则称为基 R 数制，R 称为数制的基数，而数制中的每一固定位置对应的单位值称为“权”。权的大小是以基数为底，数字符号所处的位置的序号为指数的整数次幂。例如，十进制数的百位、十位、个位、十分位的权分别是 10 的 2 次方、10 的 1 次方、10 的 0 次方和 10 的 −1 次方。同理，二进制数就是 2 的 n 次幂。例如，二进制数 $(110.01)_2$ 按权展开为 $(110.01)_2 = 1\times2^2 + 1\times2^1 + 0\times2^0 + 0\times2^{-1} + 1\times2^{-2}$。

任何有 n 位整数和 m 位小数的十进制数都能表示为

$$D = D_{n-1}\times10^{n-1} + D_{n-2}\times10^{n-2} + \cdots + D_0\times10^0 + D_{-1}\times10^{-1} + \cdots + D_{-m}\times10^{-m}$$

同理，任何有 n 位整数和 m 位小数的二进制数都能表示为

$$D = B_{n-1}\times2^{n-1} + B_{n-2}\times2^{n-2} + \cdots + B_0\times2^0 + B_{-1}\times2^{-1} + \cdots + B_{-m}\times2^{-m}$$

这就是按权展开形式，任何进制都能按权展开，这样可以快速方便地得到对应的十进制值。

例 1.1　将二进制数 $(10110.0101)_2$ 按权展开。

解　$(10110.0101)_2 = 1\times2^4 + 0\times2^3 + 1\times2^2 + 1\times2^1 + 0\times2^0 + 0\times2^{-1} + 1\times2^{-2} + 0\times2^{-3} + 1\times2^{-4} = (22.3125)_{10}$

2. 计算机中进位计数制

数制是用一组固定数字和一套统一规则来表示数目的方法。进位计数制是指按指定进位方式计数的数制。表示数值大小的数码与它在数中所处的位置有关，简称进位制。在计算机中，使用较多的是二进制、十进制、八进制和十六进制，如表 1.8 所示。

表 1.8　四种常用的数制

数　制	基　　数	基数个数	权	进数规律
十进制	0,1,2,3,4,5,6,7,8,9	10	10^i	逢 10 进 1
二进制	0,1	2	2^i	逢 2 进 1
八进制	0,1,2,3,4,5,6,7	8	8^i	逢 8 进 1
十六进制	0,1,2,3,4,5,6,7,8,9, A,B,C,D,E,F	16	16^i	逢 16 进 1

二进制(Binary Notation)不符合人们的使用习惯，在日常生活中，不经常使用。然而计算机内部的数是用二进制表示的，其主要原因如下：

(1)电路设计简单。二进制数只有“0”和“1”两个数码，计算机是由逻辑电路组成的，因此可以很容易地用电器元件的导通和截止来表示这两个数码。

(2)可靠性强。用电器元件的两种状态表示两个数码，数码在传输和运算中不易出错。

(3)简化运算。二进制的运算法则很简单，例如：求和法则只有 3 个，求积法也只有 3 个，如果使用十进制则要烦琐得多。

(4)逻辑性强。计算机在数值运算的基础上还能进行逻辑运算，逻辑代数是逻辑运算的理论依据。二进制的两个数码，正好代表逻辑代数中的“真”(True)和“假”(False)。

八进制(Octal Notation)和十进制类似，并且可以方便地转化为二进制。通常被用做二进

制的缩写。如二进制数$(110111001101)_2$可以表示成$(6715)_8$，便于表示和记忆。

设任意一个具有 n 位整数，m 位小数的八进制数 O，可表示为

$$O=O_{n-1}\times 8^{n-1}+O_{n-2}\times 8^{n-2}+\cdots+O_0\times 8^0+O_{-1}\times 8^{-1}+\cdots+O_{-m}\times 8^{-m}$$

例 1.2 将$(235.2)_8$按权展开。

解 $$(235.2)_8=2\times 8^2+3\times 8^1+5\times 8^0+2\times 8^{-1}=(157.25)_{10}$$

十六进制(Hexadecimal Notation)中的 A,B,C,D,E,F 六个数码，分别代表十进制数中的10,11,12,13,14,15。表示同样的数值，用十六进制位数最少。例如，二进制$(110111001101)_2$可以表示成$(DCD)_{16}$，此外，能方便地表示为二进制。十六进制数常用来表示二进制数和地址。

设任意一个具有 n 位整数，m 位小数的十六进制数 H，可表示为

$$H=H_{n-1}\times 16^{n-1}+H_{n-2}\times 16^{n-2}+\cdots+H_1\times 16^1+H_0\times 16^0+H_{-1}\times 16^{-1}+\cdots+H_{-m}\times 16^{-m}$$

例 1.3 将$(3C4)_{16}$按权展开。

解 $$(3C4)_{16}=3\times 16^2+12\times 16^1+4\times 16^0=(964)_{10}$$

3. 进制间的相互转换

二进制数、八进制数、十六进制数转换为十进制数的方法是按权展开求和法，即前面讲到的按权展开。

(1)十进制转二进制。十进制数转换为二进制时分为整数和小数两部分，分开进行转换后相加。十进制整数部分采用除 2 取余的方法，直到商数为 0，最后得到的余数是二进制整数的最高位，即将结果逆序排列；十进制小数部分采用乘 2 取整的方法，首先得到的整数部分是转换成的二进制小数的最高位，直至达到要求的精度为止。

以此类推，十进制数转换成任意 r 进制数的方法，整数部分采用除 r 取余的方法，小数部分采用乘 r 取整的方法，具体可由十进制转二进制方法类推。

例如将十进制数$(89.2541)_{10}$转换成二进制数。其做法为整数部分是除 2 取余，逆序排列。将十进制数反复除以 2，直至商是 0 为止，并将每次相除之后所得的余数按次序记下来，第一次相除所得余数是 K_0，最后一次相除所得的余数是 K_{n-1}，则 $K_{n-1}K_{n-2}\cdots K_2K_1$ 即为转换所得的二进制数。此计算过程如下：

```
2 | 89
  ----
 2 | 44    ……1   ↑ 低位
   ----
  2 | 22   ……0
    ----
   2 | 11  ……0
     ----
    2 | 5  ……1
      ---
     2 | 2 ……1
       ---
      2 | 1 ……0
        ---
          0 ……1   高位
```

此时按逆序排列就得到整数部分的二进制表示$(1011001)_2$

小数部分：乘 2 取整，顺序排列。将十进制数的纯小数反复乘以 2，直至乘积的小数部分为 0，或小数点后的位数达到精度要求为止。第一次乘以 2 所得的结果是 K^{-1}，最后一次乘以 2 所得的结果是 K^{-m}，则所得二进制数为 $0.K^{-1}K^{-2}\cdots K^{-m}$。其过程如下：

$$
\begin{array}{ll}
0.2541\times2=0.5082\ \cdots\cdots\ 0 & \text{高位} \\
0.5082\times2=1.0164\ \cdots\cdots\ 1 & \downarrow \\
0.0164\times2=0.0328\ \cdots\cdots\ 0 & \downarrow \\
0.0328\times2=0.0656\ \cdots\cdots\ 0 & \text{低位}
\end{array}
$$

得到小数部分的二进制表示为$(0.0100)_2$，即$(89.2541)_{10}=(1011001.0100)_2$

(2)八进制与二进制的转换。二进制数转换成八进制数：从小数点开始，整数部分向左、小数部分向右，每 3 位为一组用一位八进制数的数字表示，不足 3 位的要用“0”补足 3 位，就得到一个八进制数。

八进制数转换成二进制数：把每一个八进制数转换成 3 位的二进制数，就得到一个二进制数。

例 1.4　将八进制的 47.415 转换成二进制数。

$$
\begin{array}{cccccc}
4 & 7 & . & 4 & 1 & 5 \\
100 & 111 & . & 100 & 001 & 101
\end{array}
$$

即　$(47.415)_8=(100111.100001101)_2$

例 1.5　将二进制的 10110.0011 转换成八进制数。

$$
\begin{array}{cccccc}
\underline{010} & \underline{110} & . & \underline{001} & \underline{100} \\
2 & 6 & . & 1 & 4
\end{array}
$$

即　$(10110.0011)_2=(26.14)_8$

(3)十六进制与二进制的转换。二进制数转换成十六进制数：从小数点开始，整数部分向左、小数部分向右，每 4 位为一组用一位十六进制数的数字表示，不足 4 位的要用“0”补足 4 位，就得到一个十六进制数。

十六进制数转换成二进制数：把每一个十六进制数转换成 4 位的二进制数，就得到一个二进制数。

例 1.6　将十六进制数 6DF.7 转换成二进制数。

$$
\begin{array}{ccccc}
6 & D & F & . & 7 \\
0110 & 1101 & 1111 & . & 0111
\end{array}
$$

即　$(6DF.7)_{16}=(011011011111.0111)_2$

例 1.7　将二进制数 1101001.111 转换成十六进制数。

$$
\begin{array}{cccc}
0110 & 1001 & . & 1110 \\
6 & 9 & . & E
\end{array}
$$

即　$(1101001.111)_2=(69.E)_{16}$

注意:以上所说的二进制数均是无符号的数。这些数的范围如表 1.9 所示。

表 1.9　二进制无符号数的范围

无符号位二进制数位数	数值范围	十六进制范围表示法
8 位二进制数	0～255(255＝2^8－1)	00～0FFH
16 位二进制数	0～65535(65535＝2^{16}－1)	0000H～0FFFFH
32 位二进制数	0～2^{32}－1	00000000H～0FFFFFFFFH

除了无符号数外,计算机中常用的还有带符号数,其机器码表示方法为:带符号二进制数用最高位的一位数来表示符号:"0"表示正,"1"表示负。例如,在一个 8 位字长的计算机中,数据的格式如图 1.21 所示,最高位为"0"表示正数,为"1"表示负数。二进制带符号数的范围如表 1.10 所示。

0(1)							

图 1.21　计算机中 8 位字长数据的格式

表 1.10　二进制带符号数的范围

含符号位二进制数位数	数值范围	十六进制范围表示法
8 位二进制数	－128 ～ ＋127	80H～7FH
16 位二进制数	－32768 ～ ＋32767	8000H～7FFFH
32 位二进制数	－2147483648～＋2147483647	80000000H～7FFFFFFFH

注意:在程序设计中,为了区分不同进制数,通常在数字后用一个英文字母为后缀以示区别。例如:

十进制数:数字后加 D(可省略),如:11D 或 11;

二进制数:数字后加 B,如:1101B;

八进制数:数字后加 Q,如:27Q;

十六进制数:数字后加 H,如:4C5AH。

4. 数值数据的编码方法

为了运算方便,机器数有不同的编码方法,称为码制。常用的码制有原码、反码、补码以及移码等。

(1)原码。原码又称符号绝对值码。数据最高位为符号位,正数用"0"表示,负数用"1"表示。其他位为数据位,用二进制数的绝对值表示。原码与真值转换方便,但做加减运算不方便，且零有“＋0”和“－0”两种表示方法。

设符号位为 x_0，x 真值的绝对值 $|x|=x_1x_2x_3\cdots x_n$，则 x 的机器数原码可表示为

$$[x]_{原}=x_0x_1x_2x_3\cdots x_n$$

当 $x\geqslant 0$ 时，$x_0=0$；当 $x<0$ 时，$x_0=1$。

例如：已知 $x_1=-101\text{B}$，$x_2=+101\text{B}$，则 x_1，x_2 有原码分别是 $[x_1]_{原}=1101\text{B}$，$[x_2]_{原}=0101\text{B}$。

原码表示的规律：正数的原码是它本身，负数的原码是取绝对值后，在最高位补“1”。

(2)反码。一个负数的原码符号位不变，其余各位按位取反就是机器数的反码表示法。正数的反码表示与原码相同；负数的反码表示，其符号位用“1”表示。反码零也有“＋0”和“－0”两种表示方法，因运算不便较少使用。

(3)补码。为了加减运算的方便引入了补码概念，关键思想是用加法代替减法。正数的补码与原码表示相同；负数的补码，其符号位用“1”表示，数值位用其绝对值的补数表示，即原码各位求反，末位加“1”。

补码可以看做是一种模数运算，例如以 100 为模，66＋40＝6(mod 100)，66－60＝6，即 66－60＝66＋40(mod 100)，也就说－60 的补码是 40(对 mod 100 而言)。模数可以理解为时钟的行走过程，时钟是模 60 的。计算机是一种有限字长的数字系统，因此它的运算都是有模运算，超出模的运算结果都将溢出。n 位二进制的模是 2^n。

一个数的补码记作 $[x]_{补}$，设模是 M，x 是真值，则补码的定义为

$$[x]_{补}=\begin{cases}[x]_{原} & (x\geqslant 0)\\ M+x & (x<0)\end{cases}$$

例 1.8 设字长 $n=8$ 位，$x=-1010001\text{B}$，求 $[x]_{补}$。

解 因为 $n=8$，模 $M=2^8=100000000\text{B}$，$x<0$，所以

$$[x]_{补}=M+x=100000000\text{B}-1010001\text{B}=10101111\text{B}$$

注意：这个 x 的补码的最高位是“1”，表明它是一个负数。对于二进制数还有一种更加简单的方法即由原码求出补码：正数的补码表示与原码相同；负数的补码是将原码符号位保持“1”之后，其余各位按位取反，末位再加“1”便得到补码，即取其原码的反码再加“1”：$[x]_{补}=[x]_{反}+1$。

(4)移码。为了比较两个整数的大小，引入了移码的概念。移码的数值部分与补码类似，但符号位与补码相反，即正数的移码符号位为“1”，负数的移码符号位为“0”。也就是说，求一个数的移码，可先求其补码再将其符号位取反。移码的表数范围与补码整数的表数范围相同。

5. 定点数和浮点数

(1)定点数(Fixed Point Number)。计算机处理的数据不但有符号，而且大量的数据带有小数，小数点不占有一位二进制而是隐含在机器数里某个固定位置上，通常采取两种简单的约定：一种是约定所有机器数小数的小数点位置隐含在机器数的最低位之后，叫定点纯整机器数，简称定点整数；另一种是约定所有机器数的小数点隐含在符号位之后、有效部分最高位之

前，叫定点纯小数机器数，简称定点小数。无论是定点整数，还是定点小数，都可以有原码、反码和补码三种形式。

定点整数可表示为

定点小数可表示为

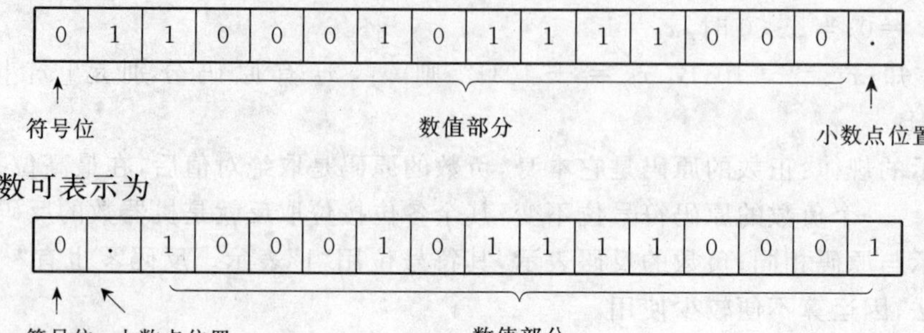

(2)浮点数(Floating Point Number)。计算机多数情况下采用浮点数表示数值，它与科学计数法相似，把一个二进制数通过移动小数点位置表示成阶码和尾数两部分，即

$$N=\pm S\times 2^{\pm P}$$

其中，P 是 N 的阶码(Expoent)，是有符号的整数；S 是 N 的尾数(Mantissa)，是数值的有效数字部分，一般规定 S 取二进制定点纯小数形式。在计算机中一般浮点数的存放形式简记为

阶符	阶码 P	尾符	尾数 S

例如：111.1001B＝0.1111001×2^{+3}，0.01011001B＝0.1011001×2^{-1}，其浮点数的表示格式为

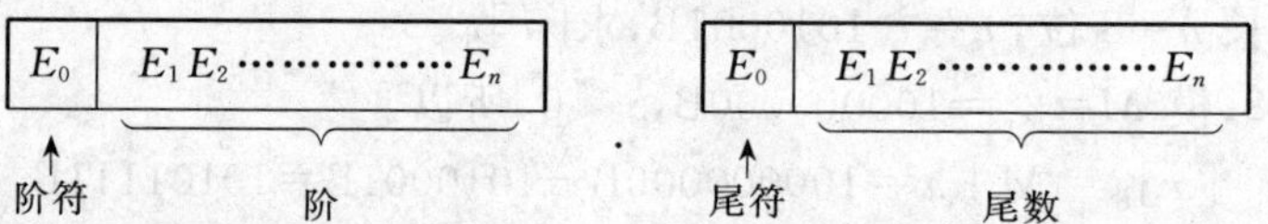

浮点数由阶码和尾数两部分组成，底数 2 不出现，是隐含的。阶码的正负符号 E_0，在最前位，阶反映了数 N 小数点的位置，常用补码表示。二进制数 N 小数点每左移一位，阶增加 1。尾数是有效位数，常取补码或原码，码制不一定与阶码相同，数 N 的小数点右移一位，在浮点数中表现为尾数左移一位。尾数的长度决定了数 N 的精度。尾数符号叫尾符，是数 N 的符号，也占一位。例如：写出二进制数－101.0101B 的浮点数形式，设阶码取 4 位补码，尾数是 8 位原码。

$$-101.1101=-0.1010101\times 2^{+3}$$

其浮点形式为阶码 0011，尾数 11010101。

阶码 0011 中的最高位“0”表示指数的符号是正号，其后面的“011”表示指数是“3”；尾数 11010101 的最高位“1”表明整个小数是负数，余下的 1010101 是真正的尾数。

1.4.2　基本逻辑关系

逻辑代数是 1847 年由英国数学家乔治·布尔(George Boole)首先创立的,故又称布尔代数。逻辑代数与普通代数的概念不同,逻辑代数表示的不是数的大小之间的关系,而是逻辑的关系,它仅有两种状态,即"0""1"或"真""假"。它是分析和设计数字系统的数学基础。

逻辑关系是指事物的条件与结果之间的因果关系。基本的逻辑关系有三种:逻辑与、逻辑或和逻辑非。

逻辑与(And):在决定某一事物结果的若干条件中,只有当所有条件都满足时,结果才出现,否则结果就不会出现,这样一种因果关系称为逻辑与关系(见表 1.11)。

表 1.11　逻辑与

A	B	逻辑与(A&B)
1	1	1
1	0	0
0	1	0
0	0	0

表 1.12　逻辑或

A	B	逻辑或(A|B)
1	1	1
1	0	1
0	1	1
0	0	0

逻辑或(Or):在决定某一事物结果的若干条件中,只要有一个条件满足时,结果就会出现;只有当所有条件都不满足时,结果才不出现,这样一种因果关系称为逻辑或关系(见表 1.12)。

逻辑非(Negate):在具有因果关系的某一事物中,当条件满足时,结果反而不出现;当条件不满足时,结果才出现,这样一种因果关系称为逻辑非关系(见表 1.13)。

表 1.13　逻辑非

A	逻辑非(¬A)
1	0
0	1

表 1.14　逻辑异或

A	B	逻辑异或(A⊕B)
1	1	0
1	0	1
0	1	1
0	0	0

逻辑异或(Exclusive Or):在决定某一事物结果的两个条件中,当其中一个条件能满足而另一条件不能满足时,结果才出现。这种现象叫逻辑异或(见表 1.14)。

例如:1101&1001 = 1001;

1101 | 1001 = 1101;

¬ 1101 = 0010;

1101⊕1001 = 0110。

1.4.3 数据单位与非数值信息的表示

计算机中常用的数据单位有以下几种：

位(bit,简写 b)：位是电子计算机中最小的数据单位。每一位的状态只能是 0 或 1。

字节(Byte,简写 B)：8 个二进制位构成 1 个字节，它是存储空间的基本计量单位。1 个字节可以储存 1 个英文字母或者半个汉字，换句话说，1 个汉字占据 2 个字节的存储空间。

字(word,简写 w)：字由若干个字节构成，字的位数叫做字长，不同档次的计算机有不同的字长。例如一台 8 位机，它的 1 个字就等于 1 个字节，字长为 8 位。如果是一台 16 位机，它的 1 个字就由 2 个字节构成，字长为 16 位。字是计算机进行数据处理和运算的单位。

KB：在计算机中 K 表示 1 024，也就是 2^{10}。1 KB 表示 1K 个 B，即 1 024 个 b。

MB：在二进制中，MB 也表示到了百万级的数量级，但 1 MB 不是正好等于 1 000 000B，而是 1 024×1 024=1 048 576B。数据单位转换如表 1.15 所示。

表 1.15 数据单位转换

1 B	8 b
1 KB	1 024 B
1 MB	1 024 KB
1 GB	1 024 MB

计算机除了能处理数值信息外，还能处理大量的非数值信息。非数值信息是指字符、文字、图形等形式的数据，不表示数量大小，仅表示一种符号，所以又称符号数据。人们使用计算机，主要是通过键盘输入各种操作命令及原始数据，与计算机进行交互。然而计算机只能存储二进制，这就需要对符号信息进行编码，人机交互时敲入的各种字符由计算机自动转换，以二进制编码形式存入计算机。

英文字符编码的国际标准是 ASCII 码，ASCII 码是“美国标准信息交换代码”(American Standard Coad for Information Interchange)，此编码被国际标准化组织 ISO 采纳后，作为国际通用的信息交换标准代码，用 7 位二进制数表示(也有 8 位的版本)，可表示 128 个不同符号。扩展的二/十进制交换码 EBCDIC 采用 8 位表示一个字符，可表示 2^8=256 个不同符号。

汉字编码有很多种方法。常用的数字编码方式(如电报码)是区位码，将常用汉字分成 94 个区，每个区又分成 94 位，每个汉字的区位编号用两个字节的十进制数表示。拼音码(如：双拼、全拼)和字形码(如：五笔字型码)也是常用的汉字输入编码方法。汉字国标码也是数字编码，它是汉字信息交换码的国家标准，与区位码一一对应，但区号、位号用十六进制数表示，且第一个汉字放在十六进制的 21 区 21 位。

计算机内存储汉字的编码方法与输入编码不同，通常用两个字节汉字国标码表示，为与

ASCII 码区分，将每个字节的最高位置“1”表示汉字字符，而 ASCII 码的最高位为“0”，低 7 位表示其编码，这种汉字编码称为汉字机内编码，简称内码。汉字输出时通过内码找到其对应字模码(点阵字型)逐点输出点阵字形。如果一个汉字用 16×16 点阵表示，则每个汉字要占 2×16＝32B，两级汉字共 6 763 个字模(其中，一级常用汉字 3 755 个，二级常用汉字 3 008 个)，占用了大量存储空间。

1.4.4　数据校验码

计算机中的数据在传输、存储过程中可能会出错，为了及时发现和纠正错误，在数据编码中引入差错检测机制，最好能自动纠正差错，这种数据编码称为校验码或纠错码。

常用的校验码有奇偶校验码、海明码和循环冗余校验 CRC 码，它们都是在被校验数据中增加若干校验位，当被校验数据中的某些位出错时，校验位也随之出错，根据出错规律，可以发现被校验数据的出错情况，进而纠正错误。

1. 奇偶校验码

奇偶校验码是最常用的校验方法，可以发现一位错或奇数位数错，常用于存储器读写检查或 ASCII 字符传送过程中的检查。

奇偶校验实现的具体方法是为一个基本编码单位补充一个二进制位，称为校验位。通过设置校验位的值为“0”或“1”，使基本编码单位和该校验位含有“1”值的个数为奇数或偶数。在使用奇数个“1”的方案进行校验时，称为奇校验；反之，则称为偶校验。

2. 海明校验码

海明校验码常用于纠正 1 位数据出错。编码规则是在 n 位被校验数据位间插入 k 个校验位，其校验位的个数须要满足 $2^k-1\geqslant n+k$。校验位在海明码中的位置是固定的，一个校验位可校验多个数据位，每个校验位的取值等于其被校验数据位模 2 加(对应于逻辑异或)的结果，其中，被校验数据位的海明位号等于各校验位的海明位号之和。

当某个数据位出错时，会引起有关的校验位改变；当所有海明位均正确时，有关的校验值全为“0”。

当某个校验位出错时，会出现有关的校验值只有一位不为“0”，且其编码为该出错校验位的海明位号；当某个数据位出错时，有关的校验值有 2 位或 3 位不为“0”，且其编码为该出错数据位的海明位号。纠正错误时，只要将出错位变反即可，因此可以自动纠正 1 位错。但若发现多位数据出错或纠正多位出错的情况则要复杂得多。

3. CRC 循环冗余校验码

CRC 循环冗余校验码用于发现和纠正信息传送过程中连续出现的多位错误。CRC 码是指在 n 位被校验数据之后拼接 r 位校验码，得到 $n+r$ 位编码。因此，须设计一种算法，使得发送方根据 n 位数据算出 r 位校验码的值，一起发送给对方；接收方根据同一算法对 $n+r$ 位数据进行校验，即可判断传送过程是否出错。

1.5 阅读材料

1.5.1 计算机硬件的发展

1. 计算机的历史

现代计算机在问世之前，计算机的发展经历了机械式计算机、机电式计算机和萌芽期的电子计算机三个阶段。1623 年，德国科学家契克卡德(W. Schickard)制造了人类有史以来第一台机械计算机，这台机器能够进行六位数的加减乘除运算。1642 年，法国数学家帕斯卡(B. Parcal)采用与钟表类似的齿轮传动装置，制成了最早的十进制加法器。1674 年，莱布尼茨(G. W. Leibnlz)改进了帕斯卡的计算机，使之成为一种能够进行连续运算的机器，并且提出了"二进制"数的概念。1678 年，德国数学家莱布尼兹制成的计算机，进一步解决了十进制数的乘、除运算。1890 年，美国在第 12 次人口普查中使用了由统计学家霍列瑞斯(H. Hollerith)博士发明的制表机，从而完成了人类历史上第一次大规模数据处理。此后霍列瑞斯根据自己的发明成立了自己的制表机公司，并最终演变成为今日的 IBM 公司。1893 年，德国人施泰格尔研制出一种名为"大富豪"的计算机，该计算机是在手摇式计算机的基础上改进而来，并依靠良好的运算速度和可靠性而占领了当时的市场，直到 1914 年第一次世界大战爆发之前，这种"大富豪"计算机一直畅销不衰。

1895 年，英国青年工程师弗莱明(J. Fleming)通过"爱迪生效应"发明了人类第一只电子管。这项发明预示着计算机电子管时代的开启。在随后的 40 多年里，电子管计算机如雨后春笋般不断涌现，计算机的计算精度和运算速度都在不断提高。1943 年，英国外交部通信处制成了"巨人"电子计算机。这是一种专用的密码分析机，在第二次世界大战中得到了应用。

1947 年，12 月 23 号，贝尔实验室的肖克利(William B. Shockley)、布拉顿(John Bardeen)、巴丁(Walter H. Brattain)创造出了世界上第一只半导体放大器件，他们将这种器件重新命名为"晶体管"。1952 年 1 月，由"计算机之父"冯·诺伊曼(Von Neumann)设计的 IAS 电子计算机 EDVAC 问世。这台 IAS 计算机总共采用了 2 300 个电子管，运算速度却比拥有 18 000 个电子管的"埃尼阿克"提高了 10 倍，冯·诺伊曼的设想在这台计算机上得到了圆满的体现。20 世纪中期以来，计算机一直处于高速度发展时期，计算机由仅包含硬件发展到包含硬件、软件和固件三类子系统的计算机系统。计算机系统的性能-价格比，平均每 10 年提高两个数量级。计算机种类也一分再分，发展成如今的微型计算机、小型计算机、通用计算机(包括巨型、大型和中型计算机)，以及各种专用机(如各种控制计算机、模拟-数字混合计算机)等。

计算机器件从电子管到晶体管，再从分立元件到集成电路以至微处理器，促使计算机的发展出现了三次飞跃。直至今天，计算机仍然在以飞快的速度发展，从计算机只用于科学计算到今天计算机进入千家万户，应用于各种行业，我们相信计算机在给我们带来便捷的同时，人类探索计算机的脚步将永不停止。

2."耗子"的历史

图 1.22　世界上第一个鼠标

从第一个鼠标诞生到今天已经有了近 40 个年头。鼠标的发明者是美国加州斯坦福大学 Douglas Englebart 博士。Englebart 博士设计鼠标的初衷就是为了使计算机的操作更加简便,用图形化来代替键盘那烦琐的指令。他制作的鼠标是一只小木头盒子,工作原理是由它底部的小球带动枢轴转动,并带动变阻器改变阻值来产生位移信号,信号经计算机处理,屏幕上的光标就可以移动。图 1.22 是世界上第一个鼠标。

在这 40 年的发展历程中,鼠标也经历了一代又一代的变革和发展,无论从鼠标的工作原理还是其接口又或是其按键都经历了翻天覆地的变化,然而唯一没变的只有鼠标"Mouse"这个名称。有意思的是,在鼠标的发展中从来没有一个人将"Mouse"这个词直接翻译成老鼠或耗子。鼠标使计算机操作更为简易,而风靡全球的 Windows 操作系统及其相关应用软件的普及也加速了鼠标在个人计算机中的广泛应用。一句话,鼠标的出现让我们的工作和生活变得更为轻松方便。

1.5.2　计算机的应用与产业

随着多媒体技术的发展和社会信息化的提高,计算机技术已经应用于我们生活的各行各业中。以前,计算机还基本上只在科学计算、过程检测与控制、数据处理和计算机辅助系统等领域,现在,计算机已经深入到了教育、商业和娱乐领域之中。计算机在教育中的应用主要包括多媒体教学、模拟教学、使用智能机器教学和互动教学等。例如,我们的语音课、多媒体课程等都改变了以前枯燥的书本教学模式,而是将视频、音频等视觉和听觉系统应用到了我们的学习课程之中,这样这些教学便立体起来,能够使人产生真实的感受,从而使学习的效果大大提高。计算机在商业中的应用包括像供应连锁管理、项目管理、消费关系管理、使用电子商务的市场销售和制造研究等相关领域中。计算机在这些领域中的应用更加重要,甚至根本就离不开计算机。设想一下,假如你的连锁商店的计算机系统突然中断,这会给你造成多大的损失?今天,将计算机技术应用到娱乐中可以说是人们在提高自己的精神生活方面最有成就的一项发明。如今音乐的制作、电影的特效、游戏动画,包括数字旅游等都是靠着强大的计算机支持才有了今天的繁荣,才有了百花齐放的精彩。

谈到了计算机的应用就不得不说说计算机的相关产业。我们经常会听到 IT 业这个概念,IT 就是信息技术(Information Technique),而 IT 产业(IT Industry)则涉及研发、制造、销售、维护计算机、软件以及相关产品的产业。由此看来,计算机真是神通广大,不仅几乎遍布了所有的产业领域,还为人们的精神世界提供了加工原材料的技术基础。我们通常说的计算机产业包括制造掌上计算机、个人计算机、高端工作站、服务器、主机和超级计算机等。在计算机产业发展的过程中也出现了一些比较有趣的事，比如在 20 世纪 90 年代出现了大量的互联网公司，称做“dot coms”，因为它们的域名中有“.com”，很多公司甚至在公司名称中也有“.com”，我们熟知的 Amazon.com 就是最早的互联网公司之一。当然，伴随着经济全球化，所有的公司几乎都遇到了拥有先进科技的竞争对手，即便竞争对手现在还没出现，但是我们也有理由相信对手是迟早会到来的。这些公司的要诀只有一个：如果竞争对手使用了先进的技术，那么你必须跟进和超越。这样，计算机技术在竞争中不断地得到迅速成长，这也是计算机技术日新月异的一方面因素。

1.5.3 摩尔定律和数据的帕金森定律

摩尔定律是指芯片上可容纳的晶体管数目，约每隔 18 个月便会增加一倍，性能也将提升一倍。摩尔定律是由英特尔(Intel)名誉董事长 (Gordon Moore)经过长期观察总结发现得到的。其描述主要有以下三种：

(1)芯片密度(电子元件个数)，每隔 18 个月就翻一番。

(2)处理器的运行速度每隔 18 个月提高一倍，而价格下降一半。

(3)用同样的钱所能买到的计算机性能，每隔 18 个月翻两番。

这个定律揭示了摩尔的一个观点，即存储容量以指数形式增大，而用户购买计算机部件的价格在降低。

须要指出的是，摩尔定律并非数学、物理定律，而是对发展趋势的一种分析预测，到今天为止，计算机的发展仍然没有摆脱摩尔定律，从这点来说这已经是难能可贵了。

帕金森定律(Parkinson's Law)是由英国历史学家诺斯科特·帕金森(C. Northcote Parkinson)提出的，原本是嘲讽官僚体制的效率低下，揭示官僚主义的本质，认为政府官员总是无事生非，这样他们就可以成倍地增加下属人员，也可以提高自己的威望。这一定律体现在管理机制上便形成行政命令的便捷性和权威性，最终使官僚们的利益和权力欲望得到满足。这一定律的结论是一份工作所需要的资源与工作本身并没有太大的关系，一件事情被膨胀出来的重要性和复杂性，与完成这件事怕花的时间成正比。

数据帕金森定律是指数据和空间同步增大，随着内存或者磁盘空间的不断增大，对内存或磁盘空间的要求也相应的提高。如同 Parkinson's Law 所预测的，今天的操作系统越来越大，同时需要越来越大的内存来运行；随着磁盘空间变大，用户也开始有了新的需求，例如，存储音乐、视频短片、电影等。

第 2 章　计算机 DIY 与维护

计算机的发展如此之快，其更新速度也越来越快。为了打造一台专属自己的计算机、为了省下更多的钱，您是不是也准备自己组装一台计算机了呢？这一章将给大家介绍在选购计算机硬件时需要注意的方面，以及计算机基本维护的一些知识。

2.1　计算机 DIY 与硬件的选购

DIY(Do It Yourself)是当今非常流行的一个词，自己动手打造出来的东西往往会让人有成就感。计算机 DIY 简单说来跟炒菜差不多，首先要选好料，确定需要做什么样的菜，然后根据自己口味的不同细心调配。当一盘香甜可口的佳肴最终摆上餐桌时，不仅让自己感到骄傲，品尝过这盘菜肴的人也会赞不绝口。下面来详细介绍选购计算机各个不同硬件时须注意的方面。

2.1.1　主板

主板是计算机中最重要的部件之一，CPU、内存、硬盘、光驱等都要与其相连，可以说主板是购机时首要考虑的因素。不仅主板的性能是须要考虑的一个重要方面，而且主板还决定了所用 CPU 的种类，因为这是由主板 CPU 插槽类型决定的。总之，主板的选购是很讲究的，所以许多新手在选购主板时常常感到迷茫。衡量主板优劣的主要指标包括采用的架构，使用的芯片组，工作的稳定性，可支持的最大内存容量和频率，PCI，AGP 插槽的种类和数量等。现在，将讲解在选购主板时须要注意的问题和关于主板的一些知识。

1. *主板在选购时须要考虑的因素*

(1)主板架构。架构指的是主板的板型以及布局，特别是主板所能提供的 CPU 安装方式。主板的插槽类型分为 Socket7，Slot1，SlotA，Socket370，Socket754，Socket939，AMD 的 Socket AM2 等。Socket 的意思就是插槽，后面的数值就是该插槽针脚的数目。它们分别与对应的 CPU 搭配。主板板型有 ATX 和 Micro ATX。Micro 就是指“小”，所以这样的主板设计接口都少一些，内存插槽只有 2～3 个，PCI 就有 3 个左右。

由于系统所选用的 CPU 大致决定了计算机的档次，而主板 CPU 插槽又决定了主板所支持 CPU 的类型，因此，从某种意义上讲主板就决定了计算机系统的档次。

(2)芯片组。芯片组(Chipset)是主板的核心组成部分，主板的功能主要取决于芯片组。按照在主板上的排列位置的不同，通常分为北桥芯片和南桥芯片。北桥芯片主要决定主板的规格、对硬件的支持以及系统的性能，它连接着CPU、内存、AGP总线。北桥芯片往往有较高的工作频率，发热量较高，一般都有独立的散热装置。南桥芯片主要决定主板的功能，主板上的各种接口（如USB）、PCI总线、IDE以及主板上的其他芯片（如集成声卡、集成显卡、集成网卡等），都归南桥芯片控制，其中，北桥芯片起着主导性的作用，具有相同型号北桥芯片的主板功能也就差不多。

（3）扩展槽与I/O接口。首先是内存插槽，内存插槽的类型表明了主板支持的内存类型。内存插槽一般有2～4个，留有一定的扩展空间。其次是PCI扩展槽，现在大部分声卡、网卡都采用了PCI总线。还有AGP显卡插槽，这是显卡专用的插槽，目的是为了满足对图像显示质量精益求精的要求，因为主板集成的显卡性能有限，对于专业绘图和目前发展迅猛的游戏业来说集成显卡是远远达不到要求的。

I/O接口包括连接硬盘与光驱的IDE接口、PS/2接口、USB以及串口（COM口，用于连接数码相机、扫描仪等）和并口（主要用于连接打印机，也称打印口）等。接口是扩充外设的必要条件，特别是移动设备的快速发展，目前，USB接口已成为使用最为广泛的外部接口了，因此其数量也是需要考虑的因素之一。

2. 主板的选购

主板的作用是为其他硬件搭建一个平台，因此在选购主板时必须明确到底需要什么样的计算机，即需要拿这台计算机来做什么。不同的用途对计算机的要求差异是很大的，比如以游戏为主的系统需要对显卡、内存和CPU有较高的要求，而以文字处理为主的系统对这两项要求都不会很高。

在确定好需求后就要选择主板的芯片了，即选择主板所支持的内存类型和外设等。一般而言，如果要求大容量的内存而且外设较多，主板就需要能支持大容量内存并且扩展插槽多；如果对图形显示方面没有太多要求，只要能够满足日常使用就不需要购买独立显卡，只要衡量一下主板集成显卡的性能即可。

选择好主板芯片组后就要考虑选购时的一些基本原则了。

（1）厂家。厂家即品牌，这是很重要的，一般一线厂商（如Intel、技嘉、华硕等）是技术的领先者，他们是主板的合理设计和性能稳定的代言人。而且这些厂商生产产品做工考究、用料充足，对于初级用户来说这些厂商更具有可信度。当然，不是说只有一线厂商的产品才是可以信赖的，需要说明的是主板的选购是很讲究的，在选择主板的过程中一定要综合考虑各种因素。

（2）必要的功能。例如BIOS的种类、是否支持大容量内存和硬盘等，还要检查系统时钟、扬声器、HD工作指示灯等是否正常。

（3）兼容性。兼容性往往是必须考虑的因素，但是考察兼容性又有其特殊性，因为要考虑的因素很多，而且很可能不是主板的问题，其他硬件也可能导致系统兼容性差。通过更换硬件通常可以解决兼容性的问题。

（4）性价比。实际上购买兼容机的一个普遍的初衷就是兼容机比整机的性价比高。总之要考虑到价格的因素就要做到配置实用、够用、好用，根据自己的实际需要，花更少的钱获得性能更好的计算机。

(5)升级和扩充性。买主板要考虑将来计算机系统的升级和扩展能力。一般而言,用户购买的计算机都是需要升级的,这主要是内存和显卡、硬盘等扩展设备的升级和扩充。因此主板插槽数量是一个必须要考虑的因素。

(6)稳定性。稳定性不能目测,需要通过一些测试来验证,例如负荷测试和烧机测试,但这对于用户来说很难在购买之前就做好。一般通过目测主板可以初略地判断主板的好坏:首先做工要精良,即焊接点整齐,主板看起来光泽;其次是结构布局要合理,好的主板设计紧密,布局整齐,有利于散热。

使用 CPU - Z 查看主板信息,其中包括主板生产厂商、芯片组以及该主板的型号,如图 2.1所示。

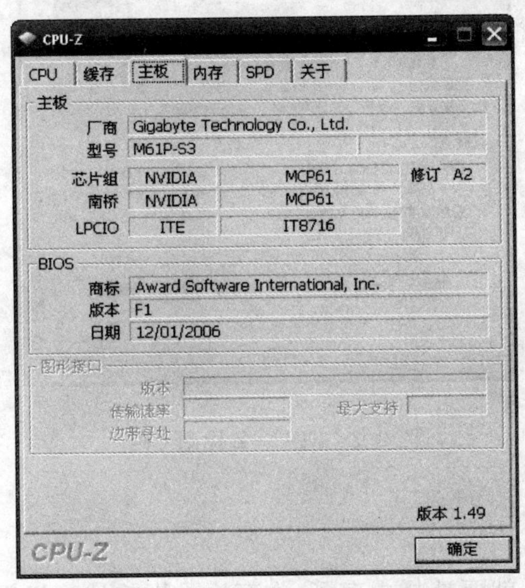

图 2.1　CPU - Z 查看主板信息

2.1.2　CPU

在第 1 章已经对 CPU 的主要性能指标做了比较详细的介绍,这里主要介绍 CPU 在选购时须注意的问题。对普通用户而言,可供选择的 CPU 只有 AMD 和 Intel,选择用 AMD 的 CPU 就只能配支持 AMD 的主板,用 Intel 的 CPU 就只能配支持 Intel 的主板。在决定选购何种 CPU 之前,一定要明确装机的目的,不要盲目追赶潮流。

选择 CPU 也是购机中重要的一环。CPU 的用户大致可分为三类:一是追求高性能者,他们大都是须要进行大量图形处理或是对 3D 游戏画面质量要求苛求的游戏爱好者,又或是专业计算机发烧友(如超频爱好者等),这类用户就需要选择较高端的 CPU 或超频能力强的 CPU;二是追求低价者,他们的计算机只是用于文字处理或是简单的游戏或上网,他们可以选择中低端的 CPU;第三类就是追求高性价比者,这应该是大多数用户的选择。对于最后一类用户,选择 CPU 时首先须要综合考虑 CPU 的性能参数主要有主频、缓存、工作电压和制作工艺这四项;其次还要考虑价格。追求性价比的用户选择中端产品即可,市场价一般为 600 元左右。在购买 CPU 时,正牌盒装 CPU 是首选。在装机后可以用测试软件对 CPU 进行测试,这样可以辨别 CPU 真伪。常用的测试工具是 CPU - Z,它可以检测出 CPU 的主频、倍频、缓存大小、核心数、工作电压、制造工艺等如图 2.2 所示的 CPU 选项卡。

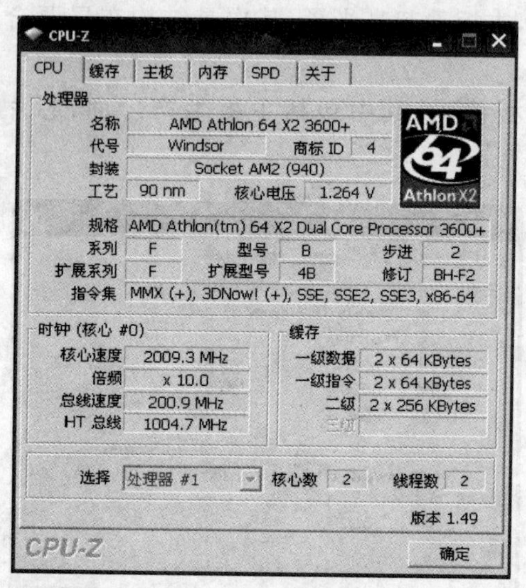

图 2.2 CPU - Z 检测 CPU

2.1.3 内存

在选择好主板、CPU 后就要选择内存了,内存也是影响计算机系统的重要因素。

内存的技术指标一般包括引脚数、容量、速度(频率)、奇偶校验、颗粒质量、品牌等。内存条通常有 512 MB,1 GB,2 GB 等容量级别,其中,1 GB 的 DDR2 内存已成为当前的主流产品。内存条芯片的频率是另一个重要指标,目前多为 667 MHz 的 DDR2 内存和 800 MHz 的 DDR2 内存。当然,上一代 DDR 内存市面上也有,不过已经比较少,主要是为一些老机型的升级所用,所谓物以稀为贵,DDR 价格比 DDR2 的贵。内存条有无奇偶校验位是人们常常忽视的问题,奇偶校验对于保证数据的正确读写起到很关键的作用,尤其是在进行数据量非常大的计算中。标准型的内存条有的有校验位,有的没有;非标准的内存条均有奇偶校验位。

在选购内存时需要注意以下几点:

(1)内存不是越大越好,也不是越快越好。打个比方,假如你骑自行车,你在普通的马路上骑感觉挺好,但是让你在高速公路上骑(当然这不可能),你还是骑的自行车,想快也快不到哪里去。内存就是计算机的通道,要想计算机运行得快,其他配置都得跟上去才行。当然,内存不够用的话计算机其他的配置再好也跑不起来。

(2)兼容性。兼容性也就是要适合你的主板。计算机系统的时钟速度是以频率来衡量的。晶体振荡器控制着时钟速度，晶体的振动以正弦调和变化的电流形式表现出来，这一变化的电流就是时钟信号。然而内存本身并不具备晶体振荡器，因此内存工作时的时钟信号是由北桥或直接由主板的时钟发生器提供的，也就是说内存无法决定自身的工作频率，其实际工作频率是由主板来决定的。很简单的一个道理，一块只支持 DDR 内存的主板是不可能使用 DDR2 内存的。

(3)内存的升级。内存种类很多，各生产厂商生产的内存性能也参差不齐，主要是选用的内存颗粒不同。在升级内存时最好选用同型号同品牌的内存，这样兼容性会更好。

(4)识别真假内存。如果有条件的话，可以使用测试软件(CPU－Z 等)对内存进行测试，防止受骗，但一般来说消费者是没有这个条件当场测试的。因此需要肉眼观察：识别假货就是看做工，大品牌内存保护性电阻会比较多，线路走得也比较到位，外观看上去颜色均匀、表面光滑、边缘整齐无毛边。盒装内存的包装盒要完整，并查看内存金手指上是否有划痕等。

小常识：

内存品牌有现代、三星、LG、西门子等。购买时应注意观察芯片表面印字是否清晰，标称速度为多少。需要特别说明的是，上面所说的品牌仅仅是指内存芯片，而不是整个内存条。将内存芯片封装在电路板上制成内存条的工作是由其他厂商完成的，例如美国金仕顿内存只是封装其他厂商的优质内存芯片制成的，它本身并不生产内存芯片。所以，即使采用同一品牌芯片的内存条，由于封装厂商不一，质量也会存在很大差异。内存的检测也可以用 CPU－Z 进行，如图 2.3 所示的 CPU－Z 中的内存选项卡。检测的内容包括内存的类型、容量以及内存的时序。

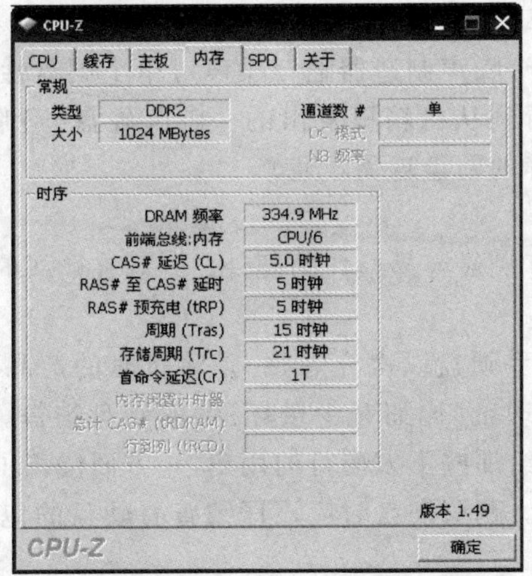

图 2.3　CPU－Z 内存检测

2.1.4 硬盘

硬盘价格较贵，存储的信息更是宝贵，因此，每个消费者都希望选择一个性价比高、性能稳定的硬盘，并且在一段时间内能够满足自己的存储需要。速度、容量和安全性一直是衡量硬盘优劣的三大要素，并且硬盘也是向着更大、更快、更安全的方向发展。选购硬盘首先应该从以下几方面加以考虑：

1. 硬盘容量

硬盘的容量是非常关键的，大多数被淘汰的硬盘都是因为容量不足，不能适应日益增长的海量数据的存储，存储空间缺乏是令人很头痛的事。在资金充足的情况下选择容量大的硬盘是很有必要的。一方面用户得到了更大的存储空间，能够更好地面对将来可能潜在的存储需要；另一方面容量越大，硬盘上每兆存储介质的成本就越低，无形中为用户降低了使用成本。但是实际需要和需求是不同的，一般用户不需要花大笔钱买 500 GB 的硬盘。

2. 硬盘速度

由于硬盘的读写离不开机械运动，其速度相对于 CPU、内存、显卡等的速度来说要慢得多。硬盘速度的快慢主要取决于转速、缓存、平均寻道时间和接口类型，速度快的硬盘当然要比速度慢的用起来舒服，例如当运行大型软件时，需要频繁地与硬盘交换数据，这时速度快的硬盘优势就体现出来了。硬盘速度是影响系统性能的主要因素之一，“木桶效应”也多少反映了这一事实。

3. 硬盘的缓存

缓存容量也是在选购时要认真考虑的，缓存大小决定了硬盘突发数据传输率的快慢，一般缓存容量不应低于 2 MB。

4. 噪声问题

相信没人愿意买回去一个噪声制造器吧？噪声对单个硬盘性能而言没有太大的影响，不过在夜深人静的时候，不时听到从机箱里发出的一阵阵硬盘“咯咯”的响声，会弄得你心烦不安。由此可知，当然是越安静的硬盘越受欢迎。

5. 售后服务

硬盘是脆弱的，也是计算机最容易损坏的硬件之一。在购买时应该了解其保质期。

6. 鉴别真伪

一些不法商贩经常将二手硬盘以次充好，一是将过时的产品以新产品的价格卖给用户。二是将品质上可能会有一些瑕疵（比如有少量坏道）的硬盘销售。三是将二手硬盘翻新再出售。不法商贩将这些产品卖给那些不太懂行的用户，一方面侵害了用户的合法权益；另一方面也为用户的使用埋下了隐患。购买硬盘时应该仔细查看硬盘的包装是否崭新，防伪标记等是否齐全。

2.1.5　显卡

显卡(Video Card)分为独立显卡和集成显卡。对于一般用户,如果只是上上网、看看电影,那么集成显卡就足够了;但对于需要专业图形处理和玩大型游戏的用户来说集成显卡则显得无能为力,这时候就需要独立显卡的支持。

购买显卡仍然逃不过物适其用、物尽其用的原则。显卡种类型号多而杂,有一般的显卡,也有专业显卡,它们的性能和价格相差甚远。对于大众使用的显卡也是千差万别,价格从几百到几千元不等。不要花了大笔钱却没有显卡发挥的余地,也不要买低档显卡来玩高端游戏,倒自己的胃口。一般有 AGP 接口显卡或者 PIC-E * 16 接口显卡,选择主板支持的显卡就可以。下面简单介绍显卡的选购策略:

图 2.4　显卡

(1) 种类。目前以 ATI 和 NVIDIA 公司的产品为主。

(2)架构。在资金允许的情况下,应该考虑新一代的显卡,新一代的显卡芯片在设计上都较老显卡优越得多。

(3)型号。显卡有所谓的渲染管线和渲染顶点,它们决定了显卡的性能。顶点渲染管线在 CPU 中的作用就是处理几何数据,并将 3D 数据投射到二维的屏幕上。显卡的渲染管线越多,显卡性能就越好。

(4)显存位宽。显存位宽是显存在一个时钟周期内所能传送数据的位数,位数越大则瞬间所能传输的数据量越大,这也是显存的重要参数之一。

(5)显存容量。显卡上的内存被称为显存。目前为止,显存与系统内存用的都是完全相同的技术。不过高端显卡需要比系统内存更快的存储器,所以越来越多显卡厂商转向使用 DDR2 和 DDR3 技术。显卡用的 GDDR2(G 代表 Graphics)比内存用的 DDR2 频率高很多,发热量也更大。显存容量与内存容量是一个道理,容量越大显卡也越贵,适用就行。当显存容量一样大时,就需要考虑显存的速度了。

(6)做工和品牌。好的品牌做工精致,而且性能也不错。做工主要是看显卡上的电容,电容品质的优劣直接决定了显卡工作的稳定性和显卡的使用寿命。

购买显卡需要注意的问题:

(1)尽量选购大公司的产品,因为这些大公司决不会用不成熟的公板设计,会改进其线路布局和用料,使产品品质更稳定。

(2)在做工方面,能反映出设计该产品的用心程度。例如:采用风扇散热还是散热片散热。风扇散热的效果要好于散热片的散热效果。

(3)要注意显卡的金手指部分,做工用料差别很大,从侧面看,做工好的显卡金手指镀层厚，有明显的突起，抗氧化能力强，经反复插拔摩擦也不易驳落。

2.1.6 声卡

声卡同显卡一样，分为两种，独立声卡和集成声卡。一般用户用集成声卡即可，是否购买独立声卡，主要取决于用户的需要。对于一般的上网用户或只用小音箱、耳机听听音乐的用户购买一块好的声卡大可不必；但是对于对音效音质有较高要求的发烧友来说，好的声卡是必需的。在选购声卡时需要注意以下几点：

1. 声卡接口

应当首选采用 PCI 接口的声卡。由于 PCI 声卡比 ISA 声卡的数据传输速率高出十几倍，因而受到许多消费者的欢迎。除此之外，PCI 声卡有着较低的 CPU 占用率和较高的信噪比，这也使功能单一、占用系统资源过多的 ISA 声卡显得风光不再。

2. 要按需选购

现在声卡市场的产品很多，不同品牌的声卡在性能和价格上的差异也十分巨大。一般说来，如果只是普通的应用，如听听 CD、看看影碟、玩一些简单的游戏等，所有的声卡都足以胜任，那么选购一款一般的廉价声卡就可以了；如果对声卡的要求较高，如音乐发烧友或个人音乐工作室等，这些用户对声卡都有特殊要求，如信噪比高不高、失真度大不大等，甚至连输入输出接口是否镀金都斤斤计较，这时当然只有高端产品才能满足其需求。声卡在计算机硬件中算是比较保值的，不像显卡一样更新换代迅猛。

3. 音效芯片

与显卡的显示芯片一样，在决定一块声卡性能的诸多因素中，音频处理芯片所起的作用是决定性的。所以，当你大致确定了要选购声卡的范围后，一定要了解有关产品所采用的音频处理芯片，它是决定一块声卡性能和功能的关键。

4. 兼容性

声卡与其他配件发生冲突的现象较为常见，不光是非主流声卡，就连名牌大厂的声卡都有这种情况发生，所以一定要在选购之前先了解自己机器的配置，尽可能避免不兼容情况的发生。

5. 做工

声卡的设计和制造工艺都很重要，因为模拟信号对干扰相当敏感。在买声卡时看一看声卡上面的电容和 CODEC 的牌子、型号，再对照其性能指标比较一下。如果有耳朵比较灵的音乐发烧友相陪就更好了，有些东西只能用耳朵去听，用眼睛是看不出来的。

不管选购声卡的经验有多少，其实最能决定一块声卡品质又能直观察觉出来的还是价格。只要是廉价的声卡，做工都不会好。同时，好的声卡一定要用好的音响，正所谓好马配好鞍。

2.2　其他外设的选购

2.2.1　显示器

显示器是购机过程中花费最多的，往往占总支出的 1/3 或 1/4。首先要明确你要选择 CRT 还是 LCD 显示器，不过现在 LCD 显示器的价格已经不像几年前那样高昂，目前 17 in 的 LCD 显示器一般在 1 000～1 500 元左右，而 CRT 显示器一般在 700～1 100 元左右。现在 LCD 显示器已经越来越受到人们的欢迎，它在体积、质量、便利性和功耗等方面较 CRT 显示器都有很大的优势，因此这里主要介绍 LCD 选购时需要考虑的因素：

(1)尺寸。LCD 显示器所标尺寸与有效显示范围尺寸基本一致，从这个角度分析，15 in 的 LCD 与 17 in 的 CRT 显示器相差无几。

(2)刷新率。刷新率是衡量 CRT 显示器的最重要指标之一，然而对于 LCD 来说，刷新率却并非那么重要，因为从技术上讲，LCD 显示器已基本无闪烁，所以刷新率这个指标达到 65 Hz 即可。

(3)响应时间。LCD 显示器的响应速度一般在 10～50 ms，当用 LCD 来看电影的时侯，场景变换快的时侯就可能留下运动的痕迹。当然，现在 LCD 显示器的响应速度越来越快，响应时间已不再是问题。

(4)可视角度。可视角度是 LCD 显示器最为重要的指标之一。一般来说，单人使用的显示器可视角度达到 120°就足够，可视范围大就看得更轻松。

(5)功耗。LCD 显示器的功耗比 CRT 显示器功耗一般要少一半以上。

(6)亮度和对比度。亮度越高，画面越亮丽。对比度高，色彩就会鲜艳饱和，还显得更立体，相反对比度低，颜色就会显得干涩。对比度起码应该在 250∶1 以上。

2.2.2　键盘与鼠标

现在键盘与鼠标是计算机的标准配置之一。在 DIY 自己计算机的时候很多商家甚至号称赠送鼠标键盘来吸引客户。的确，一般的鼠标和键盘成本很低，但是在购机过程中我们也应该牢记一句话：“天下没有免费的午餐”。一般用户攒机时都很注意主板、CPU、内存等影响机器性能的核心部件，而往往对键盘鼠标这些外设很不注意。其实，仔细分析一下这并非最优选择。

“赠送”或者“最便宜”的鼠标键盘是可以用的，并且有些质量还不错。但是还是需要知道如何选购用起来舒适，价格公道的鼠标和键盘，毕竟这两个设备是您接触最多，也是最易出现问题的。

对于键盘的选择，须根据个人的喜好或游戏的特点来选择。射击类游戏对键盘要求很高，例如在 CS 这些讲究移动节奏、跳跃节奏的游戏中，一个手感良好的键盘是必备的。还有一些游戏对按键的要求比较“怪异”，有时我们不希望突然按到 Windows 键而弹出游戏，因此在这种情况选择键盘时就不需要这些附加的功能键。另外手感是个很主观的因素，不同的人对键盘的手感有不同的要求，有些用户喜欢软一点的按键键盘，而有些用户喜欢硬些的按键键盘。总之，键盘的选择需要自己去尝试，适合自己的习惯和触感就可以了。

对鼠标的要求相对高一些。鼠标的灵活性、精确性都是必须要考虑的要素。对于游戏玩家来说，鼠标的好坏甚至比键盘还重要。很多游戏需要频繁使用鼠标左右键，有些游戏需要频繁移动鼠标，因此选择鼠标时需要鼠标的灵活性和精确性很高，也就是鼠标的频率要高。一般来说 USB 接口的鼠标频率要高于 PS/2 接口的鼠标。另外，鼠标的外形很重要，手感一流的鼠标会让人使用的时候感到舒适，现在甚至出现了根据人体工程学设计的鼠标。在鼠标选购中，品牌因素也很重要，微软、罗技等大公司的鼠标产品在精确性、灵敏度、耐用性上确实有相当优势，只是价格较贵。也有些中等价位的品牌鼠标也不错。总之，购买鼠标需要综合考虑自己的实际使用情况，选择合适自己手感和用途的鼠标。

2.2.3 电源与机箱

计算机的供电电源是带在机箱里的，很容易被忽视。其实，电源在计算机中是很重要的一个配件，因为主板和其他设备的用电都靠电源提供，而稳定和充足的电压是系统稳定的前提。电源的好坏直接影响着计算机的使用寿命，这种影响也许在短期内无法体现出来，但计算机常见故障中有相当大一部分是由于电源的质量引起的。由此可见，价格仅占计算机成本 5%左右的电源，其实际“威力”可是不小。

首先，无论是何种品牌的电源，一定要通过认证。全世界各个国家都对电源制定了严格的规范。优质的电源具有 FCC、美国 UR 和中国长城等认证标志，这些认证是认证机构根据行业内技术规范对电源制定的专业标准，包括生产流程、电磁干扰、保护等，凡是符合一定指标的产品在申报认证后才能在包装和产品表面使用认证标记。

其次是传导干扰的问题，安全规范包括两方面的含义：一是防止电网上电磁通过电源本身产生的电磁干扰进入计算机系统，影响系统的正常工作；二是防止电源本身产生的电磁干扰进入电网，影响其他电器。电磁对电网的干扰会对电子设备有不良影响，也会给人体带来危害。

有些商家经常宣称某些非认证电源和认证电源是从同一条生产线生产出来的，同时指出非认证的好处是成本低，价格自然就低些。但实际两者截然不同，获得认证事实上就是通过了以国家标准和行业标准为强制性依据的安全标准；若厂家不能通过认证，将意味着不能对顾客提供完全的质量保证。

电源功率是另一个需要重点考虑的性能，电源功率是指能承载的最大功率。一般电源功率都在 300～450 W。需要多大功率的电源要看你挂接的设备有多少。

机箱在计算机选购过程中只是个配角，即便它的块头最大。有近 70%的用户认为选择机箱没什么大不了的，只要外观漂亮、价格适中就行，甚至有人曾用鞋盒做机箱。其实这种观念显得过于肤浅。主板、硬盘和 CPU 等娇贵的电子器件都要安装到机箱内部，机箱的质量关乎到这些设备的“性命”。

ATX 机箱是目前市场上常见的机箱，它不仅仅支持 ATX 主板还可安装 MicroATX 主板。MicroATX 机箱是在 ATX 机箱基础上改进的。具体的结构和标准与 ATX 机箱一样，但比 ATX 机箱体积要小一些。

选购机箱时通常应该注意以下几个方面：首先是外型美观，前面板的用材也很重要，一般来说，优质机箱大多选用 ABS 材料注塑成型，这种材料柔韧性好，不易老化变色。其次是箱体选材优良，好的箱体选用的材料必须为优质的 SECC 镀锌钢板。镀锌钢板具有硬度高和不易生锈的特点，并且能够有效地防止处理器和各种配件的集成电路受静电损伤。再次，机箱散热设计很重要，因为机箱内涵盖了所有的主机设备，这些设备会产生大量的热，如果不能及时排出机箱，会造成硬件系统加速老化，使用寿命缩短。最后是机箱拆装要方便，对于 DIY 的用户来说，拆装机是家常便饭的事，设计优良的机箱应充分考虑用户拆装的方便，而有些机箱设计不合理，盖板打开后不容易盖严。因此，购买时有必要亲自试验一下拆装是不是方便。

总体说来，电源和机箱都是不可忽视的部件，在购机中仍要给予一定的重视。

2.2.4 音箱

音箱的前身是 PC 扬声器，但随着多媒体技术的发展，人们对音响效果的要求越来越高，因此便出现了适于配合计算机使用的音箱。音箱主要由箱体、外壳、电源、功放部分、扬声器单元和音效等部分组成。要选择一款优质的音箱首先要对其主要参数了如指掌。技术参数是评判一种产品的基本要求，达不到要求的技术参数就意味着这个产品根本不能满足自己的需要。

(1)额定功率。额定功率是音箱的一项参考指标，它并不能说明音箱质量的好坏，只表示音箱功率的大小，即音箱能发出多大的声音。用户要根据自己的听音习惯和听音空间来作出选择，不必盲目追求大功率。

(2)灵敏度。灵敏度是音箱最重要的指标，灵敏度越高就意味着声音越大，音箱对功放的功率要求就越低。但一个常见的误区是以为灵敏度越高越好，事实上，灵敏度超过 92 dB 的喇叭一般都是些轻、薄的金属盆之类，这使得功放驾驭喇叭的控制力受损，音质变的薄而夸张，不够浑厚。

(3)频响范围。频响范围是另一个重要的指标。例如某音箱的频响范围是(40 Hz～25 kHz)±3.5 dB，40 Hz 表示音箱的低频伸展值，这个数值越低，音箱的低频响应就越好；25 kHz 表示该音箱的高频延伸值，该数值越高，表明高频特性越好；±3.5 dB 则表示频率范围的失真度大小，失真度越小，频响曲线就越平坦。

(4)阻抗值。阻抗值一般指的是喇叭阻抗，阻抗值越小，需要的推动电流就越大，要求的功放功率也相应高一些。一般以 8 Ω 为标称值，绝大多数二分频书架箱的阻抗值均为 8 Ω，多单元多分频的落地式音箱也有 6 Ω，4 Ω 的。

选购音箱仍然遵循按需购买原则。购买时首先要看音箱设计布局是否合理，各调节旋钮和按键是否适合您的习惯。木质的音箱外壳无论从音质到做工都要好于塑料外壳的，但是木质外壳的音箱必须注意查看外贴皮是否有瑕疵，是否有起泡、突起、脱落等现象。还要查看箱体的紧密性是否符合要求。当然，品牌也无疑是选择时的重要参考依据，多数杂牌音箱总是会出现这样那样的问题。如果购买音箱时带上具有一定专业素质的朋友去听一听，则更容易选购到一款适合自己的优质音箱。

2.2.5 光驱

光驱的重要性不必多言，各种软件的安装、播放音乐CD、看电影等都离不开光驱的支持。光驱是个易耗品，更换频率很高，加之市场上光驱品牌众多，质量良莠不齐，因此，要想挑选到货真价实且令人满意的光驱，着实须要花费些心思。

首先，拿到光驱以后不妨先掂掂它的分量，这能判断光驱是钢芯的还是塑芯的。钢芯的重，塑芯的较轻。钢制机芯的耐热性和抗老化性能很好，在同等条件下，钢芯的寿命比塑芯的要长。因此如果是钢芯的光驱当然要更好一些。

其次，我们最关心的是光驱的读盘速度，大家都希望CD－ROM能在很短时间内大量传输数据，这对于现代应用软件同样是非常重要的。但是我们对光驱速度的要求也不必很苛刻，因为光驱的速度是无法与硬盘速度相比的。

再次，容错性很好的光驱，不但在读取劣质盘片时一点都不会打磕巴，而且速度也不受任何影响；容错性不好的劣质光驱在读一些劣质盘时经常会卡，并且很可能读不出来。另外，光驱读盘后光盘的温度不应该很高，如果光盘温度很高则有可能是光驱激光功率过大。光驱激光功率过大会提高光驱的读盘能力，但是也会让光驱过早老化。

最后，品牌和售后服务也是在购买光驱时需要考虑的。尽量购买正规大品牌的光驱会让您减少很多后顾之忧，比如索尼、飞利浦、华硕等。这些正规的产品一般售后服务都有保证。相反，非正常渠道进来的水货产品的读盘能力很可能要大打折扣，质量不可信。同时，其售后服务要么做得不够到位，无法让用户放心，要么其代理商在一段时间后就销声匿迹，所谓的保修也就无从谈起。

2.2.6 打印机

市场上最常见的打印机是激光打印机和喷墨打印机。激光打印机采用墨盒联体粉沫打印，打印效果好、分辨率高、清晰度好、容易挥发，是目前比较流行和采用率最高的类型，而且有打印成本低，故障率少等优点。喷墨打印机则逊色不少，但是打印照片比较理想，色彩丰富，但是打印成本较高、故障率较高。那么，在选购打印机时应该注意些什么呢？

对于喷墨打印机，选购时应该注意以下几个方面：

(1)打印精度。打印精度主要是通过颜色数和分辨率来衡量的。更多的颜色数代表着更好的色彩表现力，现在市场上的4色打印机都能满足一般的彩色文本或是要求不高的图片打印需求，但如果你要打印照片的话，建议你选择6色照片打印机。要保证打印的效果，打印彩色图文至少要600 dpi以上的分辨率，而打印照片至少要1 200 dpi以上的分辨率才行。

(2)打印速度。每分钟打印页数(P/min)是衡量打印机打印速度的重要指标。对于家庭用户，速度的意义其实并不很重要，因为毕竟家庭用户的打印量是非常小的，家庭用户完全不必对打印速度太过计较。但是对于一些需要打印大量文件的场合下打印速度就是必须要考虑的因素了。

(3)振动和噪声问题。很多入门级的产品由于价格的限制，在设计和细节处理上不是很到位，这样就会有振动和噪声的问题。在其他技术指标相差不大的情况下就必须要考虑噪声问题，毕竟谁也不愿意听到像拖拉机一样的噪声。

(4)打印成本。喷墨打印机不是一次性资金投入的硬件设备，所以除了设备自身的成本外，打印成本自然也成为购买时必须考虑的因素之一。因为从长远的眼光看，打印成本是一笔不小的投入，而一款优秀的打印机确实能帮助用户节约不少的打印成本，这对于家庭用户更是极为重要的。打印成本主要包括纸张和墨盒两方面。用户不仅应注意到墨盒的实际价格，还应注意到墨盒容量所带来的打印总张数的区别。

(5)技术支持和售后服务。技术支持和售后服务主要体现在售前咨询、便捷的产品维修、及时的驱动更新以及一定的技术支持等方面。现今市场上的几家大的打印机厂商，应该说做得还不错，基本上都有一年的保修、服务热线和及时的网上驱动更新。

对于激光打印机来说，除了要注意打印精度、打印速度、技术支持和售后服务外，还需要注意以下几个方面：

(1)打印机的缓存容量。打印机的缓存用于暂存从计算机或网络传到打印机的打印队列的数据。对于打印机来说，缓存的容量越大越好，缓存容量越大则意味着能够排的队列越长，对于计算机来说效率就能更高。

(2)是否能双面打印。作为试图取代小批量彩印的彩色激光打印机而言，是否拥有自动双面打印能力是至关重要的。人们在阅读时习惯于正反两面均有内容的印刷品，这是印刷品的标准表现形式之一，而且对于页数较多的文档，双面打印既可以省纸，也便于装订。

(3)打印介质。在介质支持方面，用户应当了解打印机的介质支持范围，如最轻能打多少克的纸，最重又能打多少克的纸，什么类型的介质可以打，什么不可以打，是否有直通走纸通道来支持厚纸的打印等。

(4)可扩展性。可扩展性应该作为选购时的一个重要参考指标。很多型号的激光打印机在标准配置的基础上，可以添加额外的内存、网络服务器、扩展字库、MAC 机接口、PostScript 支持部件、双面打印支持部件等，用户可以根据自己的需求来选购扩展部件。

2.2.7　数字化输入设备的选购

1. 扫描仪

扫描仪的技术参数在第 1 章已经做了基本的介绍，这里主要介绍在选购扫描仪时应该注意的问题。在选购扫描仪时一般需要参考的参数有感光器件、分辨率、色彩位数、接口等。

感光元件是扫描图像的拾取设备，相当于人的眼球，其重要性不言而喻。目前扫描仪所使用的感光器件有三种：光电倍增管、电荷耦合器(CCD)和接触式感光器件(CIS 或 LIDE)。

光电倍增管几乎不受周围环境温度的影响，不过它在各种感光器件中是生产成本最高的，而且由于一次只能扫描一个像素，因此扫描速度很慢，扫描一张图需要几十分钟，所以现在它一般只使用在昂贵的专业滚筒式扫描仪上。CCD的扫描仪技术经过多年的发展已经比较成熟，是市场上主流扫描仪主要采用的感光器件。CCD的优势主要在于成像质量高，近年性能提高很大，其高端产品的性能已经接近低端的光电倍增管产品，而且温度系数比较低，对于一般的工作，周围环境温度的变化影响可以忽略不计。CCD的缺陷主要是扫描仪的实际清晰度不够，并且需要通过软件校正色彩偏差。另外，CCD的抗振能力较差，扫描仪体积不可能做得很小。接触式感光器件，又称CIS技术，这项技术的推广相当迅速，现在几乎每家扫描仪生产厂商都推出了数款使用CIS作感光器件的扫描仪。这种产品的寿命比较短，但是这类扫描仪具有体积小、重量轻、器件少和抗振性较高的优点，而且生产成本很低。

分辨率是扫描仪最重要的性能指标之一，它直接决定了扫描仪扫描图像的清晰程度。但是须要根据实际需要决定分辨率的大小，不要盲目追求高分辨率。

色彩位数又叫色深、色阶等，较高的色彩深度位数可以保证扫描仪反映的图像色彩与实物的真实色彩尽可能的一致，而且图像色彩会更加丰富。由于计算机处理能力的限制和输出设备分辨率的限制，扫描仪的色深也需要根据实际情况来决定。

扫描仪的接口是指与计算机主机的联接方式，通常分为SCSI，EPP，USB三种，后两种是近几年才开始使用的新型接口。对于一般个人用户，推荐使用USB接口的扫描仪。

2. 数码相机

数码相机现在几乎成为日常生活中的必备电子产品，但是目前数码相机的种类品牌繁多，更新换代的频率也越来越快，往往在购机时都要绞尽脑汁，下面来介绍购买数码相机时需要注意的问题。

有效像素的定义是，数码相机在成像时，感光器件边缘部分会因为光线的衍射而使成像模糊，为保证成像的质量，感光器件上这部分的成像会被舍弃，所以感光单元不能100%被利用，而被利用起来的像素就是有效像素。购买时需要注意标称的像素和有效像素的区别，不要总以高像素为购买原则，买到的不一定就是一款好的数码相机。

如今的数码相机感光器器件主要有两种，一是CMOS，制造成本低但图像效果不很理想，另一种是CCD，价格要比CMOS的高，但在同像素值下成像效果要比CMOS好。对于普通消费者来说买CCD感光器件的相机比较好

焦距反映可拍摄景物的距离远近。数码相机的变焦公式为：变焦＝光学变焦×数码变焦。光学变焦是依靠光学镜头结构来实现变焦，变焦方式与35 mm相机差不多，就是通过摄像头的镜片移动来放大与缩小须要拍摄的景物，光学变焦倍数越大就能拍摄到越远的景物（在不损失画质的前提下）。数码变焦的放大方式是把原来CCD感应器上的一部分像素放大到整个画面，所以放大后的效果就不是很“真实”。有的相机标有高倍变焦，购买者还是要弄清它的光学变焦和数码变焦各多少，数码变焦没有实际意义，不必要求过高。

数码相机的存储介质通常有CF卡、SM卡、SD卡等，不同品牌的存储介质在速度上差异

不是很大，这点无须强求，但还是建议购买口碑较好的大品牌产品。容量和扩展能力通常是需要考虑的因素。

3. 摄像头

随着计算机和网络的普及，人们对计算机摄像头的需求正在迅速增加，许多笔记本计算机已经配置了摄像头。人们在用网络可视电话、视频监控、数码摄影和影音处理等方面的需求都在一定成度上催化了数码视听技术的进步，作为人们进行视频交流的必备工具之一，数码摄像头的发展更是日新月异。但是面对良莠不齐的数码摄像头，在购买的时候仍需要了解一些常识性的东西。

感光组件与数码相机的一样，主要也是 CCD 和 CMOS。另外，像素也类同数码相机，这两点参考数码相机的选购即可。

摄像头的视频捕获速度是用户最关心的，目前计算机数字摄像头的视频捕捉都是通过软件来实现的，因此对计算机性能要求比较高，一般情况下分辨率为 640×480 数字的速度可以到达 30 帧/秒，当分辨率在 320×240 的状态下时，视频捕捉速度会稍快一点。因此，在选购时，可以按照自己的实际需求选择一个合适的摄像头。

很多人在购买摄像头时往往会忽略镜头，但这却是摄像头对光线的最重要感应部位。光圈的大小、镜头可调焦的范围等都会直接影响摄像头摄像效果的好坏。一般按照材料分主要有 3 种：玻璃镜片、塑胶镜片和化合物镜片。这里最好的要算是玻璃镜片，它的通光系数大，一般好的镜头通光口径也会做得较大，在光线不是很好的时候也可以得到较好的效果，但是价格要高点。

2.3 计算机维护

衡量一个人是不是计算机高手的一个标准就是看他处理计算机故障时是否得心应手。计算机是个复杂的系统，出现问题是在所难免的。遇到问题时自己解决不仅可以节省很多宝贵的时间，还能省下一大笔维修费用，因此了解计算机基本维护势在必行。

2.3.1 计算机故障分类

计算机故障是指造成计算机系统正常工作能力失常的硬件物理损坏和软件系统的错误，因此故障可以分为硬件故障和软件故障。

1. 硬件故障

硬件故障是指计算机硬件使用不当或出现损坏造成的计算机故障，包括硬件安装不到位，比如最常见的就是内存条松动。硬件故障导致系统问题的表现形式有很多，例如计算机开机无法启动，无显示输出，声卡无法出声，键盘鼠标无法输入等。在这些硬件故障之中有些是“真故障”，即各种板卡、外设等出现电气故障或者机械故障等物理故障；也有多数是“假故障”，即计算机系统中的各部件和外设完好，但由于在硬件安装与设置（如跳线、接口插错）等外界因素影响(如电压不稳、超频)下,造成的计算机系统不能正常工作。“真故障”将导致所在板卡或外设的功能丧失,甚至出现计算机系统无法启动;“假故障”则可以找出故障原因并通过一定的手段修复。

2. 软件故障

软件故障主要是指由软件引起的系统故障,这类故障也会引起系统无法启动,或者某些功能使用不正常等,其产生原因主要有以下几点:

(1)系统设备的驱动程序安装不正确,造成设备无法使用或功能不完全。

(2)系统文件遭到破坏或被删除。

(3)系统中有关内存等设备管理的设置不当。

(4)系统中所使用的部分软件与硬件设备不能兼容。

(5)系统使用的软件出现冲突,导致死机或软件无法使用。

(6)CMOS 参数设置不当。

(7)系统遭到病毒的破坏。

尽管计算机的故障种类繁多、千奇百怪,但仍能遵循一定的方法对计算机故障进行初步的诊断,总的说来有以下几个步骤:

(1)了解基本情况。遇到故障不能慌,首先要了解计算机的基本配置情况和使用情况。了解系统近期发生的变化,如移动,装、卸软件等,了解诱发故障的直接或间接原因与故障的现象。

(2)判断故障类型。判断故障类型也就是查找故障是由硬件引起的还是软件引起的,如果是硬件引起的还要判断是“真故障”还是“假故障”。当判断故障类型时,一般遵循先假后真,先软件后硬件,先外后内的原则。

先假后真是说确定系统是否真有故障,操作过程是否正确,连线是否可靠。排除假故障的可能后才去考虑真故障。先软后硬是说先分析是否存在软件故障,再去考虑硬件故障。先外后内是说先检查机箱外部,然后才考虑打开机箱。不要盲目拆机。

3. 故障检测注意事项

首先,在任何拆装零、能部件的过程中,请切记一定要将电源拔去,不要进行热插拔,以免由于不小心误触而烧坏计算机。

其次是要注意安全,不仅要保护自己的安全,也要保护计算机硬件的安全。带静电的手如果去碰一些芯片是很容易损坏芯片的,因此拆机检查时应该保持手的干燥,同时先让手碰一下金属物品释放静电。

2.3.2 计算机维护的基本思路

1. 故障诊断和排除的基本方法

计算机故障诊断和排除的思路主要有五大方法,下面一一介绍。

(1)观察。观察是维修判断过程中第一要素,它贯穿于整个维修过程中。观察不仅要认真，还要全面。要观察的内容包括：周围的环境（如温度、灰尘）、硬件环境（包括插头插座等）、软件环境（系统、驱动等）。

(2)最小系统-添加/最大系统-去除。最小系统是指使计算机开机或运行的最基本的硬件和软件环境。最小硬件系统是指计算机只由电源、主板和CPU组成。在这个系统中，没有任何信号线的连接，只有电源与主板的电源连接。在判断过程中可通过声音来判断这一核心组成部分是否正常工作。通过最小硬件系统再加上逐步添加硬件就可以判断很多硬件问题。当然，还有最小软件系统，其思路和最小硬件系统是一样的。相对于最小系统法还有一种扫除方法也很常用，可以叫做最大系统-去除方法，也就是在出问题的系统上逐步移去可能出问题的硬件或软件来最终判断是哪一部分出了问题。笔者曾遇到一个问题，计算机无法正常启动，在细心查找问题原因后最终使用最大系统-去除法发现显卡"罢工"了，于是卸掉显卡，问题解决。

(3)隔离。隔离是将可能防碍故障判断的硬件或软件屏蔽起来。它也可用来将怀疑相互冲突的硬件、软件隔离开以判断故障是否发生变化的一种方法。软件或硬件冲突是经常发生的事，采用隔离法解决此问题行之有效。

(4)替换。替换法是用好的部件去代替可能有故障的部件，以判断故障现象是否消失的一种维修方法。好的部件可以是同型号的，也可能是不同型号的，但最好用相同型号。替换时根据故障现象大致判断问题原因，一般先替换故障率高的部件，然后考虑容易替换的部件。

(5)测试。通过诊断软件、维修诊断卡等来辅助维修则可达到事半功倍之效。但这种方法比较专业，对硬件很熟悉的用户一般才采用。

计算机最常见的五大故障如表2.1所示。

表2.1　计算机常见故障及排除方法

故障类型	排除方法
主机不加电	检查接入电源（比如电源插座供电是否完好）。 用万用表检查机箱电源各接线电压是否正常。 检查主板电源接入口及各接线是否松动。 检查主板上各芯片是否有异味（以判断是否烧毁）
开机黑屏，但无报警音	检查CPU是否有松动。 检查内存是否插牢（注意，有时内存没插好，主机并不一定会报警）。 检查显卡是否松动或损坏。 检查主板、内存等主频是否正确。 将CMOS做放电试验
开机黑屏，有报警音	此类故障可通过报警声音的长短来判断故障

续表

故障类型	排除方法
主机反复重启	检查软件环境是否有异常(如中毒)。 检查内存是否松动或更换内存插槽,如果故障依旧,应更换内存。 检查 CPU 和显卡风扇转动是否正常。 移除网卡,重新启动,如果故障消失,则应更换网卡。 以上硬件排障方法均不行,则应重装系统
主机噪声大,开机后频繁死机或蓝屏	先检查软件系统: 使用防病毒软件查杀病毒或格式化系统盘后重装系统,因为病毒也会破坏系统,造成死机或蓝屏。 检查硬件: 检查内存是否松动或更换内存插槽,如果故障依旧,应更换内存。 检查 CPU 和显卡风扇转动是否正常

2. 保持硬件的清洁

电子产品多数都是娇贵的,对温度、湿度这些环境因素要求较高,否则就有可能罢工。主机内灰尘较多不仅会影响系统的整体性能,还有可能导致计算机硬件故障。有些计算机故障,往往是由于机器内灰尘较多引起的,常见的如内存插槽满布灰尘,导致内存金手指与插槽接触不良,系统无法启动。这就要求平时应该多注意主机内外的清洁工作,在进行除尘操作中,以下几个方面要特别注意:

(1)清洁通风道。通风道是计算机通风降温的主要通道,也是灰尘进入的主要通道,因此要注意通风道的清洁。

(2)清洁风扇。最好在清除风扇的灰尘后,在风扇轴处点上润滑油,加强润滑,这样能降低风扇噪声,也能使风扇寿命延长。

(3)清洁插槽。注意接插槽、板卡金手指部分的清洁。金手指的清洁可以用橡皮擦拭金手指部分,或用酒精棉擦拭。

(4)集成电路、元器件等管脚处的清洁。清洁时,应用小毛刷或吸尘器等除掉灰尘,同时要观察引脚有无虚焊和潮湿的现象,元器件是否有变形、变色或漏液现象。

使用清洁工具时一定要注意,首先是防静电,如清洁用的小毛刷,应使用天然材料制成的毛刷,禁用塑料毛刷。其次是在用金属工具进行清洁时,必须对金属工具进行泄放静电处理。用于清洁的工具包括:小毛刷、皮老虎、吸尘器、抹布、酒精(不可用来擦拭机箱、显示器等的塑料外壳)。如果电子产品比较潮湿应想办法使其干燥后再使用。可用的工具如电风扇、电吹风等,也可让其自然风干。

2.3.3　常见设备故障的发现与修复

1. 硬盘坏道的发现与修复

硬盘出现坏道除了硬盘本身质量以及老化的原因外，很大程度上是由于平时使用不当造成的。硬盘是很脆弱的设备，在使用时如果有剧烈的碰撞就容易损坏硬盘。原因很简单，读写磁头离磁盘片十分近，碰撞就容易让磁头碰上磁盘片。

硬盘的坏道共分两种：物理坏道和逻辑坏道。物理坏道为真正的物理性坏道，是硬盘盘片本身的磁介质出现问题，例如盘片有物理损伤，大都无法用软件进行修复，只能通过改变硬盘分区或扇区的使用情况来解决。逻辑坏道为软坏道，大多是软件的操作和使用不当造成的，可以用软件进行修复。如果硬盘一旦出现下列现象时，就该注意硬盘是否已经出现了坏道：

(1)在读取某一文件或运行某一程序时，硬盘反复读盘且出错，提示文件损坏或"无法读取或无法写入文件"等信息，有时甚至会出现蓝屏等。

(2)硬盘声音突然咔咔作响，不是正常的硬盘机械声音。

(3)每次系统开机都会自动运行 Scandisk 扫描磁盘错误。

(4)对硬盘执行 FDISK 时，到某一进度会反复进进退退。

(5)格式化硬盘时到某一进度停止不前，最后报错，无法完成。注意，格式化硬盘也是很伤硬盘的。

检测硬盘是否有坏道还可以使用一些软件来完成，比如 Windows 优化大师，如图 2.5 所示。不正确扇区为 0 KB 说明硬盘没有坏道。

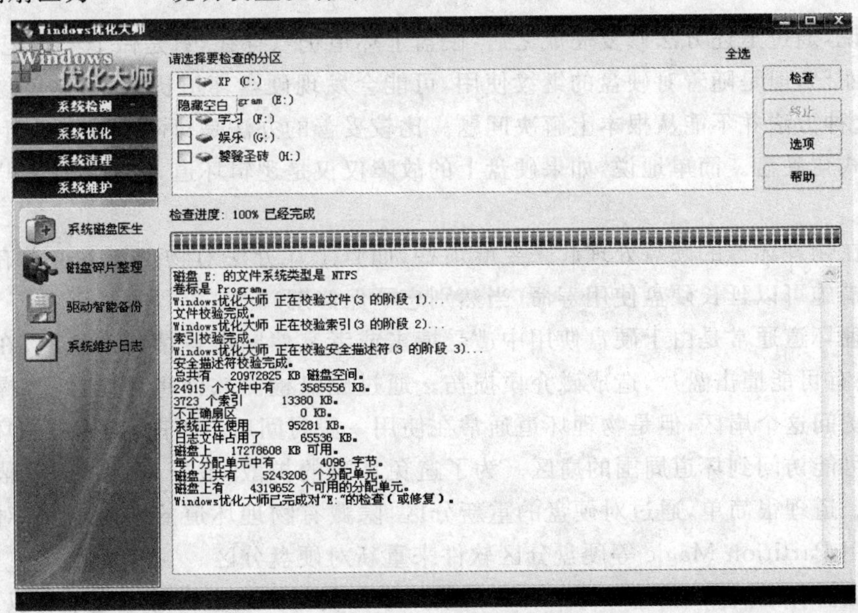

图 2.5　使用 Windows 优化大师检测硬盘

假如发现有坏道，应首先确认硬盘的坏道是逻辑坏道还是物理坏道。在检测到有坏道的盘符上单击右键，弹出如图 2.6 所示的“Program(E:)属性”对话框，选中“自动修复文件系统错误”和“扫描并试图恢复坏扇区”，单击“开始”按钮，就开始对该分区进行扫描和修复。若扫描程序在某一进度停滞不前，那么说明硬盘就有了物理坏道。

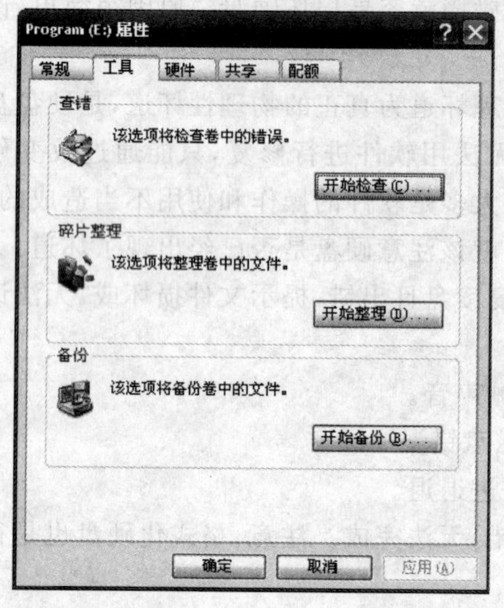

图 2.6 “Program(E:)属性”对话框

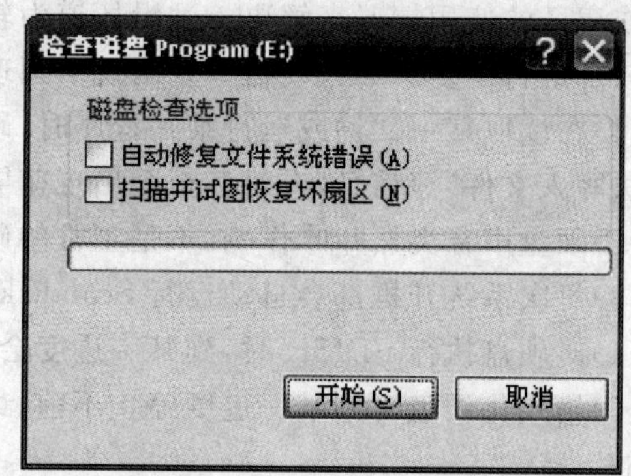

图 2.7 “检查磁盘”对话框

一般来说，通过上述方法修复完成之后，硬盘上坏道仍然存在，只是做上了标记，系统不会继续访问了而已，但是随着对硬盘的继续使用，可能会发现硬盘坏道扩散了，这就像金属生锈一样，所以这种方法并不能从根本上解决问题。比较妥善的办法是对硬盘数据进行备份，然后重新分区格式化硬盘。简单地说，如果硬盘上的故障仅仅是逻辑坏道，上述方法可以彻底地解决问题。

对于存在物理坏道的硬盘处理起来要麻烦些，而且上述办法对物理坏道也没有用。但是用一些补救措施可以延长硬盘使用寿命(当然别忘了保修期)。

由于物理坏道通常是由于硬盘使用中遭受撞击或者突然断电等情况产生的，在盘片高速旋转时，磁头有可能撞击盘片，造成磁介质损伤。通过磁盘检测软件将坏道标记，操作系统虽然不会继续访问这个扇区，但是物理坏道通常在使用一段时间后会扩散，因为虽然坏道标记之后硬盘仍然可能访问到坏道周围的扇区。为了避免坏道的扩散，最好是将坏道屏蔽到一个未使用的分区。道理很简单，通过对硬盘的重新分区，隐藏有物理坏道的硬盘空间，对其实行隔离。可以使用 Partition Magic 等硬盘分区软件来重新对硬盘分区。

既然硬盘有坏道后如此麻烦，那么在日常使用中如何维护硬盘？总结起来有以下几点：

首先，要保证硬盘在工作时无振动，否则就容易造成其物理损伤。

其次，碎片也是造成坏道的罪魁祸首。在磁盘分区中，文件会被分散保存到磁盘的不同地方，而不是连续地保存在磁盘中。又因为在文件操作过程中，Windows 系统可能会调用虚拟内存来同步管理程序，这样就会导致各个程序对硬盘频繁读写，从而产生磁盘碎片。磁盘碎片过多会使系统在读文件的时候来回寻找，引起系统性能下降，严重的还要缩短硬盘寿命。用微软自带的碎片整理工具(Disk Defragmenter)定期整理碎磁片效果很好。

2. 显卡常见故障及解决

计算机硬件中显卡出现故障的概率是比较大的，由显卡导致的故障不同于一般的故障那么好处理，因为此时计算机很可能无法启动，或者是黑屏或花屏状态。可以通过一些基本方法来判断和排除显卡的问题。

(1)显卡驱动问题。安装好显卡后须要安装显卡驱动，但是如果驱动安装不正确或者显卡驱动不能很好配合该型号的显卡，那么显示效果往往会出现花屏、跳帧等现象。这类问题须要找准对应显卡的驱动安装即可。

(2)显卡与主板插槽接触不良。开机后如果屏幕无任何的显示，可以首先检查显卡与主板插槽是否松动或接触不良。很多情况下，由于主板变形造成的接触不良是可以通过肉眼看到的，如显卡一头高一头底的，那是轻而易举就可以排除的。不过有一些显卡的接触不良非常的隐蔽，表面上看安装得很好，但实际上接触不良，导致很多莫名其妙的故障。有时 AGP 插槽灰尘太多也会造成这种问题。

(3)电压的影响。AGP 显卡的工作电压是根据 AGP 版本而定的。如果由于某种原因电压超过了显卡的正常工作电压，显卡就容易出故障，严重时甚至会导致显卡被烧毁。

显卡出问题时，计算机开机一般也是黑屏，这时须要注意面板的显示灯状态，如果无报警声又检查过内存了，可能会是显卡接触不良或者显卡坏了。

3. 光驱故障及处理

相对其他硬件设备而言，光驱是最容易老化的，因此也有“损耗品”的称号。更为麻烦的是，组成光驱的机械零件较多，这也导致在使用一段时间之后很容易出现各种意想不到的故障。因此，了解光驱的常见故障及相对应的处理方法可以为正确使用光驱和延长光驱的寿命提供很大的帮助。

(1)开机自检，不能检测到光驱。认真检查光驱排线的连接是否正确、牢靠，光驱的供电线是否插好。如果自检到光驱这一项时出现画面停止，则要看看光驱(主、从)跳线是否无误。将 CMOS 中所有用到的 IDE 接口设置为“AUTO”，就可以正确地识别光驱工作模式了。对于一些早期的主板或个别现象则须要进行设置。光驱尽量不要和硬盘连在同一条数据线上。

(2)进入系统以后检测不到光驱盘符。系统自检可以检测到光驱，但是在 Windows 操作系统下却没有发现光驱盘符，可能原因有：在安全模式下进入了操作系统或者计算机感染了病毒，这时需要清除病毒，重新安装主板驱动或者虚拟光驱。安装虚拟光驱后，发现原来的物理光驱“丢失”，这是由于硬件配置文件设置的可用盘符太少了。解决方法是用 Windows 自带的记事本程序打开 C 盘根目录下的“Config. sys”文件，加入“LASTDRIVE=Z”，保存后退出，重启后即可解决问题。另外，Windows操作系统自带的光驱驱动程序失效也会产生这种情况。解决办法是进入控制面板，重新添加新硬件；或者进入控制面板，删除硬盘控制器，重新启动计算机。

(3)光驱卡住无法弹出。其原因可能就是光驱内部配件之间的接触出现问题，一般情况下是机械故障。对于有维修经验的用户来说可以自行查找原因修复；对于一般用户而言这种维修比较专业，建议最好找专业人士修理。

(4)光驱的读盘性能不稳定。其可能的原因有光驱的供电不正常，时而稳定，时而偏低，或没有电源供应，也可能只有一路电源供应；系统感染了病毒，禁止了从光盘读取数据。系统感染了病毒，修改了注册表，屏蔽了光驱盘符时，这时系统表现为光盘符号丢失，同时光驱可能不能读取，即使光驱能够读取到数据，由于在“我的电脑”中或“资源管理器”中无盘符，也无法获取读到的数据；光驱内有不固定的微小杂物，当杂物挡在光头上时，光驱就无法正常读盘，当杂物移开时，光驱就又能正常读盘了，这是激光头老化造成。

(5)光驱读盘时有非正常声音。一般来说，听光驱运转的声音能初步断定光驱存在何种机械问题，如果发出“呲呲”的声音或者“咳—呲”之类的非正常声音可以初步断定是机械故障。如果发出“吱吱”的声音则可能是光学部件受到污染，反射信号不足，光驱强行读盘造成的。这种情况可能也会经常遇到，这时虽然光驱能够检查到光盘的格式和有光盘存在，但在读取数据时，激光头会在伺服电路的动作下尽可能地读取数据，这时如果激光头上移位置过大，同时因为光盘的质量差表面质量不均，光盘高速工作时不在一个平面上，激光头上移聚焦时就会碰着光盘，断续地和光盘接触就会产生“吱吱”的声音。

4. 其他常用外设故障及处理

显示器是计算机的标准配置，打印机也是使用最为普遍的外设。这些设备的故障处理也值得重视。

(1)显示器常见故障。CRT显示器出现偏色问题，其产生的原因主要有显示器靠近磁性物品被磁化；搬动显示器后，使机内偏转线圈发生移位，产生色纯不良，消磁电路损坏等问题。当然应首先排除显卡及显示信号线的问题，很多时候信号线接触不良将导致显示器出现偏色的问题。同时，CRT显示器会被有强磁场的东西所磁化而出现偏色的问题，比如未经磁屏蔽的低音喇叭等，一般较好的显示器自身带有一定的消磁功能，但对于较严重的磁化就有些无能为力了。这时需要用专门设备进行消磁。另外，屏幕灰尘过多也会导致屏幕显示白色时偏红，此类故障多发生在色温偏暖的显示器中(很多显示器能自行设置色温)，所以说，遇到白色(和相近颜色)偏红故障时最好是先清洁一下显示屏后再进行其他的检查。

CRT显示器有时会莫名其妙地抖动起来，造成此类故障的原因有以下几个方面：

1)显示器刷新频率设置不正确。把显示器的分辨率和刷新率设置得偏高或过低的话也可能造成此类故障，所以应把分辨率和刷新率设置成中间值(但要在75 Hz以上)。

2)显示卡接触不良。插紧显卡和其他插座，故障即可得到解决。

3)音箱与显示器放得太近。有些音箱的磁场效应会干扰显示器的正常工作。

4)电源变压器离显示器和机箱太近。许多外设电源变压器(扫描仪、打印机等)工作时会产生较大的电磁干扰,造成屏幕抖动。把电源变压器放在远离机箱和显示器的地方,问题即可解决。

如果 LCD 显示器出现水波纹和花屏问题,首先应该检查是否有电磁干扰。确认没有电磁干扰源后须检查显卡是否工作正常或各接口是否插紧。另外,LCD 显示器可能会有坏点,这需要在购买时注意,仔细挑选。有的 LCD 显示器出现坏点有可能是在使用过程中造成的,因此平时使用时有一些注意事项:保持电压功率正常,不要随时乱动液晶按键,不要用硬物戳液晶屏。

(2)打印机常见故障。打印机出现不能正常打印的故障,大多数情况下并非是打印机真正发生了硬件故障,也不是打印机本身的问题,可从以下几个方面来分析,并采用相应办法进行排除。

首先,喷墨打印机的喷头堵塞可以说是最常见的故障,由于工作原理的局限,任何喷墨打印机在较长时间(与使用环境的温、湿度,洁净度,喷头品质等因素有关)不使用的情况下,喷头都可能堵塞。喷头一旦堵塞,可以先试用维护程序反复清洗喷头,无效的话就只能送维修点更换喷头了。

其次,确定打印机故障是否是由于病毒引起。尤其是并口打印机,因为系统可能感染让并口失效的病毒,可运行最新的反病毒软件进行杀毒处理。

再次,检查打印端口设置是否正确,对于早期型号的并行接口的打印机,如果打印机无法正常打印,请禁用打印机的双向支持。在打印机属性的"假脱机设置"中,选择选项中的"禁用双向支持"。另外也可以在主板 BIOS 设置中将并口属性由"ECC/EPP"调整为"Normal"。此外还需要检查打印机数据通信线情况,注意检查打印机连接电缆接口是否松动、脱落。

最后,检查相关软件的情况,比如打印驱动程序是否匹配,安装设置是否正确,最好安装厂家提供的新版驱动程序。再检查使用的应用软件是否正常,系统分区的磁盘剩余空间是否足够等。

2.3.4　系统优化

1. 瓶颈

想一想,当把水从瓶子里倒出来时,水流速度的大小完全取决于瓶口的大小,也就是瓶颈的大小。要想水流得更快就必须扩大瓶颈。这就是瓶颈效应,计算机中的瓶颈(Bottleneck)是指一系列步骤中耗费时间最多的那个步骤,一项任务完成的时间可能会因为瓶颈延长,如果不把完成瓶颈任务的速度加快,整个工作的时间就无法缩短。所以,当计算机出现严重的瓶颈时就会对计算机的性能产生较大的影响,但是需要说明的是,完全消除瓶颈是不现实的,因为各硬件之间存在较大的性能、速度上的差异。

一些典型的计算机瓶颈有:

(1)缓存 Cache。缓存的大小直接影响到数据的命中率,缓存越大会使数据命中率提高。

但是也不是缓存越大越好，太大不仅会增加成本，而且当缓存容量达到一定程度后，命中率也不会因容量增大而显著提高，这主要还是因为空间和时间上的局部性。总的说来，缓存的大小是产生计算机瓶颈的一个重要方面，但一般还是缓存大点好，特别是对图像等需要高命中率情况下，大缓存可以有效保证图像处理的流畅。

(2)内存 RAM。根据数据帕金森定律知道，内存是影响现代计算机性能的一个十分重要的方面，不仅操作系统需要越来越大的内存支持，数字游戏、多媒体的大力发展都需要更多的内存来支持。内存太小就会导致读硬盘的频率增加，这样计算机整体的速度就下降了。

(3)输入/输出(I/O)。输入/输出系统是计算机运行最耗时间的地方，因为外设和 CPU、内存这些部件的速度差距太大。这是计算机普遍产生瓶颈的地方，要改善这个瓶颈就需要先进的系统架构以及更快的外设。

(4)显卡。显卡是计算机硬件中十分重要的一员(尤其是玩 3D 游戏时)，它对计算机处理图形图像是至关重要的，这也是产生计算机瓶颈最常见的地方。

那么如何发现计算机瓶颈，又如何提高计算机性能呢？发现计算机瓶颈可以使用软件工具测试各步骤完成时间，从而找到瓶颈所在。要提高计算机性能首先要改善瓶颈，简单来说就是缺什么补什么，少内存就加内存。这是对硬件本身而言的，要想计算机跑得更快，还需要经常优化自己的系统和磁盘。

2. 数据压缩

在计算机科学和信息论中，数据压缩是按照特定的编码机制，用比未经编码少的数据位元(或者其他信息相关的单位)表示信息的过程。通俗地说就是用最少的数码来表示信号，以一种占用空间小的格式存储数据。数据压缩后，文件就会变小，以此有效减少其所占用的空间，可在数据传输时减少带宽的占用。

数据压缩使用压缩比(Compression Ratio)来衡量压缩的大小。一些压缩技术需要特殊的硬件支持，有些则只需要软件的压缩功能，比如 WinRAR。用于压缩或者解压缩的硬件或软件过程称做多媒体数字信号编解码器 CODEC(Compressor and Decompressor)。那么，数据是如何被压缩的呢？首先，数据中常存在一些多余成分，即冗余度。比如一个文本文件为“aaabbbccc”，其中 a，b，c 都出现了三次，那么实际需要的字母就只有三个，其他重复的字母就是冗余的，这些冗余部分便可在数据编码中除去或减少。其次，数据中尤其是相邻的数据之间，常存在着相关性。如图片中常常有色彩均匀的背影，相邻的像素总是相关的。因此，有可能利用某些变换来尽可能地去掉这些相关性。但这种变换有时会带来不可恢复的损失和误差。

常见的几种压缩技术：

(1)磁盘压缩。磁盘压缩在减小文件大小的同时，在硬盘上还设立一个特定的卷标。磁盘卷标是一个磁盘，或者是磁盘上的一个区域，它有一个唯一的名字，并被当做一个磁盘看待。磁盘压缩产生了一个包含数据的磁盘卷标，这些数据被更有效地存储在用户存储空间中。磁盘压缩的优点是不使用任何特别的硬件而获得存储空间，在理想情况下，磁盘容量能够翻倍。

但缺点是如果压缩文件不再需要或者需要解压时，就需要足够的驱动器空间来放置解压缩的数据。另外压缩卷中的任何一个文件错误，都将会导致该卷中所有数据的丢失。

(2)文件压缩。文件压缩是将一个或多个文件压缩成一个小文件，压缩文件在解压缩前不能使用。PKZIP 和 WinZip 是两种流行的共享压缩解压缩软件，而压缩文件叫做 Zipping；解压缩文件叫做 Unzipping。

(3)文本文件的压缩。文本文件的压缩主要采用自适应的模式替换（Adaptive Pattern Substitution），这是专门为压缩文本文件设计的。这种方式通过扫描整个文本，寻找两个或多个字节组成的模式，代替这个字节模式，并在字典中加入一个入口。自适应的模式替换方法的效率取决于文档的内容。另外一种文本压缩技术扫描整个文件并寻找重复的单词，该单词的出现都会用一个数字来代替，这个数字就当做原始文件单词的指针。

(4)图形文件的压缩。在图形文件的压缩中 Run Length Encoding 是一种寻找相同颜色模块的压缩技术。以 . tif，. gif，. pcx 和 . jpg 为扩展名的图形文件里都包含被压缩的位图文件。图形软件如果用于打开和保存包含编码的文件，则需要压缩和解压这些文件。压缩文件主要包括有损压缩和无损压缩。有损压缩丢弃了一些图形文件的原始数据，如 JPEG（Joint Photographic Experts Group）；无损压缩提供了一种重新组织图形文件原始数据的方法。

(5)视频文件的压缩。一种情况是用于在 PC 上显示视频，通过减少每秒钟播放的帧数从而达到压缩的目的。但是每秒钟播放的帧数会影响视频的平滑性，高质量的视频每秒钟需要播放 30 帧；而低质量的视频每秒钟仅仅播放 15 帧。另一种情况是通过减小视频窗口的大小达到压缩目的。显示一个只有屏幕 1/4 大小的图像需要的数据只有全屏图像数据的 1/4，这种技术叫做 Intra Frame Compression。

(6)音频文件的压缩。MP3 是一种流行的音频压缩格式，它是一种有损压缩，它将超出人耳听力的数据过滤掉，一方面保证了声音的高品质，一方面有效减少了文件的大小。

3. 系统优化和磁盘优化

随着计算机使用时间的延长，一段时间之后，计算机会发生哪些变化？计算机的资源是有限的，一般使用 Windows 的入门级用户都会有这样一个体会，那就是 Windows 运行得越来越慢，错误越来越多，最后的结果就是不得不重装 Windows 系统。其实只要用正确的方法对系统进行由表及里的优化，节约系统的宝贵资源，照样可以使 Windows 系统永葆青春。下面就来看看如何进行系统优化，让 Windows 系统跑得更快吧！

首先是最基本的优化，即合理分配硬盘空间，分类存放数据。要想合理地分配硬盘空间，需要从三个方面来考虑：

(1)按照要安装的操作系统的类型及数目来分区。如果安装 XP 和 Vista 双操作系统，那么这两种操作系统需要安装在不同的硬盘分区上。

(2)按照数据类型的分类进行分区。对于大型的应用程序、常用工具和游戏娱乐软件也应该分区存放。

(3)为了便于维护和整理而划分。为了方便用户管理和维护计算机，对于资料文件和系统及应用程序的备份文件也应该分别存放在不同的硬盘分区上。

其次是系统性能优化：

(1)对文件系统进行优化。

1)选择“硬盘”子选项，将“此计算机的主要用途”设为“台式机”，并将“预读式优化”选项设置为“全部”，以增加缓存的容量，加快数据存取速度。

2)在“软盘”子选项中，将“每次启动计算机时都搜索新的软盘驱动器”不选中，取消Windows启动时搜索软盘，因为现在软盘已经被淘汰。

3)在“CD-ROM”子选项中，将“追加的高速缓存大小”设置为最大值，将“最佳的访问方式”调节到“四倍速或更高速”，以增加内存空间作为CD-ROM驱动器的缓存，提高光驱存取速度。

补充说明：在不太需要光驱的情况下，为减少不必要的内存占用率，释放出更多的内存空间，则须拖动“追加的高速缓存大小”游标至“小”，将“最佳访问方式”设置为“倍速”。

(2)图形设置。单击“系统属性”对话框中“性能”选项卡里的“图形(G)”按钮，弹出“高级图形设置”对话框，将硬件加速设为“全部”，以提高硬件系统对图形的处理能力。

(3)虚拟内存的设定。单击“系统属性”对话框“性能”选项卡中的“虚拟内存(V)”按钮，弹出“虚拟内存”对话框，选择“让Windows管理虚拟内存设置”选项，高级用户也可以选用“用户自已指定虚拟内存设置”。

补充说明：让Windows管理虚拟内存，Windows会根据可用硬盘空间的大小选择默认虚拟内存的大小，还会根据应用程序的不同要求对虚拟内存进行自动调整，方便初级用户使用，但系统提供的虚拟内存往往都比较小，而且这样的调整有时会给系统带来额外的负担，令系统运作缓慢。因此，有必要自已来设定虚拟内存的大小，自已设定虚拟内存为机器内存的2～3倍，例如：有512 MB的内存就可以设虚拟内存为1 024 MB，且最大值和最小值都一样。

最后是常规优化，定期进行系统的常规优化不仅能保证磁盘空间的大小不被垃圾文件侵占，还能保护硬盘，保持系统的运行能力。按顺序依次选择“开始”→“程序”→“附件”→“系统工具”对系统进行优化，系统工具包括磁盘清理程序、磁盘碎片整理程序和磁盘扫描程序。

4. 释放磁盘空间

Windows操作系统在运行过程中会生成各种垃圾文件，如临时文件、已下载的程序文件、已删除的文件等，这些文件也占用着大量的硬盘空间，应该定期清理。

通过释放磁盘空间，可以提高计算机的性能。磁盘清理工具是Windows附带的一个实用工具，可以帮助您释放硬盘上的空间。首先单击“开始”，依次选择“所有程序”“附件”“系统工具”选项，然后单击“磁盘清理”。如果有多个驱动器，会提示您指定要清理的驱动器。

其次，在“(驱动器)的磁盘清理”对话框中，滚动查看“要删除的文件”列表的内容。

最后清除不希望删除的文件所对应的复选框，然后单击“确定”。一定时间后，该过程完成，“磁盘清理”对话框关闭，这时您的计算机更干净、性能更佳。如图2.8和2.9所示是释放磁盘空间时常用的两个界面。

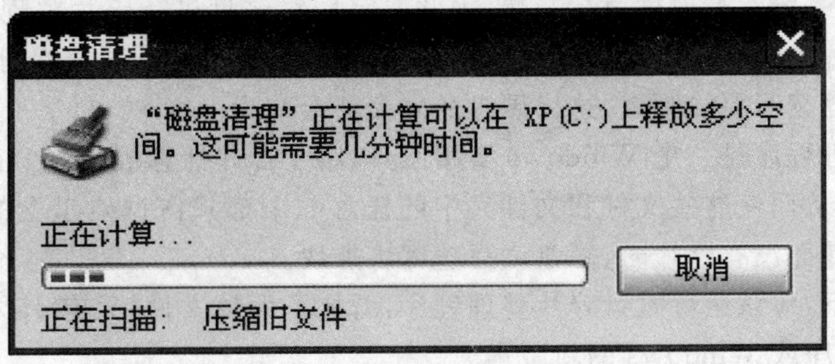

图 2.8　磁盘清理工具计算可以释放的磁盘空间量

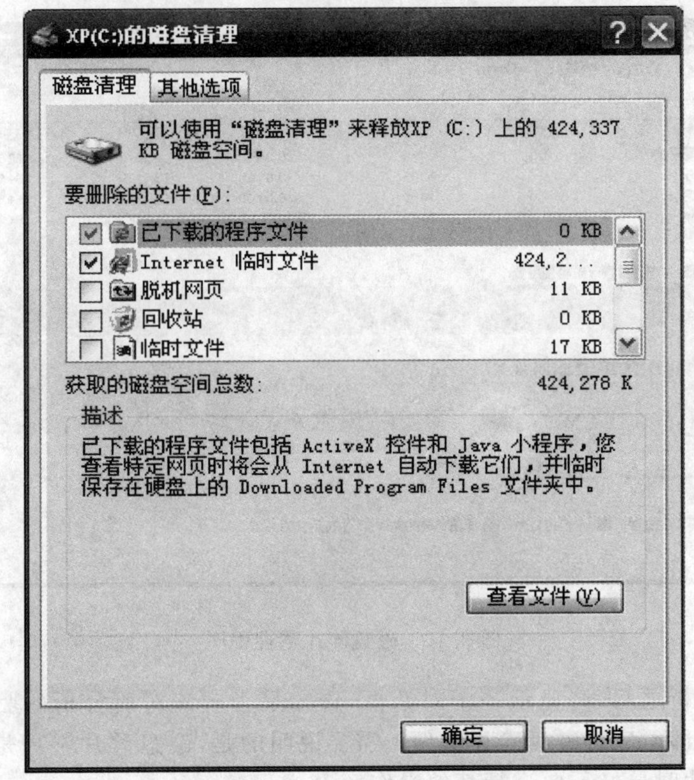

图 2.9　选择要删除的文件

5. *磁盘碎片整理程序*

计算机储存文件时，数据是在硬盘上顺序存放的，但是当你添加、删除或修改文件时，数据就会被一小块一小块地分开，并分散到硬盘各处，而且在删除文件时，还会在硬盘上产生空白区域，这样时间一长，空白区域会散布于整个硬盘。此时，硬盘在查找、打开和关闭文件时就要花费更多的时间，系统运行速度就会减慢，因此要定期对磁盘进行碎片整理，以加快电脑的运行速度。磁盘碎片整理不仅不会对硬盘造成损害，反而会更好地保护硬盘，因为如果文件碎片过多就会造成磁盘读写更加频繁，这样硬盘的寿命便会减少。

磁盘碎片整理程序是一个 Windows 实用工具，用于合并计算机硬盘上存储在不同碎片上的文件和文件夹，从而使这些文件和文件夹中的任意一个都只占据磁盘上的一块空间。文件首尾相接整齐存储而没有碎片时，磁盘读写速度将加快。

在以下情况下，应该运行磁盘碎片整理程序：增加了大量文件；只有 15%左右的可用磁盘空间；安装了新程序或 Windows 的新版本。

如何使用磁盘碎片整理程序？首先选中“系统工具”中的“磁盘碎片整理程序”，单击“分析”后就可启动磁盘碎片整理程序。

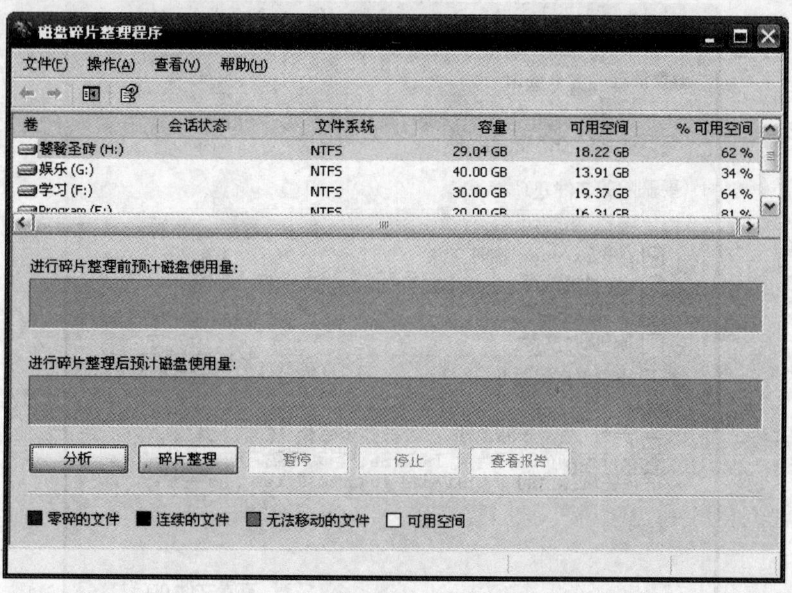

图 2.10　磁盘碎片整理程序

对磁盘进行分析之后，将显示一个对话框，告知是否应该对所分析的驱动器进行碎片整理。随后根据提示即可完成磁盘碎片整理。需要说明的是，磁盘碎片整理是个十分耗时的工作，并且在整理碎片时最好不要进行其他操作。

6. *磁盘扫描程序*

磁盘扫描程序用于修复硬盘中的小毛病，但没有必要经常的使用该程序，除非在使用磁盘工作的时候，计算机警告硬盘出错，这时，就应当使用磁盘扫描程序，来修复你的硬盘。

7. *定期清理回收站*

回收站中的文件也属于垃圾文件的一种，但可以对其单独进行清理，只须打开回收站窗口，将回收站中不用的文件删除。

8. 减少系统的常驻程序

常驻程序是在 Windows 系统启动时便自行加载的，而且这些程序在系统运行过程中会一直占用着系统内存，因而需要定期清理，将不需要加载的无用程序去掉，以节省内存空间。

这里为大家提供两种方法：

(1)删除“开始”菜单中“启动”组中的选项。

(2)执行“开始”“运行”，在弹出的“运行”对话框中输入 msconfig，单击“确定”。

选择“启动”选项卡，删除那些不需自行启动的程序，并单击“确定”，下次启动时将不会载入那些无用的应用程序。

除了自己手动的去完成这些日常的优化外，现在很多系统工具软件都提供了方便的系统优化功能，并且图形化的操作也更加容易。常用的有 Windows 优化大师和超级兔子等。

2.4　阅读材料

2.4.1　Intel VS AMD

在 DIY 自己的计算机时通常会面临一个 CPU 选择的问题，是选择 Intel 的 CPU 好呢还是选择 AMD 的 CPU 好。CPU 类型从某种意义上说决定了平台的整体性能，Intel 平台有 Intel 平台的优势，AMD 平台有 AMD 平台的好处，究竟两者之间有什么样的差别，请看下面介绍：

相对于 Intel 的处理器，AMD 处理器的真实频率会低上很多，因为这里存在一个执行效率的问题。举个简单的例子，Intel 将处理器的内部流水线做得很长，这就需要靠提高频率来促使指令的有效完成，从而提高性能。好比一个人骑自行车，只有用力蹬，加快频率才能让车跑得更快。而 AMD 的处理器在一个运算周期内，可以完成比较多的任务，所以在较低的频率下，也可以达到比较高的性能。AMD 采用一种叫 PR 的表示方法，用来和 Intel 的同级产品进行对比。他们的区别就是：研发的 CPU 接口不同，所以它们的 CPU 要使用不同的主板。对于 CPU 来说，AMD 的特点是同频率下的运算效率较高，Intel 的特点是频率较高从而提高运算效率。AMD 的 CPU 名称总是叫 AMD 3000＋，AMD 3600＋等，在 AMD 公司看来，他们认为这款 CPU 的运行效率就同 Intel 的 CPU 频率在 3.0GHz 和 3.6GHz 一样。

后来 AMD 率先推出了 64 位处理器，Intel 也不得不推出 64 位处理器。几年前，Intel 生产的是赛扬、奔腾系列 CPU，以及人们常说的 865，875，915，945 等主板芯片；AMD 生产的是速龙、闪龙等 CPU。两者的交锋区域就是 CPU，这两个公司几乎占据了全部的 CPU 市场，Intel 的占有率远远高于 AMD，但是 AMD 的性价比优于 Intel。AMD 走的主要是中低端市场，它的 CPU 价格一般要低于 Intel 的同类型产品。

不过须要说明的是，无论是 Intel 还是 AMD，已经不能用先前的眼光去看待他们设计生产的 CPU 了。Intel 也逐渐放弃高频率提高 CPU 性能的设计，因为对于民用来说，CPU 的频率已经足够高,真正制约计算机性能的是硬盘、内存、显卡等其他硬件。CPU 的发展已经迈向了多任务处理的时代,用户不需要计算机在 0.01s 的时间完成什么工作,用户关心的是在我接受的时间范围内无论我让计算机做多少事情它都能完成。这就是为什么现在多核 CPU 大行其道的原因。Intel 的奔腾系列 CPU 已经走向低端市场,取而代之的是设计精良的酷睿系列,相比 AMD 的则是翼龙等多核 CPU。

最终是选择 AMD 还是 Intel 的 CPU。首先是两个品牌 CPU 性价比的考虑。现在的 CPU 已经足够强大了,就组成整个平台来看,同等价位下 AMD 和 Intel CPU 差别其实是觉察不到的。一般而言,AMD 的 CPU 在三维制作、游戏应用、视频处理等方面相比同档次的 Intel 的处理器有优势,这是因为同等价位的 CPU 一般 AMD 的缓存要高于 Intel 的;而 Intel 的 CPU 则在商业应用、多媒体应用、平面设计方面有优势。最后要说的是,如果用户希望自己的计算机性能更高,就多在硬盘这样的慢速设备上下点工夫吧。

2.4.2 磁头小史

硬盘是计算机的仓库,有些有趣的知识也应该了解一下。最初磁头是集合读、写功能一起的,这对磁头的制造工艺和制造技术都要求很高。但是对于个人计算机来说,在与硬盘交换数据的过程中,读取数据远远多于写入数据,读、写操作两者的特性也完全不同,这就有了读、写分离磁头的诞生,两者分别工作、各不干扰,效率就大大提高了。

在 1990—1995 年间,出现了薄膜感应(TEI)磁头,硬盘采用 TEI 读/写技术。TEI 磁头实际上是绕线的磁芯,盘片在绕线的磁芯下通过时会在磁头上产生感应电压。TEI 读磁头之所以会达到它的能力极限,是因为在提高磁灵敏度的同时,它的写能力却减弱了。因此这种磁头很快便退出了历史舞台。

20 世纪 90 年代中期,希捷公司推出了使用各向异性磁阻(Anisotropic Magneto Resistive,简称 AMR)磁头的硬盘。AMR 磁头使用 TEI 磁头完成写操作,但用薄条的磁性材料来作为读元件。在有磁场存在的情况下,薄条的电阻会随磁场而变化,进而产生很强的信号。硬盘由于磁场极性变化而引起薄条电阻的变化,提高了读灵敏度。AMR 磁头进一步提高了面密度,而且减少了元器件数量。由于 AMR 薄膜的电阻变化量有一定的限度,AMR 技术最大可以支持 3.3 GB/in^2 的记录密度,所以 AMR 磁头的灵敏度也存在极限。这也促使了 GMR 磁头的研发。

GMR(Giant Magneto Resistive,巨磁阻)磁头继承了 TEI 磁头和 AMR 磁头中采用的读/写技术,但它的读磁头对于磁盘上的磁性变化表现出更高的灵敏度。GMR 磁头是由四层导电材料和磁性材料薄膜构成的:一个传感层、一个非导电中介层、一个磁性的栓层和一个交换层。GMR 传感器的灵敏度比 AMR 磁头大 3 倍,所以能够提高盘片的密度和性能。

硬盘的磁头数取决于硬盘中的碟片数,盘片正反两面都存储着数据,所以一个盘片对应两个磁头才能正常工作。比如总容量 80 GB 的硬盘,采用单碟容量 80 GB 的盘片,那只有一张盘片,该盘片正反面都有数据,则对应两个磁头;而同样总容量 120 GB 的硬盘,采用二张盘片，则只有三个磁头，其中一张盘片的一面没有磁头。

2.4.3 超频

超频，这个听起来既陌生又令人兴奋的词始终是 DIY 玩家难以割舍的追求。超频的目的主要基于两种：一是凭空就让自己的计算机跑得更快，充分发挥 CPU、内存等硬件的光和热，从而花少量的钱得到较高的性能。因为像 CPU 这样的器件正常使用寿命是很长的，而计算机一般也就用 3～5 年。二是对于真正的发烧友，超频是他们爱好和实力的象征。在这里不详细介绍如何超频，只介绍什么是超频以及超频的种类。需要说明的是，超频不当可能会损坏硬件，而且对于一般用户而言，超频所带来的性能提升只在测试数据面前有效。

所谓的超频就是强行提高硬件的额定工作频率，超过或远远超过其标称的工作频率范围。比如，将一块 CPU 的频率从 1.0 GHz 提高到 1.5 GHz。对于数字电路来说，更高的时钟频率往往意味着更高的性能。但是数字电路的频率越高其发热量也会越大，电路中的半导体材料会因为温度的提高而产生电性能温度漂移，稳定性也会因此下降。因此，设计人员往往会在性能和稳定性之间寻求一个平衡点，这个平衡点就是数字电路的标准工作频率，只要超过这个标准工作频率就可以叫超频。超频对器件的影响可以这样理解：长跑运动员之所以能在很长时间内保持体能，是因为他们步伐稳定并且速率不高，从而有效减少机体的损耗。而短跑运动员需要高速冲刺，机体消耗大，因此不能长时间运动。假如让长跑运动员突然加力冲刺，其结果就是短时间之后他再也没有力气去跑了。所以说，超频是用器件的寿命来换取短暂的高效。不过，几乎没有一个人会希望将自己的 CPU 用上 10 年吧？

可以超频的硬件很多，最常用来超频的是 CPU，其次就是内存和显卡，当然主板、硬盘、鼠标等这些器件都能超频。以 CPU 为例：目前 CPU 的生产可以说是非常精密的，以至于生产厂家都无法控制每块 CPU 到底可以在什么样的频率下工作，但是厂家又要将 CPU 的频率进行标记，所以为了保证 CPU 的质量，这些标记都有一定的富余，也就是说，一块工作在 1.0 GHz 的 CPU，很有可能在 1.2 GHz 下依然稳定工作，为了发掘这些潜在的富余工作频率，因而可以进行超频。超频增加了硬件的工作频率，发热量也就大大增加，这时需要借助一些手段来使 CPU 稳定工作在更高的频率上，这些手段主要是增加工作电压，提高散热效果。

超频需要了解的原理很多，超频的方法也有很多种，大多数人会使用主板上的硬跳线来对 CPU 进行超频，这样的主板跳线超频很不方便，需要对照随机说明书，打开机箱，找到相应设置跳线，如果用户对计算机并不怎么熟悉，而随机说明书对配置讲得又不是很清楚，这种硬跳线超频就非常危险。BIOS Jumpless 免跳线超频需要用户熟悉计算机 BIOS 的确切含义，弄不好会把 BIOS 设置搞得一塌糊涂，如果超频不成功就必须清除 CMOS(卸掉 CMOS 电池)。高手一般通过 BIOS 的设置来超频，对于菜鸟来说，BIOS 的设置不当就有可能导致不能开机。目前流行很多超频软件，使用非常简单，只需要几个图形操作就可以完成超频。但是这种超频方法就好比抄作业，不懂原理危害的始终是自己，因此建议在不懂超频的情况下不要超频。

目前，已经被证实的超频世界纪录是 Pentium 4 主频为 3.0 GHz，它曾被多次超到 7 GHz 以上。超频是项极有诱惑力的项目，如果您对计算机各种硬件的参数、运行机理感兴趣，那么您肯定也会对超频感兴趣。在超频的过程中您不仅能获得乐趣，还能收获很多知识。如果您是计算机爱好者，不妨体验一下超频的乐趣。

软 件 篇

第3章 操作系统

计算机系统由硬件系统和软件系统共同组成，本章将介绍计算机软件的重要组成部分——操作系统。

3.1 操作系统概述

3.1.1 操作系统的概念

操作系统(Operating System，简称 OS)是管理计算机硬件与软件资源的系统软件。操作系统负责管理与配置内存、控制程序运行、决定系统资源供需的优先次序、控制输入与输出设备、管理网络及管理文件系统等基本事务，并对其他应用软件提供支持。

操作系统直接控制和管理计算机硬件资源和软件资源，以方便用户有效地利用这些资源的程序集合。

操作系统的应用主要有以下三个方面：一是操作系统要方便用户使用计算机，为用户提供一个清晰、简洁、易于使用的友好界面；二是操作系统应尽可能地使计算机系统中的各种资源得到充分而合理的利用，以提高系统资源的利用率；三是在开发软件时，需要使用操作系统进行管理，调用有关的工具软件及其他软件资源，提供软件的开发与运行环境。操作系统是计算机系统中系统软件的重要组成部分，它是最低层的系统软件，是对硬件系统功能的首次扩充。

操作系统实际上是一组程序，用于统一管理计算机资源，合理地组织计算机的工作流程，协助计算机系统的各个部分、系统与用户以及用户与用户之间的关系，如图 3.1 所示。

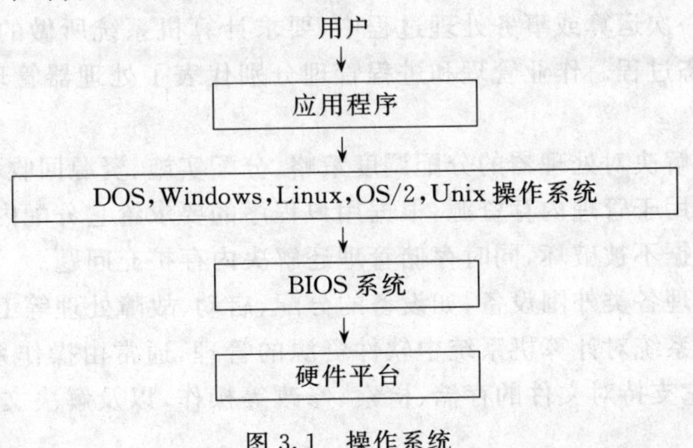

图 3.1 操作系统

由此可见,操作系统在计算机系统中占有特殊而重要的地位,所有的其他软件的应用(包括系统软件和应用软件)都需要建立在操作系统基础上,并得到它的支持和取得它的服务。从用户的角度来看,当计算机配置了操作系统后,用户可以不再直接操作计算机硬件,而是利用操作系统所提供的命令和服务去操作计算机。由此可见,操作系统扮演了用户与计算机之间交流的桥梁作用。

3.1.2 操作系统分类

操作系统经过多年的迅速发展,其功能越来越强大,而且随着各种不同需求与日俱增,操作系统也不断向多元化的方向发展。按照不同的分类标准可以将操作系统分为不同的种类。

(1)按用户界面可以分为命令行界面的操作系统(例如早期的 MS-DOS,Linux 等)和图形界面操作系统(如 Windows XP,Windows Vista 等);

(2)按可支持的用户数量可分为单用户操作系统(例如 MS-DOS,Windows XP,Windows 2000 等)和多用户操作系统(例如 Unix);

(3)按能够同时运行的任务的数量可分为单任务操作系统(例如早期 MS-DOS)和多任务操作系统(例如 Windows NT,Windows XP,Unix 等);

(4)按操作系统的功能可分为批处理操作系统、分时操作系统、实时操作系统。

按其他的还可分为个人操作系统、多处理操作系统、网络操作系统以及分布式操作系统。目前常用的 Windows XP 就属于单用户多任务的操作系统。

3.1.3 操作系统的功能

操作系统用于管理和控制计算机系统中所有的软、硬件和数据资源,合理地组织计算机的工作流程,并为用户提供一个良好的工作环境和友好的操作界面。而计算机系统的资源通常被分为四类:中央处理器(CPU)、内存储器、外部设备(磁盘、显示器、打印机等)以及程序和数据。操作系统的主要部分驻留在主存储器中,人们通常把这部分称为操作系统的内核或核心。

操作系统具有五个方面的功能:作业管理、进程管理、存储管理、设备管理和文件管理。所谓作业,是指用户在一次运算或事务处理过程中,要求计算机系统所做的工作的集合;所谓进程,是程序运行的动态过程。作业管理和进程管理分别代表了处理器管理的静态和动态两个方面。

处理器管理主要解决对处理器的分配调度策略、分配实施、资源回收等问题。

存储管理则主要用于管理内存资源,根据用户程序的要求给它分配内存,以保护用户存放在内存中的程序和数据不被破坏,同时存储管理还解决内存扩充问题。

设备管理负责管理各类外围设备,如设备的分配、启动、故障处理等工作。

文件管理是操作系统对计算机系统中软件资源的管理,通常由操作系统中的文件系统不定期完成这一功能,它支持对文件的存储、检索、修改等操作,以及解决文件的共享、保密和保护问题。

3.1.4 操作系统的特征

设置操作系统的目的在于更大限度地提高系统的效率，增强系统的处理能力，充分发挥系统资源的利用率，以方便用户的使用。以多道程序设计为基础的现代操作系统具有以下主要特征。

1. 并发性

在操作系统中，并发是指多个事件在同一时间间隔内发生。对计算机而言，并发是指在一段时间内，多道程序“在宏观上同时运行”。显然，多道和并发是指同一个事物的两个方面，正是由于多道程序设计的应用才实现了多个程序的并发执行。而程序的并发执行导致了多个程序竞争一台计算机，使得并行运行中的任何一个程序都处于已开始运行但又未结束的状态。

现代操作系统是并发系统的管理机构，其本身就是与用户程序一起并发执行的。程序的并发执行带来了程序串行执行中所没有的新问题，并导致操作系统对程序管理的复杂化，以及操作系统本身的复杂化。

2. 虚拟性

虚拟是指把一个物理实体映射为多个逻辑意义上的实体。前者是客观存在的，而后者则是虚构的，是一种意识性的存在，即主观上的一种假象。例如，在多道程序系统中，虽然只有一个 CPU，每次只能执行一道程序，但采用多道程序技术后，在一段时间间隔内，宏观上有多个程序在运行。在用户看来，就好像有多个 CPU 在各自运行自己的程序。这种情况就是将一个物理的 CPU 虚拟为多个逻辑上的 CPU。逻辑上的 CPU 称为虚拟处理机，类似的还有虚拟存储器和虚拟设备等。

3. 共享性

操作系统是多道程序的管理机构。它使多个用户作业共享有限的计算机系统资源。由于资源是共享的，就必然会出现如何在多个作业之间合理地分配和使用资源，并且如何充分发挥计算机系统资源利用效率的问题。从这个意义上讲，操作系统就是一个计算机系统的资源管理程序。

从概念上讲，计算机系统的所有资源都是共享的，但共享又分成两种不同的类型，即互斥共享和同时共享。所谓互斥共享是指资源的分配以作业（或进程）为单位，当一个作业未使用完当前资源前，别的作业不能同时使用。总的来说，这类资源毕竟是所有的作业（或进程）都可以使用的，故称为互斥共享；而同时共享，则是指多个作业“同时”使用资源，即当一个作业已开始使用某个资源但又尚未使用完毕，另一个作业也能对其进行使用。这种同时使用也是指在一段相当小的时间范围内允许多个作业轮流使用，因为一个物理设备是不可能在同一时刻真正同时完成多个任务的。

4. 不确定性

所谓操作系统的不确定性，是指在操作系统控制下多道作业的执行顺序和每个作业的执行时间是不确定的。例如，有三个作业，两次或多次运行的执行序列可能不相同，每一个作业的执行占有计算机的时间也可能不相同。

3.2 操作系统内部原理及重要组成部分

操作系统是一个庞大的管理控制程序，大致包括五个方面的管理功能：进程与处理机管理、作业管理、存储管理、设备管理、文件管理。

3.2.1 处理机管理

处理机是计算机系统中的一项宝贵的资源。在早期的单任务操作系统中，计算机每次只允许运行一个程序。一旦运行某个程序，这个程序就会独占(控制)系统的所有资源。只有等待一个程序在执行结束并释放了其所占用系统资源后，才能接着运行下一个程序。在这种情况下就会造成资源浪费，因为不是每一个程序都会用到系统的各种资源，可它却控制着该系统资源的使用权，而使别的程序不能有效地利用这些闲置的资源。

多任务操作系统的产生有效地解决了资源有效利用的问题，在很大程度上提高了资源的利用率。多任务操作系统在宏观上让人感觉每个程序都在并行地执行，其实在系统内部还是每个时间段内只执行一个程序，因为系统的处理机是唯一的。在现在的多任务操作系统中，大多采用的分时(Time-sharing)的技术，即把处理机的资源划分成很多微小的时间段，然后让所有的程序都轮换执行，每次执行占用一个时间段然后切换到别的需要执行的程序。当这种时间分段足够小的时候人们就会感觉到所有的程序都在并行地执行，操作系统就是用这种技术巧妙地“欺骗”了用户。

处理机的管理就是如何有效地、合理地把处理机分配给系统中正在执行的所有程序。现在的大多操作系统都是通过进程来管理系统的处理机以及存储器等有效资源。下面将带大家深入地了解一下进程。

1. 进程

进程(Process)就是正在运行程序的一个实例，是系统进行调度和资源分配的独立单位。进程是操作系统中最基本，也同时是一个重要的概念。每个进程都由进程控制块、程序段、数据段三部分组成。

进程可以划分为运行、阻塞、就绪三种状态，并随着条件的变化而相互转化：就绪—运行，运行—阻塞，阻塞—就绪，如图 3.2 所示。

进程的三种状态：

(1)运行状态。进程获得了 CPU 的控制权，正在运行。

(2)阻塞状态。进程因为某些原因需要等待某个事件的触发，而转为阻塞状态等待用户触发该事件。

(3)就绪状态。进程已经获得除 CPU 之外的所有资源，等待获得 CPU 的控制权。

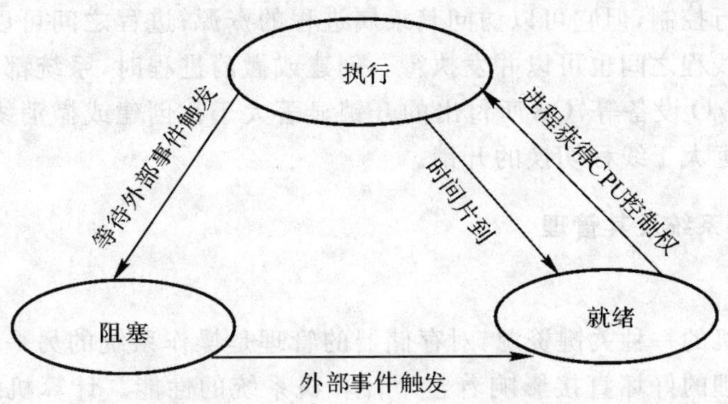

图 3.2 进程的状态转换示意图

进程有以下特性：

(1)动态性。进程是程序的一次执行，它包括“创建”“活动”“暂停”“撤消”等过程，具有一定的生命期，是动态产生、变化和消亡的。

(2)并发性。进程之间的动作在时间上可以重叠，即系统中有若干进程都已经开始但又没有结束，称这些进程为并发进程。

(3)独立性。进程是系统调度和资源分配的独立单位，它具有相对独立的功能，拥有自己独立的进程控制块 PCB。

(4)异步性。各个并发进程按照各自独立的、不可预知的速度向前推进。

(5)交互性。由于并发进程之间具有直接或间接的关系，在运行过程中它们之间需要进行必要的交互(同步、互斥和数据通信等)，以完成特定的任务。

2. 线程(Thread)

现在很多的操作系统(如 Windows XP)为了进一步提高对系统资源的利用率提出了比进程更小的划分概念——线程。线程是一种轻量级的进程，一个进程可以包含若干线程。例如一个记事本程序可以创建两个线程，其中的一个线程向磁盘写入文件，另一个线程则负责接收用户的按键操作并及时做出反应，两个线程并行执行互不干扰。当程序被运行后，系统首先要做的就是为该程序进程建立一个默认线程，然后程序可以根据需要自行添加或删除相关的线程。在同一个进程中的多个线程之间共享该进程的所有独立的资源(例如数据段、存储段等)而不是去创建该进程的一份拷贝，这就在一定程度上更加节省了系统资源，从而提高了资源的利用率。由于线程的状态和进程的状态相似，这里就不再重复。

3. 进程与线程

进程和线程都是操作系统在发展的过程中旨为提高资源利用率而产生的两个概念。线程是比进程更小的能独立运行的基本单位，通常一个进程都有若干个线程，至少也需要一个线程；而进程是资源拥有的基本单位。线程除了有一个程序运行的入口、顺序执行序列和程序的出口以外，自己不拥有系统资源，而且线程不能够独立执行，必须依存在应用程序中，由应用程序提供多个线程执行控制，但它可以访问其隶属进程的资源；进程之间可以并发执行，同时在一个进程中的多个线程之间也可以并发执行。创建或撤消进程时，系统都要为之分配或回收资源，如内存空间、I/O设备等，OS所付出的开销显著大于在创建或撤消线程时的开销，因此进程切换的开销也远大于线程切换的开销。

3.2.2 存储器系统及其管理

1. 存储器

存储器是计算机的一种关键资源，对存储器的管理是操作系统的另一个重要的功能。操作系统对存储器管理的好坏直接影响着整个计算机系统的性能。计算机的存储器系统如图3.3所示。

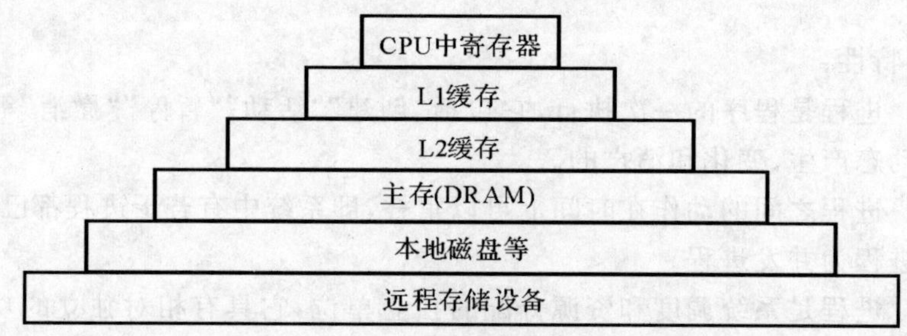

图3.3 计算机存储器系统层次结构

在计算机的存储系统层次结构中越往上的存储器速度越快，容量越小，同时价格也越高；越往下存储器的容量越大，速度也越慢，同时价格也会越便宜。一般较高一级的存储设备的访问速度等于10倍左右的低一级的存储设备。计算机采用层次结构来组织存储器就是为了能够使存储器系统的性能最大程度地得到提高。让更高一级的存储器系统充当低一级存储器系统的高速缓存，这样当需要访问低一级的存储设备时，CPU会先访问高一级的存储器设备，看要访问的文件是否已经在高一级的存储设备中，如果在，就不用再去访问低一级的存储器系统；如果不在，则再去访问低一级的存储设备。这样一来就可以在一定程度上缩短访问时间，从而提高访问存储设备的效率。

主存（也称为内存）是计算机存储器系统的重要组成部分，也是CPU能够直接访问的存储器。一个程序必须首先加载到内存中，才能够运行。在计算机系统中所有的进程共享着一个主存，目前的计算机系统的内存基本上已经达到1 GB的容量，但如果存在太多的进程，存储器将会不够用，某些程序可能会超出其存储空间写入了本来属于另外一个进程的存储空间。这可能会导致某些进程以完全与程序逻辑无关的方式运行。为了更加有效地管理存储器并减少出错，现代操作系统大多数提供了一种称为虚拟存储器的抽象的概念。

2. 虚拟存储器

虚拟存储器是在磁盘上划出的一块空间作为内存来弥补计算机主存空间的缺乏，使程序的运行更加灵活。它为每一个操作系统的进程提供了一个比较大的、一致的私有的地址空间，从而限制了进程之间的非法访问(并不妨碍进程之间的正常交互)，保证了进程能够正确有效地执行。其思想是将主存看成是一个存储在磁盘地址空间的高速缓存，通过内存分页技术，将内存和磁盘上划分出的那块区间划分成等大的称为页(Page)的存储块，形成并维护一个页表，页表始终保存在内存中，通过这个页表索引就可访问到所有的虚拟存储空间。这样任意时刻在内存中只保存当前活动内容有关的页。如果程序运行需要的页不在内存中时，操作系统将产生一个页面错误，存储器系统将通过访问页表找到其在磁盘上的地址，并采取一定的替换策略，从当前主存中取出一个页并将目的页换入主存。比较常用的替换策略有先进先出(FIFO)、最近最久未使用(LRU)以及随机替换等。

3.2.3 文件系统及其管理

文件是性质相同的记录的集合，可以是用户创建的文档，也可以是可执行的应用程序、一张图片、一段声音等。文件夹则是系统组织和管理文件的一种形式，是为方便用户查找、维护和存储而建立，用户可以将文件分门别类地存放在不同的文件夹中。在文件夹中可存放所有类型的文件和下一级文件夹、磁盘驱动器及打印队列等内容。目前在大多数的操作系统中，文件都被组织成了一种称为文件树的结构，如图3.4所示。

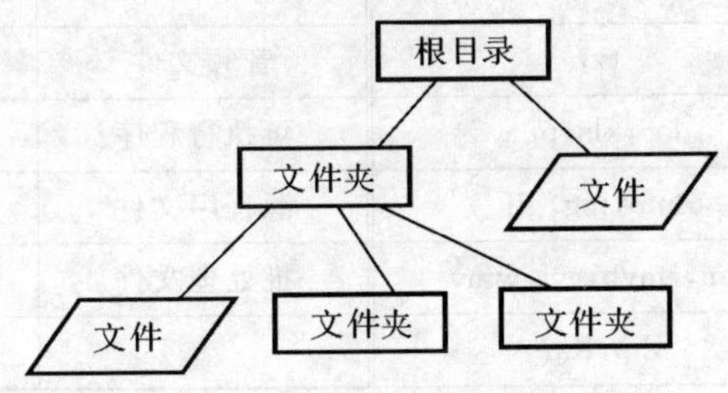

图3.4 文件树型结构图

1. 文件

文件是性质相同的记录的集合，有以下概念：

(1)文件的数据量通常很大，被放置在外存上。

(2)数据结构中讨论的文件主要是数据库意义上的文件，不是操作系统意义上的文件。

(3)操作系统中研究的文件是一维的无结构连续字符序列。数据库中所研究的文件是带有结构的记录集合，每个记录可由若干个数据项构成。

记录是文件中存取的基本单位，数据项是文件可使用的最小单位。数据项有时也称为字段，或者称为属性。

能唯一标识一个记录的数据项或数据项的组合称为主关键字项。其他不能唯一标识一个记录的数据项则称为次关键字项。主关键字项(或次关键字项)的值被称为主关键字(或次关键字)。

为讨论方便起见，一般不严格区分关键字项和关键字，即在不易混淆时，将主(或次)关键字项简称为主(或次)关键字，并且假定主关键字项只含一个数据项。

(1)文件命名。文件提供了一种将数据保存在外部存储介质上以便于访问的功能。为了方便用户使用，每个文件都应该有其特定的名称。这样用户就不必耗费精力去记忆文件存储方法、物理位置以及访问方式等，可以直接通过文件名来使用文件。各个文件系统的命名规则不尽相同，其特点如下：

MS-DOS 8.3 命名规则：文件名有 8 个字符，句点和 3 个字符的扩展名，不区分大小写，但只能使用 ASC II 字符命名文件(须中文平台支持汉字命名)，对不同的后缀有特定的解释。

NTFS(New Technology File System)：文件名可有 255 个字符，可以使用 Unicode(通用编码)命名。

EXT2 (Linux 文件系统)：对于文件名的长度没有限制。

在绝大多数的操作系统中每个文件都必须有扩展名，例如 Windows 操作系统中。应用程序通过文件扩展名来区分不同种类的文件，并对不同的文件作出相应的处理。几种常用的文件扩展名如表 3.1 所示。

表 3.1 常用文件扩展名

文件类型	扩展名	文件类型	扩展名
文本文档	txt	音频文件	MP3，wav，mid
Office 文档	doc，xls，ppt	可执行程序	Exe，com
图形图像	Bmp，jpg，gif	源程序文件	Cpp，c，asm，java
视频文件	Rm，rmvb，avi，wmv	批处理文件	bat
压缩文件	Zip，Rar		

(2)文件属性。关于文件本身的说明信息或属性信息，常称为文件属性。文件属性主要包括文件的元信息，如创建日期、文件长度、文件权限等，这些信息主要被文件系统用来管理文件。

1)文件名称。文件名称是供用户使用的外部标识，这是文件的最基本属性。每个文件都必须有相应名称以用于标识。文件名称通常由一串 ASCII 码或者汉字构成，现在常常由 Unicode 组成。

2)文件内部标识。有的文件系统不但为每个文件规定了一个外部标识，而且规定了一个内部标识。文件内部标识只是一个编号，可以方便管理和查找文件。

3)文件物理位置。具体标明文件在存储介质上所存放的物理位置。对于按连续区域分配的文件，需要给出起始的物理块号和文件长度；对于按索引方式组织的文件，需要给出索引表所在物理块号和索引长度。

4)文件权限。通过文件权限，文件拥有者可以为自己的文件赋予各种权限，如可设置允许自己读写和执行以及允许同组的用户读写，而不允许其他用户读写。

5)文件类型。可以从不同的角度来对文件进行分类，例如：普通文件或是设备文件，可执行文件或不可执行文件等。

6)文件长度。文件长度通常是指数据的长度，可以是允许的最大长度。长度单位通常是字节，也可以是块。

7)文件时间。文件时间有很多，如最初创建时间，最后一次的修改时间，最后一次的执行时间，最后一次的读时间等。

(3)文件的分类。为了有效、方便地组织和管理文件，常按照某种观点对文件进行分类。以下简要介绍文件的分类方法。

1)按文件的用途进行分类，可将文件分为系统文件、原文件和用户文件。

系统文件：包括操作系统内核、系统应用程序等。这些通常都是可执行的二进制文件，但有的也可能是文本文件，如配置文件等。这些文件对于系统的正常运行都是必不可少的。

原文件：包括标准和非标准的子程序库。标准的子程序通常称为系统库，提供对系统内核的直接访问；而非标准的子程序则是提供满足特定应用的库。库文件又分为两大类：一类是动态链接库，另一类是静态链接库。

用户文件：用户自己的文件，如用户的源程序，可执行程序和文档等。

2)按文件的性质分类，可将文件分为普通文件、目录文件和特殊文件。

普通文件：主要是系统所规定的普通格式的文件，例如：字符流组成的文件，包括用户文件、库文件、应用程序文件等。

目录文件：包含普通文件与目录的属性信息的特殊文件，这主要是为了更好地管理普通文件与目录。

特殊文件：在 Unix 系统中，所有的输入输出都被看做是特殊文件，但在使用的形式上也与普通文件相同，通过对特殊文件的操作可完成相应设备的操作。

3)按文件的保护级别进行分类，可将文件分为源文件、目标文件和可执行文件。

源文件：由源代码和数据构成的文件。

目标文件：是指源程序经过编译程序编译，但尚未链接而成的可执行代码的目标代码文件。

可执行文件：是指编译后的目标代码由链接程序链接后形成的可以运行的文件。

(4)文件的存取。文件的存取是指用户在使用文件时按何种次序存取文件。文件存取方式主要有顺序访问、随机访问、索引访问等。

文件顺序访问：是按从前到后的顺序对文件进行读写操作。

文件随机访问：也称为直接访问，可以按任意的次序对文件进行读写操作。有的存储设备如磁盘能支持随机访问(当然也能支持顺序访问)。

文件索引访问：也称链接访问，这种方式对文件中的记录按某个数据项(通常称为键)的值来排列，从而可以根据键值来快速存取。如索引表很长，则可以将索引表再加以索引，以形成具有层次结构的多级索引。如果将记录块的物理位置作为键值，那么可以将随机访问作为索引记录的特例。

(5)文件操作。为了方便用户使用文件系统，文件系统通常向用户提供各种调用接口，用户通过这些接口来对文件进行各种操作。

对文件自身的操作：是指建立新文件，打开文件，关闭文件，读写文件。

对记录的操作：是指查找文件中的字符串以及插入和删除等。

文件创建：是指创建文件时，系统所进行各项子操作：①系统为新文件分配所需的外存空间；②在文件系统的相应目录中，建立一个目录项，该目录项负责记录新文件的文件名及其在外存中的地址等文件属性。

文件删除：当某些文件不再被需要时，便可以把它从文件系统中删除，这时执行的是与创建新文件相似的操作。系统先从目录中找到要删除的文件项，使之成为空项，紧接着回收该文件的存储空间，用于下次分配。

文件截断：如果一个文件的内容已经很残旧而且须要进行全部更新时，虽然可以先删除文件再建立一个新文件，但是文件名及其属性没有发生变化，那么就可截断文件。即将原有文件的长度设为0，也可以说是放弃文件的内容。

文件读：通过读指针，将位于外部存储介质上的数据读入到内存缓冲区。

文件写：通过写指针，将内存缓冲区的数据写入到位于外部存储介质上的文件中。

文件的读与写定位：改变读写指针的位置，则可以从文件的任意位置读写，为文件提供随机存取的能力。

文件打开：使用文件时，必须打开文件。将文件属性信息装入内存，以便以后使用。

文件关闭：在完成文件使用后，应该关闭文件。这不仅是为了释放内存空间，而且也因为许多系统常常限制可以同时打开的文件数。

(6)文件结构。文件结构是指文件的组织形式。文件的组织形式分为物理结构、逻辑结构、记录式文件、流式文件。

物理结构：是指文件在外存上具有的存储结构，文件在外部存储介质上的存放形式，也叫文件的存储结构，它对文件的存取方法有较大的影响。

逻辑结构：从用户的角度出发所看到的关于文件物理特性的文件组织形式，是用户可以直接处理的数据及其结构。

记录式文件：每个文件分为若干记录单位，存取文件是以记录为单位来进行的。

流式文件：是指文件由字符流组成。

(7)文件系统的可恢复性。文件系统的可恢复性是指文件系统在遭到破坏之后，恢复到初始状态的能力。

文件写操作是间接通过缓存而不是直接通过磁盘来完成的，这样可能由于突然掉电原因而导致文件系统的不一致性，导致系统的故障和崩溃等重大事故。

下面从文件系统的一致性和文件读、写速度两方面来讨论文件的写入方式，这里主要分析最具代表性的三种写入方式:谨慎写文件系统、延迟写文件系统和事务日志写文件系统。

1)谨慎写文件系统:因采用谨慎写而得名。对写入操作逐个排序。

2)延迟写文件系统:系统只是把文件的修改写入高速缓存,然后在适当的时候选用一种最佳的方式把内容刷新到磁盘上。缺点是系统崩溃时可能造成严重的磁盘不一致性,甚至无法进行文件系统的恢复,因而具有一定的风险。

3)事务日志写文件系统:是一种可恢复的文件系统,NTFS采用此方式写入文件,同时具备谨慎写文件系统的安全性及延迟写文件系统的速度性能。

2. 文件夹

计算机文件系统中的文件夹是用来协助人们管理文件的。每一个文件"与生俱来"地对应一块磁盘空间,它提供了指向对应空间的地址,但没有扩展名,主要目的是为了更好地保存文件,方便文件的管理和查找。文件夹中可以存放子文件夹或者各种类型的文件。

3.2.4 设备管理

计算机主要由主机和外部设备组成,不同的外设可以完成不同的功能,而且各种不同的外设的内部实现原理和操作方式一般也不同,操作系统对设备管理的主要目的就是要让各种设备能够正确地、独立地运行。

1. 设备驱动程序

要使设备能够正确地运行,就必须安装设备驱动程序。一般购买设备的同时,会带上相应的设备驱动程序。不同设备的驱动程序一般不会相同(例如显卡驱动和声卡驱动),不同厂家生产的同一种设备的驱动程序也可能不同(例如ATI的显卡驱动和Geforce的显卡驱动),同一厂家生产的一系列的同种产品的驱动也不相同(例如Geforce 8600系列的显卡驱动就和早期的Geforce显卡驱动不同)。设备驱动程序充当了外部设备和操作系统之间的桥梁,为操作系统调用外部设备提供了接口。目前大多数操作系统都集成了很多比较常用的设备驱动程序,在安装过程中,操作系统会检测所有的外部设备并为其安装相应的驱动(如USB驱动)。如果操作系统本身没有自带某种特殊设备的驱动程序,那么为了使该设备能够正确运行就必须手动寻找并安装该设备的驱动程序。

2. 即插即用

即插即用(Plug and Play)是一种协议,这种协议可以使得外设连接到操作系统以后不需要手动的配置和重新启动操作系统就可以正确地识别和使用该设备。要支持即插即用,必须同时具备以下四个条件:即插即用的标准BIOS、即插即用的操作系统、即插即用的设备和即插即用的驱动程序。在以前的操作系统(如MS-DOS)中,开机以后如果想让系统识别新插上的外设,必须手动安装该设备的驱动,并重新启动计算机。

Windows 95是最早支持即插即用的操作系统,但是支持的不好,常常需要手工改动,而且容易产生隐患。Windows 98/Me及以后的系统对即插即用的支持技术就比较成熟,都采用了ACPI规范作为即插即用的方案实现基础。目前大多数操作系统(如Windows XP,Linux等)

都支持即插即用。

当前系统支持即插即用功能，表现为以下几点：

(1)对已安装硬件自动和动态识别。这种识别包括系统初始安装时对即插即用硬件的自动识别，以及运行时对即插即用硬件改变的识别。

(2)硬件资源分配。即插即用设备的驱动程序自己不能实现资源的分配，只有在操作系统识别出该设备之后才给其分配对应的资源。即插即用管理器能够接收到即插即用设备发出的资源请求，然后根据请求分配相应的硬件资源，当系统中加入的设备请求资源已经被其他设备占用时，即插即用管理器可以对已分配的资源进行重新分配。

(3)加载相应的驱动程序。当系统中加入新设备时，即插即用管理器能够判断出相应的设备驱动程序并实现驱动程序的自动加载。

(4)与电源管理的交互。即插即用与电源管理的一个共同的关键特性是事件的动态处理，包括设备的插入和拔出，唤醒或使设备进入睡眠状态。

3.3 常用操作系统简介

本节将介绍目前常用的操作系统，Windows 系列操作系统、Linux 操作系统、Unix 操作系统等。

3.3.1 Windows 系列操作系统

1. MS-DOS

DOS 的全称为磁盘操作系统，它是用户和计算机之间的接口，用户依靠 DOS 来使用和管理 PC 机。从 1981 年问世至今，DOS 经历了 7 次大的版本升级，从 1.0 版到现在的 7.0 版，不断地改进和完善。但是，DOS 的单用户、单任务、字符界面和 16 位的大格局没有变化，因此它对于内存的管理也局限在 640 KB 的范围内。

DOS 最初是为 IBM-PC 开发的操作系统，因此，它对硬件平台的要求很低，即使对于 6.0 版的 DOS，在 640 KB 内存、40 MB 硬盘、80286 处理器的环境下也可正常运行，因此 DOS 既适合于高档微机使用，又适合于低档微机使用。

常用的 DOS 有三种不同的品牌，它们分别是 Microsoft 公司的 MS-DOS，IBM 公司的 PC-DOS 以及 Novell 公司的 DR-DOS。这三种 DOS 都是相互兼容的，但仍有一些区别，三种 DOS 中使用最多的是 MS-DOS(见图 3.6)。它主要有以下三个功能：

(1)执行命令和程序功能。命令是指 DOS 向用户提供的可执行程序，包括内部命令和外部命令。程序即是指除 DOS 的外部命令以外的所有其他可执行的代码文件，包括应用程序和实用程序。DOS 可以对提示符后的命令和程序进行解释，并作出反应。

(2)I/O 管理功能。即输入/输出管理，主要是管理内存和系统其他硬件之间的数据交换。

(3)磁盘与文件管理。即 DOS 实现对各类文件的建立、显示、比较、复制、修改、检索、删除等操作。

图3.6 MS-DOS 6.0

2. Windows NT

Microsoft公司的另一个产品——Windows NT系统(NT是New Technology即新技术的缩写)是真正的32位操作系统。

与普通的Windows系统不同,Windows NT是一个功能全面的操作系统,具有完全集成式的联网能力,这种集成的网络能力正是Windows NT与其他操作系统,如MS-DOS,OS/2和Unix操作系统的区别所在,因为其他操作系统的网络功能都是与核心操作系统分开安装的。集成式的网络支持意味着Windows NT具有如下特点:

(1) 可扩充性好,基于微内核的概念,适应环境变化。

(2) 可移植性好,系统主体采用C,C++编程,具有处理器分立和操作平台分立的特性。

(3) 具有独立的可装卸的驱动程序,使I/O控制和操作更加灵活。

(4) 具有较好的可靠性、稳固性和安全性,采用结构化异常处理,能抵御硬件和软件错误。

(5) 具有较好的兼容性,针对16位、32位操作和多种操作系统平台提供二进制兼容。

由于网络软件已经集成在Windows NT中,因此用户可以十分简便地添加协议驱动程序、网络适配卡驱动程序以及其他网络软件。Windows NT本身带有四个传输协议——NetBEUI传输,DLC,TCP/IP和Newlink IPX/SPX。Windows NT系统可使用各种各样的传输协议和网络适配卡来进行通信,也可以与大量不同厂家的网络进行通信,支持分布式应用程序。

Windows NT提供了透明的远程过程调用(Remote Procedure Call,RPC)功能,它还支持NetBIOS,Sockets和命名管道、邮件槽,并与LAN Manager的安装与应用软件保持向上兼容。

3. Windows 2000

Microsoft Windows 2000(微软视窗操作系统 2000,简称 Win2K),是由微软公司Windows NT 系列的 32 位视窗操作系统,起初命名为 Windows NT 5.0。英文版于 1999 年 12 月 19 日上市,中文版于 2000 年 2 月上市。Windows 2000 是一个可抢占、可中断、图形化的、面向商业环境的操作系统,为单一处理器或对称多处理器的 32 位 Intel x86 计算机而设计。它的用户版本在 2001 年 10 月被 Windows XP 所取代;而服务器版本则在 2003 年 4 月被 Windows Server 2003 所取代。一般来说,Windows 2000 被划分为一种混合式核心(Hybrid Kernel)的操作系统。

Windows 2000 有四个版本,依次为:Windows 2000 professional,Windows 2000 Server,Windows 2000 Advanced Server,Windows 2000 Datacenter Server。这几种操作系统从前到后功能依次增强。

4. Windows XP

虽然 MS-DOS 操作系统已经实现了基本的计算机系统的管理功能,但是命令行操作给用户带来很大的不便。Windows 系列操作系统的产生有效地改变了计算机难以操作的问题,使得操作更加简单。Windows XP 是目前最常用的操作系统,它拥有方便的图形界面,如图 3.7 所示。

图 3.7 Windows XP 操作系统

Windows XP 是微软公司的一款视窗操作系统。Windows XP 于 2001 年 8 月 24 日正式发布(Release to Manufacturing,简称 RTM),它的零售版于 2001 年 10 月 25 日上市。Windows XP 原来的代号是 Whistler。字母 XP 表示英文单词的"体验"(eXPerience)。Windows XP 的外部版本是 2002,内部版本是 5.1(即 Windows NT 5.1),正式版的 Build 是 5.1.2600。微软最初发行了两个版本:专业版(Windows XP Professional)和家庭版(Windows XP Home Edition)。家庭版的消费对象是家庭用户,专业版则在家庭版的基础上添加了新的为面向商业设计的网络认证、双处理器等特性。家庭版只支持1个处理器，专业版则支持2个。后来又发行了媒体中心版(Media Center Edition)和平板电脑版(Tablet PC Edition)等。

5. Windows Vista

Vista是微软在2007年发布的新一代操作系统，作为微软的最新操作系统，Windows Vista第一次在操作系统中引入了“Life Immersion”概念，即在系统中更多地集成人性的因素，一切以人为本。以此使得操作系统尽最大可能贴近用户，了解用户的感受，从而方便用户。

图3.8 Vista操作系统

Windows Vista有三大重要特点：

(1)Windows Vista更加紧密和快捷地将用户所需要的信息以及电子设备无缝地连接起来，使所有的计算机和电子设备融为一体。

(2)Windows Vista所使用的用户界面看起来将会有一种玻璃(透明)的感觉，让人感到更加整洁，而且更加有效地处理和归类用户的数据。

(3)Windows Vista拥有更好的安全措施，比以往任何操作系统更加安全地保护你的计算机不受病毒侵害。

微软共推出了7个版本的Windows Vista操作系统，分别为Windows Vista Starter Edition，Windows Vista Home Basic Edition，Windows Vista Home Premium Edition，Windows Vista Professional Edition，Windows Vista Small Business Edition，Windows Vista Enterprise Edition，Windows Vista Ultimate Edition。

3.3.2 Linux操作系统

Linux是由芬兰赫尔辛基大学的学生Linus Torvalds在1991年开发出来的一种可以运

行在PC机上的免费的Unix操作系统。Linux是一套免费使用和自由传播的类Unix操作系统。我们通常所说的Linux，指的是GNU/Linux，即采用Linux内核的GNU操作系统。GNU的全称为GNU's Not Unix。它既是一个操作系统，也是一种规范。Linux是一个内核。然而一个完整的操作系统不仅仅是内核而已，其源程序在Internet网上公开发布，许多计算机爱好者下载该源程序并按自己的意愿完善某一方面的功能，再发回网上，Linux也因此被雕琢成为一个全球最稳定的、最有发展前景的操作系统。Linux操作系统具有如下特点：

(1) Linux是一个完全多任务多用户操作系统，同时融合了网络操作系统的功能。允许多用户同时登录到一台机器上同时运行多道程序。它还支持虚拟控制台，这种虚拟控制台可使用户在多个登录上进行转换。

(2) Linux可支持各种类型的文件系统。如Ext 2文件系统目前已被设计为Linux专用。

(3) Linux提供TCP/IP网络协议的服务。支持多种以太网卡及个人计算机的接口，同时还支持TCP/IP客户与服务器功能，如WWW，FTP，Telnet等。

(4) Linux支持字符和图形界面。其上现在使用的图形界面是X Free86版，它支持多种显示器，是一个完整的X窗口软件。

(5)Linux几乎支持所有的硬件平台，包括Intel系列、680x0系列、Alpha系列及MIPS系列等，并广泛支持各种周边设备。目前，Linux正在全球迅速推广普及，各大软件商如Oracle，Sybase，Novell，IBM等均发布了Linux版的产品，许多硬件厂商也推出了预装Linux操作系统的服务器产品，当然，PC用户也可使用Linux。另外，还有不少公司或组织有计划地收集有关Linux的软件，组合成一套完整的Linux发行版本上市，比较著名的有RedHat，Slackware等公司。虽然，现在Linux取代Unix和Windows还为时过早，但一个稳定性、灵活性和易用性都非常好的软件，肯定会得到越来越广泛的应用。

3.3.3 Unix操作系统

Unix是一个强大的多用户、多任务操作系统，支持多种处理器架构，按照操作系统的分类，属于分时操作系统。最早由Ken Thompson，Dennis Ritchie和Douglas McIlroy于1969年在AT&T的贝尔实验室开发。经过长期的发展和完善，目前已成长为一种主流的操作系统技术和基于这种技术的产品大家族。由于Unix具有技术成熟、可靠性高、网络和数据库功能强、伸缩性突出和开放性好等特色，可满足各行各业的实际需要，特别能满足企业重要业务的需要，所以目前已经成为主要的工作站平台和重要的企业操作平台。Unix系统一直是现代工程工作站的主流操作系统。Unix各版本的基本特性是一致的，即开放性、多用户、多任务、功能强、高效、网络功能丰富。Unix曾经是服务器操作系统的首选，占据很大的市场份额，但在最近几年与Windows server和Linux的竞争中有所失利。

Unix系统是一种开放式的操作系统，它具有以下特点。

(1) 它是一个真正的多用户、多任务的操作系统，也是一种著名的分时操作系统。

(2) 具有短小精悍的系统内核和功能强大的核外程序，前者提供系统基本服务，后者则向用户提供大量强大的功能服务，这种两层结构既方便了系统应用和维护，又方便了系统的扩充。

(3) 具有典型的树型结构的文件系统，并可建立可拆卸的文件子系统(文件存储系统)。

(4) 具有良好的可移植性，便于系统开发和应用程序开发。

(5) 虽然用户操作界面多采用命令行方式，但其强有力的编程环境，既成为命令解释工具，又成为一种编程语言，并具有 X-Window 等强大的图形显示环境。

3.4　深入理解 Windows XP

3.4.1　常用基础操作

1. 桌面组成部分

首先让我们认识一下 Windows XP 操作系统的界面，开机后会出现如图 3.9 所示的界面。

图 3.9　Windows XP 界面介绍

桌面图标：放置在桌面上的图标可以是快捷方式、文件夹、文件和应用程序等。通过双击或单击桌面上的图标可以打开文件、文件夹或执行程序。桌面图标大大提高了用户的操作效率。

任务栏：任务栏用于显示当前用户所执行的程序或任务。当用户打开一个 Word 编辑器时，任务栏上就会增加一条显示。当任务栏放太多时，右边就会出现翻页图标，点击图标中的“上”或“下”按钮可切换显示到上一页或者下一页。

快速启动栏：用来放置常用应用程序的快捷方式，以便能够达到快速启动该应用程序的目的。

开始按钮:“开始”按钮是进入 Windows 程序的入口,点击“开始”按钮会出现如图 3.10 所示的开始菜单。

图 3.10 开始菜单

2. 开始菜单

开始菜单中显示常用的程序以及最近使用过的程序,选择“所有程序”选项就可以看到当前系统所安装的所有程序。右半边还显示了“我的文档”“我的电脑”“控制面板”等项目。

3. 修改系统属性

用鼠标右键点击桌面上的空白区域选择“属性”,即可打开如图 3.11 所示的“显示属性”对话框。在系统属性对话框中可以在主题选项卡中更改桌面主题,在桌面选项中更换桌面背景,选择屏幕保护程序等。选择“设置”选项卡会出现如图 3.12 所示的对话框。在设置对话框中可以设置屏幕的分辨率,调整颜色方案。选择高级选项卡选项还可以设置屏幕刷新频率等,在这里笔者就不再详细的介绍了。

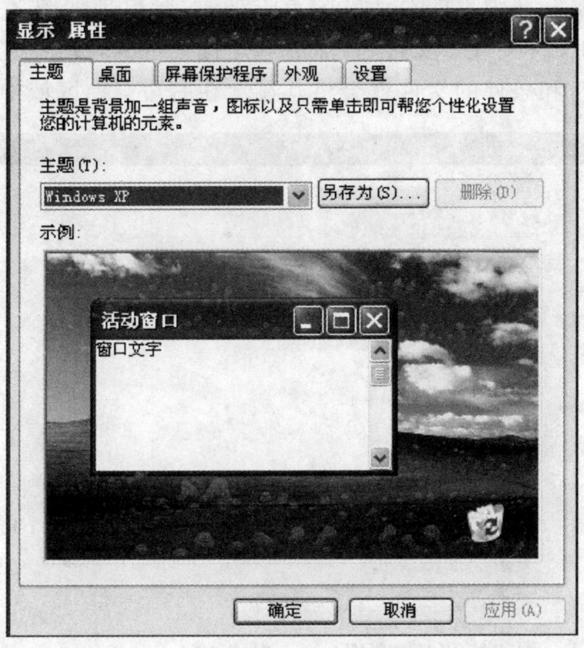

图 3.11　“显示属性”对话框

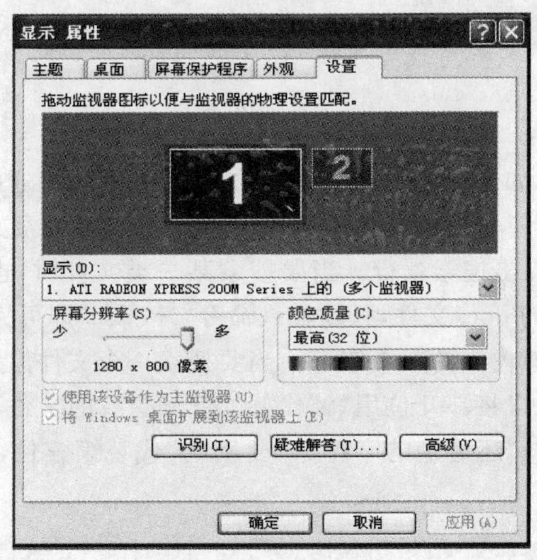

图 3.12　“设置”选项卡

4. 创建文件、文件夹及文件搜索

在桌面上单击鼠标右键，在弹出的快捷菜单中选择“新建”，然后在二级菜单中选择所要建立的文件类型即可完成建立文件或文件夹的操作。

双击打开“我的电脑”，在弹出的对话框中点击搜索，会出现如图 3.13 所示的对话框。在文本框中输入要搜索的文件夹或者文件名，然后选定搜索范围，搜索系统就会自动搜索该范围内所有文件，如果找到符和条件的文件就会将其显示在右边空白区域中。

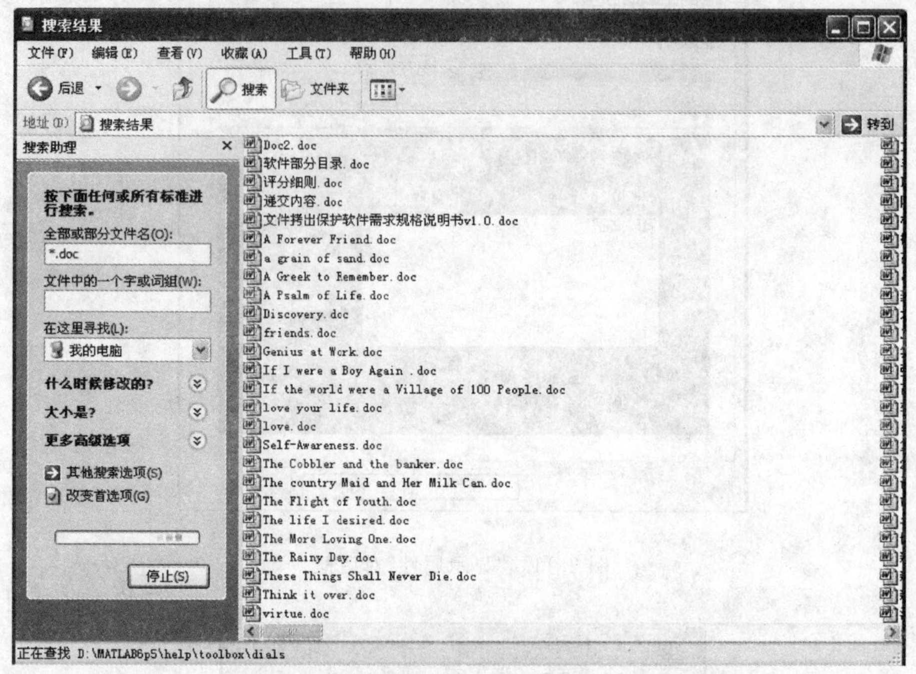

图 3.13 搜索窗口

在搜索某一类文件时，如果你记不清要搜索的文件名，可以用通配符来帮助完成搜索。

(1)通配符“＊”代表任意长度的任意内容的字符串。当要搜索文件名中以 abc 开头的文件，只须输入“abc＊”然后点击搜索就行。当要搜索某一类文件时，也可以用“＊”通配符轻松的完成。例如要搜索所有的 doc. 文件，只须输入命令“＊. doc”即可完成搜索。

(2)通配符“?”代表任意内容的一个字符。当要搜索一个文件但是又不确定文件名中间的某一位或者某几位，那么可以将那几位用“?”代替。例如想找的文件名大概为“abcde. doc”，但又不太确定第三位到底是“c”还是别的字符，只要用“?”代替第三位，即表达为“ab? de. doc”，再进行搜索即可。

5. 输入法

输入法的设置是系统操作中很常用的部分。Windows XP 自带的输入法有微软全拼输入法等。实际应用中可以根据需要安装一些输入法，或者对输入法进行设置，使其使用起来更加方便。右键点击任务栏上的图标 CH 选择设置，就会弹出如图 3.14 所示对话框。在这个对话框中，可以完成添加或者删除某一种输入法，设置某种输入法为默认输入法等操作。

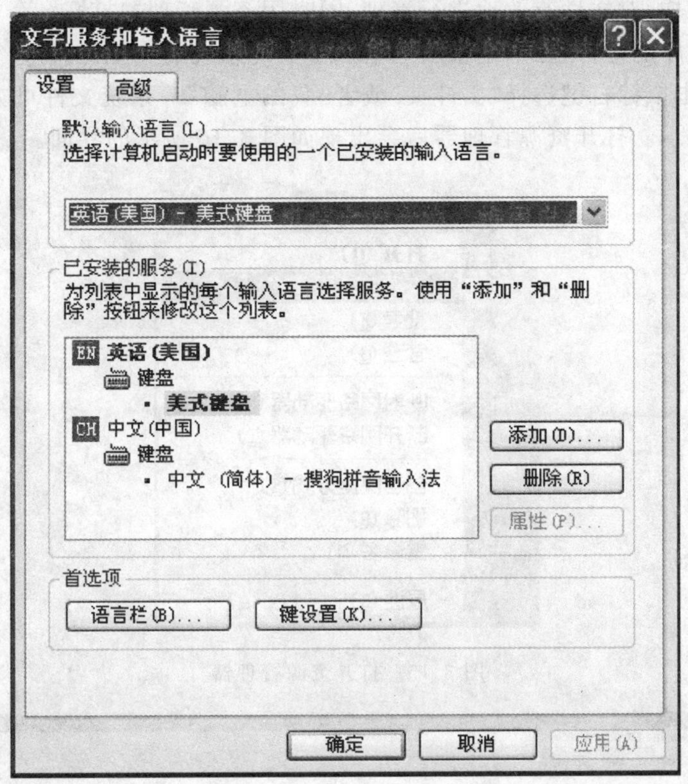

图 3.14　输入法设置对话框

6. 常用快捷键介绍

快捷键一般都是以组合键的形式存在的，使用快捷键可以大大提高操作效率，表 3.2 介绍几种最常用的快捷键。

表 3.2　常用快捷键

快捷键	功　能	快捷键	功　能
Ctrl+ C	复制	Alt+ Printscrenn	屏幕截屏
Ctrl+ X	剪切	Win+ R	打开运行对话框
Ctrl+ V	粘贴	Win+ M	显示桌面
Ctrl+ Z	撤销		

3.4.2　资源管理器的使用

资源管理器是 Windows XP 自带的管理文件和文件夹的一个重要工具，通过它可以看到文件系统的分层结构，对文件有效地进行管理，同时用资源管理器打开一个文件夹可以防止文件夹中自动运行程序的运行，在一定程度上增加了文件系统的安全性。

通常，通过单击鼠标右键选择“文件夹”或者“我的电脑”等系统文件可方便地打开资源管理器，如图 3.15 所示。打开资源管理器后会出现如图 3.16 所示的界面。

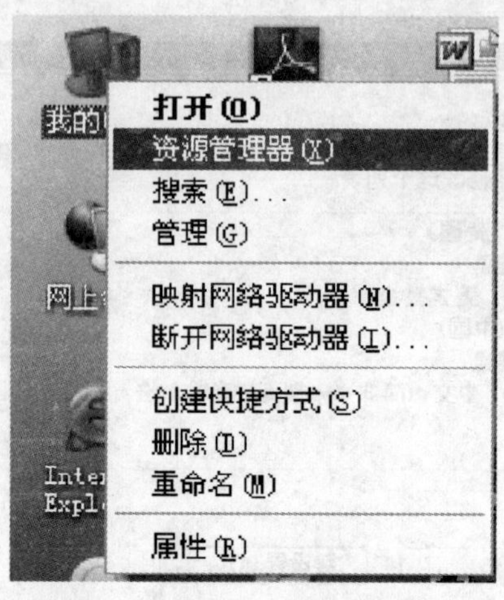

图 3.15　打开资源管理器

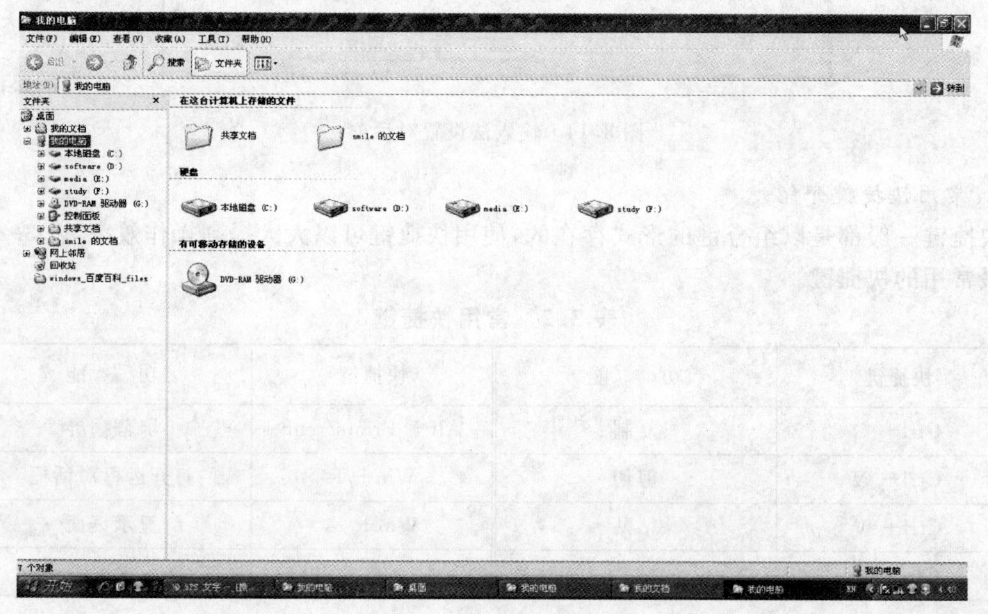

图 3.16　资源管理器界面

在资源管理器中，可以像平时双击打开文件夹一样对文件进行操作。完成如创建、修改、删除等操作。点击快捷图标文件夹将会切换资源管理器窗口左边的视图。点击工具选项下的文件夹选项可设置文件夹和文件的显示方式。点击文件夹图标后，将会弹出如图 3.17 所示的对话框。

在文件夹选项中可以选择文件夹及文件的显示方式。例如文件夹的显示风格，是否显示受保护的操作系统文件以及是否显示隐藏的文件夹等。

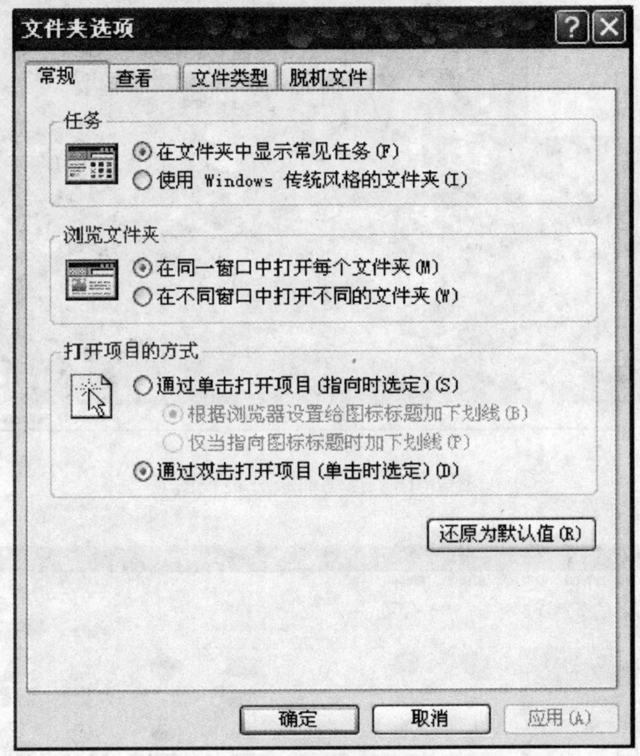

图 3.17　“文件夹选项”对话框

3.4.3　控制面板

控制面板是 Windows XP 操作系统自带的一个功能强大的设置系统参数和管理设备的工具集。用户可以根据需要在控制面板中对鼠标、键盘、显示器、开始菜单的风格、桌面背景以及监视器等诸多设备及项目的属性进行设置。除此之外控制面板还提供了管理系统程序、操作系统的用户管理及权限设置等操作。打开控制面板的方法有很多种，最常用的就是点击“开始”按钮然后在弹出的菜单中选择“控制面板”选项即可打开控制面板。控制面板的分类视图界面如图 3.18 所示。

单击“控制面板”对话框中左侧“切换到经典视图”就可以切换到另一种风格的视图，如图 3.19 所示。在两种视图下的操作完全相同，后面将按照经典视图来介绍控制面板的用法。

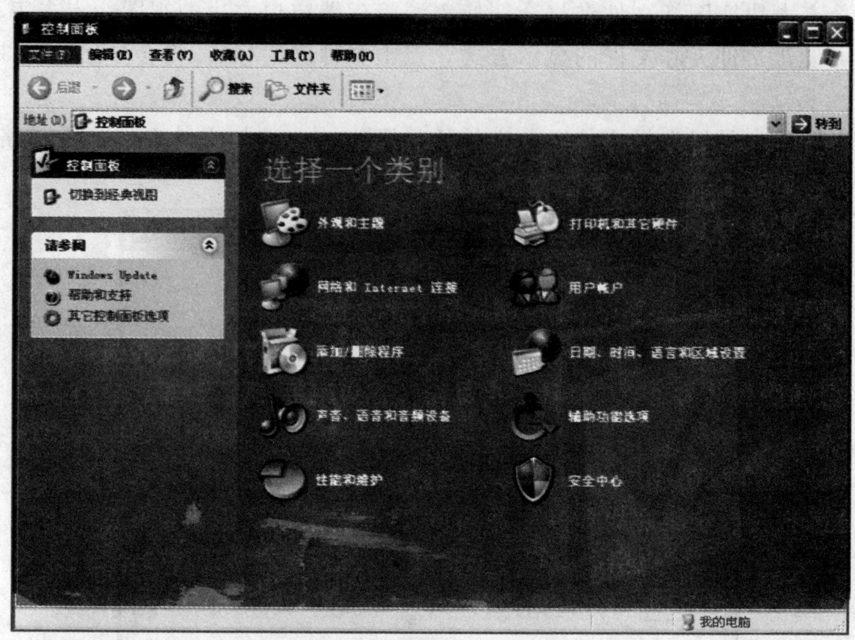

图 3.18 控制面板分类视图

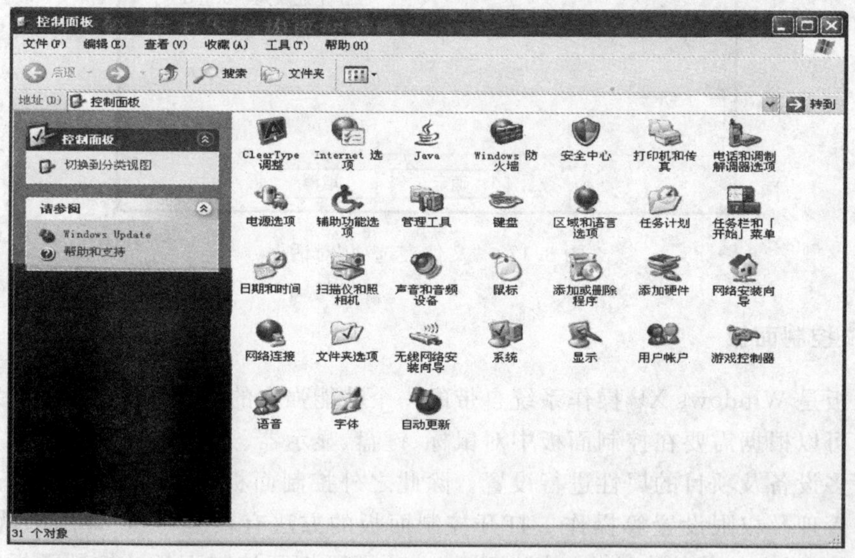

图 3.19 控制面板经典视图

由于控制面板里面的项目太多，在此只介绍几种比较常用的。

1. 用户账户

安装完 Windows XP 以后默认的登陆用户为 Administrator 账户，即系统最高权限的用户登陆。一般情况下只有系统出现比较严重的问题时才用管理员账户登录对系统进行维护和修复。为了系统安全起见，应该另外创建一个账户，Windows XP 系统默认创建第一个账户时只能为管理员账户。可以在创建账户时对账户的权限进行限制，比如 guest 用户只能查看 C 盘文件，而不能修改和删除 C 盘文件。

下面详细介绍如何创建一个账户。用鼠标左键双击图 3.19 中的“用户账户”图标，系统将弹出“用户账户”对话框，如图 3.20 所示。在这个对话框中，可以看到现有计算机的所有账户，选择相关选项可以更改账户信息或创建和删除账户。

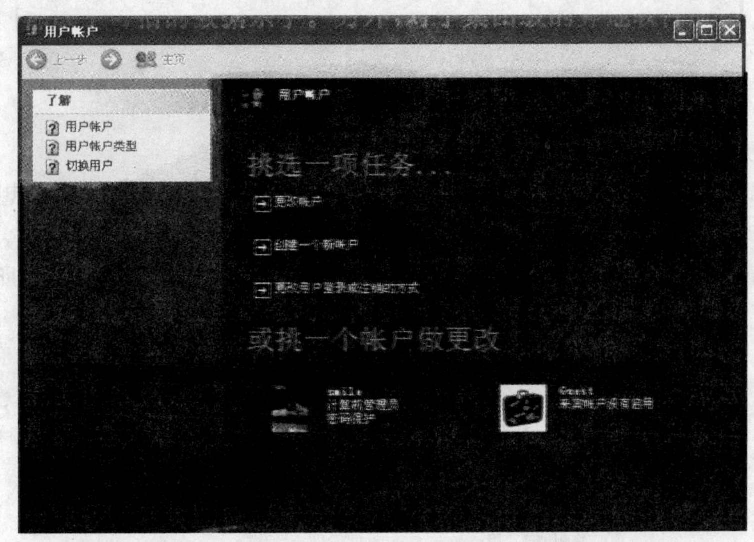

图 3.20　“用户账户”对话框

选择创建一个新账户，将会出现一个创建账户的窗口，在其中填入账户名称，并选择要创建的账户类型，然后按提示一步一步进行就可成功地创建一个账户。更改和删除现有账户和创建的过程相似，在这里就不再赘述。

2. 添加或删除程序

要想增加特定功能，就必须安装相应的程序，操作系统中通过控制面板中的“添加或删除”程序可以很方便地实现对程序的管理。“添加或删除程序”的对话框如图 3.21 所示。

该对话框中提供了添加或删除程序的四个操作选项，依次为更改或删除程序、添加新程序、添加/删除 Windows 组件和设定程序访问和默认值。最常用的就是添加和删除程序。在当前安装的程序中用鼠标左键单击一个程序，就会出现一个“更改/删除”的按钮，鼠标左键单击该按钮，随后即可根据提示完成程序的更改或者删除。

添加新程序通常是直接双击该程序的安装包直接安装，而不是选择这里的添加新程序选项。

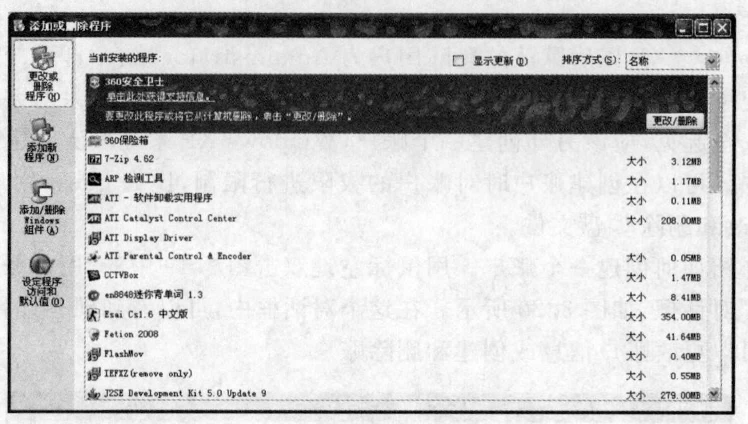

图 3.21 “添加或删除程序”对话框

3. 鼠标、键盘等常用设备的设置

Windows XP 是图形界面的操作系统，鼠标和键盘是最常用的外设，要想用好 Windows XP，设置好鼠标和键盘是必不可少的。下面将会分别介绍鼠标和键盘的设置。

(1)鼠标设置：可以用鼠标左键双击控制面板中的鼠标，打开如图 3.22 所示的鼠标设置界面。

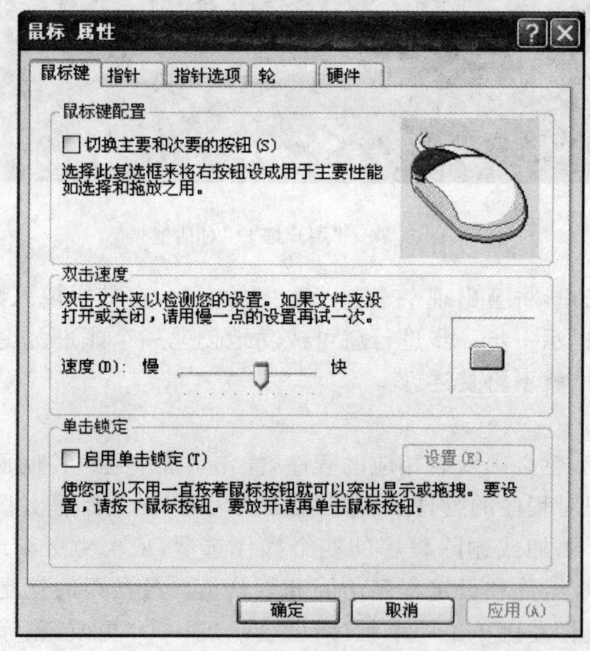

图 3.22 “鼠标属性”对话框

在该属性界面中可以根据个人的使用习惯设置鼠标的主次键、双击速度、指针形状、鼠标灵敏度、滚轮滚动时字体滚动行数的属性以及完成对鼠标硬件的设置等。

(2)键盘设置。鼠标左键双击即可打开键盘设置窗口,如图 3.23 所示。

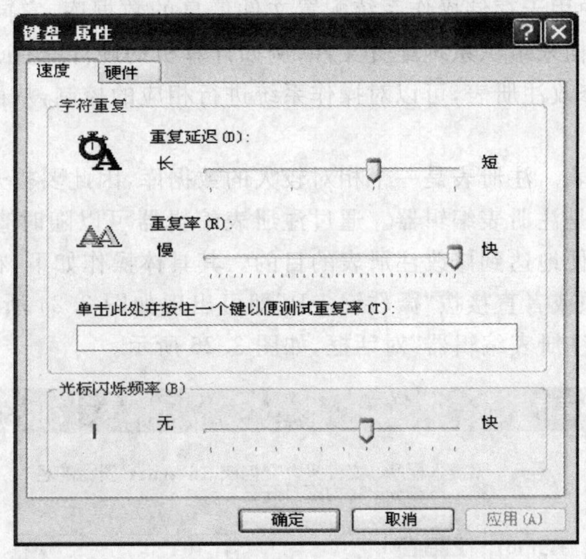

图 3.23 “键盘属性”对话框

在“键盘属性”对话框中,可以设置键盘上键的重复延迟、键盘的重复率,即按住某个键不放时,键盘的接收速度。一般操作熟练的用户可以将重复延迟调的短一些,重复率调快一点,以提高键盘响应速度。

3.4.4 BIOS 和注册表使用简介

1. BIOS 使用简介

Basic Input and Output System 简称 BIOS,中文意思是基本输入/输出系统,一般被固化在计算机主板上的 ROM(只读存储器)中。BIOS 是计算机系统的重要组成部分,为计算机系统提供最基本的、最低级的硬件控制。当计算机开机时的,BIOS 将开始对 CPU、内存、显示器等进行开机自检。自检完成后计算机系统将从指定的磁盘分区中寻找并加载操作系统,正确地启动操作系统。

(1)进入 BIOS。如果需要对 BIOS 进行设置,最常用的方法是通过开机启动时按热键来进入 BIOS 设置。在刚开机的时候最底下的一行一般会有关于热键的提示信息,不同的计算机的热键会有所不同,笔者的计算机的 BIOS 设置启动热键是 F10。

(2)BIOS 的基本设置。BIOS 中可以设置开机时启动顺序,可以选择从哪种设备启动,按默认的设置是从计算机的磁盘启动。安装系统的时候,如果从光盘装的话,开机时就应该对

BIOS进行设置，使得计算机首选从光盘启动。这是BIOS最基本的也是最常用的使用，通过BIOS也可以设置系统的日期和时间、设置硬盘参数、设置显卡类型与自检暂停功能等。

2. 注册表使用简介

注册表是计算机中用于存储操作系统配置文件信息的数据库，它同操作系统文件的管理一样，也采取了分层结构来组织系统配置文件，例如计算机的硬件配置、软件配置、系统的状态信息等。通过适当地修改注册表，可以对操作系统进行相应的控制，从而达到优化操作系统的目的。

(1)如何进入注册表。注册表是一个相对较大的数据库，因此要打开注册表一般都需要特殊的编辑器，常用的就是注册表编辑器。通过注册表编辑器可以随时查看和编辑注册表中的配置文件信息，从而方便地达到修改注册表的目的。其具体操作如下，在Windows XP下选择开始菜单中的运行选项或者直接按“微软键＋R”即可出现如图3.24所示的对话框，在其中输入“regedit”即可打开“注册表编辑器”对话框，如图3.25所示。

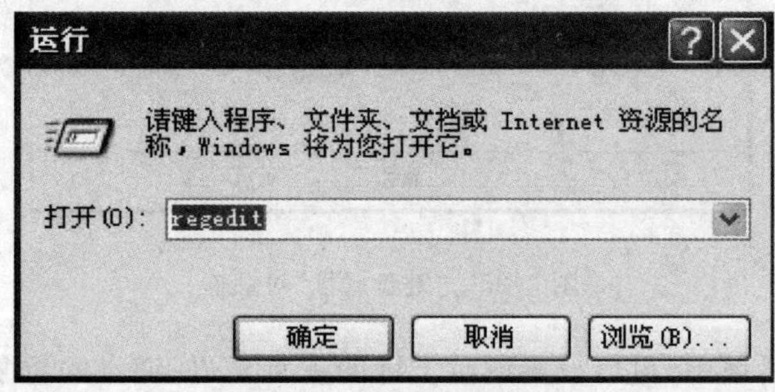

图3.24 “运行”对话框

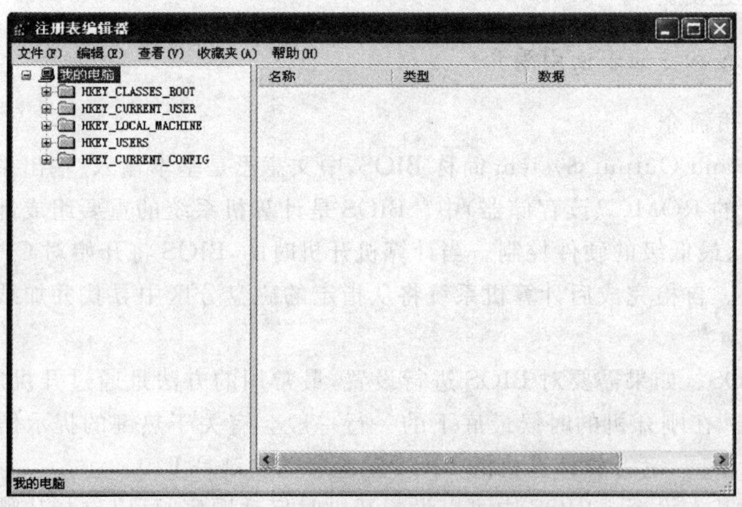

图3.25 “注册表编辑器”对话框

(2)注册表的基本设置。注册表编辑器将注册表信息以树形结构显示出来,类似于前面讲到的资源管理器。注册表中的信息由根键、主键、子键以及键值四项组成,这四部分从前向后依次为包含关系,即每个根键中可以有多个主键,每个主键中可以有多个子键,每个子键还可以包含多个键值,如图 3.26 所示。

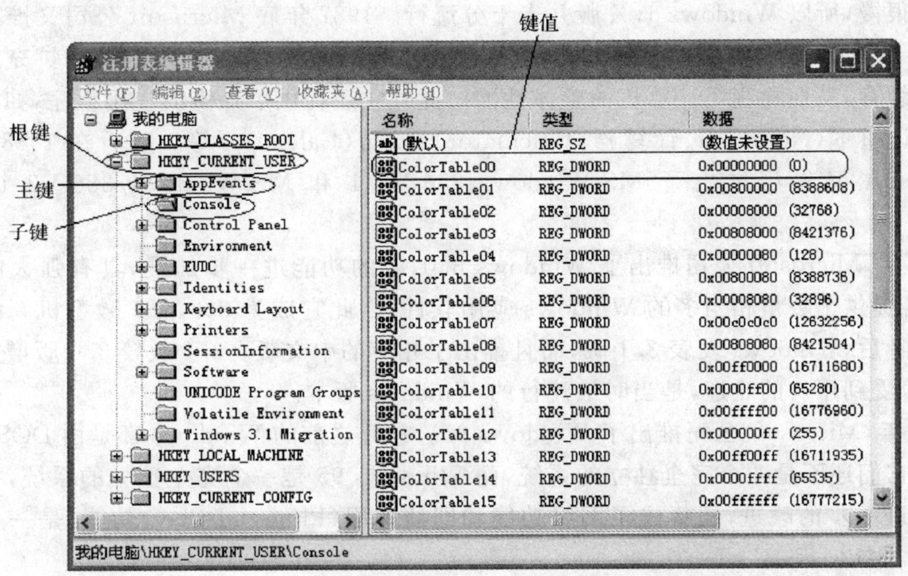

图 3.26 注册表组成

(3)新建子键。注册表基本操作中最常用的就是新建子键。新建子键的方法是在注册表编辑器左侧的键格窗口中展开需要新建子键的分支,然后在编辑命令中选择新建并在其子目录下选择“项”,或直接在需要新建的上级子键单击鼠标右键选择“新建”中的“项”就可以。

(4)修改键值。在右侧的键值窗口上单击鼠标右键选中一个键值,然后再点击鼠标右键选择修改即可。

(5)删除子键或者键值。为了使注册表保持高效的运作,不需要的子键或者键值应该及时删掉。通常情况下可以通过选定要删除的部分然后点击鼠标右键,再选择删除来完成子键的删除工作。也可选定要删除的子键或键值后按【delete】键即可删掉。

3.5 阅读材料

3.5.1 Windows 操作系统简史

Windows 是 Microsoft 公司在 1985 年 11 月发布的第一代窗口式多任务系统,它令 PC 机进入了所谓的图形用户界面(Graphic User Interface,简称 GUI)时代。在图形用户界面中,每一种应用软件(即由 Windows 支持的软件)都由一个图标(Icon)表示,用户只须把鼠标移到某图标上,快速连续两次按下鼠标左键即可进入该软件,这种界面方式为用户提供了很大的方便,把计算机的使用提高到了一个新的层面。

Windows 1. X 版是一个具有多窗口及多任务功能的版本,但由于当时的硬件平台为 PC/XT,速度很慢,所以 Windows 1. X 版并未十分流行。1987 年底 Microsoft 公司又推出了 MS-Windows 2. X 版,它具有窗口重叠功能,窗口大小也可以调整,并把扩展内存和扩充内存作为磁盘高速缓存,从而提高了计算机的整体性能。此外它还提供了众多的应用程序,如文本编辑(Write)、记事本(Notepad)、计算器(Calculator)、日历(Calendar)等。随后在 1988 年、1989 年,Microsoft 又先后推出了 MS-Windows/286-V2. 1 和 MS-Windows/386-V2. 1 这两个版本。

1990 年,Microsoft 公司推出了 Windows 3. 0,它的功能进一步加强,具有强大的内存管理系统,且提供了数量相当多的 Windows 应用软件,因此它成为 386,486 微型机新的操作系统标准。随后,Windows 发表 3. 1 版,而且推出了相应的中文版。3. 1 版较 3. 0 版增加了一些新的功能,受到用户的欢迎,是当时最流行的 Windows 版本。

1995 年,Microsoft 公司推出了 Windows 95。在此之前的 Windows 都是由 DOS 引导的,也就是说它们还不是一个完全独立的系统,而 Windows 95 是一个完全独立的系统,并在很多方面作了进一步的改进,还集成了网络功能和即插即用(Plug and Play)功能,是一个全新的 32 位操作系统。

1998 年,Microsoft 公司推出了 Windows 95 的改进版 Windows 98,Windows 98 一个最大的特点就是把微软的 Internet 浏览器技术整合到了 Windows 95 里面,使得访问 Internet 资源就像访问本地硬盘一样方便,从而更好地满足了人们越来越多的访问 Internet 资源的需要。

Windows XP 是目前实际使用的主流操作系统。而随着 Windows 2000 的推出,相信它也将逐渐成为 PC 机的主流操作系统。

3. 5. 2 Linux 和 Unix 的区别

Linux 和 Unix 最大的区别是,前者是开发源代码的自由软件,而后者是对源代码实行知识产权保护的传统商业软件。这应该是他们最大的不同,这种不同体现在用户对前者有很高的自主权,而对后者却只能去被动地适应;这种不同还表现在前者的开发是处在一个完全开放的环境之中,而后者的开发完全是处在一个黑箱之中,只有相关的开发人员才能够接触产品的原型。而且 Unix 系统大多是与硬件配套的,而 Linux 则可运行在多种硬件平台上,Unix 是商业软件,而 Linux 是自由软件,免费且公开源代码。

3. 5. 3 常用 DOS 命令简介

1. dir 显示文件夹中的内容

其命令格式为

dir [D:][PATH][NAME][/o:][sorted][/s][/l][/c[h]

(1)[/o:][sorted]。缺省完全按字母顺序,子目录显示在文件之前。sorted 取不同的值就会按不同的顺序排列要显示的文件及文件夹。

1)[n/-n]。按字母顺序或按文件名顺序/反向显示。例如 dir c: /o: n 按文件名字顺序显示 c 盘中所有文件夹及文件。

2)[e/-e]。按扩展名字母顺序/反向显示。例如 dir c: /o: e 按文件扩展名顺序显示 c 盘中所有文件夹及文件。

3)[d/-d]。按时间顺序/反向显示。例如 dir c: /o: d 按时间顺序显示 c 盘中所有文件夹及文件。

4)[s/-s]。按大小从大到小或/反向显示。例如 dir c: /o: s 按文件大小顺序显示 c 盘中所有文件夹及文件。

5)[g/-g]。按子目录先于文件或文件先于子目录显示。例如 dir c: /o: g 按目录先于文件顺序显示 c 盘中所有文件夹及文件。

(2)/s 参数。对当前目录及其子目录中所有文件进行列表。

例如,dir c: /s/a/o:n 显示 c 盘中的所有子目录和文件按隶属关系并根据子目录和文件字母顺序打印输出。

(3)/b 参数。将只显示文件名与扩展名,不显示创建时间等。例如 dir c:/b 显示结果如图 3.27 所示。

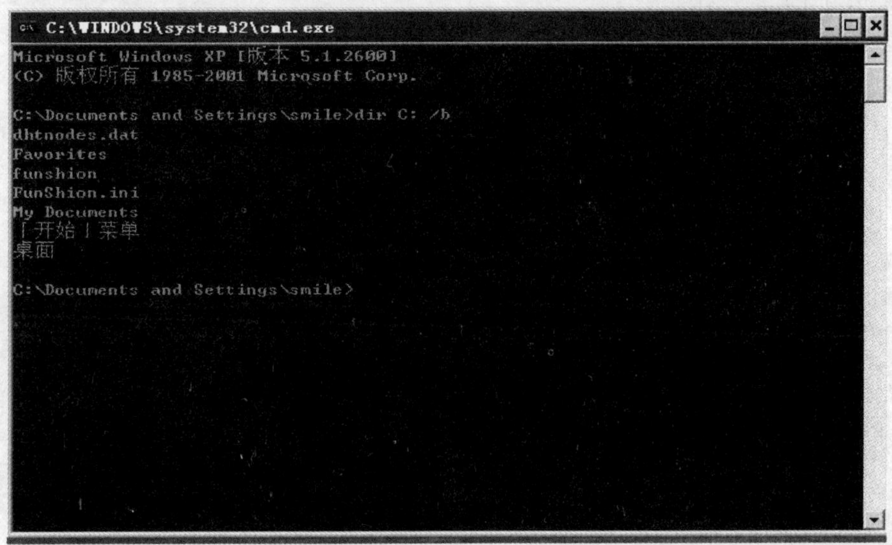

图 3.27　dir c:/b 显示结果

(4)/L 参数。将全部用小写字母对文件或子目录进行列表。

2. cd_切换文件目录命令

(1)cd.. 返回上一级目录。

(2)cd\返回到根目录。

(3)cd [path]将当前目录改为 path 所指定的路径目录。

3. copy_拷贝文件

命令如下：

copy [path1] [path2];

该命令将 path1 所指定的文件拷贝到 path2 所指定的目录下。

4. md_创建文件夹

命令如下：

md [path] [文件名 1];

该命令将在 path 目录下创建一个名为文件名 1 的文件。

5. Del 删除文件

命令如下：

Del [/p];

加/p 可以在删除前是否提示。

6. deltree_删除子目录及文件

命令如下：

deltree /y [drive:path]

第 4 章　应用软件及常用办公软件

计算机系统由软件系统和硬件系统组成，只有硬件系统的计算机称为裸机，顾名思义就是除了硬件组成之外别无他物。第 3 章已经系统地介绍了计算机软件系统的重要组成部分——操作系统，它除了提供对底层硬件的支持外，还向上层的应用软件提供统一的平台和很多可以操作底层硬件的接口。但是单纯的操作系统只能解决一些基础的问题，如果要解决某一特定的问题就得用到软件系统的另一重要组成部分——应用软件。本章将会介绍常用的应用软件。

4.1　应用软件概述

为了实现某一特定功能或者完成某种任务而专门开发的软件称做应用软件。

4.1.1　常用办公软件

办公软件通常是指那些可以帮助人们解决办公自动化问题的软件包。例如可以进行文字的处理、表格的制作、幻灯片制作、简单数据库的处理等方面工作的软件。目前常用的办公软件包括微软 Office 系列、金山 WPS 系列、永中 Office 系列、红旗 2000 RedOffice 系列等。第 4.2 节将会详细地介绍微软 Office 2003 的基本用法。

微软 Office 系列办公软件发展到今天，占据了全球办公软件 90% 以上的市场份额，虽然在某些地区遇到了本地化办公软件（例如中国金山软件公司的 WPS）的强有力阻击，但总体上并未撼动其在全球办公软件领域的龙头地位。微软之所以能够取得这么大的成功除了其强大的技术，还有重要的一点就是微软利用捆绑式销售将 Office 集成在它自己的操作系统中。微软的 Office 系列能取得成功，技术无疑是重要方面，但同时也和它在市场推广方面的努力也是密不可分的。Office 2003 和 Office 2007 是微软的 Office 系列中两个重要的版本。

金山 WPS 系列办公软件尽管没有微软 Office 系列应用范围广，但在国内也占据相当一部分的市场份额。WPS 经过 20 多年的发展，现在功能不但强大而且小巧方便。系统资源占用率低，使用更加符合国人习惯，目前各地政府机构都是用正版的 WPS 软件。1988 年 5 月金山公司深圳开发部成立，开始了中文字处理系统 WPS 的开发。WPS Office 系列办公软件的重要组成有 WPS Office 2003，WPS Office 2005，WPS Office 2007。WPS 三个功能软件——WPS 文字、WPS 表格、WPS 演示，与国外通用软件的 Word，Excel，PowerPoint 一一对应，在功能完备性上，也不输于国外通用软件，尤其在互联网应用上，具有突出的特点。2008 年

WPS 宣布对国内的个人用户免费的举措,在一定程度上提高了其市场占有率。

永中 Office 系列办公软件是国内办公软件的一只新秀。2001 年 12 月 8 日,永中科技软件公司在北京宣布开发成功"世界上第一个真正的 Office"。2002 年 10 月 26 日,无锡永中科技有限公司在北京正式推出永中 Office 个人版集成办公软件 V1.0 正式版,获得海内外众多用户的好评,被视为国产办公软件的一颗"新星",为国产办公软件注入了新鲜血液。

红旗 Office 系列办公软件是国内首家跨平台的办公软件,包含文字、表格、幻灯、绘图、公式和数据库六大组件。从文字撰写到报表编制、图表分析、幻灯演示等各类型文档均可以轻松制作。

4.1.2 数据库系统软件

数据库系统软件是可以用来方便处理大量数据的软件。比较常见的有以下几种。

1. IBM 的 DB2

作为关系型数据库领域的开拓者和领航人,IBM 在 1997 年完成了 System R 系统的原型制作,1980 年,开始提供集成的数据库服务器——System/38,随后是 SQL/DS for VSE 和 VM,其初始版本与 System R 研究原型密切相关。DB2 for MVSV1 在 1983 年推出,该版本的目标是提供这一新方案所承诺的简单性、数据不相关性和提高用户生产率。1988 年 DB2 for MVS 提供了强大的在线事务处理(OLTP)支持,1989 年和 1993 年,分别以远程工作单元和分布式工作单元实现了分布式数据库支持。最近推出的 DB2 Universal Database 6.1 则是通用数据库的典范,是第一个具备网上功能的多媒体关系型数据库管理系统,支持包括 Linux 在内的一系列平台。

2. Oracle

Oracle 前身叫 SDL,由 Larry Ellison 和另两个编程人员于 1977 年创办,他们开发了自己的拳头产品,在市场上大量销售。1979 年,Oracle 公司引入了第一个商用 SQL 关系型数据库管理系统。Oracle 公司是最早开发关系型数据库的厂商之一,其产品支持最广泛的操作系统平台。目前 Oracle 关系型数据库产品的市场占有率名列前茅。

3. Informix

Informix 在 1980 年成立,目的是为 Unix 等开放操作系统提供专业的关系型数据库产品。公司的名称 Informix 便是取自 Information 和 Unix 的结合。Informix 第一个真正支持 SQL 语言的关系型数据库产品是 Informix SE(Standard Engine)。Informix SE 是在当时的微机 Unix 环境下主要的数据库产品,它也是第一个被移植到 Linux 上的商业数据库产品。

4. Sybase

Sybase 公司成立于 1984 年,公司名称"Sybase"取自"system"和"database"相结合的含义。Sybase 公司的创始人之一 Bob Epstein 是 Ingres 大学版(与 System R 同时期的关系型数据库模型产品)的主要设计人员。公司的第一个关系型数据库产品是 1987 年 5 月推出的 Sybase SQL Server1.0。Sybase 首先提出 Client/Server 数据库体系结构思想,并率先在

Sybase SQL Server 中应用。

5. SQL Server

1987 年，微软和 IBM 合作开发完成 OS/2，IBM 在其销售的 OS/2 Extended Edition 系统中绑定了 OS/2 Database Manager，而微软产品系列中尚缺少数据库产品。为此，微软将目光投向 Sybase，同 Sybase 签订了合作协议，使用 Sybase 的技术开发基于 OS/2 平台的关系型数据库。1989 年，微软发布了 SQL Server 1.0 版。

6. Postgre SQL

Postgre SQL 是一种功能非常齐全的自由软件对象——关系型数据库管理系统(ORDBMS)，它的很多特性是当今许多商业数据库的前身。Postgre SQL 最早开始于 BSD 的 Ingres 项目。Postgre SQL 的特性覆盖了 SQL-2/SQL-92 和 SQL-3。首先，它包括了可以说是目前世界上最丰富的数据类型；其次，目前 Postgre SQL 是唯一支持事务、子查询、多版本并行控制系统、数据完整性检查等特性的唯一的一种自由软件的数据库管理系统。

7. MySQL

MySQL 是一个小型关系型数据库管理系统，开发者为瑞典 MySQL AB 公司。在 2008 年 1 月 16 日被 Sun 公司收购。目前 MySQL 被广泛地应用在 Internet 上的中小型网站中。由于其体积小、速度快、总体成本低，尤其是开放源码这一特点，许多中小型网站为了降低网站总体拥有成本而选择了 MySQL 作为网站数据库(MySQL 的官方网站的网址是：www.mysql.com)。

8. Access

Access 是微软公司于 1994 年推出的微机数据库管理系统。它具有界面友好、易学易用、开发简单、接口灵活等特点，是典型的新一代桌面数据库管理系统。其主要特点是能完善地管理各种数据库对象，具有强大的数据组织、用户管理功能。一般适用于小型的数据库系统。

4.1.3　网络支持软件

随着 Internet 的快速发展，计算机间的通信越来越重要。网络支持软件有效地解决了计算机网络通信的问题。常用的网络通信软件包括 Web 浏览器，FTP 局域网文件传输协议等。

(1)Web 浏览器又称网页浏览器，简称浏览器。Web 浏览器主要通过向服务器发送 HTTP 请求，然后服务器响应客户端请求回送一个 HTML 文件，客户端接收该文件并通过浏览器显示该文件。有一些浏览器还载入了一些附加组件，如 Usenet 新闻组、IRC(互联网中继聊天)和电子邮件。支援的协议包括 NNTP(网络新闻传输协议)、SMTP(简单邮件传输协议)、IMAP(交互邮件访问协议)和 POP(邮局协议)。目前主要的浏览器有微软 Internet EXPlorer，Firefox，Netscape，Opera 等。

(2)FTP 软件是运行在服务器上的基于 FTP 文件传输协议的网络服务软件。通过在服务器上运行 FTP 软件，局域网内的机器可以通过登录该服务器方便地进行文件的传输，一般可以通过浏览器访问 FTP 服务器。

4.1.4 娱乐软件

娱乐软件在现在的计算机软件系统中占有相当大的比重,一般包括游戏、聊天工具等。

(1)现在计算机游戏五花八门,有单机游戏、局域网游戏、网络游戏等,其中网络游戏最赚钱,它有很大的吸引力,目前有很多学生沉迷于网络游戏不可自拔。偶尔玩游戏可以调节心情,但作为学生应该以学习为重。

(2)聊天工具也是网络发展过程中的产物。人们通过它可以很方便地进行联系,交流。目前比较常用的聊天工具有腾讯 QQ,MSN 以及新浪的 UC 等。

4.1.5 常用工具软件

工具软件可以帮助人们完成常用的功能,比如说用于下载的迅雷、网际快车、电驴、QQ 旋风等,用于文件压缩的 Win Rar,7-Zip 等,用于播放多媒体的千千静听、暴风影音等。这些软件都可以在网上下载到,由于篇幅原因在此就不再做详细介绍。

4.2 微软 Office 办公软件详解

本节将介绍最常用的微软 Office 2003 办公软件。Office 2003 办公软件的安装可参照第 4.4 节中的说明进行。

微软 Office 2003 办公软件主要由 Word 文字处理、Excel 表格数据处理、PowerPoint 幻灯片以及 Access 数据库四部分组成。下面将详细介绍 Word,Excel 和 PowerPoint 的基本用法。

4.2.1 Word 文字处理

Word 文字处理可以方便地根据需要对文字内容进行编辑和修改,并且可以排版和插入图片、表格,最终得到图文并茂的稿件。

1. 初识 Word

打开 Word 界面的方法有很多,可以通过双击桌面上 Word 的快捷方式,或是点击右键选择新建中的 Microsoft Word 文档也可打开 Word 界面,如图 4.1 所示。首先来认识一下 Word 文字处理的编辑窗口。

Word 2003 的窗口主要由标题栏、菜单栏、工具栏、状态栏、标志和滚动条等部分组成。

标题栏:主要用于指明当前的工作环境和控制 Word 的窗口变化,右侧三个按钮的功能依次是最小化窗口、最大化/恢复和关闭窗口。

菜单栏:以菜单的形式组织并显示 Word 的全部命令。

工具栏:将一些常用的命令以按钮的形式提供给用户,以方便用户操作。用户可以通过点击视图中的工具栏根据需要选择要显示的工具栏。

标尺:通过标尺,用户可以轻松地估计出所编辑内容的物理尺寸,如正文的高度、宽度等。

工作区：又称为文档编辑区，使用户进行文字编辑的区域，闪烁的光标表示当前编辑位置。

状态栏：可显示当前窗口的文档信息，如所编辑文档的总页数，当前页号等。

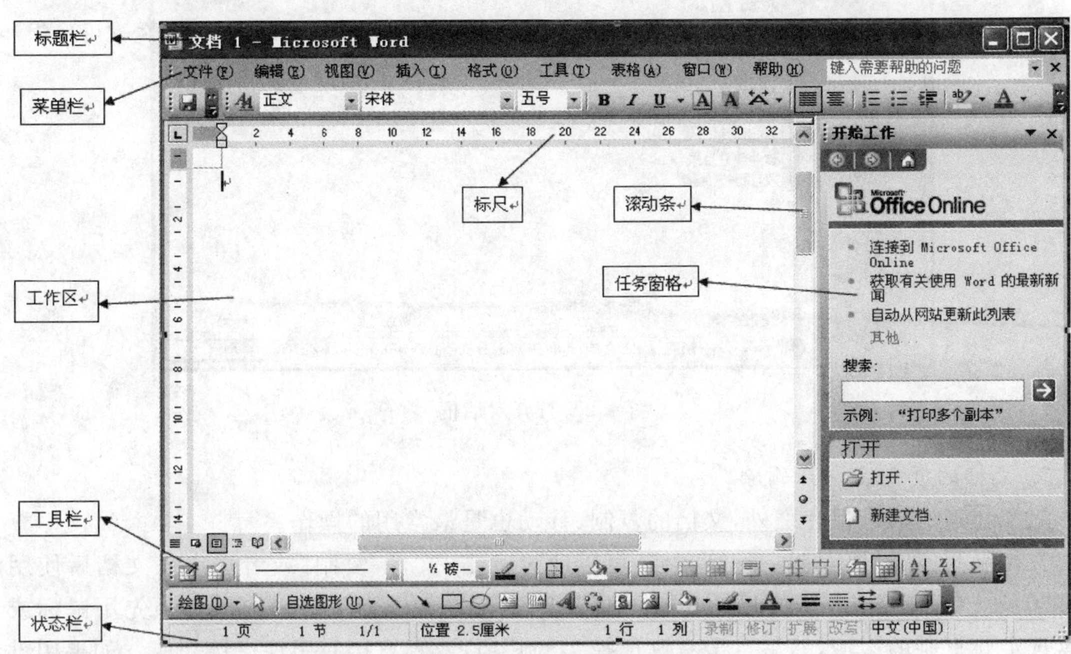

图 4.1　Word 编辑窗口

2. 新建、打开保存文档

新建、打开和保存文档是 Word 文字处理中最常用的操作。

(1)新建 Word 文档。可以通过很多种方式来新建一个空的 Word 文档。最常用的方法是通过在桌面上点击鼠标右键，选择新建选项中的 Microsoft Word 文档选项来建立；当然也可以找到 Word 应用程序，双击应用程序就会默认创建并打开一个空文档。

(2)打开 Word 文档。打开 Word 文档的最常用方法就是找到该文档，然后双击鼠标左键。当然还可以通过打开 Word 应用程序，然后选择“文件/打开”按钮，随即将会弹出一个浏览文件对话框如图 4.2 所示，选择要打开的文档，双击图标或右键单击图标，再点击“打开”按钮即可完成打开操作。

(3)保存文档。在编辑文档的过程中应该经常保存文档，这样当计算机突然断电时就不至于发生将编辑了的文档全部丢失的情况。因为系统默认的文档编辑是保存在缓冲区中的，只有当点击“保存”时才会写到磁盘中。保存文档可以通过点击“文件/保存”按钮或是点击工具栏上的保存图标，或者直接利用快捷键“Ctrl＋s”来完成。如果是第一次保存文档的话，会让用户输入文件名。

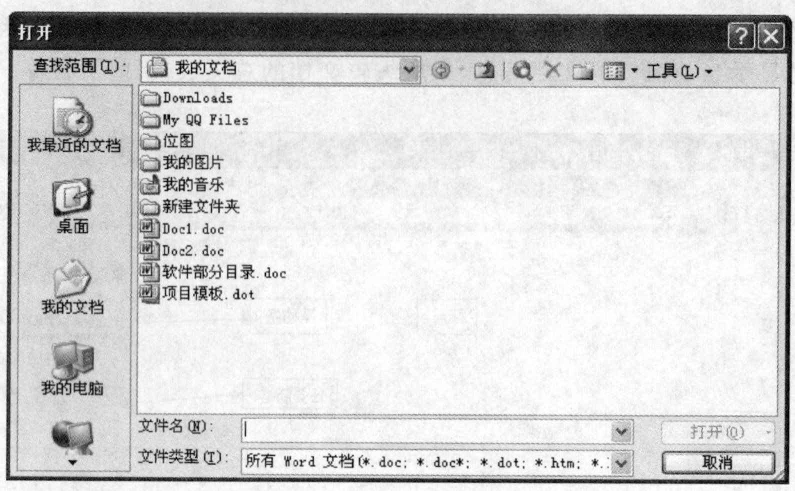

图 4.2 打开对话框

3. 文档的复制、移动、删除

除了新建、打开、保存之外，文档的复制、移动也是最常用的操作。

文档复制：如果要复制一整篇文档，可以通过点击“文件/复制”或者选定该文档后使用快捷键“Ctrl＋C”来完成整篇文档的复制。如果要复制文档中间的某一部分，必须先用鼠标或者键盘选定要复制的区域，然后点击右键选择“复制”项，或者直接使用快捷键完成。如果用键盘来选定，按住【shift】键可以选择连续的文字。

文档移动：选定文档中的一部分后，这部分将会以高亮显示，此时可以按住鼠标左键不放，拖动鼠标，将其移动到该文档中需要的位置放开鼠标即可完成，如图 4.3 所示。

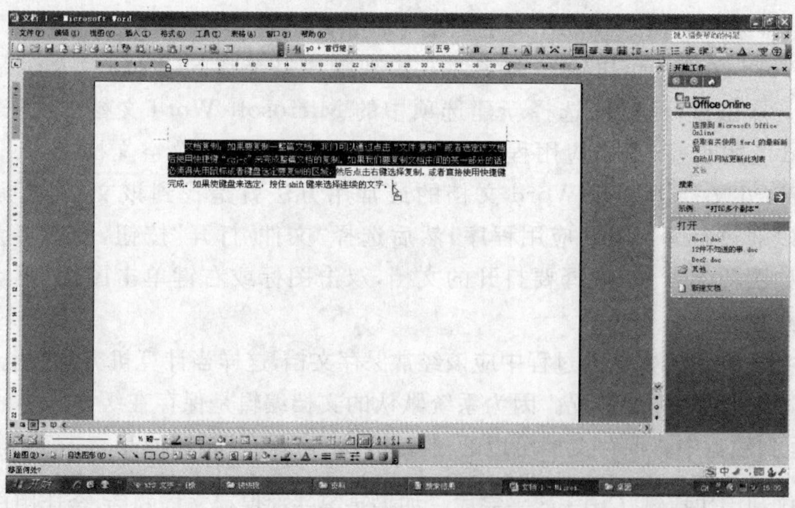

图 4.3 文档的移动

文档删除：如果要删除一整篇文档，可以通过右键点击该文档图标，然后选择删除或者选定该文档后使用快捷键【delete】键来完成整篇文档的删除。如果要删除文档中间的某一部分，必须先用鼠标或者键盘选定要删除的区域，按【backspace】或者【del】键来完成该部分文档的删除。

4. 查找和替换

查找和替换是 Word 文字处理程序中一个方便的功能，用户可以通过选择“编辑”中的“查找”选项来打开一个如图 4.4 所示的“查找和替换”对话框，在对话框中输入要查找的内容，点击“查找”后，程序即自动查找所输入内容。

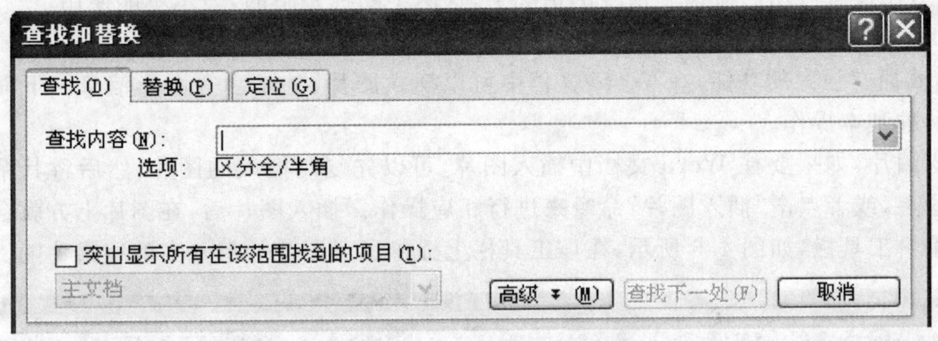

图 4.4　查找和替换对话框

点击高级按钮，将会弹出如图 4.5 所示对话框，在该对话框中还可对是否区分大小写、同音查找、使用通配符等进行设置。

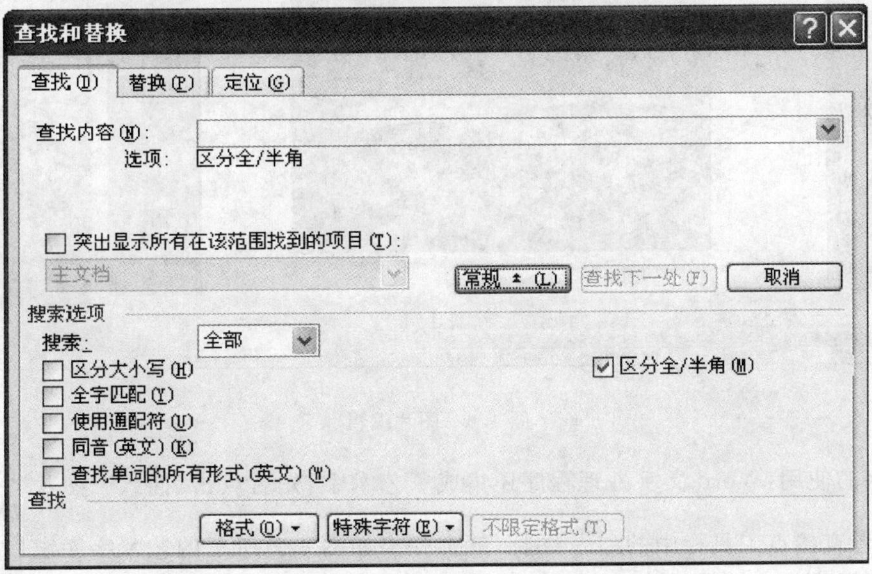

图 4.5　查找替换高级模式

5. 撤销和恢复

在编辑文档中经常会遇到某一步操作出错等问题，Word 提供了文档的撤销功能。通过点击“编辑/撤销”按钮，或者直接点击工具栏上的撤销图标，或者直接使用快捷键“Ctrl＋Z”来完成撤销。

如果在撤销完成后想恢复到撤销前的状态可点击“编辑/恢复”按钮，或者直接点击工具栏上的恢复图标，或者使用快捷键“Ctrl＋Y”来完成恢复。

注意，在没有可用的撤销和恢复的情况下，这两个图标是暗的，表示不能使用。

6. 图片和艺术字的使用

Word 拥有强大的功能，在 Word 文档中可以插入图片、艺术字等图形信息。下面分别介绍上述两种基本操作。

插入图片：如果要往 Word 文档中插入图片，可以先复制插入的图片，然后将其粘贴在所需的位置上，或者点击“插入图片”命令来进行相应操作。插入图片后，在图片上方就会弹出一个图片编辑工具栏，如图 4.6 所示，在该工具栏上提供了对图片的最基本的编辑功能。

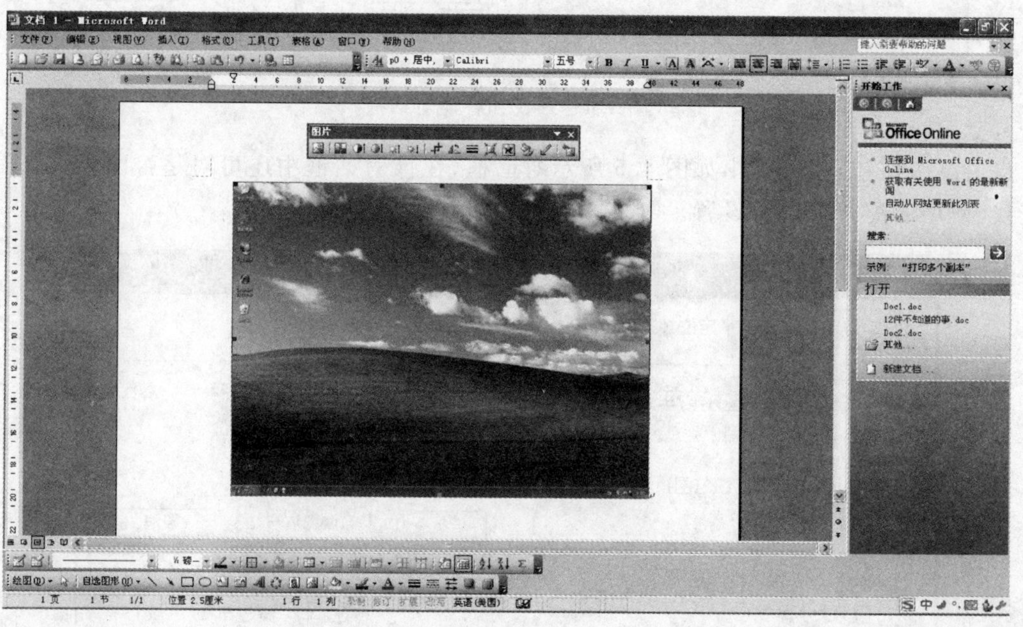

图 4.6　图片编辑

艺术字的使用：Word 文字处理程序还集成了艺术字，先后点击“插入”“图片”“艺术字”命令按钮，或者直接点工具栏中的图标，就会弹出如图 4.7 所示的艺术字库窗口，首先选择一种艺术字样式。选择其中的一个样式，在单击确定后就会弹出如图 4.8 所示的编辑艺术字窗口，在文本框中输入要加入的艺术字的内容，单击确定，系统就会自动地将输入内容加入到 Word 文档中，选择字号中的数字可以对艺术字的大小进行调整。

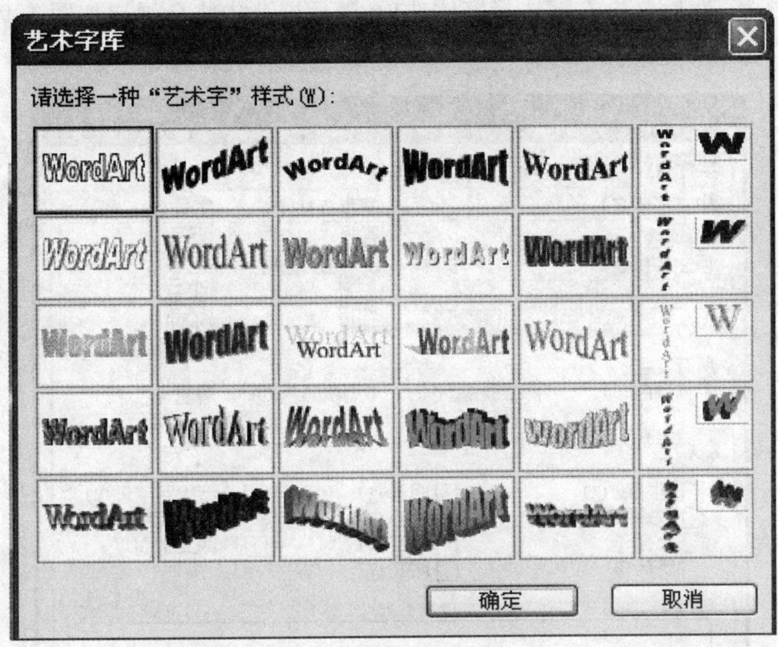

图 4.7　艺术字库

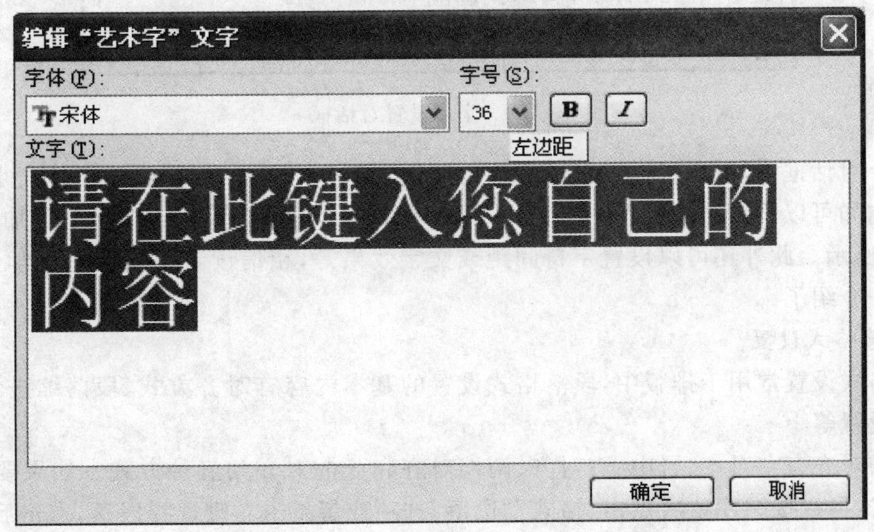

图 4.8　编辑艺术字窗口

7. 字体格式设置

文字处理和排版是一项非常重要的操作,如果要对某段文字进行字体格式设置的话,必须先选定该部分文字,然后单击右键选择字体选项,随后屏幕中将会弹出如图 4.9 所示的字体设置对话框。

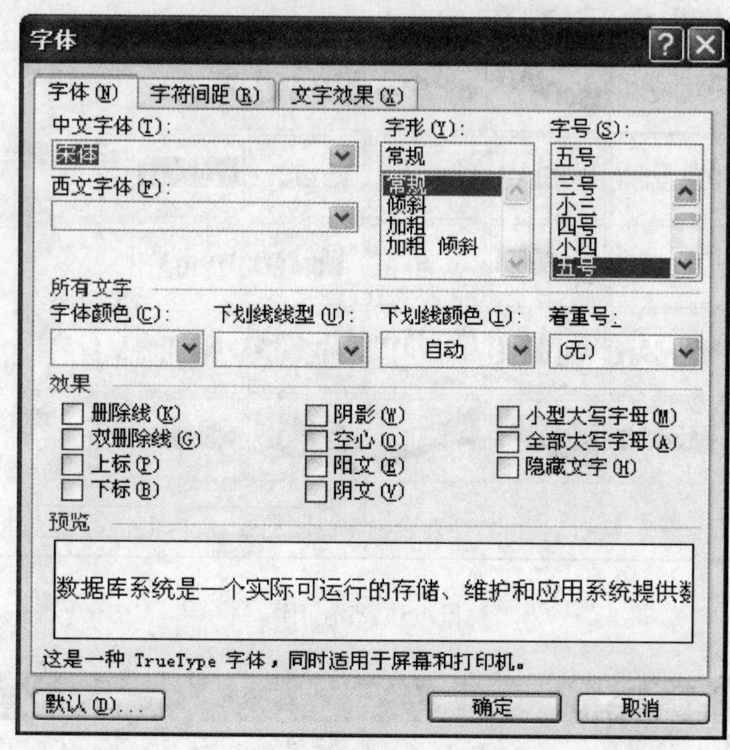

图 4.9 字体设置对话框

在这个对话框中,可以根据自己的需要对所选定部分内容的字体格式、字体大小等格式进行设置。比如可以设置文字颜色,字体是上标还是下标、是否有下画线,文字是否加粗等属性,如图 4.10 所示。此外还可以设置字符间距或文字效果等,相信读者很快就可以学会,在这里就不再详细介绍了。

8. 段落格式设置

段落格式设置常用于排版中,段落格式设置的基本内容有对齐方式、段落缩进和行间距、段间距的设置等。

段落的对齐有左对齐、居中、右对齐、两端对齐和分散对齐共五种方式。如果要设置段落的对齐方式,可以按顺序依次点击“格式”“段落”选项或者单击右键选择段落,点击后就会出现段落格式设置对话框,如图 4.11 所示。

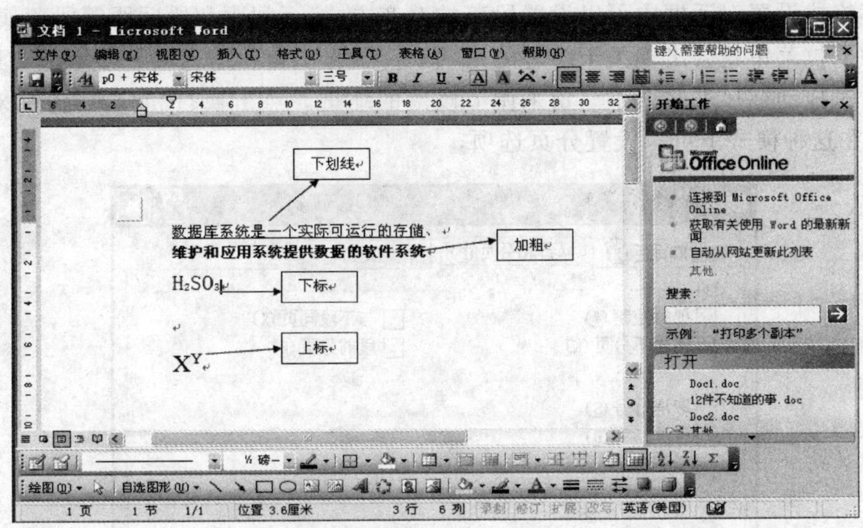

图 4.10　字体设置举例

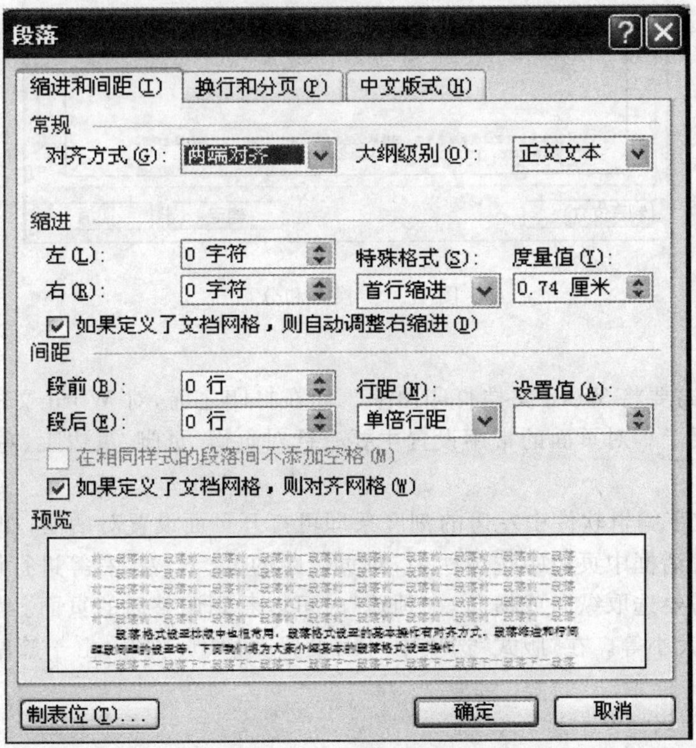

段落

缩进和间距(I)　换行和分页(P)　中文版式(H)

常规

对齐方式(G)：两端对齐　大纲级别(O)：正文文本

缩进

左(L)：0 字符　特殊格式(S)：首行缩进　度量值(Y)：0.74 厘米

右(R)：0 字符

☑ 如果定义了文档网格，则自动调整右缩进(D)

间距

段前(B)：0 行　行距(N)：单倍行距　设置值(A)：

段后(E)：0 行

☐ 在相同样式的段落间不添加空格(M)

☑ 如果定义了文档网格，则对齐网格(W)

预览

段落格式设置比较中也相常用，段落格式设置的基本操作有对齐方式、段落缩进和行间距段间距的设置等。下面我们将为大家介绍基本的段落格式设置操作。

制表位(T)...　确定　取消

图 4.11　段落设置

在段落格式设置对话框中可以设置段落的对齐方式、行间距和段间距等段落属性，点击特殊格式下的下拉菜单就会出现关于缩进的选项，有无缩进、首行缩进和悬挂缩进三种方式。此外还可以通过拖动标尺上两个小三角来调节段落的缩进。点击换行和分页选项，对话框如图4.12所示，在这种模式下可以设置分页选项。

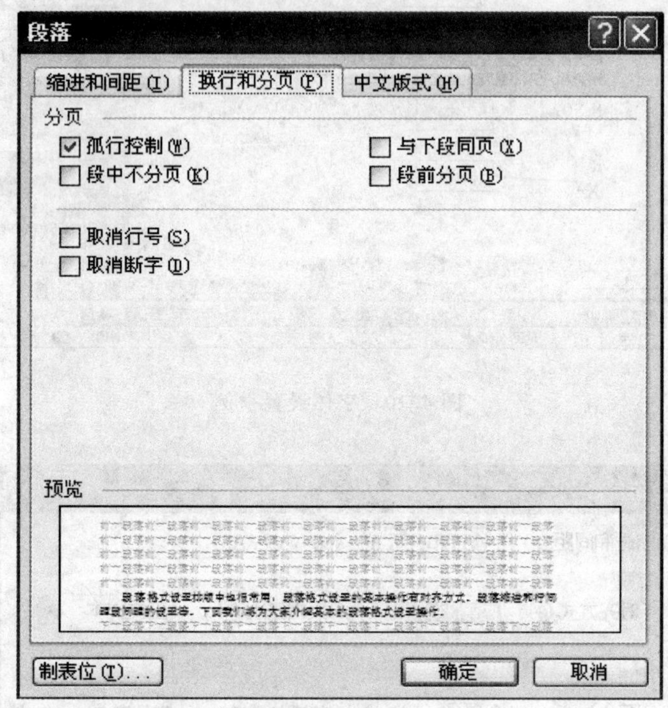

图4.12　换行和分页

9. 页面设置

在有必要时，需要将 Word 文档打印出来。而在打印之前，对 Word 文档的页面进行有效的设置就很有必要了。对页面的常用设置主要有针对页眉、页脚、页边距、左右边距、纸张以及版式的设置等。

点击 Word 文字编辑软件中左边的刻度条即可打开页面设置对话框，如图4.13所示。

在页面设置对话框中页边距选项栏中，对页边距的上、下、左、右等进行设置。在页面方向选项栏可以根据需要选取纵向或横向。“预览”时可以看到调整后的页面。如果点击“纸张”选项，可以选择纸张大小等。在“版式”选项中可以设置页眉、页脚等，由于篇幅原因在这里就不再做详细介绍。

10. 视图模式

视图模式用来在计算机上查看 Word 文档。点击“视图”就会出现如图4.14所示的下拉菜单。

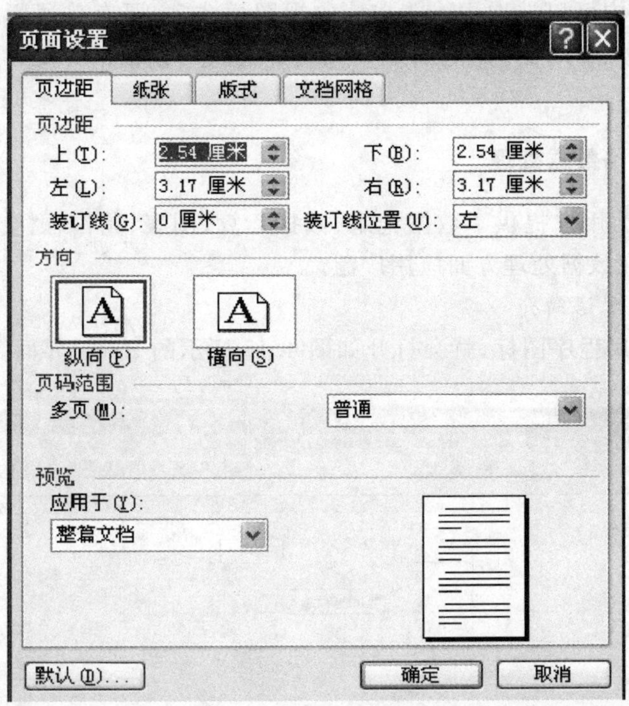

图 4.13　页面设置对话框

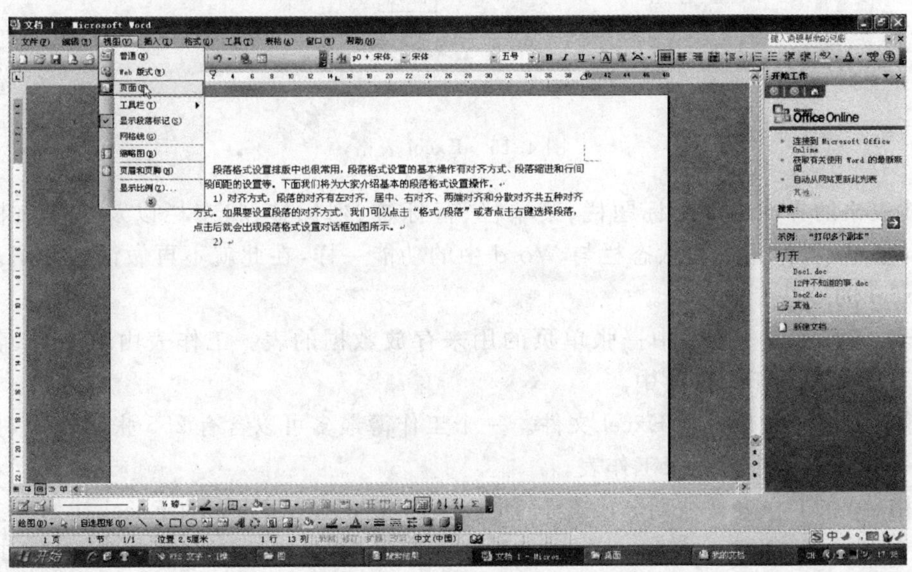

图 4.14　视图下拉菜单

在视图下拉菜单中可以选取 Wrod 文档的视图模式，主要有普通版式、Web 版式和页面版式，是否有页眉页脚、显示比例以及全屏显示等。在此可以根据需要方便地选取不同种类的视图。

4.2.2 Excel 表格数据处理

Excel 电子表格为用户提供了数据记录、数据运算、图表、制作、财会计算、统计分析等十分强大的功能，因此在数据处理方面应用广泛。

1. 初识 Excel 及术语简介

双击 Excel 的应用程序图标，就会打开如图 4.15 所示的 Excel 界面。

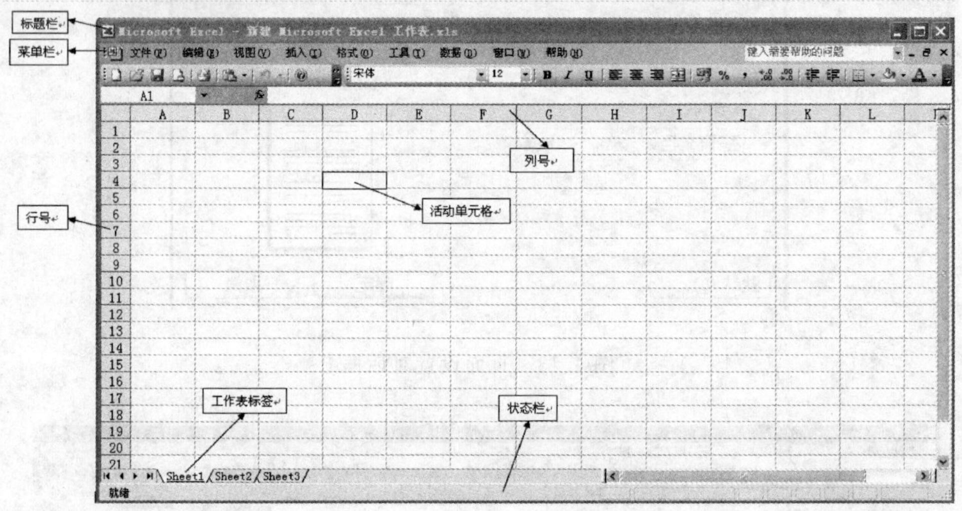

图 4.15　Excel 表格

Excel 表格的界面主要由标题栏、菜单栏、行标签、列标签、状态栏以及工作表标签栏组成。其中，菜单栏、标题栏和状态栏与 Word 中的功能一样，在此就不再做详细介绍。下面介绍有关 Excel 的一些专业术语。

工作表：工作表是 Excel 中一张单页的用来存放数据的表。工作表由若干行、若干列组成。工作表一般包含于工作簿中。

工作簿：工作簿就是一个 Excel 文件。一个工作簿最多可以含有 255 张工作表，打开工作簿时在同一时刻只能查看一张工作表。

单元格：一张工作表又被划分成若干个单元格。在 Office 2003 的 Excel 初始状态下一张工作表由 65 536 行，256 列组成。大家可能会奇怪为什么都是这么特殊的数字，其实这与 Excel 的内部数据结构有关。而这已超出本书的范围，在此就不再进一步说明。

单元格的地址：在工作表中每一个单元格都有一个唯一的地址与之对应，表示为“列字母”

+“行号”。例如第一行第 B 列的地址就是 B1。地址主要用在 Excel 的函数计算里。

2. 创建、打开及保存工作簿

(1)创建一个 Excel 文件。创建一个工作簿是对 Excel 操作的第一步，可以通过双击 Excel 的应用程序图标，或者在桌面上点击鼠标右键选择“新建”来创建一个默认的 Excel 文件。不管采取上述的哪种方式，都能创建一个默认的、空的 Excel 文件，一般工作簿中含有三个工作表。

(2)打开 Excel 文档。打开 Excel 文档的最常用的方法就是找到该文档，然后双击即可。当然还可以通过打开 Excel 应用程序，选择“文件/打开”将会弹出一个浏览文件对话框，如图 4.16 所示，选择要打开的文档并点击右下角打开按钮即可完成打开操作。

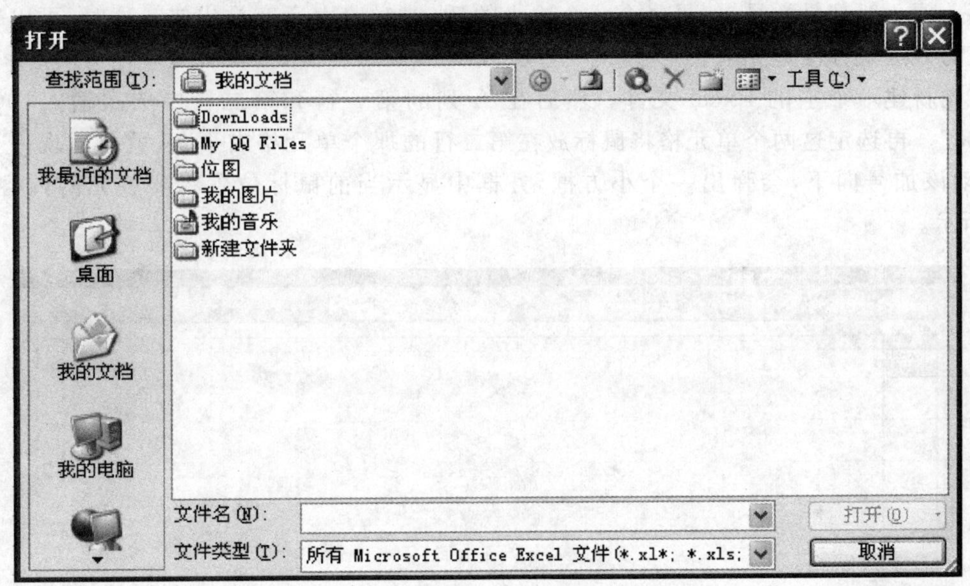

图 4.16　打开对话框

(3)保存文档。在编辑文档的过程中应该经常保存，这样如果计算机突然断电就不至于发生将编辑了的文档全部丢失的情况。因为默认的文档编辑是保存在缓冲区中的，只有当点击保存时才会写到磁盘中。保存文档可以通过选择“文件”中的“保存”选项，点击工具栏上的保存图标，或者直接利用快捷键“Ctrl+S”来完成。如果是第一次保存文档，系统会提醒用户输入文件名。

3. 数据录入

Excel 中可以输入的数据类型有数字、字符以及日期等。下面将分别介绍 Excel 中这几种数据的基本输入。

Excel 中数字可以是正数、负数，可以是整数、浮点数，还有货币；并且数字信息还可以表示为分数、科学计数法等。在输入正数的时候可以选定要输入到的单元格然后输入就可以了，但是在输入负数时要在负数前面加上一个“－”号或者给该数字加上括号。如果要表示货币，必须在数字前面加上“￥”或者“＄”等货币符号。在输入分数时，应该先输入一个空格，否则Excel将理解为日期，比如，如果你输入“1/2”的话，系统就会自动将其转换为1月2日。在Excel中如果表示时间，输入时的格式应该为“年/月/日”，系统会自动的将其转换为“年－月－日”。例如输入“2009/2/27”确认后系统将自动将其转换为“2009－2－27”。在输入字符型数据时应该注意，如果字符串全部由数字组成的话，应该在前面加上“'”，否则系统会将它解析为数字。

Excel提供自动填充数据的功能，这一点在作学生表格的时候相当方便。例如学生成绩单的第一项一般都是学号，如果一个一个输入的话，费时费力还容易出错。这时，可以采用自动填充的方法来方便地完成。

首先新建一个空的Excel文件。然后在A列的第一行和第二行中依次输入“063232”“063233”。再选定这两个单元格将鼠标放在第二行的那个单元格右下角，就会出现一个“＋”号，拖动该加号向下，会弹出一个小方框，方框中显示当前鼠标位置将要填充的内容，如图4.17所示。

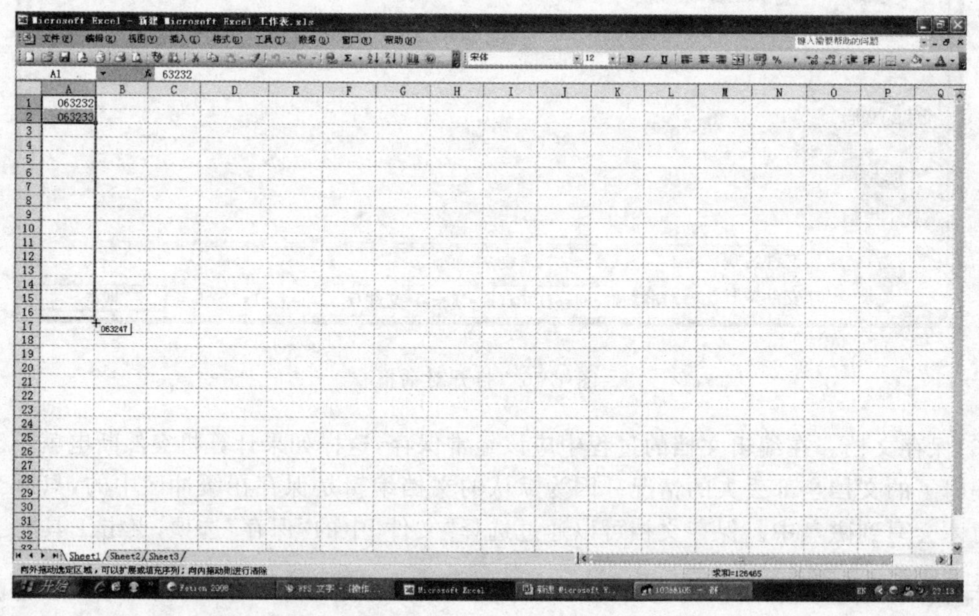

图4.17　自动填充

将鼠标拖动到你要填充到的地方，松开鼠标即可完成数据的自动填充。

4. 数据的复制、移动和删除

数据复制：如果要复制一整个工作簿，可以通过点击“文件”选项，在其下拉菜单中选择“复制”,或者选定该文档后使用快捷键“Ctrl＋C”来完成整个工作簿的复制。如果要复制工作表中间的某一部分,可以用鼠标或者键盘选定要复制的区域,然后点击右键选择复制,或者直接使用快捷键完成。

数据移动:选定文档中的一部分后,将鼠标移至选定部分的边缘,待鼠标形状变成移动夹头的时候,按住鼠标左键不放,拖动鼠标到要移动该文档的目的位置,释放鼠标键即可完成,如图 4.18 所示。

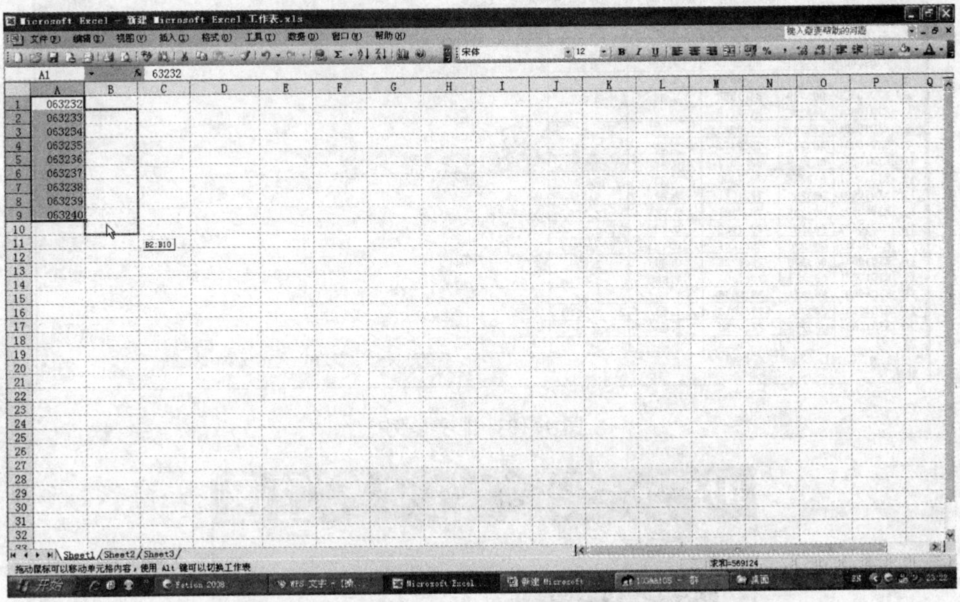

图 4.18　文档的移动

文档删除:如果要删除一整篇文档,可以通过右键点击该文档,然后选择删除或者选定该文档后使用快捷键【Delete】来完成整篇文档的删除。如果要删除文档中间的某一部分,必须先用鼠标或者键盘选定要删除的区域,按【Del】来完成这部分文档的删除。

5. 排序、筛选和条件套用

(1)排序。Excel 提供了对工作表中的数据进行排序的功能,排序方式有升序排列和降序排列两种模式。在 Excel 表中,可以对一列进行排序,也可以对多列进行排序。下面将通过举例来介绍具体操作。

创建一张如图 4.19 所示的工作簿。

针对第一个工作表进行操作,在这个工作表中有五列分别是班级、学号、平均学分积、素质拓展加分和主观评议加分。现对平均学分积列进行降序排序,选定要排序的数据区域,然后在“数据”菜单中选择“排序”选项就会出现如图 4.20 所示的对话框。

然后再选择要排序的主关键字为平均学分积,次关键字为素质拓展加分,第三关键字为拓展加分，三个都选为降序，点击确定后系统即可自动排序。排序后的结果如图 4.21 所示。

(2)筛选。数据筛选是 Excel 具备的另一大功能，可以通过设置条件让 Excel 自动筛选出来。下面通过一个例子来说明自动筛选的基本用法，高级筛选就不再做详细介绍。

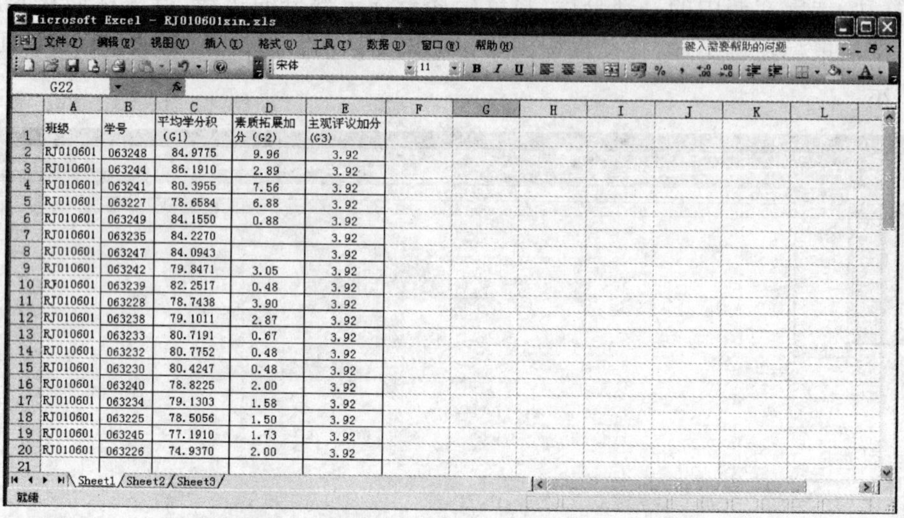

班级	学号	平均学分积(G1)	素质拓展加分(G2)	主观评议加分(G3)
RJ010601	063248	84.9775	9.96	3.92
RJ010601	063244	86.1910	2.89	3.92
RJ010601	063241	80.3955	7.56	3.92
RJ010601	063227	78.6584	6.88	3.92
RJ010601	063249	84.1550	0.88	3.92
RJ010601	063235	84.2270		3.92
RJ010601	063247	84.0943		3.92
RJ010601	063242	79.8471	3.05	3.92
RJ010601	063239	82.2517	0.48	3.92
RJ010601	063228	78.7438	3.90	3.92
RJ010601	063238	79.1011	2.87	3.92
RJ010601	063233	80.7191	0.67	3.92
RJ010601	063232	80.7752	0.48	3.92
RJ010601	063230	80.4247	0.48	3.92
RJ010601	063240	78.8225	2.00	3.92
RJ010601	063234	79.1303	1.58	3.92
RJ010601	063225	78.5056	1.50	3.92
RJ010601	063245	77.1910	1.73	3.92
RJ010601	063226	74.9370	2.00	3.92

图 4.19 排序举例

排序

主要关键字：平均学分积(G1)　○升序(A)　⊙降序(D)

次要关键字：素质拓展加分(G2)　○升序(C)　⊙降序(N)

第三关键字：主观评议加分(G3)　○升序(I)　⊙降序(G)

我的数据区域：⊙有标题行(R)　○无标题行(W)

选项(O)...　确定　取消

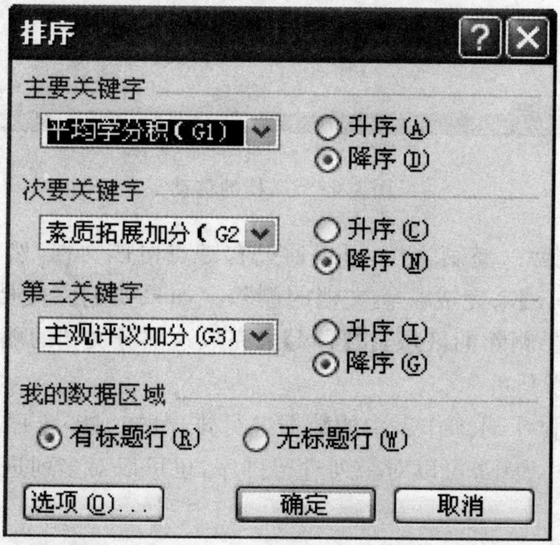

图 4.20 排序对话框

还是选用上面创建的那一个文件。选定要筛选的数据列平均学分积，然后在“数据”菜单下的“筛选”选项中选择“自动筛选”，然后平均学分积字段边上就会加上一个图标▾，点击该图标将会弹出一个下拉菜单如图 4.22 所示。在下拉菜单中选择“前 10 个”会弹出一个对话框如图 4.23 所示。点击确定后就会自动地筛选出平均学分积最大的 10 个学生的信息。

Microsoft Excel - RJ010601xin.xls

	A	B	C	D	E
1	班级	学号	平均学分积 (G1)	素质拓展加分 (G2)	主观评议加分 (G3)
2	RJ010601	063244	86.191	2.89	3.92
3	RJ010601	063248	84.9775	9.96	3.92
4	RJ010601	063235	84.227		3.92
5	RJ010601	063249	84.155	0.88	3.92
6	RJ010601	063247	84.0943		3.92
7	RJ010601	063239	82.2517	0.48	3.92
8	RJ010601	063232	80.7752	0.48	3.92
9	RJ010601	063233	80.7191	0.67	3.92
10	RJ010601	063230	80.4247	0.48	3.92
11	RJ010601	063241	80.3955	7.56	3.92
12	RJ010601	063242	79.8471	3.05	3.92
13	RJ010601	063234	79.1303	1.58	3.92
14	RJ010601	063238	79.1011	2.87	3.92
15	RJ010601	063240	78.8225	2.00	3.92
16	RJ010601	063228	78.7436	3.90	3.92
17	RJ010601	063227	78.6584	6.88	3.92
18	RJ010601	063225	78.5056	1.50	3.92
19	RJ010601	063245	77.191	1.73	3.92
20	RJ010601	063226	74.937	2.00	3.92

求和=1203159.511

图 4.21　排序结果

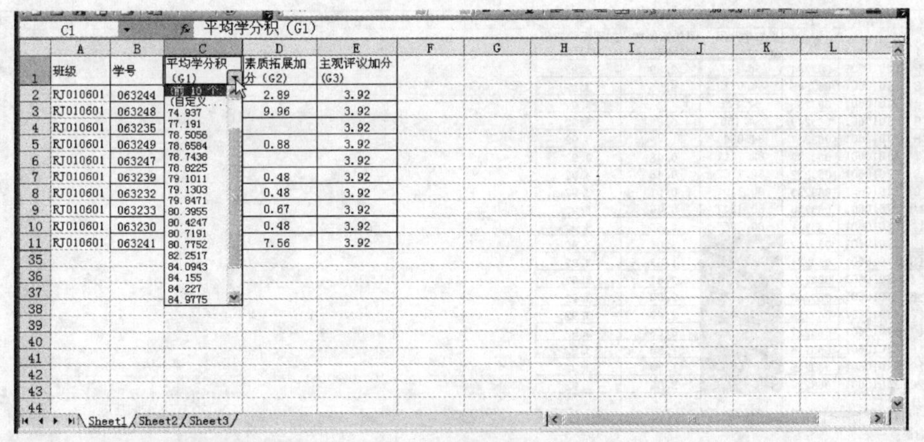

图 4.22　自动筛选下拉菜单

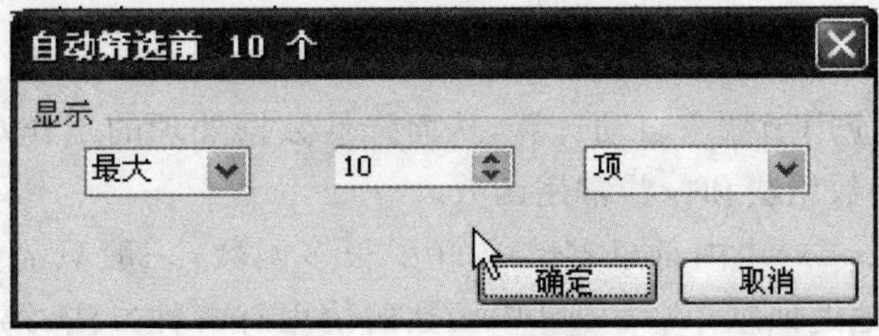

图 4.23　自动筛选

(3) 条件套用可以帮助选出符合条件的所有单元格。选定平均学分积列,然后选择“格式/条件套用”,将会弹出如图 4.24 所示的条件格式对话框。

图 4.24　条件格式对话框

输入选用条件介于“70”与“80”之间,选用条件为真时数据格式为红色,点击确定后即可出现如图 4.25 所示的结果。

Microsoft Excel - RJ010601xin.xls

C2　86.191

	A	B	C	D	E
1	班级	学号	平均学分积(G1)	素质拓展加分(G2)	主观评议加分(G3)
2	RJ010601	063244	86.191	2.89	3.92
3	RJ010601	063248	84.9775	9.96	3.92
4	RJ010601	063235	84.227		3.92
5	RJ010601	063249	84.155	0.88	3.92
6	RJ010601	063247	84.0943		3.92
7	RJ010601	063239	82.2517	0.48	3.92
8	RJ010601	063232	80.7752	0.48	3.92
9	RJ010601	063233	80.7191	0.67	3.92
10	RJ010601	063230	80.4247	0.48	3.92
11	RJ010601	063241	80.3955	7.56	3.92
12	RJ010601	063242		3.05	3.92
13	RJ010601	063234		1.58	3.92
14	RJ010601	063238		2.87	3.92
15	RJ010601	063240		2.00	3.92
16	RJ010601	063228		3.90	3.92
17	RJ010601	063227		6.88	3.92
18	RJ010601	063225		1.50	3.92
19	RJ010601	063245		1.73	3.92
20	RJ010601	063226		2.00	3.92

Sheet1 / Sheet2 / Sheet3

就绪

图 4.25　条件套用结果

6. 常用函数介绍及使用

Excel 中可以通过应用函数来自动计算,从而降低数据处理的工作难度,提高用户工作效率。下面将介绍基本函数用法和一些常用函数。

(1)函数用法介绍。Excel 内部已经定义好了很多函数,一般只需要输入这些函数的参数,这些函数便会自动地返回结果。Excel 中函数的使用有两种方法:第一种是直接在标题栏上的文本框中输入函数;第二种是选择“插入”菜单中的“函数”选项。最常用的是第一种方法,因为操作起来比较方便。

1)直接输入函数。单击要输入函数的单元格,在文本框中输入类似于"＝函数名(地址一:地址二)"的格式,然后点击输入按钮✓,即可将结果自动填到要输入的单元格中。

2)使用"插入/函数"输入函数。使用"插入/函数"的操作与直接输入函数的操作基本类似,只是在界面上有一点区别。选择要插入函数的列然后点击"插入/函数"将会弹出一个如图 4.26 所示的对话框。

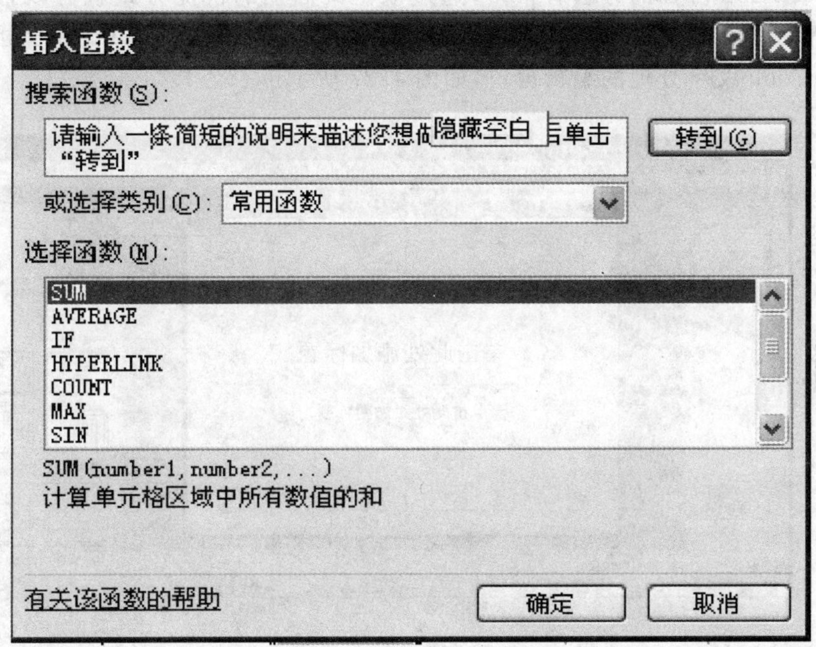

图 4.26　插入函数对话框

在"插入函数"对话框中,可以输入对函数的描述,然后系统会自动搜索相应的函数,或者直接从常用函数里选择要用的函数即可。

(2)常用函数介绍。Excel 中提供了很多常有函数,例如求和函数 SUM、求绝对值函数 ABS、求平均值函数 AVERAGE 等,下面分别介绍这几个函数的用法。

1)求和函数 SUM。求和函数可以对指定区域内的数据进行求和,语法为"SUM(number1,number2,……)",其中的 number1,number2 是要计算的数据。

2)求绝对值函数 ABS。求绝对值的函数可以对指定区域内的数据求绝对值,语法为"ABS(number)",number 为要求绝对值的数据。

3)求平均值函数 AVERAGE。求平均值的函数可以对指定区域内的数据求平均值,语法为"AVERAGE(number1,number2,……)",其中的 number1,number2 等是要计算的数据。

由于函数的使用过于复杂,已超出本书的介绍范围,所以只简单提一下,在此就不再做详细介绍。如果读者对 Excel 中的函数应用比较感兴趣,可以去看专门的关于 Excel 的教程。

4.2.3 PowerPoint 幻灯片的制作

PowerPoint 幻灯片是专门用于制作演示文稿的办公软件。它是一种可以包含一般的文字、图形、声音甚至视频的多媒体演示文稿，广泛应用于会议、教学等方面。

1. 初识 PowerPoint

打开 PowerPoint 界面的方法有很多，通过双击桌面上的快捷方式就可以打开一个空的 PowerPoint 界面，也可以点击鼠标右键选择新建中的 Microsoft PowerPoint 文档。首先来认识一下 PowerPoint 文字处理的编辑窗口，如图 4.27 所示。

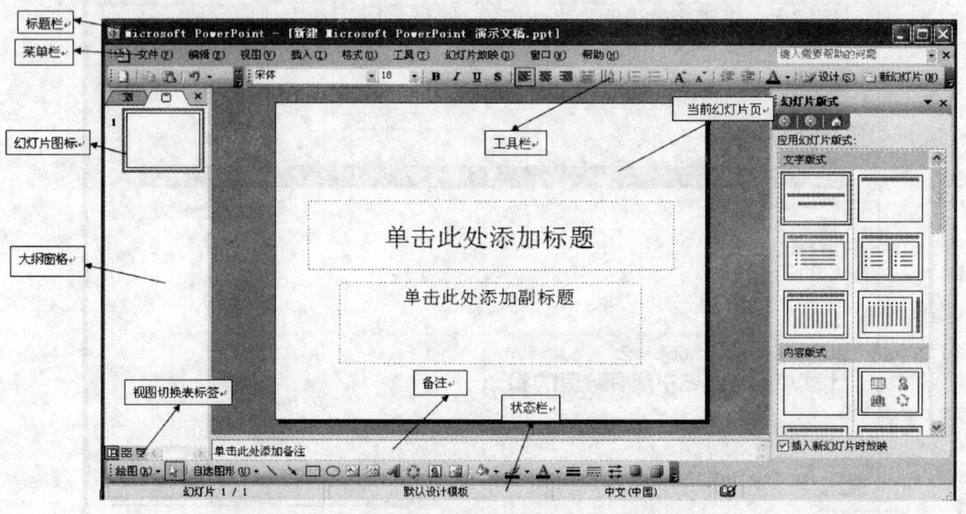

图 4.27 幻灯片界面

PowerPoint 幻灯片的界面主要由标题栏、菜单栏、幻灯片图标、备注、状态栏以及工作表标签栏组成。菜单栏、标题栏和状态栏与 Word 以及 Excel 中的功能一样，在此不再介绍。

大纲窗格：大纲窗格中存放了幻灯片文件中的主要信息，可以在大纲窗格中录入演示文稿中的所有文本，并对幻灯片演示排序。

备注：在备注栏中，可为每张幻灯片添加相应的备注，对幻灯片上的内容进行补充说明，这些信息在幻灯片放映时不会显示。

2. 制作幻灯片

(1)创建一张幻灯片。启动 PowerPoint 之后，用户可以看到列出创建演示文稿选项的对话框。用户可以通过使用“向导”按步骤创建演示文稿。使用“向导”是创建演示文稿最迅速的方式。用户还可以选择设计“模板”，即带有预先定义好格式和文本占位符的文档，以便提供一个创建演示文稿的起始步骤。如果想从头开始做起，则可以选择空演示文稿。如果要在 PowerPoint 中创建新的演示文稿，可以选择“文件”菜单中的“新建”选项来创建一个幻灯片。

PowerPoint 提供了一个专业设计的模板集合，用户可以用它来创建精美的演示文稿。当用户有一个好的内容思路，又想利用模板的专业设计和格式的优点时，就可以使用模板。每个模板都提供了格式和配色方案，用户只须向其中添加文本即可。选择新模板应是在首次打开演示文稿时，或在制作了演示文稿之后。

(2)更换视图。为了在设计演示文稿的整个阶段提供帮助，PowerPoint 提供了五种视图模式：分别是“普通”“大纲”“幻灯片”“幻灯片浏览”和“幻灯片放映”。通过单击放置在水平滚动条旁的视图按钮，就可以从一种视图模式切换到另一种视图模式。

在“普通”视图中，用户可以使用演示文稿的三种基本元素——大纲、幻灯片和备注。每种元素都有其自己的窗格。这些窗格提供了演示文稿的总体概观，在各个部分中进行工作。通过拖动窗格的边框，可以调整窗格的大小。还可以使用大纲窗格来编写和组织演示文稿内容；使用幻灯片窗格添加文本、图形、影片、声音，以及与其他幻灯片的超级链接；使用备注窗格可以添加演讲者备注或讲义。

使用“大纲”视图，可以编写演示文稿的内容。单击带有幻灯片图标的主题，可以查看幻灯片的缩图或缩图图解。有些幻灯片还进行了编号。大纲视图也为每张幻灯片显示一个幻灯片图标。

使用“幻灯片”视图，可以预览每张幻灯片。用户可以在大纲窗格中单击要查看的幻灯片的编号。也可以使用滚动条或点击“上一张幻灯片”和“下一张幻灯片”按钮，来回移动幻灯片。当向上或向下拖动垂直滚动条时，屏幕上显示的提示会指出释放鼠标键时将显示的幻灯片。

使用“幻灯片浏览”视图，可以组织幻灯片，在幻灯片之间添加动作，即“幻灯片切换”，以及应用其他幻灯片放映效果。“幻灯片浏览”工具栏，帮助您添加幻灯片切换并控制演示文稿。当添加幻灯片切换时，屏幕上会出现一个图标，该图标指出在放映幻灯片时，从一张幻灯片切换到另一张幻灯片时将产生一个动作。如果用户隐藏了某张幻灯片，也将看到一个图标，该图标指出在演示时将不显示该幻灯片。

“幻灯片放映”视图每次放映一张幻灯片。当要排练或放映幻灯片时，可以使用此视图。要切换幻灯片，用户可以单击屏幕，也可以按 Enter 键。

(3)输入文本信息。在“普通”视图或者“幻灯片”视图中，用户可以直接在文本占位符中输入文本。“文本占位符”是一个空的文本框。当输入的文本多于该占位符所能包含的文本时，则 PowerPoint 会自动调整这些文本大小以适应幻灯片。“自动匹配文本”功能是更改文本各行之间的行间距或段间距，然后更改字体大小来使文本匹配文本占位符。当然手动也可以增加或减小文本的行间距或字体大小。“光标插入点”(闪烁垂直线)指出了输入的文字将出现的位置。要将插入点放置到文本中，可以将鼠标指针移动到文本上。鼠标指针会变为“I”形式，表示可以执行单击操作，然后输入文字。

(4)编写幻灯片大纲。如果使用“内容提示向导”创建演示文稿，则 PowerPoint 会自动生成一个大纲。如选择自己制作大纲，则可以创建一个空演示文稿，然后输入大纲。在创建大纲时，可以添加新的幻灯片，或者将已有的幻灯片复制到演示文稿中。还可以将在另一个程序(例如，Microsoft Word)中制作的大纲插入到演示文稿中。要确保包含大纲的文档是按大纲标题样式创建的。当将大纲插入到 PowerPoint 中时,该大纲会根据其样式分别生成标题、副标题和项目符号列表。

(5)重新组织幻灯片。在"大纲"或"幻灯片浏览"视图中重新组织幻灯片,可使用拖放方法或按次序先后点击"剪切"和"粘贴"按钮,将幻灯片移到新的位置。在"普通"视图或"大纲"视图的大纲窗格中,可以使用"上移"和"下移"按钮,在大纲中移动所选的幻灯片。用户还可以折叠大纲只显示其要点,以便更容易地查看文档结构。

(6)使用母版。如果需要在演示文稿的每张幻灯片上都显示一个对象,如公司徽标或剪贴画(标题幻灯片除外),则可以将该对象放到幻灯片母版中。可以根据需要隐藏任何一张幻灯片上的对象,也可以创建一张与母版格式不同的幻灯片,同时也能很容易地恢复已更改的幻灯片格式。在查看母版的同时,还可以使用"幻灯片缩图"窗口查看一个包含文本和图形的幻灯片缩图示例。

(7)创建文本框。通常使用标题、副标题和项目符号列表占位符来将文本放置在幻灯片上。但是,如果要在标准占位符之外的地方添加文本,则可以通过创建一个文本框,文本框不一定是矩形的,通过使用 PowerPoint 提供的"自选图形"来完成。它是一个包括矩形、圆形、各种箭头和星形等多种图形的集合。如果将文本放置到某"自选图形"中,则文本会成为该"自选图形"的一部分。

(8)添加页眉和页脚。页眉和页脚会显示在每张幻灯片中,当然可以选择不让页眉和页脚显示在标题幻灯片中。页眉和页脚经常包括诸如演示文稿标题、幻灯片编号、日期和演讲者姓名等信息。也可以使用母版将页眉和页脚信息添加到幻灯片、讲义或备注页中。为确保页眉和页脚不会使演示文稿看起来杂乱无章,页眉和页脚的默认字号通常很小,不会分散人们的注意力,但也可以更改字号和布局来确保一下。

(9)添加动作按钮。当创建在展台放映的自运行演示文稿时,用户可能会希望能够很容易地将界面跳转到其想要的幻灯片或其他演示文稿中。为此,用户可以插入"动作按钮",使他们只须单击按钮就可以跳到其他幻灯片或演示文稿中。单击动作按钮会启动"超级链接",超级链接会连接同一文档或不同文档中的两个位置。

3. 放映幻灯片

一旦设置好了幻灯片放映之后,就可以随时开始放映了。运行幻灯片放映时,可以使用"幻灯片放映"视图的弹出菜单来访问 PowerPoint 命令,而无须离开"幻灯片放映"视图。如果在展台运行放映,这一功能应选择禁用,通过选择"幻灯片放映"中的"观看放映"选项来观看。

在"幻灯片放映"视图中,单击鼠标键或者按 Enter 键可以转到下一张幻灯片。除了这些基本的定位技术之外,PowerPoint 还提供了键盘快捷方式,可以切换到演示文稿的第一张幻灯片、最后一张幻灯片或其他指定的幻灯片上。通过使用快捷菜单上的定位命令来访问自定义幻灯片放映中的幻灯片。

Microsoft PowerPoint 2003 提供了多种工具,使幻灯片放映成为完善的多媒体产品。在进行幻灯片放映之前,须要设定所需的放映类型。一些演示文稿中包含了适合不同类别观众的不同类幻灯片。使用 PowerPoint,可以创建自定义幻灯片放映,使其包含按所需顺序排列的适合于特定观众的一组选定的幻灯片。

幻灯片放映还可以支持特殊视频、声音和动画效果。例如,您可以在幻灯片之间安排特殊的"切换"动作,使用"动画"来为幻灯片元素添加动画效果,比如,文本从右侧飞入的效果,还可以控制幻灯片的每一个元素展示给观众的方式。PowerPoint 包含了排练演示文稿时间的工具,可以确保放映时间既不太长也不太短。用户还可以通过使用旁白和音乐,使 PowerPoint 演示文稿变得更加生动。

4.3 数据库及基本操作

4.3.1 数据库定义

数据库是依照某种数据模型组织起来并存放在二级存储器中的数据集合。这种数据集合具有如下特点:尽可能不重复,以最优方式为某个特定组织的多种应用服务,其数据结构独立于使用它的应用程序,对数据的增、删、改和查询由统一软件进行管理和控制。从发展的历史看,数据库是数据管理的高级阶段,它是由文件管理系统发展起来的。

4.3.2 数据库的基本结构

数据库的基本结构分三个层次,分别反映了观察数据库的三种不同角度。

1. 物理数据层

物理数据层是数据库的最内层,是物理存储设备上实际存储的数据的集合。这些数据是原始数据,是用户加工的对象,由内部模式描述的指令操作处理的位串、字符和字组成。

2. 概念数据层

概念数据层是数据库的中间一层,是数据库的整体逻辑表示。它指出了每个数据的逻辑定义及数据间的逻辑联系,是存储记录的集合。所涉及的是数据库所有对象的逻辑关系,而不是它们的物理情况,是数据库管理员概念下的数据库。

3. 逻辑数据层

逻辑数据层是用户所看到和使用的数据库,表示了一个或一些特定用户使用的数据集合,即逻辑记录的集合。

数据库不同层次之间的联系是通过映射进行转换的。

4.3.3 数据库的主要特点

1. 实现数据共享

数据共享是指所有用户可同时存取数据库中的数据,用户可以用各种方式通过接口使用数据库,并共享数据。

2. 减少数据的冗余度

同文件系统相比，由于数据库实现了数据共享，从而避免了用户各自建立应用文件所造成的麻烦，减少了大量重复数据，也就减少了数据冗余，维护了数据的一致性。

3. 数据的独立性

数据的独立性包括数据库中数据的逻辑结构和应用程序相互独立，也包括数据物理结构的变化不影响数据的逻辑结构。

4. 数据实现集中控制

文件管理方式中，数据处于一种分散的状态，不同的用户或同一用户在不同处理中其文件之间毫无关系。利用数据库可对数据进行集中控制和管理，并通过数据模型表示各种数据的组织以及数据间的联系。

5. 数据一致性和可维护性，以确保数据的安全性和可靠性

数据一致性和可维护性主要包括：①安全性控制：以防止数据丢失、错误更新和越权使用；②完整性控制即保证数据的正确性、有效性和相容性；③并发控制：使在同一时间周期内，允许对数据实现多路存取，又能防止用户之间的不正常交互；④故障发现和恢复：由数据库管理系统提供一套方法，可及时发现故障和修复故障，从而防止数据被破坏。

4.3.4 数据库结构与数据库种类

数据库通常分为层次式数据库、网络式数据库和关系式数据库三种。不同的数据库是按不同的数据结构来联系和组织的。

1. 数据结构模型

(1)数据结构。所谓数据结构是指数据的组织形式或数据之间的联系。如果用 D 表示数据，用 R 表示数据对象之间存在的关系集合，则将 DS＝(D,R)称为数据结构。例如，设有一个电话号码簿，它记录了 n 个人的名字和相应的电话号码。为了方便地查找某人的电话号码，系统将人名的拼音按字典顺序排列，并在名字的后面跟随着对应的电话号码。这样，若要查找某人的电话号码(假定他的名字的第一个字母是 Y)，那么只须查找以 Y 开头的那些名字就可以了。该例中，数据的集合 D 就是人名和电话号码，它们之间的联系 R 就是按字典顺序的排列，其相应的数据结构就是 DS＝(D,R)，即一个数组。

(2)数据结构种类。数据结构又分为数据的逻辑结构和数据的物理结构。数据的逻辑结构是从逻辑的角度(即数据间的联系和组织方式)来观察数据、分析数据，与数据的存储位置无关。数据的物理结构是指数据在计算机中存放的结构，即数据的逻辑结构在计算机中的实现形式，所以物理结构也被称为存储结构。这里只研究数据的逻辑结构，并将反映和实现数据联系的方法称为数据模型。

目前，比较流行的数据模型有三种，即按图论理论建立的层次结构模型和网状结构模型以及按关系理论建立的关系结构模型。

2. 层次、网状和关系数据库系统

(1)层次结构模型。层次结构模型实质上是一种有根节点的定向有序树结构(在数学中"树"被定义为一个无回的连通图)。

按照层次模型建立的数据库系统称为层次模型数据库系统。IMS(Information Management System)是其典型代表。

(2)网状结构模型。按照网状数据结构建立的数据库系统称为网状数据库系统,其典型代表是 DBTG(Data Base Task Group)。用数学方法可将网状数据结构转化为层次数据结构。

(3)关系结构模型。关系式数据结构把一些复杂的数据结构归结为简单的二元关系(即二维表格形式)。例如某单位的职工关系就是一个二元关系。由关系数据结构组成的数据库系统被称为关系数据库系统。

在关系数据库中,对数据的操作几乎全部建立在一个或多个关系表格上,通过对这些关系表格的分类、合并、连接或选取等运算来实现对数据的管理。DB2 就是这类数据库管理系统的典型代表。对于一个实际的应用问题(如人事管理问题),有时需要多个关系才能实现。用 DB2 建立起来的一个关系称为一个数据库(或称数据库文件),而把对应多个关系建立起来的多个数据库称为数据库系统。DB2 的另一个重要功能是通过建立命令文件来实现对数据库的使用和管理,对于一个数据库系统相应的命令序列文件,称为该数据库的应用系统。因此,可以概括地说,一个关系称为一个数据库,若干个数据库可以构成一个数据库系统。数据库系统又可以派生出各种不同类型的辅助文件和建立它的应用系统。

4.3.5　数据库未来发展趋势

随着信息管理内容的不断扩展,丰富多样的数据模型如层次模型、网状模型、关系模型、面向对象模型、半结构化模型等不断涌现,新技术也层出不穷(数据流,Web 数据管理,数据挖掘等)。目前每隔几年,国际上一些资深的数据库专家就会聚集在一起,探讨数据库研究的现状、存在的问题和未来需要关注的新技术焦点。过去已有几个类似的报告,包括:1989 年的 Future Directions in DBMS Research-The Laguna Beach Participants,1990 年的 Database Systems : Achievements and Opportunities,1995 年的 Database:《构建数据仓库》。

4.4　阅读材料

4.4.1　举例说明常用软件的安装

下面将以安装微软的 Office 2003 为例详细介绍安装软件的基本步骤。

首先下载一个微软的 Office 2003 程序安装包。然后双击该安装包,先解压,完成后将出现如图 4.28 所示的安装界面。在这个界面上有三个文本框分别用来输入用户信息,输入好用户信息后,点击"下一步"按钮或者按"Alt+N"组合键,会出现另外一个对话框如图 4.29 所示。

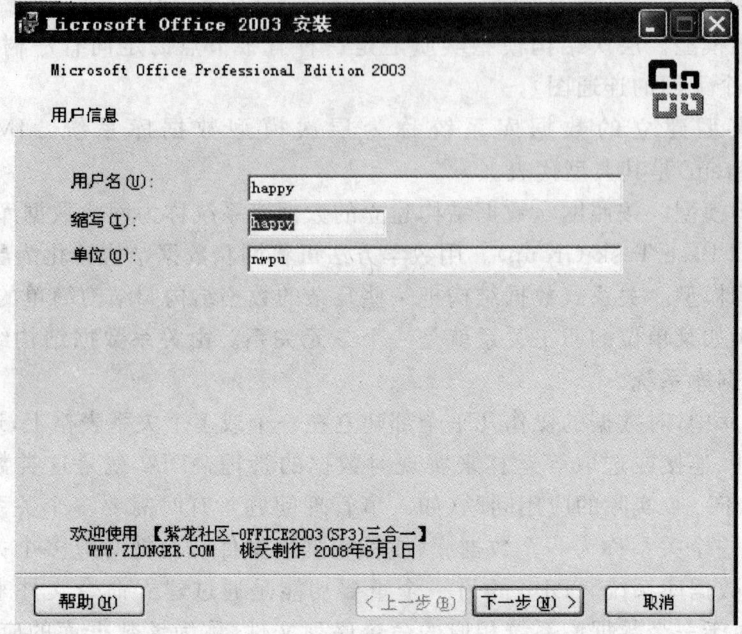

图 4.28 Office 安装界面一

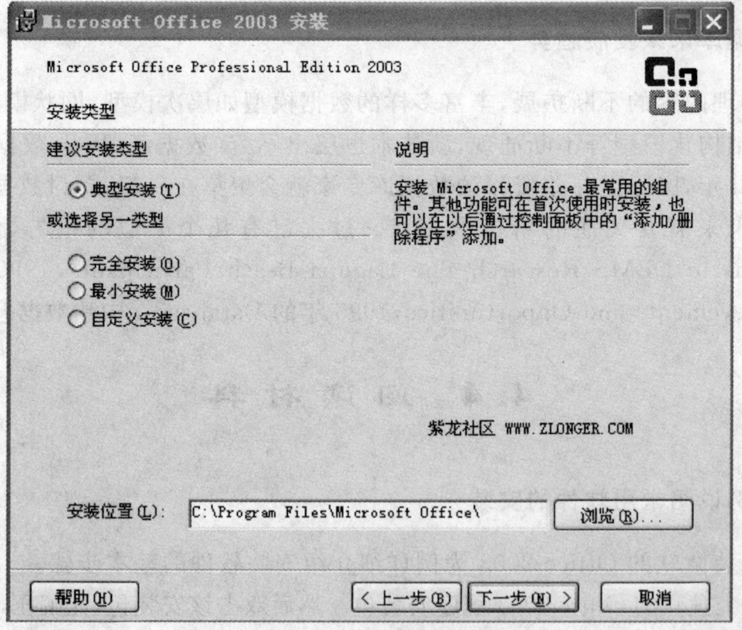

图 4.29 Office 安装界面二

在图 4.29 所示安装界面的安装类型选项区，选择默认的“典型安装”，用户也可以选择“选择另一类型”以进行其他类型的安装。在安装位置选项框中，确定用户的安装位置，可点击浏览目录自行选择安装目录，或直接采用系统默认的安装目录。输入完后点击下一步。如果想修改上一步选择的安装类型可以点击上一步。点击下一步后将会出现如图 4.30 所示的对话框。

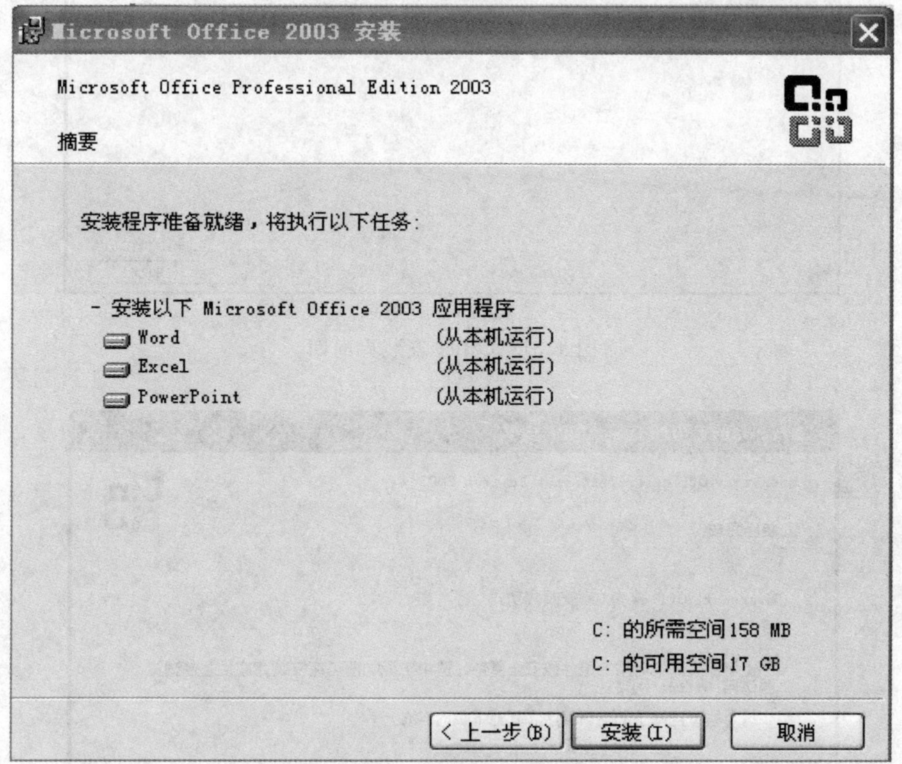

图 4.30　Office 安装界面三

这个界面显示用户已经选择完成后所要安装的程序以及安装程序所需空间大小等信息。确定后就可点击“安装”按钮，随后界面就会出现图如 4.31 所示的安装对话框。程序开始真正地安装到系统。等安装进度条读满之后将会自动弹出如图 4.32 所示的对话框。点击完成即可完成 Office 办公软件的安装。

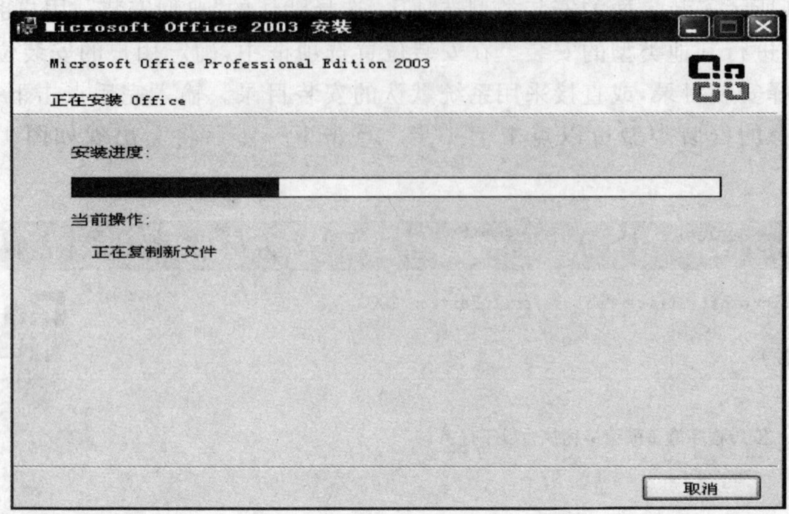

图 4.31 Office 安装界面四

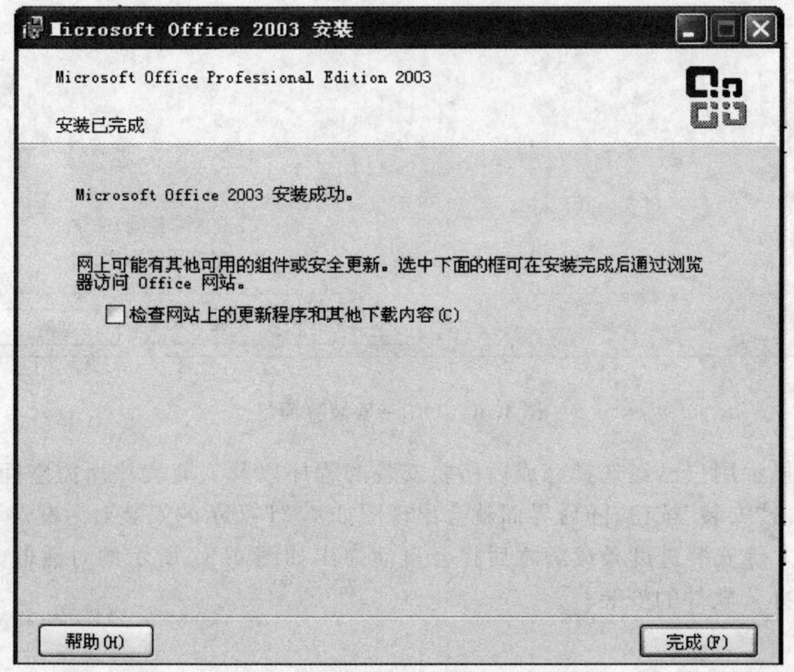

图 4.32 Office 安装界面五

4.4.2　数据库发展史

数据库技术从诞生到现在，在不到半个世纪的时间里，形成了坚实的理论基础、成熟的商业产品和广泛的应用领域，吸引了越来越多的研究者加入。数据库的诞生和发展引发了计算机信息管理领域内一场巨大的革命。30 多年来，国内外已经开发建设了成千上万个数据库，它已成为企业、部门乃至个人日常工作、生产和生活的基础设施。同时，随着应用的扩展与深入，数据库的数量和规模越来越大，数据库的研究领域也随之拓广和深化。30 年间数据库领域获得了三次计算机图灵奖（C. W. Bachman，E. F. Codd，J. Gray），更加充分地说明了数据库是一个充满活力和创新精神的领域。现在就来沿着历史的轨迹，追溯一下数据库的发展历程。

1. 数据管理的诞生

数据库的历史可以追溯到 50 年前，那时的数据管理方式非常简单。通过大量的分类、比较和表格绘制的机器运行数百万穿孔卡片来进行数据的处理，其运行结果在纸上打印出来或者制成新的穿孔卡片。而数据管理就是对所有这些穿孔卡片进行物理的储存和处理。然而，1951 年雷明顿兰德公司（Remington Rand Inc.）的一种叫做 Univac I 的计算机推出了一种 1 s 可以输入数百条记录的磁带驱动器，从而引发了数据管理的革命。1956 年，IBM 生产出第一个磁盘驱动器—— The Model 305 RAMAC。此驱动器有 50 个盘片，每个盘片直径是 2 英尺[①]，可以储存 5 MB 的数据。使用磁盘最大的好处是可以随机地存取数据，而穿孔卡片和磁带只能顺序存取数据。

1951 年：Univac 系统使用磁带和穿孔卡片作为数据存储。

数据库系统的萌芽出现于 20 世纪 60 年代。当时计算机开始广泛地应用于数据管理领域，对数据的共享提出了越来越高的要求，传统的文件系统已经不能满足人们的需要。就在这时能够统一管理和共享数据的数据库管理系统（DBMS）应运而生。数据模型是数据库系统的核心和基础，各种 DBMS 软件都是基于某种数据模型的。所以通常也按照数据模型的特点将传统数据库系统分成网状数据库、层次数据库和关系数据库三类。

最早出现的是网状 DBMS，是美国通用电气公司 Bachman 等人在 1961 年开发成功的 IDS（Integrated Data Store）。1961 年通用电气公司（General Electric Co.）的 Charles Bachman 成功地开发出世界上第一个网状 DBMS，也是第一个数据库管理系统——集成数据存储（Integrated Data Store IDS），奠定了网状数据库的基础，并在当时得到了广泛的发行和应用。IDS 具有数据模式和日志的特征，但它只能在 GE 主机上运行，并且数据库只有一个文件，数据库所有的表必须通过手工编码来生成。之后，通用电气公司一个客户——BF Goodrich Chemical 公司——最终不得不重写了整个系统，并将重写后的系统命名为集成数据管理系统（IDMS）。

网状数据库模型对于层次和非层次结构的事物都能比较自然地模拟，在关系数据库出现

① 1 英尺＝0.304 8 m。

之前网状 DBMS 要比层次 DBMS 用得普遍。在数据库发展史上,网状数据库占有重要地位。

层次型 DBMS 是紧随网络型数据库出现的。最著名最典型的层次数据库系统是 IBM 公司在 1968 年开发的 IMS。

IMS(Information Management System)是一种适合其主机的层次数据库。这是 IBM 公司研制最早的大型数据库系统程序产品。从 60 年代末产生起,如今 IMS 已经发展到 IMSV6,提供群集、N 路数据共享、消息队列共享等先进特性的支持。这个具有 30 年历史的数据库产品在如今的 WWW 应用链接、商务智能应用中扮演着新的角色。

1973 年 Cullinane 公司(也就是后来的 Cullinet 软件公司),开始出售 Goodrich 公司的 IDMS 改进版本,并且逐渐成为当时世界上最大的软件公司。

2. 关系数据库的由来

网状数据库和层次数据库已经很好地解决了数据的集中和共享问题,但是在数据独立性和抽象级别上仍有很大欠缺。用户在对这两种数据库进行存取时,仍然须要明确数据的存储结构,指出存取路径。而后来出现的关系数据库较好地解决了这些问题。

1970 年,IBM 的研究员 E. F. Codd 博士在刊物《Communication of the ACM》上发表了一篇名为"A Relational Model of Data for Large Shared Data Banks"的论文,提出了关系模型的概念,奠定了关系模型的理论基础。尽管之前在 1968 年 Childs 已经提出了面向集合的模型,然而这篇论文被普遍认为在数据库系统历史上具有划时代意义。Codd 的心愿是为数据库建立一个优美的数据模型。后来 Codd 又陆续发表多篇文章,论述了范式理论和衡量关系系统的 12 条标准,用数学理论奠定了关系数据库的基础。关系模型有严格的数学基础,抽象级别比较高,但是简单清晰,便于理解和使用。可当时也有人认为关系模型是理想化的数据模型,用来实现 DBMS 是不现实的,尤其担心关系数据库的性能会令人难以接受,更有人视其为当时正在进行中的网状数据库规范化工作的严重威胁。为了促进对问题的充分理解,1974 年 ACM 牵头组织了一次研讨会,会上开展了一场分别以 Codd 和 Bachman 为首的支持和反对关系数据库两派之间的辩论。这次著名的辩论推动了关系数据库的发展,使其最终成为现代数据库产品的主流。

1970 年,在关系模型建立之后,IBM 公司在 San Jose 实验室增加了更多的研究人员研究这个项目,这个项目就是著名的 System R。其目标是论证一个全功能关系 DBMS 的可行性。该项目结束于 1979 年,完成了第一个实现 SQL 的 DBMS。然而 IBM 对 IMS 的承诺阻止了 System R 的投产,一直到 1980 年 System R 才作为一个产品正式推向市场。IBM 产品化步伐缓慢的三个原因是①IBM 重视信誉,重视质量,尽量减少故障的出现;②IBM 是个大公司,官僚体系庞大;③IBM 内部已经有层次数据库产品,相关人员不积极,甚至反对。

然而与此同时,1973 年,加州大学伯克利分校的 Michael Stonebraker 和 Eugene Wong 利用 System R 已发布的信息开始开发自己的关系数据库系统 Ingres。他们开发的 Ingres 项目最后由 Oracle 公司、Ingres 公司以及硅谷的其他厂商所商品化。后来,System R 和 Ingres 系统双双获得 ACM 的 1988 年"软件系统奖"。

1976 年霍尼韦尔公司(Honeywell)开发了第一个商用关系型数据库系统——Multics Relational Data Store。关系型数据库系统以关系代数为坚实的理论基础,经过几十年的发展和实际应用,技术越发成熟和完善。其代表产品有 Oracle、IBM 公司的 DB2、微软公司的 MS SQL Server 以及 Informix,ADABASD 等。

3. 结构化查询语言(SQL)

1974 年,IBM 的 Ray Boyce 和 Don Chamberlin 将 Codd 关系型数据库的 12 条准则的数学定义以简单的关键字语法表现出来,里程碑式地提出了 SQL(Structured Query Language)语言。SQL 语言的功能包括查询、操纵、定义和控制,是一种综合、通用的关系数据库语言,同时又是一种高度非过程化的语言,只要求用户指出做什么而不需要指出怎么做。SQL 语言集成实现了数据库生存周期中的全部操作。SQL 语言提供了与关系数据库进行交互的方法,它可以与标准的编程语言一起工作。自诞生之日起,SQL 语言便成了检验关系数据库的试金石,而 SQL 语言标准的每一次变更都指导着关系数据库产品的发展方向。然而,直到 20 世纪 70 年代中期,关系理论才通过 SQL 在商业数据库 Oracle 和 DB2 中使用。

1986 年,ANSI 把 SQL 作为关系型数据库语言的美国标准,同年公布了标准 SQL 文本。目前 SQL 标准有三个版本。基本 SQL 定义是 ANSIX3135－89,"Database Language-SQL with Integrity Enhancement"一般叫做 SQL-89。SQL-89 定义了模式定义、数据操作和事务处理。

SQL-89 和随后的 ANSIX3168－989,"Database Language - Embedded SQL"构成了第一代 SQL 标准。ANSIX3135－1992 描述了一种增强功能的 SQL,现在叫做 SQL-92 标准。SQL-92 包括模式操作,动态创建和 SQL 语句动态执行、网络环境支持等增强特性。在完成 SQL-92 标准后,ANSI 和 ISO 即开始合作开发 SQL3 标准。SQL3 的主要特点在于抽象数据类型的支持,为新一代对象关系数据库提供了标准。

1976 年 IBM E. F. Codd 发表了一篇里程碑意义的论文"R 系统:数据库关系理论",介绍了关系数据库理论和查询语言 SQL。Oracle 的创始人 Ellison 非常仔细地阅读了这篇文章,被其内容震惊,因为这是第一次有人用全面一致的方案管理数据信息。作者 E. F. Codd 十年前就发表了关系数据库理论,并在 IBM 研究机构开发原型,这个项目就是 R 系统,存取数据表的语言就是 SQL。Ellison 看完后,敏锐地意识到在这个研究基础上可以开发商用软件系统。而当时大多数人认为关系数据库不会有商业价值。Ellison 认为这是他们的机会,于是决定开发通用商用数据库系统 Oracle,这个名字来源于他们曾给中央情报局做过的项目名。几个月后,他们就开发了 Oracle 1.0。但这只不过像一个玩具,除了完成简单关系查询之外不能做任何事情,他们花费相当长的时间才使 Oracle 变得可用,维持公司运转主要靠承接一些数据库管理项目和做顾问咨询工作。而 IBM 却没有计划开发,为什么"蓝色巨人"放弃了这个价值上百亿的产品,原因有很多。IBM 的研究人员大多是以理论研究为主,他们最感兴趣的是理论,而非推向市场的产品;从学术上看,研究成果应公开,发表论文和演讲能使他们成名,为什么不呢? 还有一个很主要的原因就是 IBM 当时有一个销售得还不错的层次数据库产品 IMS。直到 1985 年 IBM 才发布了关系数据库 DB2 ，Ellision 那时已经成了千万富翁。Ellison 曾将 IBM 选择 Microsoft 的 MS-DOS 作为 IBM-PC 机的操作系统比为："世界企业经营历史上最严重的错误，价值超过了上千亿美元。"IBM 发表 R 系统论文，而且没有很快推出关系数据库产品的错误可能仅仅次之。Oracle 的市值在 1996 年就达到了 280 亿美元。

目前 SQL 标准有 3 个版本。基本 SQL 定义是 ANSIX3135 — 89，"DatabaseLanguage—— SQL with IntegrityEnhancement"，一般叫做 SQL-89。SQL-89 定义了模式定义、数据操作和事务处理。S Q L - 8 9 和随后的 ANSIX3168—1989，"Database Language——Embedded SQL"构成了第一代 SQL 标准。ANSIX3135—1992 描述了一种增强功能的 SQL，现在叫做 SQL—92 标准。SQL-92 包括模式操作、动态创建和 SQL 语句动态执行、网络环境支持等增强特性。在完成 SQL-92 标准后，ANSI 和 ISO 即开始合作开发 SQL3 标准。SQL3 的主要特点在于对抽象数据类型的支持，为新一代对象关系数据库提供了标准。

4. 面向对象数据库

随着信息技术和市场的发展，人们发现关系型数据库系统虽然技术很成熟，但其局限性也很显而易见。它能很好地处理所谓的"表格型数据"，却对技术界出现的越来越多的复杂类型的数据无能为力。20 世纪 90 年代以后，技术界一直在研究和寻求新型数据库系统。但在什么是新型数据库系统的发展方向的问题上，产业界一度是相当困惑的。受当时技术风潮的影响，在相当一段时间内，人们把大量的精力花在研究"面向对象的数据库系统(Object Oriented Database)"或简称"OO 数据库系统"。值得一提的是，美国 Stonebraker 教授提出的面向对象的关系型数据库理论曾一度受到产业界的青睐。而 Stonebraker 本人也在当时被 Informix 花大价钱聘为技术总负责人。

然而，数年的发展表明，面向对象的关系型数据库系统产品的市场发展的情况并不理想。理论上的完美性并没有带来市场的强烈反应。其不成功的主要原因在于，这种数据库产品的主要设计思想是企图用新型数据库系统来取代现有的数据库系统。这对许多已经运用数据库系统多年并积累了大量工作数据的客户，尤其是大客户来说，无法承受新旧数据间的转换而带来的巨大工作量及巨额开支。另外，面向对象的关系型数据库系统使查询语言变得极其复杂，从而使得无论是数据库的开发商还是应用客户都将其复杂的应用技术视为畏途。

4.4.3 软件及软件危机

1. 软件及其特性

第一个进行软件编写的人是 Ada(Augusta Ada Lovelace)。在 1860 年，他尝试为 Babbage(Charles Babbage)的机械式计算机写软件。尽管他的努力失败了，但他的名字永远载入了计算机发展的史册。

在 1950 年代，软件伴随着第一台电子计算机的问世诞生了。以写软件为职业的人也随之开始出现，他们多是经过训练的数学家和电子工程师。1960 年，美国大学里开始授予计算机专业学位，教人们写软件。

20 世纪中叶，软件产业从零开始起步，在短短的 50 年的时间里迅速发展成为推动人类社会发展的龙头产业，并造就了一批又一批百万、亿万富翁。随着信息产业的发展，软件在人类社会中的地位越来越重要。

那么，如何给软件定义呢？

首先要说明的是，软件对于人类而言是一个全新的东西，其发展历史不过四五十年。人们对软件的认识经历了一个由浅到深的过程。

在计算机系统发展的初期，硬件通常用来执行一个单一的程序，而这个程序又是为一个特定的目的而编制的。早期当通用硬件成为平常事情的时候，软件的通用性却是很有限的。大多数软件是由使用该软件的个人或机构研制的，所以造成软件往往带有强烈的个人色彩。早期的软件开发也没有什么系统的方法可以遵循，软件设计是在某个人的头脑中完成的一个隐藏的过程，而且，除了源代码往往没有软件说明书等文档。

从 20 世纪 60 年代中期到 70 年代中期是计算机系统发展的第二个时期，在这一时期软件开始作为一种产品被广泛使用，出现了“软件作坊”专职应别人的需求写软件。这一软件开发的方法基本上仍然沿用早期的个体化软件开发方式。但软件的数量急剧膨胀，其需求也日趋复杂，维护的难度越来越大，开发成本高得令人吃惊，而失败的软件开发项目更是屡见不鲜。软件危机就这样开始了！

软件危机使得人们开始对软件及其特性进行更深一步的研究，人们改变了早期对软件的不正确看法。早期那些被认为是优秀的程序常常很难被别人看懂，通篇充斥各种程序技巧。现在人们普遍认为优秀的程序除了功能正确，性能优良之外，还应该容易理解、便于使用修改和扩充。

现在，被普遍接受的软件的定义是软件(Software)是计算机系统中与硬件(Hardware)相互依存的另一部分，它包括程序(Program)、相关数据(Data)及其说明文档(Document)，其中程序是按照事先设计的功能和性能要求执行的指令序列；数据是程序能正常操纵信息的数据结构；文档是与程序开发维护和使用有关的各种图文资料。

软件同传统的工业产品相比，有以下特性：

(1)软件是一种逻辑实体，具有抽象性。这个特点使它与其他工程对象有着明显的差异。人们可以把它记录在纸上、内存、和磁盘、光盘上，但却无法看到软件本身的形态，必须通过观察、分析、思考、判断，才能了解它的功能、性能等特性。

(2)软件没有明显的制造过程。一旦研制开发成功，就可以产生大量同一内容的副本。所以对软件的质量控制，必须着重在软件开发方面。

(3)软件在使用过程中，不会出现磨损、老化的问题。软件在生存周期后期不会因为磨损而老化，但会为了适应硬件、环境以及需求的变化而进行修改，而这些修改有不可避免的引入错误，导致软件失效率升高，从而使得软件退化。当修改的成本变得难以接受时，软件就被抛弃。

(4)软件对硬件和环境有着不同程度的依赖性。这导致了软件移植的问题。

(5)软件的开发至今尚未完全摆脱手工作坊式的开发方式,生产效率低。

(6)软件是复杂的,而且以后会更加复杂。软件是人类有史以来生产复杂度最高的工业产品。软件涉及人类社会的各行各业、方方面面,其开发常常涉及其他领域的专业知识,这对软件工程师提出了很高的要求。

(7)软件的开发成本相当昂贵。软件开发需要开发人员投入大量、高强度的脑力劳动,成本非常高,风险也大。现在软件的开销已大大超过了硬件的开销。

(8)软件工作牵涉到很多社会因素。许多软件的开发和运行涉及机构、体制和管理方式等问题,还会设计到人们的观念和心理。这些人的因素,常常成为软件开发的困难所在,直接影响到项目的成败。

2. 软件危机及其原因

软件危机指的是在计算机软件的开发和维护过程中所遇到的一系列严重问题。

1968 年,北大西洋公约组织的计算机科学家在联邦德国召开的国际学术会议上第一次提出了“软件危机”(Software Crisis)这个概念。

概括来说,软件危机包含两方面问题:一是如何开发软件,以满足不断增长、日趋复杂的需求;二是如何维护数量不断膨胀的软件产品。

具体地说,软件危机主要有以下表现:

(1)对软件开发成本和进度的估计常常不准确。开发成本超出预算,实际进度比预定计划一再拖延的现象并不罕见。

(2)用户对“已完成”系统不满意的现象经常发生。

(3)软件产品的质量往往不过关。Bug 一大堆,Patch 一个接一个。

(4)软件的可维护程度非常低。

(5)软件通常没有适当的文档资料。

(6)软件的开发成本不断提高。

(7)软件开发生产率的提高赶不上硬件的发展和人们需求的增长。

软件危机的原因,一方面是与软件本身的特点有关;另一方面是由软件开发和维护的方法不正确有关。

软件开发和维护的不正确方法主要表现为忽视软件开发前期的需求分析;开发过程没有统一的、规范的方法论的指导,文档资料不齐全,忽视人与人的交流;忽视测试阶段的工作,提交用户的软件质量差;轻视软件的维护。这些大多数都是软件开发过程管理上的原因。

网 络 篇

第 5 章　计算机网络基础

5.1　计算机网络的发展

计算机网络是计算机技术与通信技术相结合的产物，它实现了远程通信、远程信息处理和资源共享等功能。自 20 世纪 60 年代以来，计算机网络已经过了半个世纪的发展，但其最为迅猛的发展阶段却是在最近 10 多年。

5.1.1　计算机网络的发展史

计算机网络经历了从简单到复杂、从单机到多机、从终端与计算机之间通信到计算机与计算机直接通信的发展历程。

早在 20 世纪 50 年代初，美国半自动地面防空系统（SAGE）就已经进行了计算机技术和通信技术相结合的尝试。它将一台中心计算机通过通信线路与远程雷达及其他信息收集设施相连接，进行集中的防空信息的处理和控制。这项研究标志着以单个计算机为中心的远程联机系统的诞生。这类简单的“终端—通信线路—面向终端的计算机”系统构成了计算机网络的雏形。可严格地说，它和现代的计算机网络存在根本的区别。当时的系统除了一台中央计算机外，其余的终端设备没有独立处理数据的功能，当然还不能算是真正意义上的计算机网络。为了区别以后发展的多个计算机互联的计算机网络，所以人们称它为面向终端的计算机网络，又称为第一代计算机网络。

从 20 世纪 60 年代中期开始，在第一代计算机网络的基础上，出现了若干个计算机主机通过通信线路互联的系统，开创了“计算机—计算机”通信的时代，并呈现出多个中心处理机的特点。20 世纪 60 年代后期，ARPANET 网是由美国国防部高级研究计划局 ARPA（目前称为 DARPA，Defense Advanced Research Projects Agency）提供经费，联合计算机公司和大学共同研制而发展起来的，主要目标是借助通信系统，使网内各计算机系统间能够相互共享资源，它最初投入使用的是一个有 4 个节点的实验性网络。ARPANET 网的出现，代表着计算机网络的兴起。人们称之为第二代计算机网络。

20 世纪 70～80 年代中期是计算机网络发展最快的时期，通信技术和计算机技术互相促进，结合更加紧密。局域网诞生并被推广使用，网络技术飞速发展。为了使不同体系结构的网络也能相互交换信息，国际标准化组织（ISO）于 1978 年成立了专门机构并制定了世界范围内的网络互联标准，称为开放系统互联参考模型 OSI/RM（Open Systems Interconnection /

Reference Model,简称 OSI),人们称之为第三代计算机网络。

进入 20 世纪 90 年代后,局域网技术发展越发成熟,局域网已成为计算机网络结构的基本单元。网络间互联的要求越来越强烈,并出现了光纤及高速网络技术。随着多媒体、智能化网络的出现,整个系统就像一个对用户透明的、巨大的计算机系统,千兆位网络传输速率可达 1Gb/s,它是实现多媒体计算机网络互联的重要技术基础。从 1983 年到 1993 年 10 年期间,Internet 从一个小型的、实验型的研究项目,发展成为世界上最大的计算机网,从而真正实现了资源共享、数据通信和分布处理的目标。我们把它称为第四代计算机网络

5.1.2 计算机网络的功能

目前计算机网络被越来越多地应用到生产、教育、经济、军事、科学技术及日常生活等各个领域。在日常生活中,人们几乎时刻都在与网络打交道,例如通信用的手机,娱乐用的电视等。计算机网络的发展,缩短了人际交往的距离,给人们的生活带来了极大的便利。

1. 数据通信

数据通信主要是用以实现计算机之间、计算机和终端以及终端与终端之间的数据信息传递,是计算机网络的基本功能之一,也是其他功能得以实现的基础。利用计算机网络提供的数据通信功能,用户可以在网上传送电子邮件、发布新闻消息、进行远程电子购货、电子金融贸易、远程电子教育等。

2. 资源共享

依靠功能完善的网络系统能实现网络资源共享。这里的资源是指构成系统的所有要素,包括计算机处理能力、数据、应用程序、硬盘、打印机等。资源共享也就是共享网络中所有硬件、软件和数据等资源。硬件资源的共享,是指对一些昂贵的设备,如大型机、高分辨率打印机、大容量外存实行资源共享,可节省投资和便于集中管理。软件和数据资源的共享,可允许网上用户远程访问各种类型的数据库及得到网络文件传送服务,可以进行远程终端仿真和远程文件传送服务,避免了在软件方面的重复投资。

3. 实现分布式信息处理

所谓分布式信息处理是指把一项任务分配到网络系统中结构上相互独立的计算机上,并协同完成该任务。在该处理过程中,每台计算机独立承担并完成各自的任务。这样可以将网络中大型的运算和数据处理的负荷均衡地分配到各计算机系统,并由各计算机系统协作完成。

4. 提高系统的可靠性

计算机网络中的各计算机可以互为备份,一旦网络中的某计算机发生故障,其任务可以通过网络交给其他计算机来完成。当网络中的某台计算机负载过大时,网络可将新的负载分配给任务较轻的计算机。这样通过计算机的协调分配,可将网络中计算机的性能提高到极限,更好地为我们服务。

5.2 计算机网络的组成和分类

5.2.1 计算机网络的组成

计算机网络系统是由网络硬件和网络软件有机结合而成的。网络硬件是网络系统的载体，对网络起着决定性的作用，而网络软件则帮助管理网络系统，最大限度地提高网络系统的应用。

1. 网络硬件组成

组成一般计算机网络的主要硬件有网络服务器、网络工作站、网络适配器(又称为网络接口卡或网卡)、传输介质(主要是电缆或双绞线，光纤)。而网络通信又需要一些通信连接设备，如调制解调器、集线器、网桥和路由器等。

(1)网络服务器。网络服务器作为硬件来说，通常是指那些具有较高计算能力，能够提供给多个用户使用的计算机。根据其作用的不同可分为文件服务器、应用程序服务器和数据库服务器等。Internet 网管中心就有 WWW 服务器、FTP 服务器等各类服务器。

广义上的服务器是指向运行在别的计算机上的客户端程序提供某种特定服务的计算机或是软件包。这一名称可能指某种特定的程序，例如 WWW 服务器，也可能指用于运行程序的计算机。在一台单独的服务器计算机上可以同时有多个服务器软件包运行，也就是说，它们可以同时向网络上的客户提供多种不同的服务。

一般意义上的网络服务器也指文件服务器。文件服务器是网络中最重要的硬件设备，其中装有 NOS(网络操作系统)、系统管理工具和各种应用程序等，是组建一个客户机/服务器局域网所必需的基本配置；对于对等网，每台计算机则既是服务器也是工作站。

那如何选取合适的计算机来做服务器呢？若有条件购置专门的文件服务器则最好，因为硬件上有特殊考虑，服务器的硬盘存取速度对网络的影响很大，所以专用的服务器对数据的存储、速度、可靠性都有考虑，诸如硬盘镜像、双工等容错技术一般都会在其中得到应用。不过一般的小型 LAN(局域网)，通常采用 PII 级的微机，配备一个或数个 GB 的大容量硬盘和一个 32 位的网卡也就可以满足需求了。

(2)网络工作站。工作站(Workstation)也称客户机，由服务器进行管理和提供服务的、连入网络的任何计算机都属于工作站，其性能一般低于服务器。个人计算机接入 Internet 后，在获取 Internet 服务的同时，其本身就成为一台 Internet 网上的工作站。网络工作站需要运行网络操作系统的客户端软件。

(3)网卡。网卡也称网络适配器、网络接口卡(Network Interface Card，简称 NIC)，在局域网中用于将用户计算机与网络相连，大多数局域网采用以太(Ethernet)网卡，如 NE2000 网卡、PCMCIA 卡等。

网卡是一块插入微机 I/O 槽中，发出和接收不同的信息帧、计算帧检验序列、执行编码译码转换等以实现微机通信的集成电路卡。网卡主要完成如下功能：①读入由其他网络设备(路由器、交换机、集线器或其他 NIC)传输过来的数据包(一般是帧的形式)，经过拆包，将其转换成客户机或服务器可以识别的数据，通过主板上的总线将数据传输到所需 PC 设备中(CPU、内存或硬盘)；②将 PC 设备发送的数据，打包后输送至其他网络设备中。它按总线类型可分为 ISA 网卡、EISA 网卡、PCI 网卡等，其中 ISA 网卡的数据传送以 16 位进行，EISA 和 PCI 网卡的数据传送量为 32 位，速度较快。

(4)调制解调器。调制解调器也叫 Modem，俗称“猫”。它是一个通过电话拨号接入 Internet 的必备的硬件设备。通常计算机内部使用的是“数字信号”，而通过电话线路传输的信号是“模拟信号”。调制解调器的作用就是当计算机发送信息时，将计算机内部使用的数字信号转换成可以用电话线传输的模拟信号，通过电话线发送出去；接收信息时，再把电话线上传来的模拟信号转换成数字信号传送给计算机，供其接收和处理。

(5)中继器和集线器。要扩展网络的规模，就需要用通信线缆连接更远的计算机设备，但当信号在线缆中传输时会受到干扰，产生衰减。如果信号衰减到一定的程度，信号将不能被识别，导致计算机之间不能通信。所以必须使信号保持原样继续传播才有意义。

中继器(Repeater)，用于连接同类型的两个局域网或延伸一个局域网。当安装一个局域网而物理距离又超过了线路的规定长度时，就可以用中继器进行延伸；中继器也可以在收到一个网络的信号后将其放大发送到另一网络，从而起到连接两个局域网的作用。

集线器称为 Hub，是一种集中完成多台设备连接的专用设备，具备检错能力和网络管理等有关功能。Hub 有三种类型：对被传送数据不做任何添加的 Passive Hub，称为被动集线器；能再生信号，监测数据通信的 Active Hub，称为主动集线器；能提供网络管理功能的 Intelligent Hub，称为智能集线器。

(6)网桥、路由器和网关。网桥(Bridge)也连接网络分支，但网桥多了一个“过滤帧”的功能。一个网络的物理连线距离虽然在规定范围内，但由于负荷过重，可以用网桥把一个网络分割成两个网络。这是因为网桥会检查帧的发送和目的地址，如果这两个地址都在网桥的这一半，那么这个帧就不会发送到网桥的另一半，这就可以降低整个网的通信负荷，这个功能就叫“过滤帧”。

假如须要连接两种不同类型的局域网，那就得用路由器(Router)，它可以连接遵守不同网络协议的网络。路由器能识别数据的目的地所在地址的网络，并能从多条路径中选择最佳的路径发送数据。如果两个网络不仅网络协议不一样，而且硬件和数据结构都大相径庭，那么就得用网关(Gateway)。不过，这两种设备在一般的局域网中几乎是派不上用场的。

(7)传输介质。网络电缆用于网络设备之间的通信连接，常用的网络电缆有双绞线、细同轴电缆、粗同轴电缆、光缆等。此外计算机网络还使用无线传输媒体(包括微波、红外线和激光)、卫星线路等传输媒体。

2. 网络软件组成

网络软件的组成主要包括有网络操作系统软件、网络通信协议、网络工具软件、网络应用软件等。

(1)网络操作系统软件。网络操作系统(NOS)是网络的心脏和灵魂,是向网络计算机提供服务的特殊的操作系统,它在计算机操作系统下工作,使计算机操作系统增加了网络操作所需要的能力。负责管理和调度计算机网络上的所有硬件和软件资源,使各个部分能够协调一致地工作。常用的网络操作系统有 Windows NT,Netware,Unix,Linux 等。

(2)网络通信协议。在网络通信中,为了能够使通信中的两台或多台计算机之间成功地发送和接收信息,必须制定并遵守互相都能接受的一些规则,这些规则的集合称为通信协议。常用的网络通信协议有 TCP/IP,SPX/IPX,NetBEUI 协议等。计算机的体系结构也由协议决定,网络管理、通信及应用软件都要通过网络协议软件才能发挥作用。

(3)网络工具软件。该软件是帮助用户获取网络资源的软件,包括网页浏览、下载工具、电子软件工具、网页制作工具等。

(4)网络应用软件。网络应用软件是基于计算机网络应用而开发出来的用户软件。如民航售票系统、远程物流管理软件、订单管理软件、酒店管理软件等。计算机网络通过网络应用软件为用户提供信息资源的传输和资源共享服务。

5.2.2 计算机网络的分类

计算机网络类型的划分方法多种多样,但总体来说主要有三种划分方法:一是按计算机网络的地理覆盖范围;二是按网络的交换方式;三是按网络的拓扑结构。

(1)按计算机网络的地理覆盖范围划分。从计算机网络的地理覆盖范围来看,可分为局域网(Local Area Network,简称 LAN)、城域网(Metropolitan Area Network,简称 MAN)和广域网(Wide Area Network,简称 WAN)。

1)局域网。局域网是一种在小范围内实现的计算机网络,一般在一个建筑物内,或一个工厂、一个事业单位内部,为单位独有。局域网距离可在十几公里以内,信道传输速率可达 1~20 Mb/s,结构简单,布线容易。局域网在计算机数量配置上没有太多的限制,从两台到几千台不等。局域网的特点就是连接范围窄、用户数少、配置容易、连接速率高、误码率低,因此局域网是一种最常见也是应用最广的一种网络。

2)城域网。城域网一般来说是将在一个城市,但不在同一地理小区范围内的计算机互联。城域网采用 IEEE 802.6 标准,连接距离可以在 10~100 km,传输速率通常在 10 Mb/s 以上。MAN 与 LAN 相比扩展的距离更长,连接的计算机数量更多,在地理范围上可以说是 LAN 网络的延伸。

城域网的骨干网多采用 ATM 技术。ATM 是一个用于数据、语音、视频以及多媒体应用程序的高速网络传输方法。ATM 包括一个接口和一个协议,该协议能够在一个常规的传输信道上,在比特率不变及变化的通信量之间进行切换。ATM 也包括硬件、软件以及与 ATM 协议标准一致的介质。ATM 提供一个可伸缩的主干基础设施,以便能够适应不同规模、速度以及寻址技术的网络。ATM 的最大缺点就是成本太高,所以一般在政府城域网中应用,如邮政、银行、医院等。

3)广域网。广域网也称远程网,它能连接多个城市或国家,或横跨几个洲并能提供远距离通信,地理范围可从几百公里到几千公里。因为覆盖范围较广,信号衰减严重,所以一般租用专线,通过 IMP(接口信息处理)协议和线路连接起来,构成网状结构,以解决寻径问题。因为所连接的用户多,总出口带宽有限,所以用户的终端连接速率一般较低,通常为 9.6 Kb/s~45 Mb/s,如邮电部的 ChinaNET,ChinaPAC 和 ChinaDDN 网。

广域网多采用点对点(Point to Point)连接,采用 TCP/IP 网络传输协议。广域网通常借用公共传输网(如电话网)进行通信,因此其传输速率比局域网系统慢得多,传输误码率也相对较高。但随着新的光纤标准和更先进的光纤网的引入,广域网可以提供更宽的网络带宽、更快的数据传输速率。

(2)按交换方式划分。按交换方式可分为电路交换网络(Circuit Switching)、报文交换网络(Message Switching)和分组交换网络(Packet Switching)。

1)电路交换(Circuit Switching)。电路交换最早出现在电话系统中,是一种直接交换方式。早期的计算机网络就是采用此方式来传输数据的。在数据传输阶段,发送点和接收点之间拥有一条专用的物理线路进行连接,因此电路交换的传输速率快、抗干扰能力强,基本不会出现串话和噪声等问题,如图 5.1 所示。但维持一条专用的物理线路,使得网络的利用率较低,成本也较高。这就是我们打长途电话费用不菲的原因。

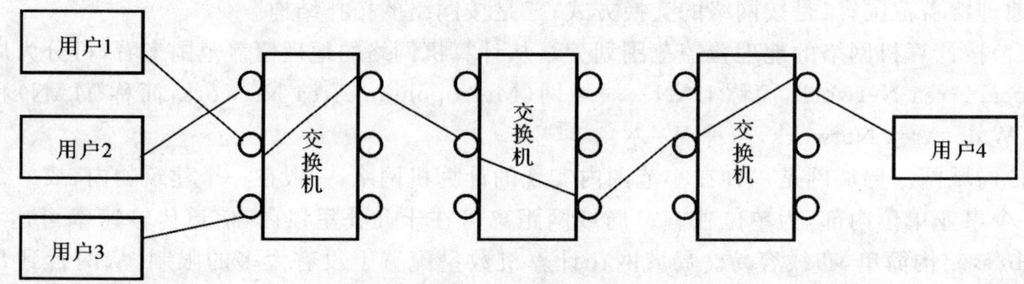

图 5.1 电路交换示意图

2)报文交换(Message Switching)。报文交换是利用通信子网上的节点采用存储-转发的方式来传输数据,它不需要在两个站点之间建立一条专用的通信线路。报文交换中传输数据的逻辑单元称为报文,其长度一般不受限制,可随数据不同而改变,如图 5.2 所示。

图 5.2 报文的形式

当通信时,发送节点将接收报文站点的地址附加于报文并一起发出,每个中间节点接收到报文后暂存报文,然后根据报文中的目的站点的地址选择线路再把报文传到下一个节点,直至到达目的站点。实现报文交换的节点通常是一台计算机，它具有足够的存储容量来缓存所接收的报文，如图 5.3 所示。

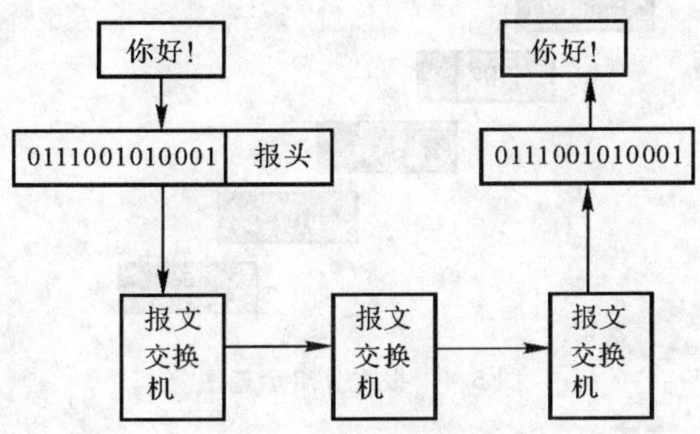

图 5.3　报文交换原理图

报文交换不须要建立一条专用的物理线路，而是临时选择通信网络中的线路传递报文，这样多个报文可以分时共享节点间的同一条通道，因此报文交换的线路利用率较高。但在报文交换过程中，在交换节点需要缓冲存储，报文需要排队，报文在节点与节点交换时也存在交换延迟。因此报文交换的主要缺点是报文传输延迟较长(特别是在发生传输错误后)，而且随报文长度越长报文传输延迟也越长，因而不能满足实时或交互式通信的要求，不能用于声音连接，也不适于远程终端与计算机之间的交互通信。

3)分组交换(Packet Switching)。分组交换也叫包交换，是报文交换的一种。但它不是以不定长的报文做传输的基本单位，而是将一个长的报文划分为许多定长的报文分组，以分组作为传输的基本单位。分组与报文类似，都包含了接收报文站点的地址和交换信息，不同的是分组的长度有严格的限制，一般比报文短得多，而且每个分组的长度是一样的。

分组交换与报文交换的通信原理一样，采用、“存储-转发”方式来传输数据，而且也不须要维持一条专用的物理线路。每个分组都可以独立发送，并共用网络中的传输线路。由于分组长度远远小于报文长度，而且长度固定，大大降低了对计算机存储器的要求，在网络中的传播速度也大大提高。分组交换使得网路利用率优于线路交换和报文交换，因此它已成为当今计算机网络的主流交换方式，如图 5.4 所示。

现如今的 IP 长途电话就是采用了分组交换的方式，能够很经济地拨打长途电话。但是分组交换也有自己的缺点，由于各分组共用网络传输线路，所以各分组之间相互影响较大，例如在打 IP 电话时，时常可以听到别人说话的声音，这就是因为很多人在共用一条线路的原因。

(3)按网络拓扑结构可分为星型网络、树型网络、总线型网络、环型网络和网状网络。

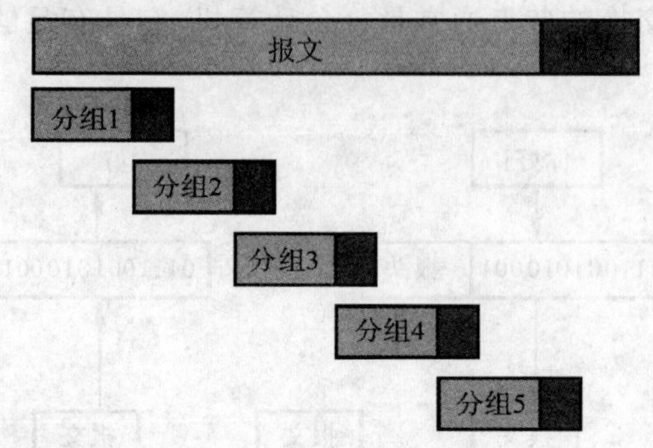

图 5.4　报文分组示意图

1)星型网络。星型网络是由一个或多个连接中心连接各节点,呈星状分布的网络。连接中心一般为集线器或者交换机,传输介质采用常见的双绞线。星型网络中,所有节点都通过传输介质与连接中心相连,总体呈星状结构。星型网络采用集中式管理方式,各节点之间的通信都必须通过中心节点并由其控制来实现。这种拓扑结构网络的基本特点主要有如下几点:

a. 容易实现:这种网络结构简单,采用通用的双绞线做传输介质,建网容易且造价便宜。

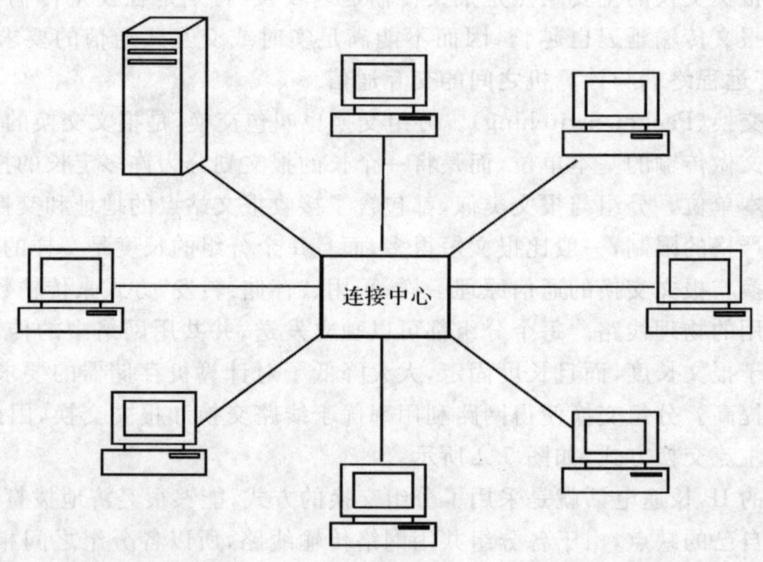

图 5.5　星型网络示意图

b. 节点扩展、移动方便:节点扩展时只需要从集线器或交换机等集中设备中拉一条线即可,而要移动一个节点只需要把相应节点设备移到新节点即可。扩展或移动时不会影响网络其余部分的正常工作。

c. 维护容易:一个节点出现故障不会影响其他节点的连接,因此故障容易检测和隔离。但

当中心节点出现故障时则会造成全网瘫痪

d. 传输速度快：网络延迟时间小且传输误差低。

2)树型网络。树型结构是星型结构的扩充和发展。树型网络与星型网络的不同之处在于树型网络没有使用一个中心节点，而是使用一个根节点，其他节点在从该节点引出，如图 5.6 所示。

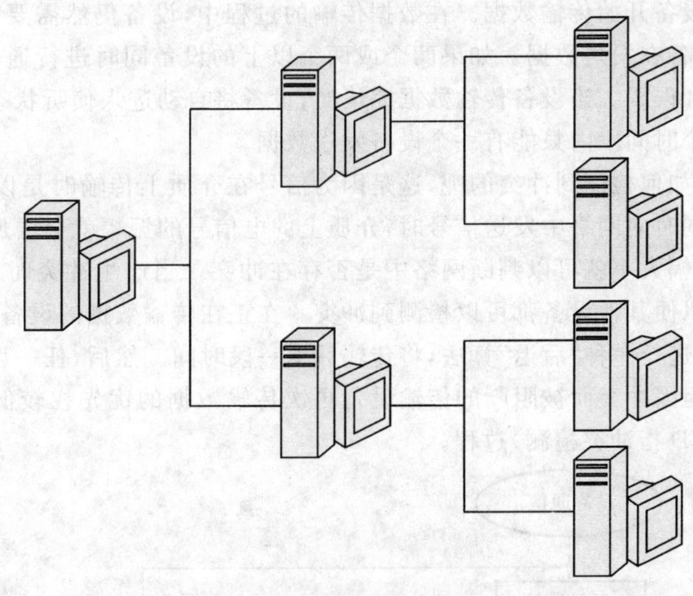

图 5.6　树型网络示意图

树型结构网络的特点是：结构灵活、易于扩展，可扩展出许多分支；故障隔离容易；越是靠近根节点的主机处理能力越强，影响面也越大。

3)总线型网络。总线型结构又称线性总线，它将所有设备和计算机用一根线缆连接，如图 5.7 所示。在总线型网络中，主线缆端必须要以终结器结束，因为到达线缆末端的信号要由终结器来吸收。如果没有终结器，当电信号传到线缆末端时就会反射回去，在线缆中造成误码。

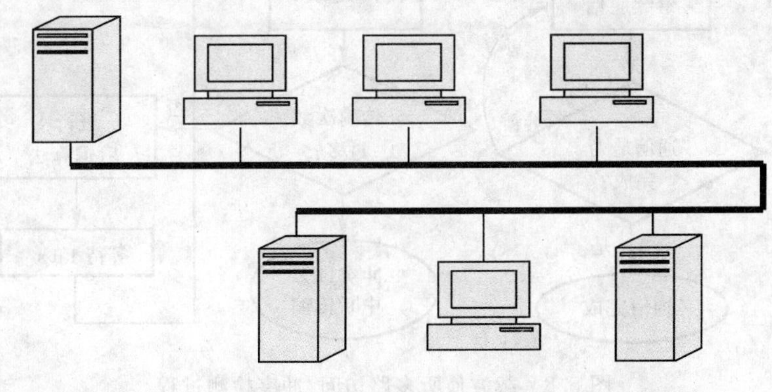

图 5.7　总线型网络示意图

总线型网络采用广播通信方式,但如果两台或两台以上的主机同时进行通信,主线缆上会出现冲突,造成大量的误码。解决这一问题,通常采用一种叫做“载波侦听多路访问”(Carrier Sense Multiple Access,简称 CSMA)的方法。其基本思想是“先侦听后传输”(Listen Before-transmit)。在开始通信时,发送数据的设备必须先检查是否在线缆上有任何的信号,如果没有检测到信号,设备开始传输数据。在数据传输的过程中,设备仍然需要时刻侦听,以确定此时没有其他的设备在发送数据。如果两个或两个以上的设备同时进行通信的话,在线缆上就会出现冲突,增加误码。当设备传输数据完毕时,设备将自动进入侦听状态。对于总线型网络来说,一般在一个时间段内只能有一个设备发送数据。

网络设备是如何检测到冲突的呢,这是因为信号在介质上传输时是以电信号的形式传输的,当多台设备同时向网络中发送信号时,介质上的电信号的振幅就会增加。设备通过检测介质上电信号的振幅大小就可以判断网络中是否存在冲突。当产生冲突时,设备仍然会将数据传输一段时间,以便其他设备都可以检测到冲突。在正在传输数据的设备都检测到了冲突后,所有的设备都会进行一种“后退”算法,将传输后退一段时间。然后,任一设备都可以再次在网络中进行通信,但因冲突而被阻断的传输设备再次传输数据的优先权较低。图 5.8 大体说明了 CSMA/CD(CD 指冲突检测)过程。

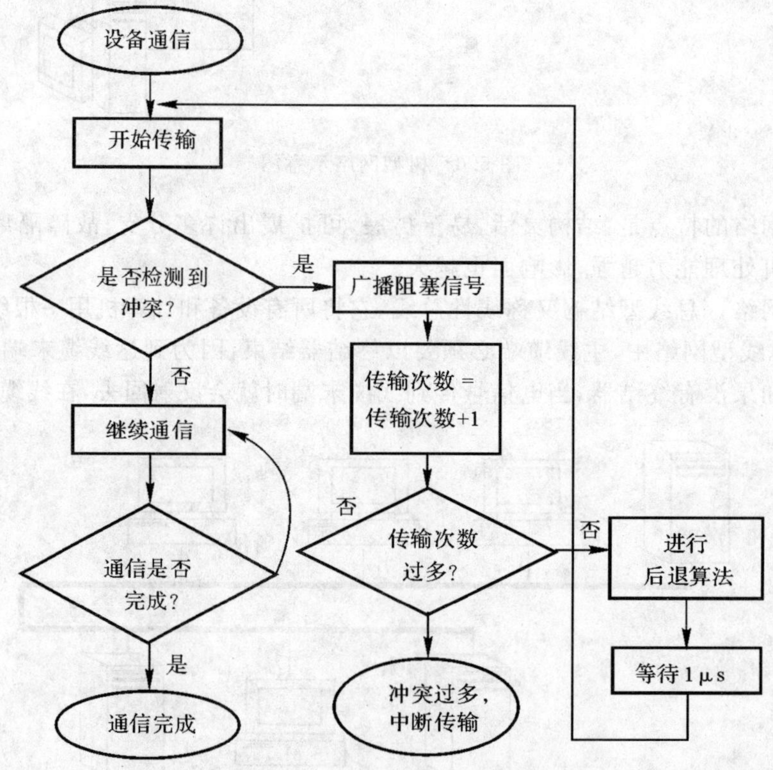

图 5.8　载波侦听多路访问/冲突检测过程

总线型结构适用于节点不多且传输距离较短的局域网中，其特点就是结构简便，便于扩展，容易布线，但实时性差、故障检测困难，若总线出现故障，则整个网络将瘫痪。

4)环型网络。环形结构是 LAN 连接的一种重要的机构。在环型网络中，所有的主机和设备连接成一个环或圆。当信息在环型网络中传输时，信号会单方向地绕环传输并在每个节点处停留。仅当信息中所包含的目的地址与节点的地址相同时，信息才会被接受，否则信息继续向下传输。这种传输方式不会造成任何的冲突，传输速率也较快。

环形结构又可以分为单环结构和双环结构(见图 5.9 和图 5.10)。单环结构中，所有设备共享一条线缆，数据单向传输，同一时刻只能有一台设备发送数据，其他设备必须等待直到自身获得传送权限。这种结构的缺点在于只要有一个节点出现故障整个网络都会瘫痪。双环结构中，有两条数据传输线路，形成两个环状结构，数据可以双向传输。双环结构是单环结构的拓展，避免了由单一故障引起的全网瘫痪，当一个环路瘫痪时，数据可以在另外一个环路中传输，从而降低了网络的故障率。

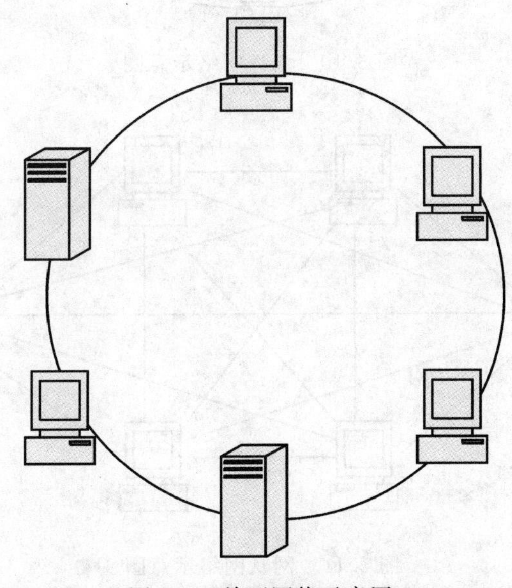

图 5.9　单环网络示意图

5)网状网络。网状结构是指所有的节点都两两相连，形成网状结构，如图 5.11 所示。在网状网络中所有的设备在物理上都与其他设备相连，形成多条通信链路。当数据传输时，设备有至少多于一条的路径选择，当一条通信链路出现故障时，数据依然可以通过其他链路到达目的地。对于网状网络来说，其优点是单一故障不会引起全网的瘫痪，甚至不会对网络通信造成任何影响。但由于网状结构必然会增加很多连接点，当节点数量增多时，连接介质的数量以及长度就会变得异常的大，因此这种网络是非常昂贵和难于实现的。通常只有在路由器之间的 WAN 才会采用这种结构。

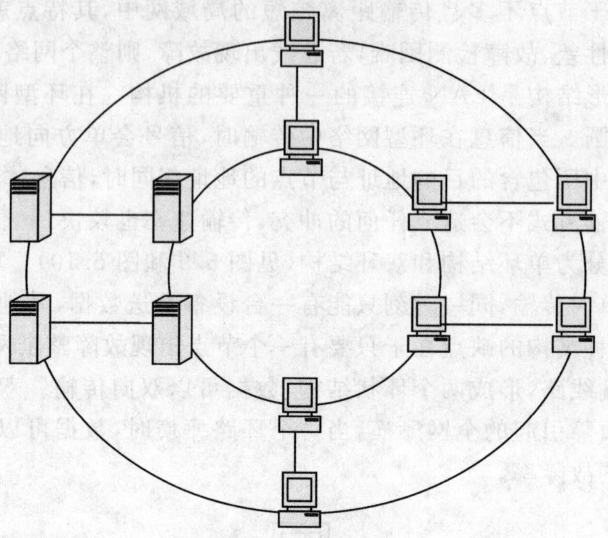

图 5.10　双环网络示意图

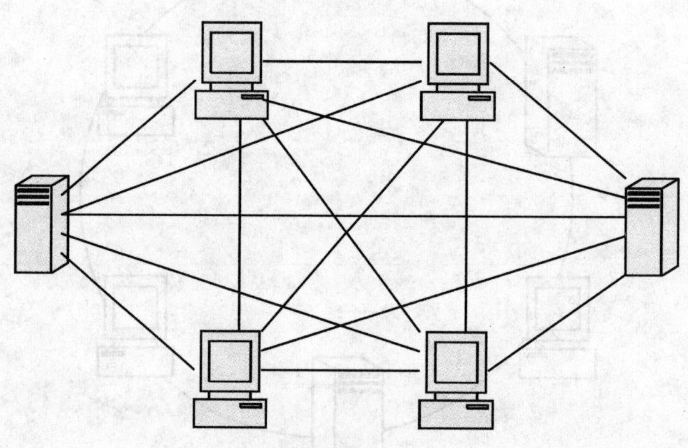

图 5.11　网状网络示意图

5.3 Internet 简介

Internet 意为国际互联网络，由遵循 TCP/IP（Transmission Control Protocol / Internet Protocol）协议的众多网络互联而成，现已覆盖世界 176 个国家和地区，成为名副其实的跨越时空和地域的全球最大的计算机网络，因此又称“环球网”。

5.3.1 Internet 发展史

20世纪70年代初，美国国防部组建了ARPAnet网络，其目的是为解决由于主服务器的瘫痪而引起全网瘫痪的问题。于是基于网络总是不安全这一假设，设计出了Client/Server(客户端/服务器)模式和IP地址通信技术。

20世纪80年代初，以太网技术开始发展，一些与ARPAnet有关的以太局域网开始应用IP地址技术与ARPAnet互联。20世纪80年代后期，为了实现资源共享，美国国家科学基金会(NSF)在五所大学中设立了五个超级服务器，引入ARPAnet的互联技术后建成了NSFnet。1987年，NSF委托Merit Network, Inc,IBM和MCI等公司对NSFnet进行维护和扩容。20世纪90年代，由于商家开始介入，Internet开始迅猛发展起来，并在很短的时间里演变成覆盖全球的国际性的互联网络。

5.3.2 Internet 的功能

Internet有两大功能：其一，通信，使用电子邮件通信，速度快、费用低，特别适合国际间通信量大的用户使用；其二，信息交流，Telnet，FTP，Gopher，News，WWW，都是Internet检索和发送信息的优秀工具，特别是WWW，它能够以超文本链接和多媒体的方式展示信息，因此成为当今Internet最炙手可热的功能。Internet中包含着大量信息，涉及生活和工作的各个领域，而且绝大部分是免费的。目前，Internet已成为继电视、广播和报纸之后的第四种媒体——数字媒体。

Internet是客户和服务器(Client/ Server)的工作模式，数据在网络中传输遵循TCP/IP协议，通过调制解调器将接收和发送的数据进行模拟和数字之间的转换，再由电话线路、光纤、卫星等介质传输。

1. E-mail(Electronic Mail)——电子邮件

E-mail是网络用户之间快速、简便、高效、廉价的通信工具。由于E-mail可以大大降低用户国内、国际间的通信费用，因而受到广大用户的推崇，E-mail也就成为Internet中使用最频繁的诸项功能之一。

2. Telnet——远程登录

远程登录在网络通信协议Telnet的支持下，可以让用户自己的计算机暂时成为远程计算机的一个终端。终端计算机只要拥有相应的用户名和口令就可以在远程计算机上登录，一旦登录成功后，终端计算机就可以实时使用远程计算机中对外开放的相应资源了。

3. FTP(File Transfer Protocol)——文件传输

FTP是文件传输协议，用来支持Internet上两台计算机之间文件的传输。通过使用FTP可以传送几乎任何类型的文件，如文本文件、二进制文件、图像文件、声音文件、数据压缩文件等。目前Internet中公共的FTP站点都有匿名访问的功能，即在与之接通时，用anonymous作用户名、以用户E-mail地址作密码就可以登陆FTP站点了。为了站点的安全，这类站点一般只允许用户做“取”(get)操作，而不允许做“放”(put)操作。Archie 是 FTP 的辅助工具，当你不知道某个文件在哪个 FTP 站点中的哪个路径中存放时，你只要联通一个 Archie 服务器，给出想搜寻的文件的名字，就会得到答案。然后你就可以使用 FTP 获取所需的文件了。

4. Newsgroup——新闻组

Newsgroup 是按主题分类的，共有 15 000 多个小组，只能以纯文本的方式发布公告、新闻及文章等，信息的存活期至少为两周。与 WWW 相比，用户在发布信息时，信息上传到网络中的实现速度要比 WWW 快，这是因为有公共的服务器为用户服务，但是发布的信息不能以多媒体的方式展示。

5. Gopher——文本信息检索工具

Gopher 是基于菜单驱动的 Internet 信息检索工具。用户必须在一级级菜单的引导下，浏览信息资源。Gopher 是以文本方式展示信息的，并将 FTP，Archie，Telnet，和 WAIS 等功能有机地链接在菜单中。Gopher 在 WWW 出现之前是 Internet 中最好的信息检索工具。

6. WAIS——全文检索工具

WAIS 是基于文件内部关键词的 Internet 检索工具，它会将驻留在服务器上的文件中所含有的关键词和数据作为索引。WAIS 会给出服务器上信息的资源列表，用户只须用光标选取资源列表中的信息资源名称，并键入查询关键词，系统就能自动进行远程查询。WAIS 除可以检索文本文件外，还可以检索数据库信息、计算机图像等。

7. WWW——超文本信息检索工具

WWW(World Wide Web)称做“环球网”或“万维网”，是一个基于超级文本(Hypertext)方式的信息检索工具。超文本机制能将全世界 Internet 上不同地点的相关信息有机地链接到一起，并以图、文、声多媒体的方式展示信息，因此 WWW 成为有效且非常友好的信息检索工具。另外，WWW 浏览器集成一些“传统的”Internet 功能，如 Dialer，E-mail，Telnet，FTP，Gopher 和 Newsgroup 等，使其功能变得更加强大，这也是 WWW 倍受青睐的原因之一。与 WWW 相关的名词是 Home Page，指某 WWW 站点的进入点或用 HTML 语言编写的用于展示信息的主页。

8. Talk/IRC——网上交谈

Talk/IRC 都是 Internet 上交互式交流的工具。用户通过 Internet，可以在不同地区、不同国家之间进行键盘上的实时对话。Talk 在终端仿真方式下进行，限于两人之间；IRC/Internet Relay Chat 在 PPP 方式下进行，可以进行多人之间的交谈。

9. Iphone / Internet Phone——国际电话

在具有声卡、音箱和麦克风的前提下，用户可通过 Iphone 软件与同时在同一个 Iphone 服务器上且具备同样条件的其他人进行实时通话。Iphone 实现了声音在网络中的传输，比 Talk 和 IRC 又进了一步。

10. IPager——Internet E-mail 与 Pager 转发

IPager 是 Internet E-mail 与呼机技术有机结合的产物，它为人们提供了更加方便的通信手段。其工作原理是用户通过 E-mail 将一条简短的信息发给接收者所在地具有转发功能的寻呼台,由该寻呼台将 E-mail 信息转换成 Pager 能够接收的信号并发送给接收者。Pager 的接收者就会马上知道是谁给他发了一封 E-mail 以及 E-mail 的主题是什么等关键信息。此项功能对商务人员和紧急事务的处理非常有用。

11. IFax——Internet E-mail 与 Fax 转发

IFax 是 InternetE-mail 和传真技术有机结合的产物。将用户在本地发往世界各地的传真转换成 E-mail 并发送给接收者,接收者再通过 IFax 技术将 E-mail 信息转成传真的形式。此项技术将传真转换成 E-mail 并进行发送和接受,大大降低了传真的费用,因此该技术适用于跨地域,特别是国际间的传真业务。而此项技术占有一定市场的主要原因也在于此。

Internet 发展到今天,其作为通信和信息交流的工具,除了上述功能之外,已被很多领域所看重,一系列的网上增值服务系统相继产生,诸如:电子商店、电子银行、电子影院、电子杂志、电子诊所、网络音乐会、数据库检索、网上广告、信息咨询等等。Internet 已经构成了一个几乎无所不包、无所不能的“虚拟世界”(Virtual World),吸引着无数的人们在其中乐此不疲地遨游,而且 Internet 技术本身还在不断快速发展,相信在不远的将来,会有很多令人吃惊的功能和服务产生。

12. 信息发布

Internet 的主要目的就是实现所有网络软、硬件的资源共享。在网络中可以浏览无穷无尽的信息,可前提是有人在网络中发布这些信息。因此,Internet 的信息发布也是一个非常重要的技术方面。

5.3.3 信息发布系统结构

1. 客户端/服务器结构

客户端/服务器(Client/Server,C/S)工作模式是一种由客户端和服务器构成的网络系统,在这种网络系统中服务器是网络的核心,而客户机则是网络的基础,客户机依靠服务器获得所需要的网络资源,而服务器为客户机提供其所需要的服务。

这里所说的客户和服务器都是指通信中所涉及的两个应用进程(软件)。使用计算机的人是计算机的“用户”(User)而不是“客户”(Client)。C/S 结构是软件系统体系结构,通过它可以充分利用两端硬件环境的优势,将任务合理分配到 Client 端和 Server 端并加以实现,降低了系统的通信开销。目前大多数应用软件系统都是 Client/Server 形式的两层结构,由于现在的软件应用系统正在向分布式的 Web 应用发展,Web 和 Client/Server 应用都可以进行同样的业务处理,应用不同的模块共享逻辑组件。因此,内部的和外部的用户都可以访问新的和现有的应用系统,通过现有应用系统中的逻辑可以扩展出新的应用系统。这也就是目前应用系统的发展方向。

(1)C/S 结构的优点。C/S 结构的优点是能充分发挥客户端 PC 的处理能力,很多工作可以在客户端处理后再提交给服务器。对应的优点就是客户端响应速度快,主要缺点有以下方面。

随着互联网的飞速发展，移动办公和分布式办公越来越普及，这需要计算机系统具有扩展性。这种方式的远程访问需要特殊的技术，同时要对系统进行特殊的设计来处理分布式的数据。

客户端需要安装专用的客户端软件。首先涉及安装的工作量，其次任何一台计算机出问题，如病毒感染、硬件损坏，都需要进行安装或维护。特别是在有很多分部或专卖店的情况下，就不只是工作量的问题，而是路程的问题。还有，当系统软件升级时，每一台客户机须要进行重新安装，其维护和升级成本非常高。

对客户端的操作系统一般也会有所限制。可能适用于 Windows 98，但不能用于 Windows 2000 或 Windows XP，或者不适用于微软新的操作系统等，更不用说 Linux，Unix。

(2) C/S 结构软件的优势与劣势。

1) 应用服务器运行数据负荷较轻。最简单的 C/S 体系结构的数据库应用由两部分组成，即客户应用程序和数据库服务器程序，二者可分别称为前台程序与后台程序。运行数据库服务器程序的机器，也称为应用服务器，一旦服务器程序被启动，则开始随时等待响应客户程序发来的请求；客户应用程序运行在用户自己的计算机上，对应于数据库服务器，可称为客户计算机，当需要对数据库中的数据进行任何操作时，客户程序会自动地寻找服务器程序，并向其发出请求，服务器程序根据预定的规则作出应答，送回结果，应用服务器运行数据负荷较轻。

2) 数据的储存管理功能较为透明。在数据库应用中，数据的储存管理功能，是由服务器程序和客户应用程序分别独立完成的，通常把那些不同的运行数据，在服务器程序中不集中实现，例如访问者的权限、编号可以重复，必须有客户才能建立定单这样的规则。所有这些，对于工作在前台程序上的最终用户，是透明的，他们无须过问背后的过程，就可以完成自己的一切工作。在客户服务器架构的应用中，前台程序不是非常“瘦小”，麻烦的事情都交给了服务器和网络。在 C/S 体系下，数据库不能真正成为公共、专业化的仓库，它受到独立的专门管理。

3) C/S 结构的劣势是其附带的高昂的维护成本和巨大的投资。首先，采用 C/S 结构，要选择适当的数据库平台来实现数据库数据的真正“统一”，使分布于两地的数据同步完全交由数据库系统去管理，但逻辑上两地的操作者要直接访问同一个数据库才能有效实现，存在这样一些问题，如果需要建立“实时”的数据同步，就必须在两地间建立实时的通信连接，保持两地的数据库服务器在线运行，网络管理工作人员既要对服务器维护管理，又要对客户端维护和管理，这需要高昂的投资和复杂的技术支持，维护成本高，维护任务量大。

其次，传统的 C/S 结构的软件需要针对不同的操作系统开发不同版本的软件，由于产品的更新换代十分快，代价高和低效率已经不适应工作需要。在 Java 这样的跨平台语言出现之后，B/S 架构更是猛烈冲击 C/S 结构，并对其形成严重威胁和挑战。

2. 浏览器/服务器结构

浏览器/服务器(Browser/Server，B/S)结构是对 C/S 结构的改进和升级，目前 Internet 信息发布系统主要采用这种结构。该结构是 Web 兴起后的一种网络结构模式，Web 浏览器是客户端最主要的应用软件。这种模式统一了客户端，将系统功能实现的核心部分集中到服务器上，简化了系统的开发、维护和使用。

客户机上只要安装一个浏览器(Browser)，如 Netscape Navigator 或 Internet Explorer，服务器安装 Oracle，Sybase，Informix 或 SQL Server 等数据库。浏览器就可以通过 Web Server 同数据库进行数据交互。B/S 结构最大的优点就是可以在任何地方进行操作而不用安装任何专门的软件。只要有一台能上网的计算机就能使用，客户端零维护，系统的扩展也非常容易。B/S 结构的使用越来越多，特别是由需求推动了许多新技术的发展，它的程序也能在客户端计算机上进行部分处理，从而大大地减轻了服务器的负担；并增加了交互性，能进行局部实时刷新。

(1)B/S 结构的优点。B/S 结构最大的优点就是可以在任何地方进行操作而不用安装任何专门的软件。只要有一台能上网的计算机就能使用，客户端零维护。系统的扩展非常容易，只要能上网，再由系统管理员分配一个用户名和密码，就可以使用了。甚至可以在线申请，通过公司内部的安全认证(如 CA 证书)后，不需要人的参与，系统可以自动分配给用户一个账号进入系统。

(2)B/S 架构软件的优势与劣势。

1)维护和升级方式简单。目前，软件系统的改进和升级越来越频繁，B/S 结构的产品明显体现着更为方便的特性。对一个稍大一点单位来说，系统管理人员如果需要在几百甚至上千部计算机之间来回奔跑，效率和工作量是可想而知的，但 B/S 结构的软件只需要管理服务器就行了，所有的客户端只是浏览器，根本不需要做任何维护。无论用户的规模有多大，有多少分支机构都不会增加任何维护升级的工作量，所有的操作只须要针对服务器进行；如果是异地，只须要把服务器连接专网即可，实现远程维护、升级和共享。所以客户机越来越“瘦”，而服务器越来越“胖”，这是将来信息化发展的主流方向。今后，软件升级和维护会越来越容易，而使用起来会越来越简单，这对用户人力、物力、时间、费用的节省是显而易见的、惊人的。因此，维护和升级革命的方式是“瘦”客户机，“胖”服务器。

2)成本降低，选择更多。大家都知道 Windows 在桌面计算机上几乎一统天下，浏览器成为了标准配置，但在服务器操作系统上，Windows 并不是处于绝对的统治地位。现在的趋势是凡使用 B/S 结构的应用管理软件，只须安装在 Linux 服务器上即可，而且安全性高。所以服务器操作系统的选择是很多的，不管选用哪种操作系统都可以让大部分使用 Windows 作为桌面操作系统的计算机不受影响，这就使得最流行免费的 Linux 操作系统快速发展起来，Linux 除了操作系统是免费的以外，连数据库也是免费的，目前这种选择非常盛行。

3)应用服务器运行数据负荷较重。由于 B/S 架构管理软件只安装在服务器端(Server)上，网络管理人员只须管理服务器就行了，用户界面主要事务逻辑在服务器(Server)端完全可以通过 WWW 浏览器实现，极少部分事务逻辑在前端(Browser)实现，所有的客户端只有浏览器，网络管理人员只须做硬件维护。但是，应用服务器运行数据负荷较重，一旦发生服务器“崩溃”等问题，后果不堪设想。因此，许多单位都备有数据库存储服务器，以防万一。

(3)B/S结构与C/S结构的区别。C/S服务器通常采用高性能的PC、工作站或小型机,并采用大型数据库系统,如Oracle,Sybase,nformix或SQL Server。客户端需要安装专用的客户端软件。B/S客户机上只要安装一个浏览器(Browser),如Netscape Navigator或Internet Explorer,服务器安装Oracle,Sybase,Informix或SQL Server等数据库,在这种结构下,用户界面完全通过WWW浏览器实现,一部分事务逻辑在前端实现,但是主要事务逻辑在服务器端实现。浏览器通过Web Server同数据库进行数据交互。C/S结构与B/S结构主要有以下区别:

1)硬件环境不同。C/S结构一般建立在专用的网络上,小范围内的网络环境,局域网之间再通过专门服务器提供连接和数据交换服务。B/S结构建立在广域网之上的,不必是专门的网络硬件环境。例如与电话上网,租用设备。信息自己管理,有比C/S更强的适应范围,一般只要有操作系统和浏览器就行。

2)对安全要求不同。C/S结构一般面向相对固定的用户群,对信息安全的控制能力很强,一般高度机密的信息系统采用C/S结构适宜,可以通过B/S发布部分可公开信息。B/S建立在广域网之上,对安全的控制能力相对弱,可能面向不可知的用户。

3)对程序架构不同。C/S结构程序更加注重流程,可以对权限进行多层次校验,对系统运行速度较少考虑。B/S结构对安全以及访问速度的多重的考虑,建立在需要更加优化的基础之上。比C/S结构有更高的要求,B/S结构的程序架构是今后发展的趋势,从MS的.net系列的BizTalk 2000 Exchange 2000等,全面支持网络的构件搭建的系统。SUN和IBM推出的JavaBean构件技术等,使B/S结构更加成熟。

4)软件重用性不同。C/S结构程序不可避免地要做整体性考虑,构件的重用性不如在B/S要求下的构件的重用性好。B/S结构对的多重结构,要求构件相对独立的功能。

5)系统维护不同。C/S结构程序由于整体性,必须整体考察,包括处理出现的问题以及系统升级。C/S结构升级困难,如果有必要可重新做一个新的系统。B/S构件组成,方便构件个别的更换,实现系统的无缝升级。系统维护开销减到最小,用户从网上自己下载安装就可以实现升级。

6)处理问题不同。C/S结构程序处理用户面固定,并且必须在相同区域,安全要求高,与操作系统相关。B/S建立在广域网上,面向不同的用户群,分散地域,这是C/S结构无法做到的,而且与操作系统平台关系最小。

7)用户接口不同。C/S结构多是建立的Window平台上,表现方法有限,对程序员普遍要求较高。B/S结构建立在浏览器上,有更加丰富和生动的表现方式与用户交流,并且大部分难度减低,降低开发成本。

8)信息流不同。C/S结构程序一般是典型的中央集权的机械式处理,交互性相对低。B/S信息流向可变化,信息流向的变化,使得其更像交易中心。

(4)C/S,B/S结构软件技术上的比较。C/S结构软件(即客户机/服务器模式)分为客户机和服务器两层,客户机不是毫无运算能力的输入、输出设备,而是具有一定的数据处理和数据存储能力，通过把应用软件的计算和数据合理地分配在客户机和服务器两端，可以有效地降低网络通信量和服务器运算量。由于服务器连接客户端的个数和数据通信量的限制，这种结构的软件适于在用户数目不多的局域网内使用。国内目前的大部分 ERP(财务)软件产品即属于此类结构。

B/S(浏览器/服务器)模式是随着 Internet 技术的兴起，对 C/S 结构的一种改进。在这种结构下，软件应用的业务逻辑完全在应用服务器端实现，用户表现完全在 Web 服务器实现，客户端只需要浏览器即可进行业务处理，是一种全新的软件系统构造技术。这种结构更成为当今应用软件的首选体系结构。

1)数据安全性比较。由于 C/S 结构软件的数据分布特性，客户端所发生的火灾、盗抢、地震、病毒、黑客等都成了可怕的数据杀手。另外，对于集团级的异地软件应用，C/S 结构的软件必须在各地安装多个服务器，并在多个服务器之间进行数据同步。如此一来，每个数据点上的数据安全都影响了整个应用的数据安全。所以，对于集团级的大型应用来讲，C/S 结构软件的安全性是令人无法接受的。然而对于 B/S 结构的软件来讲，由于其数据集中存放于总部的数据库服务器，客户端不保存任何业务数据和数据库连接信息，也无须进行什么数据同步，所以这些安全问题也就自然不存在了。

2)数据一致性比较。在 C/S 结构软件的解决方案里，对于异地经营的大型集团都采用各地安装区域级服务器，然后再进行数据同步的模式。总部只有在服务器每天同步完毕之后才能得到最终的数据。假若由于局部网络故障造成个别数据库不能同步，即使同步上来，各服务器也不是一个时点上的数据，数据永远无法一致，不能用于决策。对于 B/S 结构的软件来讲，其数据是集中存放的，客户端发生的每一笔业务单据都直接进入到中央数据库，不存在数据一致性的问题。

3)数据实时性比较。在集团级应用里，C/S 结构不可能随时随地看到当前业务的发生情况，看到的都是事后数据；而 B/S 结构则不同，它可以实时看到当前发生的所有业务，方便了快速决策，有效地避免了企业损失。

4)数据溯源性比较。由于 B/S 结构的数据是集中存放的，所以总公司可以直接追溯到各级分支机构(分公司、门店)的原始业务单据，也就是说看到的结果可溯源。而大部分 C/S 结构的软件则不同，为了减少数据通信量，仅仅上传中间报表数据，在总部不可能查到各分支机构(分公司、门店)的原始单据。

5)服务响应及时性比较。企业的业务流程、业务模式不是一成不变的，随着企业不断发展，必然会作出不断调整。软件供应商提供的软件也不是完美无缺的，所以，对已经部署的软件产品进行维护、升级是正常的。C/S 结构软件，由于其应用是分布的，需要对每一个使用节点进行程序安装，所以，即使非常小的程序缺陷都需要很长的重新部署时间，当重新部署时，为了保证各程序版本的一致性，必须暂停一切业务进行更新(即“休克更新”)，其服务响应时间基本不可忍受。而 B/S 结构的软件不同，其应用都集中于总部服务器上，各应用节点并没有任何程序，一个地方更新则全部应用程序更新，可以做到快速服务响应。

6)网络应用限制比较。C/S结构软件仅适用于局域网内部用户或宽带用户(1MB以上);而B/S结构软件可以适用于任何网络结构(包括33.6KB拨号入网方式),特别适用于宽带不能到达的地方(例如迪信通集团的某些分公司,仅靠电话上网即可正常使用软件系统)。

(5)C/S,B/S结构软件商业运用上的比较。管理软件是为企业服务的,企业选用管理软件不仅要从技术上考虑,还要从商业运用方面来考虑,下文将从商业运用的角度对两种结构的软件进行比较。

1)投入成本比较。B/S结构软件一般只有初期一次性的成本投入。对于集团来讲,有利于软件项目控制和避免IT黑洞,而C/S结构的软件则不同,随着应用范围的扩大,投资会源源不断。

2)硬件投资保护比较。在对已有硬件投资的保护方面,两种结构也是完全不同的。当应用范围扩大,系统负载上升时,C/S结构软件的一般解决方案是购买更高级的中央服务器,原服务器放弃不用,这是由于C/S软件的两层结构造成的,这类软件的服务器程序必须部署在一台计算机上;而B/S结构(如e通管理系列)则不同,随着服务器负载的增加,可以平滑地增加服务器的个数并建立集群服务器系统,然后在各个服务器之间做负载均衡,有效地保护了原有硬件投资。

3)企业快速扩张支持上的比较。对于成长中的企业,快速扩张是它的显著特点。例如迪信通公司,每年都有新的配送中心成立,每月都有新的门店开张。应用软件的快速部署,是企业快速扩张的必要保障。对于C/S结构的软件来讲,由于必须同时安装服务器和客户端、建设机房、招聘专业管理人员等,所以无法适应企业快速扩张的特点。而B/S结构软件,只须一次安装,以后只须设立账号、培训即可。同时,随着软件应用的扩张,对系统维护人才的需求有可能成为企业快速扩张的制约瓶颈。如果企业开店上百家,对计算机专业人才的需求就将是企业面临的巨大挑战之一。

5.3.4 标记语言

B/S结构系统是基于HTML语言的,主要是为了信息发布与共享。

1. HTML

HTML(Hyper Text Mark-up Language)称为超文本标记语言,是WWW的描述语言,由Tim Berners-lee提出。设计HTML语言的目的是为了能把存放在一台计算机中的文本或图形与另一台计算机中的文本或图形方便地联系在一起,形成有机的整体,人们不用考虑具体信息是在当前计算机上还是在网络的其他计算机上。这样,你只要使用鼠标在某一文档中点取一个图标,Internet就会马上转到与此图标相关的内容上去,而这些信息可能存放在网络的另一台计算机中。

HTML文本是由HTML命令组成的描述性文本,HTML命令可以说明文字、图形、动画、声音、表格、链接等。HTML的结构包括头部(Head)、主体(Body)两大部分。头部描述浏览器所需的信息,主体包含所要说明的具体内容。

另外，HTML 是网络的通用语言，是一种简单、通用的全置标记语言。它允许网页制作人建立文本与图片相结合的复杂页面，这些页面可以被网上其他任何人浏览到，无论使用的是什么类型的计算机或浏览器。神奇吗？一点都不神奇，因为现在看到的就是这种语言写的页面。HTML 标签通常是英文词汇的全称（如块引用：blockquote）或缩略语（如“p”代表 paragragh），但它们的形式与一般文本有区别，因为它们是放在单书名号里。故 paragragh 标签是＜p＞，块引用标签是＜blockquote＞。有些标签说明页面如何被格式化（例如，＜p＞开始一个新段落），其他则说明这些词如何显示（＜b＞使文字变粗），还有一些其他标签提供在页面上不显示的信息，例如标题。

关于标签，需要记住的是，它们是成对出现的。每当使用一个标签如＜blockquote＞，则必须以另一个标签＜/blockquote＞结束，将它关闭。注意“blockquote”前的斜杠，那就是关闭标签与打开标签的区别。

基本 HTML 页面以＜html＞标签开始，以＜/html＞结束。在它们之间，整个页面有两部分——标题和正文。标题词（夹在＜head＞和＜/head＞标签之间）这个词语在打开页面时出现在屏幕底部最小化的窗口。正文则夹在＜body＞和＜/body＞之间，即所有页面的内容所在。页面上显示的任何东西都包含在这两个标签之中。

HTML 的历史：

(1)超文本置标语言（第一版）——在 1993 年 6 月，作为互联网工程工作小组（IETF）工作草案发布（并非标准）。

(2) HTML 2.0——1995 年 11 月作为 RFC 1866 发布，在 RFC 2854 于 2000 年 6 月发布之后被宣布已经过时。

(3) HTML 3.2——1996 年 1 月 14 日，W3C 推荐标准。

(4) HTML 4.0——1997 年 12 月 18 日，W3C 推荐标准。

(5) HTML 4.01（微小改进）——1999 年 12 月 24 日，W3C 推荐标准。

(6) ISO/IEC 15445：2000（“ISO HTML”）——2000 年 5 月 15 日发布，基于严格的 HTML 4.01 语法，是国际标准化组织和国际电工委员会的标准。

(7) XHTML 1.0——发布于 2000 年 1 月 26 日，是 W3C 推荐标准，后来经过修订于 2002 年 8 月 1 日重新发布。

(8) XHTML 1.1——于 2001 年 5 月 31 日发布。

(9) XHTML 2.0——W3C 工作草案

HTML 没有 1.0 版本是因为当时有很多不同的版本。有些人认为蒂姆·伯纳斯·李的版本应该算初版，因为这个版本没有 IMG 元素，当时被称为 HTML+。后续版本的开发工作于 1993 年开始，最初是被设计成为“HTML 的一个超集”，第一个正式规范是为了和当时的各种 HTML 标准区分开来，因而使用了 2.0 作为其版本号。虽然 HTML+的发展一直在持续，但是它从未成为标准。

HTML3.0 规范由当时刚成立的 W3C 于 1995 年 3 月提出，增添了很多新的特性，例如表格、文字绕排和复杂数学元素的显示。虽然它是被设计用来兼容 2.0 版本的，但是实现这个标准的工作在当时过于复杂，在草案于 1995 年 9 月过期时，标准开发也因为缺乏浏览器支持而中止了。3.1 版从未被正式提出，而下一个被提出的版本是开发代号为 Wilbur 的 HTML 3.2，去掉了大部分 3.0 中的新特性，但是加入了很多特定浏览器，例如 Netscape 和 Mosaic 的元素和属性。HTML 对数学公式的支持最后成为另外一个标准 MathML。

HTML 4.0 同样也加入了很多特定浏览器的元素和属性，但是同时也开始“清理”这个标准，例如将一些元素和属性标记为过时，建议不再使用它们。

2. XML

XML(eXtensible Markup Language)即可扩展标记语言。标记是指计算机所能理解的信息符号，通过此种标记，计算机之间可以处理包含各种信息的文章等。如何定义这些标记，既可以选择国际通用的标记语言，比如 HTML，也可以使用像 XML 这样由相关人士自由决定的标记语言，这就是语言的可扩展性。XML 是从 SGML 中简化修改出来的，它主要用到的有 XML，XSL 和 XPath 等。

XML 就是一种数据的描述语言，虽然它是语言，但是通常情况下，它并不具备常见语言的基本功能——被计算机识别并运行。只有依靠另一种语言来解释它，才能使它达到你想要的效果或被计算机所接受。

XML 应用面主要分为两种类型，文档型和数据型。下面介绍几种常见的 XML 应用。

(1)自定义 XML＋XSLT→HTML，最常见的文档型应用之一。XML 存放整个文档的 XML 数据，然后 XSLT 将 XML 转换、解析，结合 XSLT 中的 HTML 标签，最终成为 HTML，显示在浏览器上。典型的例子就是在 CSDN 上的帖子。

(2)XML 作为微型数据库，这是最常见的数据型应用之一。利用相关的 XML API (MSXML DOM，JAVA DOM 等)对 XML 进行存取和查询。留言板的实现中，就经常可以看到用 XML 作为数据库。同时，这里要告诉一些新用户，数据库和数据库系统，这两个概念是不同的。这里顺便提一下 XML 对数据库系统的影响。在新版本的传统数据库系统中，XML 成为了一种数据类型。和“传统”相对的是一种新形态的数据库，完全以 XML 相关技术为基础的数据库系统，如目前比较知名的 eXist。

(3)作为信息传递的载体。为什么说是载体呢？因为这些应用虽然还是以 XML 为基本形态，但是都已经发展出具有特定意义的格式形态。最典型的就是 Web Service，将数据包装成 XML 来传递，但是这里的 XML 已经有了特定的规格，即 SOAP。

(4)应用程序的配置信息数据。最典型的就是 J2EE 配置 Web 服务器时用的 web. XML。这个应用估计很容易理解。只要将需要的数据存入 XML，然后在所应用程序运行载入，根据不同的数据，做相应的操作。这里其实和(2)有点类似，所不同的在于，数据库中的数据变化是个常态，而配置信息往往是静态，缺少变化的。

(5)其他一些文档的 XML 格式。如 Word，Excel 等。

(6)保存数据间的映射关系。如 Hibernate。

这几种常见应用中,还可以根据其应用广泛程度分为:自定义 XML 和特定意义 XML。应用(1)和(2)就是属于自定义 XML 的范畴;(3)～(6)则属于特定意义 XML,或者说是 XML 的延伸。

5.4　阅读材料
——计算机网络的体系结构

在现代计算机网络中,网络通信变得越来越重要,其使用也越来越频繁,而网络通信又是一个十分复杂的信息处理过程。如果把网络通信看做一个整体的话,理解这个过程是十分困难的。所以通常把网络通信过程划分成若干层次,每一层负责网络通信过程的一个特定的部分,并且每个层次只与它的上下层相互联系,这样每个层次的目的就被精确地定义出来,使得网络通信过程便于理解。计算机网络的体系结构就精确规定整个计算机网络应该分为几层,每层都提供什么样的特定的服务。

在网络分层中,每一层次都建立在它的低一层的基础之上,层与层之间受通信协议控制并通过通信接口实现层与层之间的通信。使用分层的两个常见也是最主流的网络模型是 OSI 参考模型和 TCP/IP 参考模型。

5.4.1　OSI 参考模型

OSI(Open System Interconnect)称为开放式系统互联参考模型,是 ISO(国际标准化组织)组织在 1985 年研究的网络互联模型。OSI 参考定义了网络互连的七层框架,并详细规定了每一层的功能,以实现开放系统环境中的互连性、互操作性和应用的可移植性。

开放系统 OSI 标准定制过程中所采用的方法是将整个庞大而复杂的问题划分为若干个容易处理的小问题,这就是分层的体系结构方法。在 OSI 中,采用了三级抽象,即体系结构、服务定义和协议规定说明。

OSI 参考模型定义了开放系统的层次结构、层次之间的相互关系及各层所包含的可能的服务。它是作为一个框架来协调和组织各层协议的制定,也是对网络内部结构最精练的概括与描述。

OSI 参考模型将整个通信功能划分为七个层次,如图 5.12 所示。其划分原则如下:

(1)网路中各节点都有相同的层次。

(2)不同节点的同等层具有相同的功能。

(3)同一节点内相邻层之间通过接口通信。

(4)每一层使用下层提供的服务,并向其上层提供服务。

(5)不同节点的同等层按照协议实现对等层之间的通信。

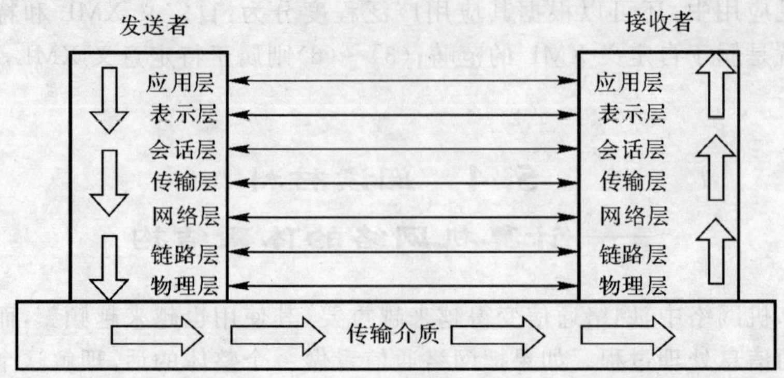

图 5.12　OSI 参考模型

这七个层次内容如下：

第七层为应用层：OSI 中的最高层。应用层确定进程之间通信的性质，以满足用户的需要。应用层不仅要提供应用进程所需要的信息交换和远程操作，而且还要作为应用进程的用户代理，来完成一些为进行信息交换所必需的任务。其具体任务包括：文件传送，访问和管理(FTAM)、虚拟终端(VT)、事务处理(TP)、远程数据库访问(RDA)、制造业报文规范(MMS)、目录服务(DS)等协议。

第六层为表示层：主要用于处理两个通信系统中交换信息的表示方式，它包括数据格式交换、数据加密与解密、数据压缩与恢复等功能。

第五层为会话层：在两个节点之间建立端连接。此服务包括在建立连接时是以全双工还是以半双工的方式进行设置等。

第四层为传输层：常规数据递送采用面向连接或无连接的方式，包括全双工或半双工、流控制和错误恢复服务。

第三层为网络层：本层通过寻址来建立两个节点之间的连接，它包括通过互连网络来路由和中继数据。

第二层为数据链路层：在此层将数据分帧，并处理流控制。本层指定拓扑结构并提供硬件寻址。

第一层为物理层：处于 OSI 参考模型的最底层。物理层的主要功能是通过物理传输介质为数据链路层提供物理连接，以便透明的传送比特流。

数据发送时，从第七层传到第一层，接受方则相反。上三层总称应用层，用来控制软件方面。下四层总称数据流层，用来管理硬件。数据在发至数据流层的时候将被拆分。在传输层的数据叫段，网络层叫包，数据链路层叫帧，物理层叫比特流，这样的叫法叫 PDU(协议数据单元)。

5.4.2　TCP/IP 参考模型

TCP/IP 是应用在 Internet 上的非国际标准体系结构(国际标准:OSI),也就是说必须遵循这种 TCP/IP 协议集才可以进行网际通信。

TCP/IP 采用分层体系结构,它与开放系统互连 OSI 模型的层次结构相似,如图 5.13 和 5.14 所示。它可分为四层,由高到低依次为应用层、传输层(即 TCP 层)、Internet 层(即 IP 层)和网络访问层。

应用层(Telnet,FTP,SMTP 等)
传输层(TCP,UDP)
Internet 层
网络访问层

图 5.13　TCP/IP 参考模型

OSI	TCP/IP
应用层(第七层)	应用层
表示层(第六层)	
会话层(第五层)	
传输层(第四层)	传输层
网络层(第三层)	Internet 层
数据链路层(第二层)	网络访问层
物理层(第一层)	

图 5.14　TCP/IP 参考模型与 OSI 参考模型的比较

TCP/IP 参考模型的内容如下:

第四层为应用层:应用层是将应用程序的数据传送给传输层,以便进行信息交换,它主要为各种应用程序提供使用的协议。标准的应用层协议主要是 FTP 文件传输协议。它为文件传输提供了途径,它允许数据从一台主机传送到另一台主机上,也可以从 FTP 服务器上下载文件,或者向 FTP 服务器上传文件。

(1)HTTP 超文本传输协议:用来访问在 WWW 服务器上的各种页面。

(2)DNS 域名服务系统:用于实现从主机域名到 IP 地址之间的转换。

(3)TELENET 虚拟终端服务:具有互联网中的工作站登陆到远程服务器的能力。

(4)SMTP 简单邮件传输协议:实现互联网中电子邮件的传输功能。

(5)NFS 网络文件系统:用于实现网络中不同主机之间的文件共享。

(6)RIP 路由信息协议:用于网络设备之间交换路由信息。

TCP/IP 是 Internet 事实上的标准,并且在最近几年已经成为网络所选择的协议标准,在最新的网络操作系统中,TCP/IP 已经成为默认协议。

第三层为传输层:传输层主要是确保所有传送到某个系统数据正确无误地到达该系统,提供端到端的可靠性传输。该层主要协议如下:

(1)TCP 协议:传输控制协议,提供可靠的面向连接的数据传输服务。

(2)UDP 协议:用户数据报协议,采用无连接数据报传送方式,多用于一次传输少量信息的情况,如数据查询等,当通信子网相当可靠时,UDP 协议的优越性尤为可靠。

第二层为 Internet 层:即网络层,主要解决计算机之间的通信问题。它负责管理不同设备之间的数据交换,它是 Interent 通信子网的最高层。它所提供的是不可靠的无连接数据报机制(无连接服务的含义:发送端简单地把信息包发送到网络上,在传送信息包之前发送端和接收端没有沟通的过程,也没有对方来确认,因而不知道目的地是否接收到。无连接服务和面向连接服务相对),无论传输是否正确,都既不做验证,也不发确认,也不保证分组的正确顺序。IP 层主要有以下协议:

(1)IP 协议(网络协议):使用 IP 地址确定接收和发送,提供端到端的“数据报”传递,也是 TCP/IP 协议簇中处于核心地位的一个协议。

(2)ICMP 协议(网络控制报文协议):处理路由,协助 IP 层实现报文传送的控制机制,提供错误和信息报告。

(3)ARP 协议(正向地址解析协议):将网络层地址转换为链路层地址。

(4)RARP 协议(逆向地址解析协议):将链路层地址转换为网络层地址。

第一层为网络访问层:在 TCP/IP 参考模型中,最低层名称很多,一般有链路层、网络访问层、主机-主机层等。该层的主要功能是连接上一层的 IP 数据报,通过网络向外发送,或者接收和处理来自网络上的物理帧,并抽取 IP 数据传送到上一层——网络层。

第 6 章　计算机网络硬件

在第 5 章的内容中，已经对计算机网络有了大概的介绍，本章将带领大家深入学习计算机网络的硬件。

6.1　网　　卡

6.1.1　网卡介绍

网卡用以连接计算机与外界局域网并实现通信功能。网络接口板又称为通信适配器或网络适配器(Adapter)或网络接口卡 NIC(Network Interface Card)，简称网卡，如图 6.1 所示。

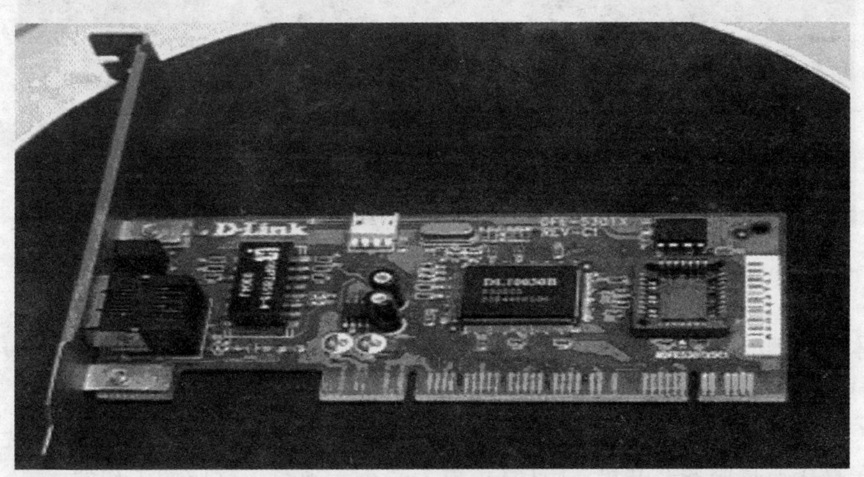

图 6.1　内置网卡实物图

1. 网卡的组成

网卡包括硬件和固件程序。固件程序实现介质访问控制和逻辑链路控制的功能，还记录网卡的唯一性的硬件地址即 MAC(Media Access Control)地址，网卡上一般有缓存。网卡上的硬件组成主要如下：

(1)控制芯片。控制芯片是网卡的控制中心，控制着网卡所有的工作，就如计算机的 CPU，它负责数据的传送和连接时的信号侦测。网卡性能的好坏，主要取决于控制芯片的质量。以下是目前常用的网卡控制芯片：

1)Realtek 8201BL:它是一种常见的主板集成网络芯片,又称 PHY 网络芯片。

2)Realtek 8139C/D:它是目前使用最多的网卡之一,支持 10/100 Mb/s 的传输速率。8139D 与 8139C 相比主要增加了电源管理功能,其他则基本上一样。

3)lntel Pro/100VE:lntel 公司的入门级网络芯片。

4)nForce MCP NVidia/3Com:nForce2 内置了两组网络芯片功能,Realtek 8210BL PHY 网络芯片和 Broabcom AC101L PHY 网络芯片。

5)3Com 905C:它支持 10~100 Mb/s 传输速率。

6)SiS 900:它原本是单一的网络控制芯片,但现在已经集成到南桥芯片中。支持 100 Mb/s的传输速率。

(2)LED 指示灯。通常每个网卡上都会有两个信号灯,TX 和 RX 两个信息指示灯,用来显示网卡的工作状态。TX 代表正在发送数据,RX 代表正在接收数据。有些低速网卡只有一个 LED 指示灯,以不同的灯光变换来表示网络的工作状态,如图 6.2 所示。

图 6.2　LED 指示灯和 RJ-45 接口

(3)晶体震荡器。晶体震荡器负责产生网卡所有芯片工作时的运算时钟。一般来说,网卡使用 20 Hz 或 25 Hz 的晶体震荡器。

(4)BOOT ROM。BOOT ROM 是指启动芯片,它让计算机可以在不具备硬盘、软驱和光驱的情况下,直接通过服务器开机,让计算机成为一个无硬盘无软驱的工作站。

(5)ERCD-ROM。以往的老式网卡都要通过设置跳线或 DIP 开关来设定 IRQ,DMA 和 I/O PORT 等值,而现在的网卡则都使用软件设定。各种网卡的状态和网卡的信息等数据都通过 ERCD-ROM 来自动设置。

(6)RJ-45 和 BNC 接头。RJ-45 是采用双绞线作为传输媒介的一种网卡接口,在 100 Mb/s网中最常应用。BNC 是采用细同轴电缆作为传输媒介。

(7)内接式转换器。只要有 BNC(Bayonet Nut Connector,是一种同轴电缆的连接器)接头的网卡都会有这个芯片,并紧邻在 BNC 接头旁,它的功能是在网卡和 BNC 接头之间进行数据转换,让网卡能从 BNC 接头发送或接收数据。

2. 网卡的主要功能

随着集成度的不断提高，网卡上的芯片的个数不断地减少，虽然现在各个厂家生产的网卡种类繁多，但其功能大同小异。网卡的主要功能有四个：确定网络地址，数据转换并发送，接收数据并转换数据格式和串行/并行转换。

(1)确定网络地址。在计算机网络通信过程中，一台计算机中的数据传输到另一台计算机，必须确定计算机的标识。就好比一封邮件发送时，必须填写发信人和收信人的地址。而计算机就是靠网卡的物理地址来标识的。

当数据从一台计算机传输到另外一台计算机时，也就是通过一块网卡中的数据传输到另一块网卡，即从源地址传输到目的地址。网卡的物理地址(Ethernet Address)标识是由十六进制数表示的，每个网卡在出厂时都会赋予其一个全世界范围内唯一的地址，即 MAC 地址。

(2)数据转换并发送。在网络上传输的数据必须遵守一定的数据格式(通信协议)，所以网卡发送数据时会自动将数据转换成网络可以识别的数据格式，然后再将数据发送到网络上。

(3)接收数据并转换数据格式。在网络通信时，网卡具有双重数据转换功能：一方面将本计算机上的数据进行格式转换封装成数据包并发送到网络；另一方面接收网络上传输过来的数据包，对数据进行解包。

(4)串行/并行转换。网卡和局域网之间的通信是以串行传输方式通过电缆或双绞线进行的；而网卡和计算机之间的通信则是以并行传输方式通过计算机主板上的 I/O 总线进行。因此，网卡的一个重要功能就是要进行串行/并行转换。

3. 网卡的分类

网卡的分类有着不同的划分标准，主要分类如下：

(1)以频宽分类：目前的以太网卡分为 10 Mb/s，100 Mb/s 和 1 000 Mb/s 三种频宽。

(2)以接口类型来分类：以接口类型来分网卡目前使用较普遍的是 ISA 接口、PCI 接口、USB 接口和笔记本电脑专用的 PCMCIA 接口。

(3)以全双工/半双工来分类：以网卡的工作类型来分可分为半双工(Half Duplex)网卡与全双工(Full Duplex)网卡。

(4)其他网卡：从网络传输的物理介质上分还有无线网卡，利用 2.4 GHz 的无线电波来传输数据。

6.1.2　网卡的性能及工作原理

1. 网卡的性能

网卡的性能主要从以下三个方面：

(1)安全性能。网卡具有容错功能，例如，Intel 推出了三种容错网卡，它们分别采用了网卡出错冗余(Adapter Fault Tolerance，简称 AFT)、网卡负载平衡(Adapter Load Balancing，简称 ALB)、快速以太网通道(Fast Ether Channel，简称 FEC)技术来提高网卡的安全性。

(2)数据传输速率。网卡的传输速率一般分为 10 Mb/s，100 Mb/s，1 000 Mb/s。

10 Mb/s网卡已逐渐退出历史舞台，而 100 Mb/s 网卡与 10/100 Mb/s 自适应网卡是普通 PC 上常用的以太网网卡。对于大多数据流量网络来说，服务器应该采用 1 000 Mb/s 的以太网网卡，这样才能提供高速的网络连接能力。

(3)CPU 占用率。普通计算机的 CPU 大部分时间是处于闲置状态的，因此网卡对 CPU 占用率的高低对计算机的性能并无太大影响。但对服务器来说，一台服务器可能要为几百甚至几千台客户机提供服务，服务器的 CPU 一直处理着大量的数据，绝大部分时间处于忙碌状态，因此网卡对服务器的 CPU 的占用率，将很大程度地影响服务器的性能。

2. 网卡的工作原理

(1)网卡工作原理。网卡在发送数据的时候，首先采用 CSMA/CD(载波侦听多路访问/冲突检测)算法侦听网络介质上是否有载波(载波由电压指示)，如果有，则认为其他站点正在发送数据，继续侦听网络介质。如果网络介质在一定时间段内(称为帧间缝隙 IFG＝9.6 μm)没有被其他站点占用，则开始进行帧数据发送，同时继续侦听通信介质，以检测冲突。在发送数据期间，如果检测到冲突，则立即停止该次发送，并向介质发送一个“阻塞”信号，告知其他站点已经发生冲突，从而丢弃那些可能一直在接收的受到损坏的帧数据，并随机等待一段时间(CSMA/CD 确定等待时间的算法是二进制指数退避算法)。在等待一段随机时间后，再进行新一次的发送。如果重传多次(大于 16 次)后仍发生冲突，就放弃本次数据的发送。

网卡在接收数据的时候，首先浏览介质上传输的每个帧，如果其长度小于 64 b(冲突碎片)则丢弃该帧。如果接收到的帧不是冲突碎片且目的地址是本地地址，则对帧进行完整性校验，如果数据包长度大于 1 518 b(称为超长帧，可能由错误的 LAN 驱动程序或干扰造成)或未能通过奇偶校验，则认为该帧是错误帧，并对该帧进行修复。通过校验的帧或被修复过的错误帧被认为是有效的，网卡将该帧接收下来进行解封装处理。

(2)影响网卡工作的因素：网卡能否正常工作取决于网卡及其相连接的交换设备的设置。网卡的工作环境中还可能存在一些外界因素干扰，如电源干扰、接地干扰、信号干扰、辐射干扰等。这些干扰都可对网卡性能产生较大影响，有的干扰还可能损坏网卡，因此干扰也是影响网卡能否正常工作的重要因素。

网卡及其相连接的交换设备的设置直接影响网卡的工作。网卡的工作方式可以为全双工和半双工，当服务器、交换机、工作站工作状态不匹配，如服务器、工作站网卡被设置为全双工状态，而交换机、集线器等被设置为半双工状态时，就会产生大量碰撞帧和一些校验错误帧，严重影响着网卡的工作效率。

计算机电源故障就会时常导致网卡不能正常工作。电源发生故障时产生的放电干扰信号可能窜到网卡输出端口并进入网络，放电干扰信号进入网络后将占用大量的网络带宽，破坏其他工作站的正常数据包，造成众多的校验错误帧数据包。当工作站检测到这些错误数据包时，会重新发送数据包，这就造成网络中滞留大量的重发帧和无效帧，其比例随各个工作站实际流量的增加而增加，严重干扰整个网络系统的运行。

接地干扰也常影响网卡的正常工作，接地不好时，静电因无处释放而在机箱上不断积累，从而使网卡的接地端(通过网卡上部铁片直接跟机箱相连)电压不正常,最终导致网卡不能正常工作,这种情况严重时甚至会击穿网卡上的控制芯片损坏网卡。

干扰的情况很容易出现,有时网卡和显卡由于离得太近也会产生相互干扰。干扰不严重时,网卡能勉强工作,数据通信量不大时用户往往感觉不到,但在进行大数据量通信时,在Windows 98下就会出现“网络资源不足”的提示,造成机器死机。

6.1.3 网卡知识扩展

1. 网卡的选购

在组装计算机时,能否正确选用、连接和设置网卡,往往是能否正确连通网络的必要条件。一般来说,在选购网卡时考虑以下几个方面:

(1)网络类型。现在流行的网络有以太网、令牌环网、FDDI网等,选择时应根据网络的类型来选择相对应的网卡。

(2)传输速率。应根据服务器或工作站的带宽需求并结合物理传输介质所能提供的最大传输速率来选择网卡的传输速率。并以太网为例,可选择的速率就有10 Mb/s,10/100 Mb/s,1 000 Mb/s,甚至10 Gb/s等多种,但不是速率越高就越合适。例如,为连接在只具备100 Mb/s传输速率的双绞线上的计算机配置1 000 Mb/s的网卡就是一种浪费,因为其最多也只能实现100 Mb/s的传输速率。

(3)总线类型。计算机中常见的总线插槽类型有ISA,EISA,VESA,PCI和PCMCIA等。在服务器上通常使用PCI或EISA总线的智能型网卡,工作站则采用可用PCI或ISA总线的普通网卡,对于笔记本电脑,则用PCMCIA总线的网卡或采用并行接口的便携式网卡。目前PC机基本上已不再支持ISA连接的,所以当为自己的PC机购买网卡时,千万不要选购已经过时的ISA网卡,而应当选购PCI网卡。

(4)网卡支持的电缆接口。网卡最终是要与网络进行连接的,所以也就必须有一个接口使网线通过它与其他计算机网络设备连接起来。不同的网络接口适用于不同的网络类型,目前常见的接口主要有以太网的RJ-45接口、细同轴电缆的BNC接口和粗同轴电缆AUI接口、FDDI接口、ATM接口等。有的网卡为了适用于更广泛的应用环境,还为用户提供了两种或多种类型的接口,如有的网卡会同时提供RJ-45,BNC接口或AUI接口。

(5)价格与品牌。不同速率、不同品牌的网卡价格差别较大,一般来说价格越高的网卡性能也就越好。

2. 网卡的测试

判断网络故障的命令有三种:PING命令、Tracert命令、Netstat命令。

(1)PING命令:它是一种测试网络联接状况以及信息包发送和接收状况的非常有用的工具,是网络测试最常用的命令。PING命令向目标主机(地址)发送一个回送请求数据包,要求目标主机收到请求后给予答复,从而判断网络的响应时间和本机是否与目标主机联通。

如果执行PING命令不成功,则可以预测故障出现在以下几个方面:网线故障、网络适配器配置不正确、IP地址不正确。如果执行PING命令成功而网络仍无法使用,那么问题很可能出在网络系统的软件配置方面,PING命令的成功只能保证本机与目标主机间存在一条连通的物理路径。

命令格式:ping IP地址或主机名 [—t] [—a] [—n count] [—l size]

参数含义:

—t——不停地向目标主机发送数据;

—a——以IP地址格式来显示目标主机的网络地址;

—n count——指定要ping多少次,具体次数由count来指定;

—l size——指定发送到目标主机的数据包的大小。

例如,当计算机不能访问Internet时,首先确认是不是本地局域网的故障。假定局域网的网关IP地址为192.168.1.1,可以使用"ping 192.168.1.1"命令查看本机是否和网关联通。又如,测试本机的网卡是否正确安装的常用命令是"ping 127.0.0.1"。

(2)Tracert命令。它可以用来显示数据包到达目标主机所经过的路径,并显示到达每个节点的时间。命令功能同PING类似,但它所获得的信息要比PING命令详细得多,它把数据包所走的全部路径、节点的IP以及花费的时间都显示出来。该命令比较适用于大型网络。

命令格式:tracert IP地址或主机名 [—d][—h maximumhops][—j host_list] [—w timeout]

参数含义:

—d——不解析目标主机的名字;

—h maximum hops——指定搜索到目标地址的最大跳跃数;

—j host_list——按照主机列表中的地址释放源路由;

—w timeout——指定超时时间间隔,程序默认的时间单位是ms(毫秒)。

如果在Tracert命令后面加上一些参数,还可以检测到其他更详细的信息,例如使用参数—d,可以指定程序在跟踪主机的路径信息时,同时也解析目标主机的域名。

(3)Netstat命令。它可以帮助网络管理员了解网络的整体使用情况,以及显示当前正在活动的网络连接的详细信息,例如显示网络连接、路由表和网络接口信息,可以统计目前总共有哪些网络连接正在运行。

利用命令参数,命令可以显示所有协议的使用状态,这些协议包括TCP协议、UDP协议以及IP协议等,另外还可以选择特定的协议并查看其具体信息,还能显示所有主机的端口号以及当前主机的详细路由信息。

命令格式:netstat [—r] [—s] [—n] [—a]

参数含义:

—r——显示本机路由表的内容;

—s——显示每个协议的使用状态(包括TCP协议、UDP协议、IP协议);

—n——以数字表格形式显示地址和端口;

—a——显示所有主机的端口号。

6.1.4　无线网卡

所谓无线网络,就是以无线电波作为信息传输的媒介构成的无线局域网(WLAN),与有线网络十分类似,最大的不同在于传输媒介。利用无线电技术取代网线,可以和有线网络互为备份。

无线网卡是无线局域网的无线覆盖下通过无线连接网络进行上网使用的无线终端设备。无线网卡的工作原理是微波射频技术,笔记本计算机目前用 WIFI,GPRS,CDMA 等几种无线数据传输模式来上网。

根据 IEEE 802.11 协议,无线网卡可分为媒体访问控制(MAC)层和物理层(PHY Layer),在两层之间还定义了一个媒体访问控制—物理层(MAC-PHY)子层(Sub layers)。媒体访问控制层提供主机与物理层之间的接口,并管理外部存储器。物理层具体实现无线电信号的接收与发射。物理层提供空闲信道发送 CCA 信息给 MAC 层,以便决定是否可以发送信号,通过媒体访问控制层的控制来实现无线网络的 CCSMA/CA 协议,而 MAC-PHY 子层主要实现数据的封装与解封装,把必要的控制信息放在数据包的前面。

无线网卡的工作原理为物理层接收到信号并确认无错后提交给 MAC-PHY 子层,经过解封装后把数据上交 MAC 层,然后判断数据是不是发给本网卡的,若是则上交,否则丢弃该数据包。如果物理层接收到的数据包有错,则需要通知发送端重发此包。

当无线网卡发送数据时,首先要判断信道是否空闲。若信道处于空闲状态则随机退避一段时间后发送数据,否则,暂不发送。无线网卡为半双工工作方式,因此发送数据时不能接收数据,接收数据时不能发送数据,无线网卡工作示意图如图 6.3 所示。

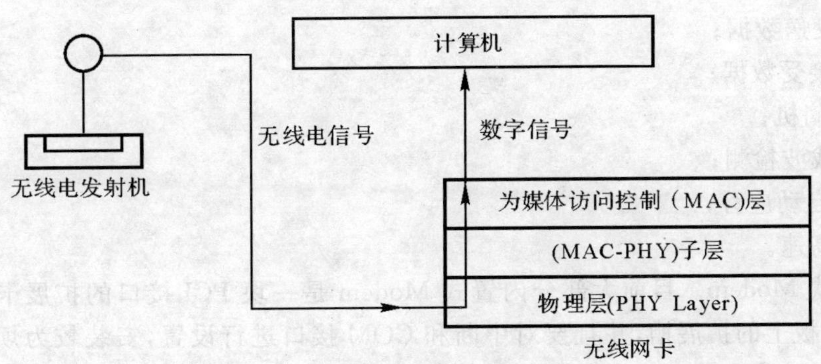

图 6.3　无线网卡工作示意图

6.2 调制解调器——Modem

6.2.1 调制解调器介绍

调制解调器(Modulator Demodulator)的英文名字是 Modem,是两个英文单词的缩写,在中国通常叫它“猫”。Modem 的主要功能就是将数据在数字信号和模拟信号之间进行转换,以实现数据在电话线上的传输。现在的 Modem 基本上都带有传真和语音功能,所以通常也叫做 Fax/Voice/Modem。目前使用的 Modem 的传输速率为 56 Kb。

在传统电话线上,所有的数据都是以连续性的音频信号(模拟信号)来表示和传递的。在计算机中,所有的数据都是以二进制表示的,所有的数据也是以不连续的数字信号(电信号的高压和低压,高压代表二进制的“1”,低压代表“0”)来表示和传递的。Modem 就用于模拟信号和数字信号之间的互转。计算机把以数字信号表示的数据交给 Modem,Modem 将其转化为音频信号并进电话线中,这个过程叫“调制(Modulator)”;当 Modem 收到音频信号时,将其还原为数字信号并将数据交给计算机,这个过程叫“解调(Demodulator)”。

Modem 是计算机网络在模拟信道上转换数字信号的必备的数据传输设备。

调制解调器分类。根据 Modem 的形态和安装方式,大致可以分为以下四类。

(1)外置式 Modem。外置式 Modem 通过串行接口与计算机相连。这种 Modem 灵巧、方便、易于安装,但需要额外的电源和电缆。外置式 Modem 上都有工作指示灯。其工作状态如下:

MR——就绪/测试;

TR——终端就绪;

SD——发送数据;

RD——接受数据;

OH——摘机;

CD——载波检测;

AA——自动应答;

HS——高速。

(2)内置式 Modem。目前大部分内置式 Modem 是一块 PCI 接口的扩展卡,安装时需要插入计算机主板上的扩展槽,并且要对中断和 COM 接口进行设置,安装较为烦琐,无需额外的电源和电缆,功能和外置式 Modem 相同,但价格比外置式 Modem 要便宜一些。

(3)PCMCIA 插卡式 Modem。插卡式 Modem 主要用于笔记本计算机,体积纤巧。配合移动电话,可方便地实现移动办公。

(4)机架式 Modem。机架式 Modem 相当于把一组 Modem 集中于一个箱体或外壳里,并由统一的电源进行供电。机架式 Modem 主要用于 Internet/Intranet、电信局、校园网、金融机构等网络的中心机房。

除以上四种常见的 Modem 外，现在还有 ISDN Modem 和 Cable Modem 两种。Cable Modem 利用有线电视的电缆进行信号传送，不但具有调制解调功能，还集路由器、集线器、桥接器于一身，理论传输速率更可达 10 Mb/s 以上。通过 Cable Modem 上网，每个用户都有独立的 IP 地址，相当于拥有了一条个人专线。另外还有一种 ADSL 调制解调器，目前在我国家庭用户现有的宽带上网方式中，ADSL 方式的比例占了绝大部分，甚至许多的小型办公室也是通过 ADSL 专线来共享上网的。

目前，无线技术在信息领域不断发展，市面上还出现了无线 Modem。与其他无线设备一样，无线 Modem 也是利用无线电波作为信息传输的媒介。无线 Modem 的出现让人们实现了随时随地上网的可能，它的便捷性是其他 Modem 无法比拟的。

6.2.2　调制解调器的性能

1. 传输速率

Modem 的一个重要性能参数是传输速率，因为同样的数据信息，低速 Modem 耗费的时间就长，所需的费用也高，并且还降低工作效率。目前市面上主流型号的 Modem 的传输速率都已达 56 Kb/s。

2. 数据压缩

一般的高速 Modem 都具有数据压缩的功能，可以对传输数据进行压缩，从而缩短传输时间。数据压缩标准协议目前主要有 MNP5 协议、V.42 协议、V.FC 协议和 V.32 协议。一般的较低速率的 Modem 都遵循 MNP5 协议和 V.42 协议，而较高的 Modem 则遵循 V.FC (V.Fast Class)协议或 V.32 协议。

3. 差错控制标准

当 Modem 进行高速率的数据传输时(电话线路传输速率为 9 600 b/s)，可能出现数据丢失现象。所以，所有的 Modem 都采用一些差错控制方法来避免数据丢失现象。运用较多的差错控制标准的协议有 MNP4 协议、V.32 协议、V.42 协议等。目前，市场上大多数的 Modem 为了提供更好的兼容性，一台 Modem 上一般都会同时采用几种差错控制标准，以便能与不同的 Modem 进行通信。

6.2.3　调制解调器的选购

目前，市场上 Modem 的品牌种类繁多，选购时不仅要考虑 Modem 的价格、性能和质量，而且还必须要考虑 Modem 附带的功能是否适合自己的需求。选购价格高、功能强的名牌 Modem 固然没问题，但是可能有许多功能根本用不到，造成很大浪费。而只图便宜，选择一款质量没有保证的杂牌产品，最后可能会碰到更多的麻烦。因此如何选择一款称心的 Modem 就成了一个重要的问题。

外置式：外置式 Modem 是独立于计算机主机的，它通过 RS-232 串口线与计算机的串行口连接。外置式 Modem 有安装方便、有各种功能指示灯、抗干扰能力较强的特点，但是它需要占用计算机的一个串口，而且价格相对较贵。

内置式：内置式 Modem 是一块扩展卡，和声卡、显卡一样安装于计算机主板扩展槽上，它的运行会占用一定的 CPU 资源。由于内置式 Modem 没有外壳及外接电源，所以售价大大低于外置式 Modem。但是内置式 Modem 安装起来比较麻烦，需要占用主板上一个扩展槽（早期 Modem 是 ISA 接口的，现在几乎所有的 Modem 都是 PCI 接口的了），而且容易受到其他设备的干扰而降低连接质量。

对于追求性价比的朋友来说，内置式 Modem 当然是首选。它不但使用方便，无需电源，而且价格相对外置式 Modem 也便宜许多。可问题是现在没多少厂商生产“全硬”的内猫，所以你必须具备一定的硬猫识别方法。而对于不是很内行的人来说，最好选择外置式 Modem。但是不管选购外置式还是内置式 Modem，以下几个方面都是必须考虑的：

(1)Modem 的“芯”。Modem 所有的性能都取决于它的核心主芯片的质量。不同的主芯片，使用效果也不相同。选用了好的主芯片，就像给 Modem 装上了一颗强有力的心脏，上网的时候，跑起来又快又稳。Modem 的主芯片有很多种，Rockwell，TI，Lucent，ESS，Cirrus Logic，Motorola 等都是常见的芯片。性能最好主芯片应属 Rockwell（或者叫 Conexant），其次是 Intel 芯片，再其次是 TI，Cirrus Logic，Motorola 等。

(2)支持 V.92 协议。由国际电信联盟（ITU）起草的 V.92 标准，在 2000 年 11 月份获得批准。V.92 在 V.90 标准的基础上增加了三个基本优势：①V.92 可以将最大数据上传速率提高 40%，提供与宽带相仿的性能；②由于大多数拨号用户在各自场所连接相同的号码，V.92 可在这些已连接过号码的连接中，提供 10 s 的快速启动功能，以减少连接花费时间；③当电话网络显示外线电话进入并处于等待状态时，V.92 调制解调器提供了在线接听功能，从而减少了用户加装另一条语音线的麻烦。目前市场上支持 V.92 协议的 Modem 有很多，大牌厂商的主流产品一般都支持 V.92，购买时请认准包装盒上的说明。

(3)关于新版 BIOS。一般来说，Modem BIOS 的版本是越新越好，但如果你的 Modem 表现良好，就没必要去升级了。Modem BIOS 的升级比主板或显卡的 BIOS 升级要危险，因为这种升级是不可逆的，而且某些厂商的 Modem BIOS 是不可以跨级升级的（例如将 BIOS 版本从 V1.0→V2.0→V3.0），高版本还原到低版本也是很困难的。如果想用不同厂商的 BIOS 来换用，这基本上很难，因为 Modem 的升级是分两步进行的，第一步是 Load（读取）一个写入程序，如果写入程序发现该程序并不支持该 Modem，它会拒绝运行第二步（即把 BIOS 文件写进 Flash ROM），如果两个 Modem 电路设计相同或基本相同那就有可能换用。

(4)Modem 驱动程序。与 Modem BIOS 的升级一样，Modem 的驱动程序升级也并非越新的版本就越好，同芯片的硬猫，驱动程序通常是可以互换的，而且驱动程序还原到旧版本比较容易。软猫的新驱动程序在连接速度和资源占用上均会有所改进，所以推荐使用“软猫”（软件实现的 Modem 功能）的朋友使用高版本号的驱动程序。

(5)售后服务和技术支持。Modem 的售后服务和技术支持一般由厂家而不是经销商提供。在国内的 Modem 厂商中服务做得比较好的主要有全向、实达、联想等。

(6)品牌优势。选购 Modem 时,应尽可能挑选品牌产品,例如:全向、联想、实达等。还应在有信誉的商家购买,购买时在发票上注明保修(换)期(通常应在一年以上),以免日后为售后服务发生纠纷。通常在 Modem 的包装盒内还应有外接电源(内置猫和 USB 猫没有)、连接计算机与猫的数据电缆、驱动程序、电话插头连线、产品安装和应用软件使用说明资料。

(7)USB 接口的 Modem。如果要选购 USB 接口的 Modem,因为大多 USB 接口的 Modem 是软猫,属于外置式设备,但又不是主流,选购时须注意配置的要求。

(8)ADSL Modem。它适用于家庭或小型企业的 ADSL Modem,与一般的 Modem 不同,使用前需要电信先开通此项服务,所以在购买前,须先申请服务。

6.2.4　几款 ADSL 调制解调器介绍

(1)3Com U.S. Robotics ADSL Modem。该 Modem 上行数据流速率可达 1 Mb/s,下行数据流速率可达 8 Mb/s。一旦安装,其总是处于联机状态,因而省去了使用传统拨号调制解调器的拨号等待时间,充裕的下行数据流带宽缩短了下载长文件和图像文件的等待时间。这一款是与计算机通用串行总线 USB 接口连接的外置调制解调器(称为 U.S. Robotics ADSL Modem USB)。其规格为 22 cm×13.8 cm×4 cm 和普通大"猫"差不多,其对系统要求为最小配置——奔腾 100 以上的 CPU,32 MB 内存,50 MB 硬盘即可。

(2)3Com Home Connect ADSL Modem PCI。它是内置卡式 Modem,须插入计算机内 PCI 总线。上行线路速率可高达 1 Mb/s,而下行线路速率也可高达 8 Mb/s。其持续访问功能消除了与拨号调制解调器相关的等候时间;它宽敞的下游带宽避免了下载大文件或图像时的延迟。最值得一提的是,HomeConnect ADSL Modem PCI 通过现有的电话线进行工作,因而用户无须为数据访问再投资于额外的线路。它支持全速 ADSL,ANSI T1.413,Issue2,ITU G.992.2 和 ITU G.992.2,RFC 1483:网桥式以太网/ATM,RFC 1483:路由式 IP/ATM RFC1577,典型的 IP/ATM 等标准格式,可为局域网配置多达 16 个 IP 地址。

(3)力宜 PCI 2000 型 ADSL Modem。该型 Modem 是基于 DMT(Discrete Multi-tone)标准的 ADSL Modem,可与宽带服务提供商的中心机房设备完全互通。PCI 2000 为 PCI 插口,具有即插即用功能,支持软件升级

BIOS,支持 PCI2.2 电源管理功能。其下行速率 8 Mb/s,上行速率 640 Kb/s,支持环路距离最大可达 5.5 km。

(4)力宜 E2000 型外置式 ADSL Modem。该型 Modem 也是基于 DMT(Discrete Multi-tone)标准的 ADSL Modem,也可与宽带服务提供商的中心机房设备完全互通,支持软件升级 BIOS。E2000 的 10B－T 接口可支持多个用户在网上冲浪时分享带宽,它符合 ANSI T1.413 issue 2,ITU－T G.992.1[G.dmt],ITU－T G.992.2 [G.lite]等行业标准,其下行速率 8 Mb/s,上行速率 640 Kb/s。

(5)联想 ADSL Modem。联想专为普通用户设计的 ADSL Modem,它符合国际标准

ITU－TG. Lite[G. 992. 2]，下行速率数据传输速率可达 1. 5 Mb/s 以上，上行速率 512 Kb/s 的 [G. 992. 2]。其 USB 接口符合 USB 标准 1. 0，支持即插即用，无需分离器，可减少安装投入，其指示灯可显示发送/接收数据状态及 G. Lite[G. 992. 2]连接状态。该产品还支持 ATMForum-compliantUN13. 1，提供透明的基于信号的端对端传输，支持 ATM 上的 PPP 连接，支持 AAL5 及 Raw Cell 格式，支持软件升级 BIOS，还支持同时进行 ADSL 通信和电话通话的功能。其主芯片采用高集成、低耗能的芯片。

(6)阿尔卡特 SPEED TOUCHTM HOME ADSL Modem。该 Modem 为外置式，支持 DMT[Discrete Multi-Tone]和 ITU－T G. 992. 2 [G. lite]标准，其最大下行速率 8 Mb/s，其局域网端接口为以太网 10 Base T (RJ－45)接口，电话线广域网端接口为 ADSL 接口(RJ－11)。另外阿尔卡特也有使用 PCI 插口的内置 ADSL Modem 和外置 USB 接口的 ADSL Modem。

6.3 路由器和集线器

6.3.1 路由器

要说到路由器，不得不先了解一个名词——路由。路由是指在相互连接的计算机网络中，把信息从源端发送到目的端的活动。在路由过程中，信息会经过一个或多个中间节点。

实际上，早在 40 多年前就已经出现了对路由技术的探讨，但直到 20 世纪 80 年代，路由技术才逐渐进入商业化的应用。由于 20 世纪 80 年代之前的网络结构都非常简单，路由技术几乎没有用武之地，因此，路由技术在问世之初并没有被广泛使用，直到最近十几年，随着大规模的互联网络逐渐发展起来，路由技术也得到了长足的发展。

路由器(见图 6. 4)是智能的网络设备，用于互联多个网络，使得不同网络上的不同机器能相互通信。路由器通过路由决定数据该往何处转发，转发策略称为路由选择(Routing)。路由器是不同网络之间互相连接的枢纽设备，其系统构成了基于 TCP/IP 的国际互联网络 Internet 的主体脉络，也就是说，路由器构成了 Internet 的骨架。路由器的处理速度是网络通信的主要瓶颈之一，它的可靠性则直接影响着网络互连的质量。因此，在校园网、地区网，乃至整个 Internet 研究领域中，路由器技术始终处于核心地位，其发展历程和方向，也成为整个 Internet 研究的一个缩影。

1. 路由器的物理部件

路由器是一种极其复杂的物理设备，它能够完成各种各样的路由选择功能，其复杂性主要在于其具备的路由选择引擎逻辑。常见的路由器实际上也是一种非常专用的计算机，它的基本部件和普通计算机相同。这些部件如下：

(1)中央处理器(CPU)；

(2)随机访问存储器(RAM)；

(3)基本输入、输出系统(BIOS);

(4)操作系统(OS);

(5)主板;

(6)物理输入、输出(I/O)端口;

(7)电源、底板和金属外壳。

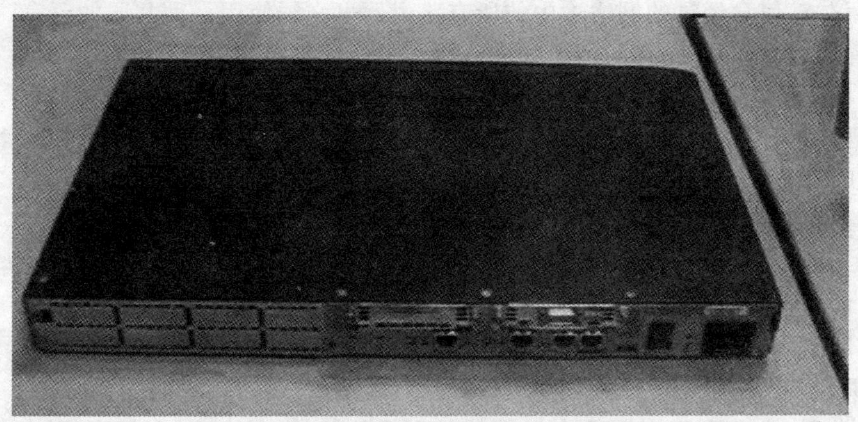

图 6.4　思科 2600 型路由器实物图

路由器的金属外壳用来保护所有的部件,这些部件具有很高的可靠性。与普通计算机的主机箱可以随便打开不同,路由器不可以随便拆卸,这是由其工作的重要性来决定的,路由器出现故障将影响整个网络的连通性。经常被使用的路由器部件是操作系统和 I/O 端口。路由器的操作系统是控制所有硬件工作的软件,通过它可以进行路由器的逻辑配置。在路由器上,经常可以看到的就是其物理组件 I/O 端口。这些端口连接了不同的局域网和广域网,其作用和计算机的网卡用来连接局域网的作用一样。不管是局域网还是广域网,在路由器上都必须有自己专用的 I/O 端口。如图 6.5 所示为路由器背面端口示意图。

图 6.5　路由器背面端口示意图

2. 路由器的功能

路由器的逻辑功能和物理功能同样重要，其物理功能是提供物理连接性，而逻辑功能则是决定如何利用这些物理连接。具体来说，物理连接是确保在互联的网络中至少有一条可以通信的互相连通的路径，而路由逻辑就是如何使用这些众多的通信路径。但是，存在路径和使用路径是有很大的差别的。具体来说，源和目的机器通信时，它们都必须使用同一种语言（同一种被路由协议）。信息经过的网络途中的所有路由器也必须使用一种共同的语言（一种路由选择协议），并且它们都必须选择同一条物理路径作为最优路径。

路由器的主要功能有物理连接、逻辑连接、路由的计算和维护。

(1)物理连接。对于一台路由器来说，至少会有两个（实际上比两个多得多）物理 I/O 端口。I/O 端口用来物理地连接网络中的通信设备，每个端口都与主板相连。因此，不同网络之间的互连是通过路由器的主板来完成的。

路由器上的每个端口的配置必须通过路由器控制台来实现。端口的配置内容包括：定义路由器接口的编号、确定与该接口相连的网络中可用的带宽和传输技术与接口使用的各种协议类型。实际上，端口配置的参数随着端口所连接的网络的不同而不同。

(2)逻辑连接。路由器接口配置完成后，便可以将其激活。接口的配置明确了它所连接的通信设备的类型、接口的 IP 地址和与其连接的网络的地址。接口被激活后，接口上配置的路由选择协议就会利用路由器监听与其连接的网络中通信的所有分组。

(3)路由的计算和维护。路由器之间的通信是在预先确定的协议下进行的，这种协议叫做路由选择协议（Routing Protocol）。路由选择协议使得路由器能够识别到达某个目的网络的所有可能路由，根据路由选择协议的数学算法确定到达目的地的最优路径，并对网络不停地检测以发现网络结构的变化。

2. 路由器的工作原理

下面通过一个例子来说明路由器的工作原理。例如主机 A 需要向主机 D 发送信息（并假定主机 D 的 IP 地址为 192.168.1.102），信息需要通过多个路由器才能到达。路由器的分布如图 6.6 所示。其工作原理如下：

(1)主机 A 将主机 D 的地址 192.168.1.102 连同数据信息以数据帧的形式发送给路由器 R1。

(2)路由器 R1 收到主机 A 的数据帧后，先从报头中取出地址 192.168.1.102，并根据路径表计算出发往主机 D 的最佳路径为 R1→R3→R5→D，并将数据帧发往路由器 R3。

(3)路由器 R3 重复路由器 R1 的工作，并将数据帧转发给路由器 R5。

(4)路由器 R5 同样取出目的地址，发现 192.168.1.102 就在该路由器所连接的网段上，于是将该数据帧直接交给主机 D。

(5)主机 D 收到主机 A 的数据帧后，一次通信过程宣告结束。

4. 路由器的类型

路由器在计算机网络中是随处可见的。路由器的类型有如下几种：

(1)接入路由器。接入路由器通常连接家庭或ISP内的小型企业客户。接入路由器不仅提供SLIP或PPP连接,还支持诸如PPTP和IPSec等虚拟私有网络协议。ADSL等技术提高各家庭的可用带宽,这将进一步增加接入路由器的负担,因此,接入路由器会支持许多异构和高速端口,并在各个端口能够运行多种协议,同时还要避开电话交换网。

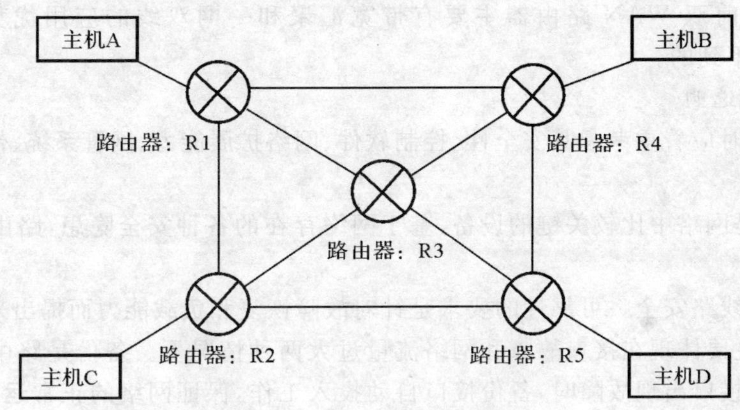

图6.6　路由器工作原理示意图

(2)企业级路由器。企业或校园级路由器连接着众多终端系统,其主要目标是以尽量经济的方法实现尽可能多的端点互连,并且支持不同的服务质量。许多现有的企业网络都是由Hub或网桥连接起来的以太网段,尽管这些设备价格便宜、易于安装、无须配置,但是它们不支持服务等级。相反,有路由器参与的网络能够将机器分成多个碰撞域,并因此能够控制一个网络的大小。此外,路由器还支持一定的服务等级,至少允许分成多个优先级别。但是路由器的每个端口造价要贵些,并且在使用之前要进行大量的配置工作。因此,企业路由器的成败就在于能否提供大量端口且每端口的造价很低,是否容易配置,是否支持QoS(Quality of Seroice,服务质量)。另外还要求企业级路由器有效地支持广播和组播。企业网络还要处理历史遗留的各种LAN技术,支持多种协议,包括IP,IPX和Vine,还要支持防火墙、包过滤以及大量的管理和安全策略以及VLAN等,因此,现在对企业级路由器的要求越来越高。

(3)骨干级路由器。骨干级路由器实现了企业级网络的互联,对它的要求是速度和可靠性,而代价则处于次要地位。硬件可靠性可以通过电话交换网中使用的技术,如热备份、双电源、双数据通路等来获得。骨干级路由器的主要性能瓶颈是在转发表中查找某个路由所消耗时间。当收到一个包时,输入端口需要在转发表中查找该包的目的地址以确定其目的端口,当包越短或者当包要发往许多目的端口时,势必增加路由查找的代价。因此,将一些常访问的目的端口放到缓存中能够提高路由查找的效率。不管是输入缓冲还是输出缓冲路由器,都存在路由查找耗时长的瓶颈问题。除了性能瓶颈问题,路由器的稳定性也是一个常被忽视的问题。

(4)太比特路由器。在未来核心互联网使用的三种主要技术中,光纤和DWDM现今都已经很成熟了。如果没有与现有的光纤技术和DWDM技术提供的原始带宽对应的路由器,新的网络基础设施将无法从根本上得到性能的改善，因此开发高性能的骨干交换路由器（太比特路由器）已经成为一项紧迫的任务。目前，太比特路由器技术还处于开发实验阶段。

（5）双 WAN 路由器。双 WAN 路由器具有物理上的 2 个 WAN 口作为外网接入，这样内网计算机就可以经过双 WAN 路由器的负载均衡功能同时使用 2 条外网接入线路，大幅提高了网络带宽。当前双 WAN 路由器主要有带宽汇聚和一网双线的应用优势，这是传统单 WAN 路由器做不到的。

5. 路由器的选购

选择路由器时应着重考虑其安全性、控制软件、网络扩展能力、网管系统、带电插拔能力等方面。

（1）路由器是网络中比较关键的设备，基于网络存在的各种安全隐患，路由器必须具有以下的安全特性：

1）可靠性与线路安全。可靠性的要求是针对故障恢复和负载能力而提出来的。对于路由器来说，可靠性主要体现在接口故障和网络流量过大两种情况下。备份是路由器不可或缺的手段之一。当主接口出现故障时，备份接口自动投入工作，保证网络的正常运行；当网络流量增大时，备份接口又可承当负载分担的任务。

2）身份认证。路由器中的身份认证主要包括访问路由器时的身份认证、对端路由器的身份认证和路由信息的身份认证。

3）访问控制。对于路由器的访问控制，需要进行口令的分级保护。主要有基于 IP 地址的访问控制和基于用户的访问控制。

4）信息隐藏。与对方通信时，不一定需要用真实身份进行通信。通过地址转换，可以做到隐藏网内地址，只以公共地址访问外部网络。除了由内部网络首先发起的连接，网外用户不能通过地址转换直接访问网内资源。

5）数据加密。

6）攻击探测和防范。

7）安全管理。

（2）路由器的控制软件是路由器发挥功能的一个关键环节。从软件的安装、参数自动设置，到软件版本的升级都是必不可少的。

（3）随着计算机网络应用需求的逐渐增加，现有的网络规模很可能不能满足未来的实际需求。因此扩展能力是一个网络在设计和建设过程中必须要考虑的因素，而网络的扩展能力主要看路由器支持的扩展槽数目或者扩展端口数目。

（4）随着网络的不断建设，网络规模会越来越大，网络的维护和管理就越难进行，所以网络管理显得尤为重要，所以带网管系统的路由器更有市场前景。

（5）在安装、调试、检修和维护或者扩展计算机网络的过程中，免不了要给网络中增减设备，也就是说可能会要插拔网络部件。路由器能否支持带电插拔是路由器的一个重要的性能指标。

6.3.2 集线器

集线器的英文称为"Hub","Hub"是"中心"的意思。集线器的主要功能是对接收到的信号进行放大,以扩大网络的传输距离,同时把所有设备集中在以它为中心的节点上。集线器工作于 OSI(开放系统互联参考模型)参考模型第一层,即物理层。集线器与网卡、网线等传输介质一样,属于局域网中的基础设备,采用 CSMA/CD(载波侦听多路访问/冲突检测)访问方式。

集线器属于纯硬件网络底层设备,基本上不具有类似于交换机的智能记忆能力和学习能力。它也不具备交换机所具有的 MAC 地址表,所以它发送数据时都是没有针对性的,而是采用广播方式发送。也就是说当它要向某节点发送数据时,不是直接把数据发送到目的节点,而是把数据包发送到与集线器相连的所有节点,如图 6.7 所示。

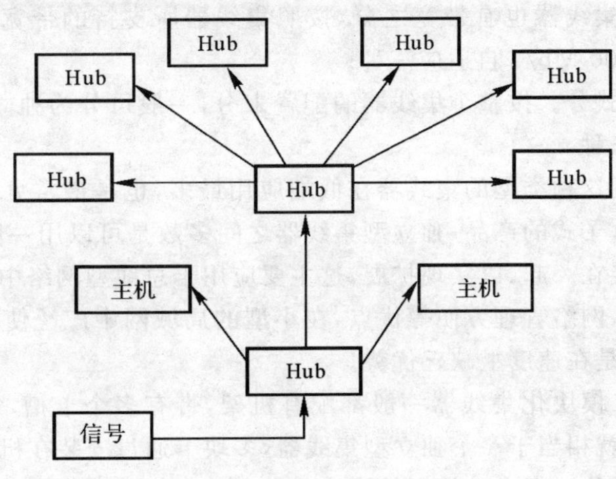

图 6.7 Hub 广播示意图

这种广播式的数据发送方式有三方面不足:

(1)用户数据包向所有节点发送,很可能带来数据通信的不安全因素,一些别有用心的人很容易就能非法截获他人的数据包。

(2)由于所有数据包都是向所有节点同时发送的,而传输介质的带宽是一定的,这就可能造成网络塞车现象,降低网络通信效率。

(3)非双工传输,网络通信效率低。同一时刻集线器的每一个端口只能进行一个方向的数据通信,而不能像交换机那样进行双向双工传输,网络通信效率低,不能满足较大型网络通信需求。

正因如此,集线器技术在不断改进的过程中加入了一些交换机(Switch)技术,才发展到了今天的具有堆叠技术的堆叠式集线器,有的集线器还具有智能交换机功能。可以说集线器产品已在技术上向交换机技术进行了过渡,具备了一定的智能性和数据交换能力。但随着交换机价格的不断下降,集线器仅有的价格优势已不再明显,集线器的市场越来越小,处于淘汰的边缘。尽管如此,集线器对于家庭或者小型企业来说,在经济上还是有一点诱惑力的,特别适合仅拥有几台计算机的家庭网络或者中小型公司作为分支网络使用。

1. 集线器的类型

集线器也像网卡一样是伴随着网络的产生而产生的,它属于一种传统的基础网络设备。集线器技术发展至今,也经历了许多不同主流应用的历史发展时期,所以集线器产品也有许多不同类型。

(1)按端口数量来分。这是最基本的分类标准之一。目前主流集线器主要有 8 口、16 口和 24 口等几大类,但也有少数品牌提供非标准端口数,如 4 口和 12 口的,还有的有 5 口、9 口、18 口的集线器产品,这主要是为了满足部分对端口数要求过严、资金投入比较谨慎的用户需求。此类集线器一般用于家庭或小型办公室等。

(2)按带宽划分。集线器也有带宽之分,按照集线器所支持的带宽不同,通常可分为 10 Mb/s,100 Mb/s,10/100 Mb/s 自适应三种。

(3)按照配置的形式分。按整个集线器的配置来分,一般可分为独立型集线器、模块化集线器和堆叠式集线器三种。

1)独立型集线器。这种类型的集线器在低端应用最多,也是最常见的。独立型集线器是带有许多端口的单个盒子式的产品,独立型集线器之间多数是可以用一段 10 Base - 5 同轴电缆或双绞线把它们连接在一起,以实现扩展,这主要应用于总线型网络中。独立型集线器具有低价格、容易查找故障、网络管理方便等优点,在小型的局域网中广泛使用。但这类集线器的工作性能比较差,尤其是在速度上缺乏优势。

2)模块化集线器。模块化集线器一般都配有机架,带有多个卡槽,每个槽可放一块通信卡,每个通信卡的作用就相当于一个独立型集线器,多块卡通过安装在机架上的通信底板进行互连并进行相互间的通信。现在常使用的模块化集线器一般具有 4～14 个插槽。模块化集线器各个端口都有专用的带宽,只在各个网段内共享带宽,网段之间采用交换技术,从而减少冲突,提高通信效率,因此又称为端口交换机模块化集线器。其实这类集线器已经采用交换机的部分技术,已不是单纯意义上的集线器了,它在较大的网络中便于实施对用户的集中管理,在较大型网络中得到了广泛应用。

3)堆叠式集线器。堆叠式集线器可以将多个集线器"堆叠"使用,当它们连接在一起时,其作用就像一个模块化集线器一样,堆叠在一起的集线器可以当做一个单元设备来进行管理。一般情况下,当有多个集线器堆叠时,其中存在一个可管理集线器,利用可管理集线器可对此可堆叠式集线器中的其他"独立型集线器"进行管理。可堆叠式集线器非常方便地实现对网络的扩充,是新建网络时最为理想的选择。

(4)从是否可进行网络管理来分。按照集线器是否可被网络管理,有不可通过网络进行管理的非网管型集线器和可通过网络进行管理的网管型集线器两种。

1)非网管型集线器。这类集线器也称为傻瓜集线器,是指既无须进行配置,也不能进行网络管理和监测的集线器。该类集线器属于低端产品,通常只被用于小型网络,这类产品比较常见,就是集线器只要插上电源,连上网线就可以正常工作。这类集线器虽然安装使用方便,但功能较弱,不能满足特定的网络需求。

2)网管型集线器。这类集线器也称为智能集线器,可通过 SNMP 协议(Simple Network Management Protocol,简单网络管理协议)对集线器进行简单管理的集线器,这种管理大多是通过增加网块来实现的。实现网管的最大用途是用于网络分段,从而缩小广播域,减少冲突提高数据传输效率。另外,通过网络管理可以在远程监测集线器的工作状态,并根据需要对网络传输进行必要的控制。需要指出的是,尽管同是对 SNMP 提供支持,但不同厂商的模块是不能混用的,甚至同一厂商的不同产品的模块也不同。

2. 集线器的选购

集线器是对网络进行集中管理的重要工具,像树的主干一样,它是各分枝的汇集点。集线器是一个共享设备,其实质就是一个中继器,而中继器的主要功能是对接收到的信号进行再生放大,以增大网络的传输距离。在网络中,集线器主要用于共享网络的建设,是解决从服务器直接到桌面的最佳、最经济的方案。由于集线器在网络中的重要作用,所以对于它的选型也是非常重要的。

(1)带宽。根据带宽的不同,目前市面上用于局域网(一般是指小型局域网)的集线器可分为 10 Mb,100 Mb 和 10/100 Mb 自适应三种。在规模较大的网络中,还使用 1 000 Mb 和 100/1 000 Mb 自适应两种。集线器带宽的选择,主要决定于以下三个因素:

1)上连设备带宽。如果上连设备支持 IEEE 802.3U(带宽为 100 Mb),自然可购买 100 Mb 集线器。

2)站点数。由于连在集线器上的所有站点均争用同一个上行总线,处于同一冲突域内,所以站点数目太多会造成冲突过于频繁。

3)应用需求。由于现在 10 Mb 非智能型集线器的价格已经接近于网卡的价格,并且 10 Mb 的网络对传输介质及布线的要求也不高。在前些年组建的网络中,10 Mb 网络几乎成为网络的标准配置,有相当数量的 10 Mb 集线器作为分散式布线中为用户提供长距离信息传输的中继,或作为小型办公室的网络核心。但这种应用在今天已不再是主流,尤其是随着 100 Mb 网络的日益普及,10 Mb 网络及其设备将会越来越少。虽然纯 100 Mb 的集线器给计算机提供了 100 Mb 的传输速率,但当网络升级到 100 Mb 后,原来众多的 10 Mb 设备将无法再使用,所以只有在近期才开始组建的网络,才会无任何顾虑地考虑 100 Mb 的集线器。很多网络设备生产商正是瞄准了 10 Mb 与 100 Mb 之间的转换的这个时机,纷纷推出了既兼容 10 Mb 的 10/100 Mb 自适应集线器。10/100 Mb 自适应集线器在工作中的端口速度可根据工作站网卡的实际速度进行调整:当工作站网卡的速度为 10 Mb 时,与之相连的端口的速度也将自动调整为 10 Mb;当工作站网卡的速度为 100 Mb 时,对应端口的速度也将自动调整到 100 Mb。10/100 Mb 自适应集线器也叫做双速集线器。从技术角度来看,双速集线器有内置交换模块与无交换模块两类,前者一般作为小型局域网的主干设备,后者一般处于中型网络应用的边缘。

(2)拓展需求。每一个独立的集线器根据端口数目的多少一般分为 8 口、16 口和 24 口几种。当一个集线器提供的端口不够时，一般有以下两种拓展用户数目的方法：

1)堆叠。堆叠是解决单个集线器端口不足时的一种方法，但是因为堆叠在一起的多个集线器还是工作在同一环境下，所以堆叠的层数也不能太多。然而，市面上许多集线器以其堆叠层数比其他品牌的多而作为自己的卖点。如果遇到这种情况，要分类对待：一方面可堆叠层数越多，一般说明集线器的稳定性越高；另一方面，可堆叠层数越多，每个用户实际可享有的带宽则越小。

2)级联。级联是在网络中增加用户数的另一种方法，但是此项功能的使用一般是有条件的，即集线器必须提供可级联的端口，此端口上常标有“Uplink”或“MDI”字样，用此端口与其他的集线器进行级联。如果没有提供专门的端口，当要进行级联时，连接两个集线器的双绞线在制作时必须要进行错线。

(3)是否支持网管功能。根据对集线器管理方式的不同可分为 Damp Hub（亚集线器）和 Intelligent Hub（智能集线器）两种。Intelligent Hub（智能集线器）改进了普通集线器的缺点，增加了网络的交换功能，具有网络管理和自动检测网络端口速度的能力（类似于交换机）。而 Damp Hub（亚集线器）只起到简单的信号放大和再生的作用，无法对网络性能进行优化。早期使用的共享式集线器一般为非智能型的，而现在流行的 100 Mb 集线器和 10/100 Mb 自适应集线器多为智能型的。非智能型的集线器不能用于对等网络，而且所组成的网络中必须要有一台服务器。须要指出的是，尽管同样是对网管模块的管理(SNMP)提供支持，但不同厂商的模块是不能混合使用的。同时，同一厂商的不同产品的模块也是不同的。目前，提供 SNMP 功能的集线器其价格还是很高的，一般家庭用户不宜选用。如果使用的环境要求不是很高的话，非智能集线器完全可以满足用户的需要。

6.4 交 换 机

“交换”和“交换机”最早起源于电话通信系统(PSTN)。早在 1878 年就出现了人工交换机，它是借助话务员进行话务接续。15 年后步进制的交换机问世标志着交换技术从人工时代迈入机电交换时代。这种交换机属于“直接控制”方式，即用户可以通过话机拨号脉冲直接控制步进接续器做升降和旋转动作，从而自动完成用户间的接续。这种交换机虽然实现了自动接续，但存在着速度慢、效率低、杂音大与机械磨损严重等缺点。直到 1938 年发明了纵横制(Cross Bar)交换机才部分解决了上述问题。纵横制交换机有两方面重要改进：

(1)利用继电器控制的压接触接线阵列代替大幅度动作的步进接线器，从而减少了磨损和杂音，提高了可靠性和接续速度。

(2)由直接控制过渡到间接控制方式，这样用户的拨号脉冲不在直接控制接线器动作，而先由记发器接收、存储，然后通过标志器驱动接线器，以完成用户间接续。

这种间接控制方式将控制部分与话路部分分开，提高了灵活性和控制效率，加快了速度。

由于纵横制交换机具有一系列优点,因而它在电话交换发展上占有重要的地位,得到了广泛的应用,直到现在,世界上相当多的国家和我国少数地区的公用电话通信网仍在使用纵横交换机。

随着半导体器件和计算机技术的诞生与迅速发展,受到了传统的机电式交换结构的影响,使之走向电子化。美国贝尔公司经过艰苦努力于 1965 年生产了世界上第一台商用存储程序控制的电子交换机(No. 1 ESS),这一成果标志着电话交换机从机电时代跃入电子时代,使交换技术发生时代的变革。由于电子交换机具有体积小、速度快、便于提供有效而可靠的服务等优点,引起世界各国的极大兴趣。在发展过程中相继研制出各种类型的电子交换机。

6.4.1　交换机的分类

就控制方式而言,交换机主要分以下两种:

1. 布线逻辑控制(Wired Logic Control, 简称 WLC)

它是通过布线方式实现交换机的逻辑控制功能,通常这种交换机仍使用机电接线器而将控制部分更新成电子器件,因此称它为布控半电子式交换机。这种交换机相对于机电交换机来说,虽然在器件与技术上向电子化迈进了一大步,但它基本上继承与保留了纵横制交换机布控方式的弊端,体积大,业务与维护功能低,缺乏灵活性,因此它只是机电式向电子式演变历程中的过度性产物。

2. 存储程序控制(Stored Program Control, 简称 SPC)

它是将用户的信息和交换机的控制,维护管理功能预先变成程序存储到计算机的存储器内。当交换机工作时,控制部分自动监测用户的状态变化和所拨号码,并根据要求执行程序,从而完成各种交换功能。通常这种交换机属于全电子型,采用程序控制方式,因此称为存储程序控制交换机,或简称为程控交换机。

程控交换机按用途可分为市话、长话和用户交换机;按接续方式可分为空分和时分交换机。程控交换机按信息传送方式可分为模拟交换机和数字交换机。由于程控空分交换机的接续网络(或交换网络)采用空分接线器(或交叉点开关阵列),且在话路部分中一般传送和交换的是模拟话音信号,因而习惯称为程控模拟交换机,这种交换机不须进行话音的模数转换(编解码),用户电路简单,因而成本低,目前主要用作小容量模拟用户交换机。

6.4.2　交换机的现在与将来——程控交换机的特点与技术动向

程控数字交换机是现代数字通信技术、计算机技术与大规模集成电路(LSI)有机结合的产物。先进的硬件与日臻完美的软件综合于一体,赋予程控交换机以众多的功能和特点,使它与机电交换机相比,有以下优点:

(1)体积小,重量轻,功耗低,它一般只有纵横制交换机体积的 1/8～1/4,大大压缩了机房占用面积,节省了费用。

(2)能灵活地向用户提供众多的新业务服务功能。由于采用 SPC 技术,因而可以通过软件方便地增加或修改交换机功能，向用户提供新型服务，如缩位拨号、呼叫等待、呼叫传递、呼叫转移、遇忙回叫、热线电话、会议电话，给用户带来了很大的方便。

(3)工作稳定可靠、维护方便，由于程控交换机一般采用大规模集成电路(LSI)、电路或专用集成电路(ASIC)，因而有很高的可靠性。它通常采用冗余技术或故障自动诊断措施，以进一步提高系统的可靠性。此外，程控交换机借助故障诊断程序对故障自动进行检测和定位，以及时地发现与排除故障，从而大大减少了维护工作量。系统还可方便地提供自动计费，话务量记录，服务质量自动监视，超负荷控制等功能，给维护管理工作带来了方便。

(4)便于采用新型共路信号方式(Common Channel Signalling，简称 CCS)。由于程控数字交换机与数字传输设备可以直接进行数字连接，提供高速公共信号信道，适于采用先进的 CCITT 7 号信令方式，从而使得信令传送速度快、容量大、效率高，并能适应未来新业务与交换网控制的特点，为实现综合业务网(Integrated Services Digital Network，简称 ISDN)创造必要的条件。

(5)易于与数字终端、数字传输系统连接、实现数字终端、传输与交换的综合与统一。可以扩大通信容量，改善通话质量，降低通信系统投资，并为发展综合数字网(IDN)和综合业务数字网(ISDN)奠定基础。

当前程控交换技术的发展有以下动向和趋势。

(1)研制新型专用大规模集成电路，提高硬件集成度和模块化水平，以进一步减少硬件体积，降低成本，增强功能及可靠性。

(2)提高控制的分散、灵活程度和可靠性，逐步采用全分散方式。

(3)采用 CCITT(ITU)建议的高级语言(如 CHILL，SDL，MML)，提高软件水平和模块化速度。加强支援系统的开发，建立强大的软件生成系统。

(4)积极推行共路信号系统。

(5)逐步引入非话业务，如数据、图文传真、用户电报(Telex)与智能用户电报(Teletax)，可视数据(Videotex)，图文传视(Teletext)及电子邮件(Electronic Mail)，图像信息等，开发相应的接口，构成综合信息交换系统。

(6)增强程控交换系统与其他类型通信网(如传真网，分组交换网或公用数据网，计算机局域网等)的接口、连接与组网能力。

(7)为适应高速信息业务日益增长的需求和光纤通信的发展，开展宽带综合业务数字网(B-ISDN)环境下交换理论，体制与关键技术的研究。目前研究的重点之一为异步转移方式 ATM。

6.4.3 用户交换机的作用

电话交换机有四种最基本呼叫作用，根据进出交换机的呼叫流向及发起呼叫的起源，可以将呼叫分为本局呼叫、出局呼叫、入局呼叫和转移呼叫。将交换机理解为一个交换局，本局一个用户发起的呼叫，根据呼叫的流向可以分为出局呼叫或本局呼叫。当主叫用户发出呼叫时，被叫用户是本局中的另一个用户时,即本局呼叫;当被叫用户不是本局的用户,交换机需要将呼叫接续到其他的交换机时,即形成出局呼叫。相应地,从其他交换机呼叫本局的一个用户时,生成入局呼叫;若呼叫的不是本局的一个用户,则由交换机又接续(交换)到其他的交换机,交换机只提供汇接中转的功能,则形成转移呼叫。除了汇接局一般只具备"转接呼叫"的功能外,每个局的电话交换机都具备这四种呼叫的处理能力。至于长途和特种服务呼叫,可以看做是呼叫流向固定的出局呼叫。

用户交换机是机关工矿企业等单位内部进行电话交换的一种专用交换机,其基本功能是完成单位内部用户的相互通话,但也装有出入中继线可接入公用电话网的市内网部分和网中用户通话(包括市内通话,国内长途通话和国际长话)。由于这类交换机系单位内部专用,故可根据用户需要增加若干附加性能以提供使用上的方便。因此这类交换机具有较大的灵活性。

用户交换机是市话网的重要组成部分,是市话交换机的一种补充设备,因为它为市话网承担了大量的单位内部用户间的话务量,减轻了市话网的话务负荷。另外用户交换机在各单位分散设置,更靠近用户,因而缩短了用户线距离,节省了用户电缆。同时用少量的出入中继线接入市话网,起到话务集中的作用。从这些方面讲,用户交换机都具有较大的经济意义。因此公用网建设中,不能缺少用户交换机。用户交换机在技术上的发展趋势是采用程控用户交换机,采用新型的程控数字用户交换机不仅可以交换电话业务,而且可以交换数据等非话业务,做到多种业务的综合交换与传输。

6.4.4 程控电话交换机的基本构成

程控电话交换机的主要任务是实现用户间通话的接续,可基本划分为两大部分:话路设备和控制设备。话路设备主要包括各种接口电路(如用户线接口和中继线接口电路等)和交换(或接续)网络;控制设备在纵横制交换机中主要包括标志器与记发器,而在程控交换机中,控制设备则为电子计算机,包括中央处理器(CPU),存储器和输入/输出设备。程控交换机实质上是采用计算机进行存储程序控制的交换机,它将各种控制功能与方法编成程序,存入存储器,利用对外部状态的扫描数据和存储程序来控制,管理整个交换系统的工作。

1. 交换网络

交换网络的基本功能是根据用户的呼叫要求,通过控制部分的接续命令,建立主叫与被叫用户间的连接通路。在纵横制交换机中它采用各种机电式接线器(如纵横接线器,编码接线器,笛簧接线器等),在程控交换机中目前主要采用由电子开关阵列构成的空分交换网络,和由存储器等电路构成的时分接续网络。

2. 用户电路

用户电路的作用是实现各种用户线与交换之间的连接,通常又称为用户线接口电路(Subscriber Line Interface Circuit,简称 SLIC)。根据交换机制式和应用环境的不同,用户电路也有多种类型,对于程控数字交换机来说,目前主要有与模拟话机连接的模拟用户线电路(ALC)及与数字话机、数据终端(或终端适配器)连接的数字用户线电路(DLC)。

模拟用户线电路是适应模拟用户环境而配置的接口。其基本功能有：

(1)馈电(Battery feed)。馈电是指交换机通过用户线向供电式话机直流馈电。

(2)过压保护(Overvoltage Protection)。过压保护是防止用户线上的电压冲击或过压而损坏交换机。

(3)振铃(Ringing)。振铃是向被叫用户话机馈送铃流。

(4)监视(Supervision)。借助扫描点监视用户线通断状态,以检测话机的摘机、挂机、拨号脉冲等用户线信号,转送给控制设备,以表示用户的忙闲状态和接续要求。

(5)编解码(CODEC)。利用编码器和解码器(CODEC)、滤波器,完成话音信号的模数与数模交换,以与数字交换机的数字交换网络接口。

(6)混合(Hybrid)。混合是进行用户线的 2/4 线转换,以满足编解码与数字交换对四线传输的要求。

(7)测试(Test)。提供测试端口,进行用户电路的测试。

这七种功能常用第一个字母组成的缩写词(BORSCHT)代表。对于模拟程控交换机,不需要编解码功能;而在数字程控交换机中,除某些特定应用的小型交换机利用增量调制方式外,其他大部分均采用 PCM 编解码方式。数字用户线电路是为适应数字用户环境而设置的接口,它主要用来通过线路适配器(LAM)或数字话机(Sopho-set)与各种数据终端设备(DTE)如计算机、打印机、VDU、电传相连。

3. 出入中继器

出入中继器是中继线与交换网络间的接口电路,用于交换机与中继线的连接。它的功能和电路与其所用的交换系统的制式及局间中继线信号方式有密切的关系。对模拟中继接口单元(ATU),其作用是实现模拟中继线与交换网络的接口。其基本功能一般是发送与接收表示中继线状态(如示闲、占用、应答、释放等)的线路信号。

最简单的情况,某一交换机的中继器通过实线中继线与另一交换机连接,并采用用户环路信令,则该模拟中继器的功能与作用等效为一部“话机”。若采用其他更为复杂的信号方式,则中继器应实现相应的话音,信令的传输与控制功能。

数字中继线接口单元(DTU)的作用是实现数字中继线与数字交换网络之间的接口,它通过 PCM 有关时隙传送中继线信令,完成类似于模拟中继器所应承担的基本功能。但由于数字中继线传送的是 PCM 群路数字信号,因而它具有数字通信的一些特殊问题,如帧同步、时钟恢复、码型交换、信令插入与提取等,即要解决信号传送、同步与信令配合三方面的连接问题。数字中继接口单位的基本功能包括帧与复帧同步码产生、帧调整、连零抑制、码型变换、告警处理、时钟恢复、帧同步搜索及局间信令插入与提取等,如同模拟用户电路的 Borscht,也可将数字中继单元的上述 8 种功能概括为 GAZPACHO。

4. 控制设备

控制部分是程控交换机的核心,其主要任务是根据外部用户与内部维护管理的要求,执行存储程序和各种命令,以控制相应硬件实现交换及管理功能。程控交换机控制设备的主体是微处理器，通常按其配置与控制工作方式的不同，可分为集中控制和分散控制两类。为了更好地适应软硬件模块化的要求，提高处理能力及增强系统的灵活性与可靠性，目前程控交换系统的分散控制程度日趋提高，已广泛采用部分或完全分布式控制方式。

6.5　网　桥

网桥工作在数据链路层，能将两个局域网(LAN)连起来，根据 MAC 地址(物理地址)来转发帧，可以看做一个低层的路由器(路由器工作在网络层，根据网络地址如 IP 地址进行转发)。

6.5.1　网桥的分类

网桥通常分为两大类：透明网桥和源路由选择网桥。

(1)透明网桥。简单地讲，使用这种网桥，不需要改动硬件和软件，无须设置地址开关，也无须装入路由表或参数。只须插入电缆就可以，现有 LAN 的运行完全不受网桥的任何影响。

(2)源路由选择网桥。源路由选择的核心思想是假定每个帧的发送者都知道接收者是否在同一局域网(LAN)上。当发送一帧到另外的网段时，源机器将目的地址的高位设置成"1"作为标记。另外，它还在帧头加进此帧应走的实际路径。

6.5.2　网桥的特征

网桥在数据链路层上实现不同网络的互连的设备，其基本特征有以下方面：

(1)能够互连两个采用不同数据链路层协议、不同传输介质与传输速率的网络；

(2)网桥以接收、存储、地址过滤与转发的方式实现互连的网络之间的通信；

(3)需要互连的网络在数据链路层以上采用相同的协议；

(4)可以分隔两个网络之间的广播通信量，有利于改善互连网络的性能与安全性。

网桥的主要缺点是：

(1)由于网桥在执行转发前先接收帧并进行缓冲，与中继器相比会增加更多时延。

(2)由于网桥不提供流控功能，因此在流量较大时有可能使其过载，从而造成帧的丢失。

6.5.3　使用网桥的原因

许多单位都有多个局域网，并且希望能够将它们连接起来。之所以一个单位有多个局域网，有以下六个原因：

(1)许多大学的院系或公司的部门都有各自的局域网，主要用于连接他们自己的个人计算机、工作站以及服务器。由于各系(或部门)的工作性质不同，因此选用了不同的局域网，但这些系(或部门)之间总有需要交互的时候，因而需要网桥来将它们连接起来。

(2)一个单位在地理位置上较分散，并且相距较远，与其安装一个遍布所有地点的同轴电缆网，不如在各个地点建立一个局域网，并用网桥和红外链路连接起来，这样费用可能会低一些。

(3)可能有必要将一个逻辑上单一的 LAN 分成多个局域网,以分担载荷。例如,采用由网桥连接的多个局域网,每个局域网有一组工作站,并且有自己的文件服务器,因此大部分通信限于单个局域网内,减轻了主干网的负担。

(4)在有些情况下,从载荷上看单个局域网是毫无问题的,但是由于相距最远的机器之间的物理距离太远(比如超过 802.3 所规定的 2.5 km),即使电缆铺设不成问题,但由于往返延时过长,网络仍将不能正常工作。唯一的办法是将局域网分段,在各段之间放置网桥。通过使用网桥,可以增加工作的总物理距离。

(5)可靠性问题。在独立的局域网中,一个有缺陷的节点不断地输出无用的信息流会严重地破坏局域网的运行。网桥可以设置在局域网中的关键部位,就像建筑物内的防火门一样,防止因单个节点失常而破坏整个系统。

(6)网桥有助于安全保密。大多数 LAN 接口都有一种混杂工作方式(promiscuousmode),在这种方式下,计算机接收所有的帧,如果网中多处设置网桥并谨慎地拦截无须转发的重要信息,那么就可以把网络分隔以防止信息被窃。

6.5.4 网桥的兼容性问题

在 802.x 到 802.y 的九种组合中,每一种都有它自己的特殊问题要解决。在讨论这些特殊问题之前,先来看一看这些网桥共同面临的一般性问题。

(1)首先,各种局域网采用了不同的帧格式。这种不兼容性并不是由技术上的原因造成的,而仅仅是由于支持三种标准的公司(Xerox,GM 和 IBM),没有一家愿意改变自己所支持的标准。其结果是在不同的局域网间复制帧要重排格式,这不仅须要占用 CPU 时间,重新计算校验和,而且还有可能产生因网桥存储错误而造成的无法检测的错误。

(2)互联的局域网并非必须按相同的数据传输速率运行。当快速的局域网向慢速的局域网发送一长串连续帧时,网桥处理帧的速度要比帧进入的速度慢。网桥必须用缓冲区存储来不及处理的帧,同时还得提防耗尽存储器。即使是 10 Mb/s 的 802.4 到 10 Mb/s 的 802.3 带宽的网桥,在某种程度上也存在这样的危险。因为 802.3 带宽的部分带宽耗费于冲突。802.3 实际上并不是真的 10 Mb/s,而 802.4(几乎)的带宽确实为 10 Mb/s。

与网桥瓶颈问题相关的一个细微而重要的问题是其上各层的计时器值。假如 802.4 局域网上的网络层想发送一段很长的报文(帧序列)。在发出最后一帧之后,它开启一个计时器,等待确认。如果此报文必须通过网桥转到慢速的 802.5 网络,那么在最后一帧被转发到低速局域网之前,计时器就有可能停止计时。网络层可能会以为帧丢失而重新发送整个报文。几次传送失败后,网络层就会放弃传输并告诉传输层目的站点已经关机。

(3)在所有的问题中,可能最为严重的问题是三种 802 LAN 有不同的最大帧长度。对于 802.3,最大帧长度取决于配置参数,但对标准的 10 Mb/s 系统,其最大有效载荷为 1 500 B。802.4 的最大帧长度固定为 8 191 B。802.5 的最大帧长度没有上限,只要求站点的传输时间不超过令牌持有时间。如果令牌时间缺省为 10 ms,则最大帧长度为 5 000 B。一个显而易见的问题出现了:当必须把一个长帧转发给不能接收长帧的局域网时,在本层中不考虑把帧分成小段。所有的协议都假定帧要么到达要么没有到达,没有条款规定把更小的单位重组成帧。这并不是说不能设计这样的协议,事实上可以设计并已有这种协议,只是 802 系列协议不提供这种功能。这个问题基本上无法解决,所以必须丢弃因太长而无法转发的帧。

6.6 网络传输介质

6.6.1 铜介质

铜是做信号线缆的良好材料。几乎绝大部分的线缆都是以铜为原料来制造的,原因在于铜有几个很重要的特性,如以下方面:

导电性:铜是良好的导体,对电流的导电能力很强,同时,铜也是热的良导体。

抗腐蚀性:铜的氧化较之其他金属要慢得多,因此铜不易生锈、不易被腐蚀。

韧性:铜可以被拉得又细又长而不被折断,良好的韧性也是做线缆的决定性因素。

可塑性:铜的可塑性很强,在冷热状态下都可以被塑造。

强度:铜最多可以在 204℃时保持其韧性和强度。冷轧铜的强度是 350～490 N/cm²。

本小节重点介绍用于网络电缆的铜缆:双绞线和同轴电缆。

双绞线:双绞线电缆是由一对或多对铜线组成。大多数的数据和语音网络都是用双绞线来传输数据的。

同轴电缆:同轴电缆是以一根铜线作为中心导体。现在同轴电缆主要用于视频连接、高速连接。

1. 双绞线

双绞线(Twisted Pair-wire,简称 TP)是计算机网络中最常用的一种传输介质。双绞线由两根具有绝缘保护层的 22～26 号绝缘铜导线相互缠绕而成。把两根绝缘的铜导线按一定密度互相绞在一起可降低信号干扰的程度,每一组导线在传输中辐射的电波会相互抵消,以此降低电波对外界的干扰。把一对或多对双绞线放在一个绝缘套管中便成了双绞线电缆。在双绞线电缆内,不同线对有不同的扭绞长度,一般地说,扭绞长度在 38.1～14 cm 内并按逆时针方向扭绞,相邻线对的扭绞长度在 12.7 cm 以上。与其他传输介质相比,双绞线在传输距离、信道宽度和数据传输速度等方面均受到一定限制,但价格较为低廉。目前,双绞线可分为屏蔽双绞线(Shielded Twisted Pair, 简称 STP)和非屏蔽双绞线(Unshielded Twisted Pair, 简称 UTP)。

(1)屏蔽双绞线。屏蔽双绞线是由 8 根不同颜色的线缆分成 4 对绞合在一起,并与 RJ45 水晶头连接组成的,如图 6.8 所示。屏蔽双绞线在双绞线与外层绝缘封套之间有一个金属屏蔽层。屏蔽层可减少辐射,防止信息被窃听,也可阻止外部电磁干扰的进入,使屏蔽双绞线比同类的非屏蔽双绞线具有更高的传输速率。屏蔽双绞线主要有以下特征：

1)传输速率和吞吐量为10～100 Mb/s。

2)每节点的成本较高。

3)介质和连接器尺寸为中大。

4)最大电缆长度为100 m(短)。

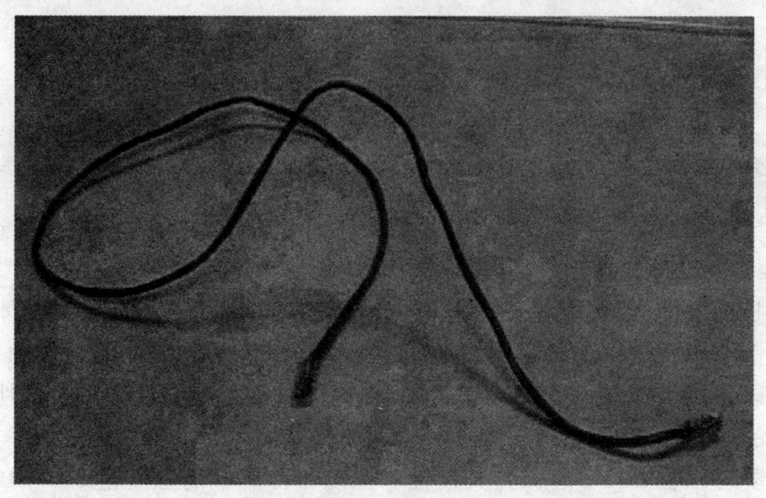

图6.8 双绞线实物图

(2)非屏蔽双绞线。非屏蔽双绞线的网线组成和屏蔽双绞线基本一样，只是没有了金属层屏蔽。非屏蔽双绞线直径小，不须接地，因而易于安装。由于其直径小，所以在给定的空间内其安装数量较之其他种类铜制线缆要多得多。

非屏蔽双绞线是最便宜的一种网络介质，与其他铜制线缆一样，支持各种数据传输速率。但非屏蔽双绞线也有一些缺点，比如相比其他网络介质，非屏蔽双绞线对电子噪声和干扰更为敏感，最大传输距离小于同轴电缆和光纤电缆。现在，非屏蔽双绞线被看做数据传输速率最快的铜制电缆，其主要特征如下：

1)传输速率和吞吐量为10～100 Mb/s。

2)每节点的成本为最低。

3)介质和连接器尺寸为小。

4)最大电缆长度为100 m(短)。

常用的非屏蔽双绞线类型如下：

1)1类(CAT 1)：用于电话通信，不适合数据传输。

2)2类(CAT 2)：用于数据传输，数据传输速率最大可达4 Mb/s。

3)3类(CAT 3)：用于10BASET以太网，数据传输速率最大可达10 Mb/s。

4)4类(CAT 4)：用于令牌环网络，数据传输速率最大可达16 Mb/s。

5)5 类(CAT 5):用于快速以太网,数据传输速率最大可达 100 Mb/s。

6)超 5 类(CAT 5e):用于吉比特以太网(GigE),数据传输速率最大可达 1 000 Mb/s(1 G Mb/s)。

7)6 类(CAT 6):CAT 6 规范是 2003 年新提出的,用于吉比特以太网。

(3)直连线与交叉线。双绞线按线序分可以分为:直连线、交叉线。

1)直连线。直连线的线序如图 6.9 所示。

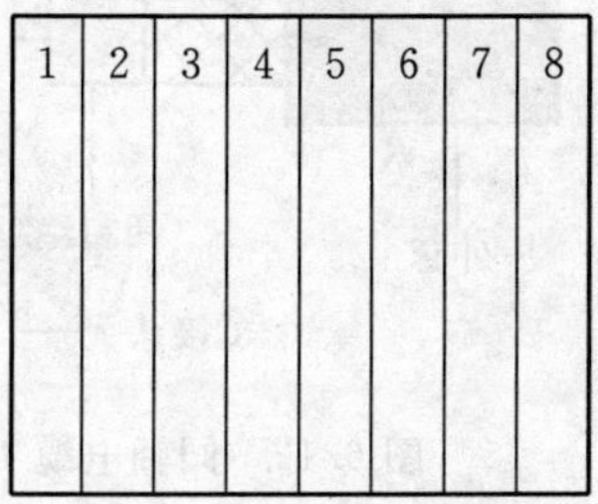

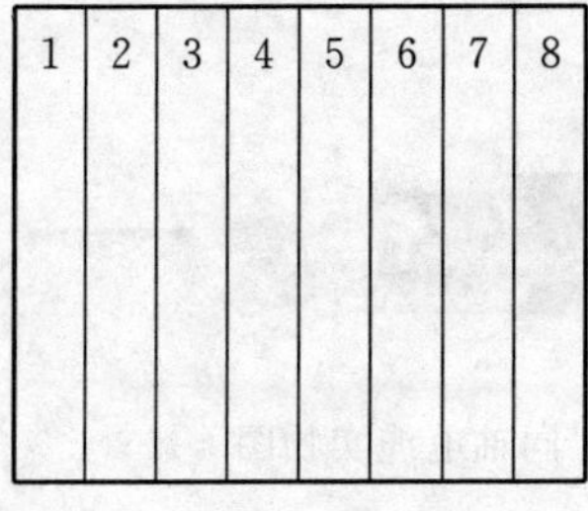

1. 橙白;2. 橙;3. 绿白;4. 蓝;5. 蓝白;6. 绿;7. 棕白;8. 棕

线缆 A 端　　线缆 B 端

图 6.9　直连线线序示意图

2)交叉线线序如图 6.10 所示。

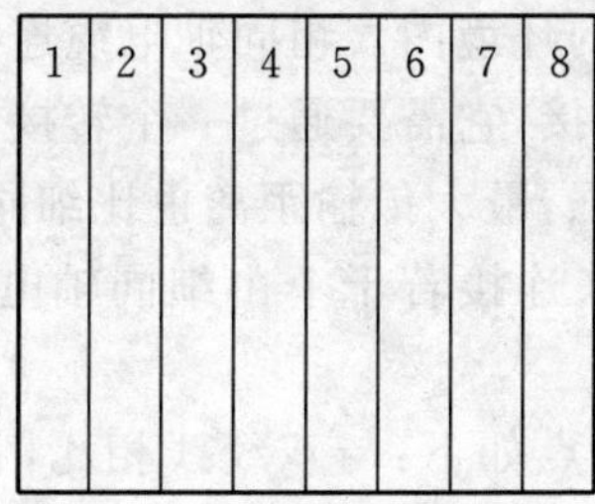

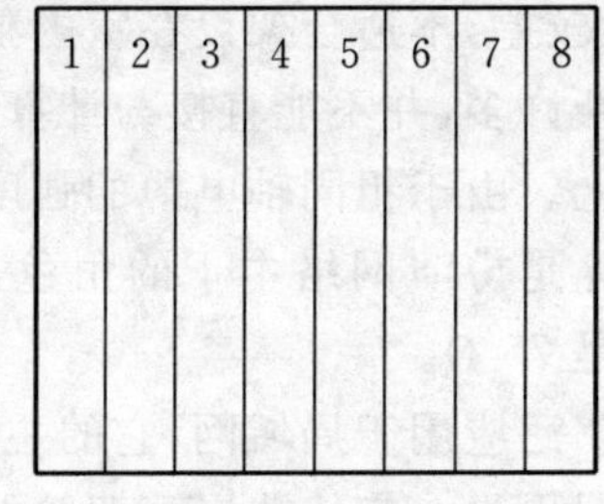

1. 橙白;2. 橙;3. 绿白;4. 蓝;5. 蓝白;6. 绿;7. 棕白;8. 棕

线缆 A 端　　线缆 B 端

图 6.10　直连线线序示意图

2. 同轴电缆

同轴电缆是局域网中最常见的传输介质之一。它是由相互绝缘的同轴心导体构成的电缆:内导体为铜线,外导体为铜管或铜网,如图 6.11 所示。圆筒式的外导体套在内导体外面,两个导体间用绝缘材料互相隔离,外层导体和中心轴芯线的圆心在同一个轴心上,同轴电缆因此而得名。同轴电缆之所以设计成这样,是为了将电磁场封闭在内外导体之间,减少辐射损耗,防止外界电磁波干扰信号的传输。常用于传送多路电话和电视。

(1)同轴电缆的组成。同轴电缆主要由四部分组成,如图 6.12 所示,包括有铜导线、塑料绝缘层、编织铜屏蔽层、外套。同轴电缆以一根硬的铜线为中心,中心铜线又用一层柔韧的塑料绝缘体包裹，塑料绝缘体外面又有一层铜编织物或金属箔片包裹着，这层铜纺织物或金属箔片相当于同轴电缆的第二根导线，最外面的是电缆的外套。同轴电缆用的接头叫做同轴电缆接插头(British Naval Connector，简称 BNC)。

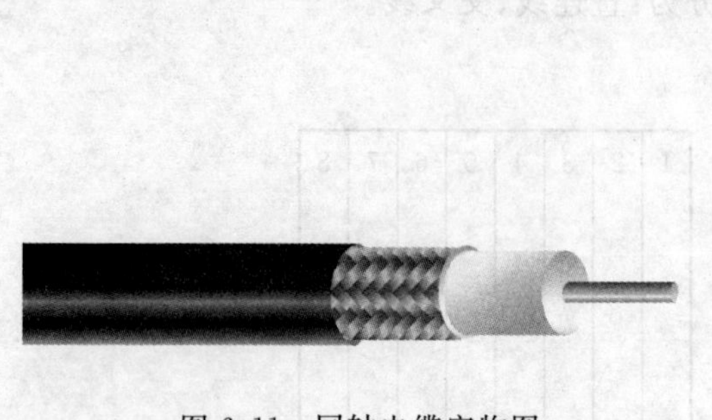

图 6.11 同轴电缆实物图

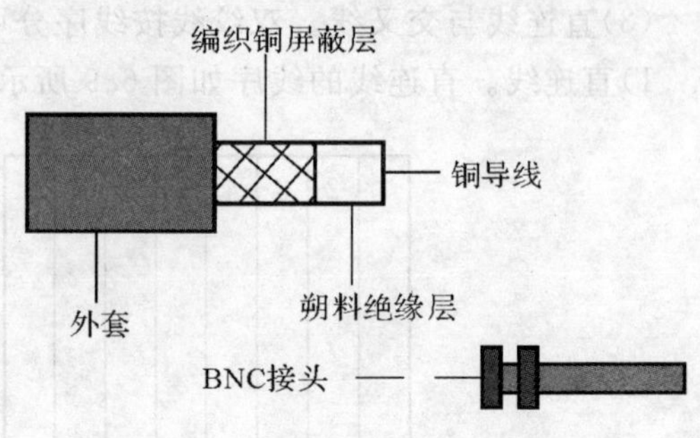

图 6.12 同轴电缆 4 个组成部分

(2)同轴电缆的分类。同轴电缆按直径大小可分为：细同轴电缆和粗同轴电缆。

1)细同轴电缆。细同轴电缆的直径为 0.35 cm。最大传输距离为 185 m。使用时与 50 Ω 终端电阻 BNC 接头与网卡相连，线材价格和连接头成本都比较便宜，而且不须要购置集线器等设备，十分适合架设终端设备较为集中的小型以太网络。细同轴电缆的阻抗是 50 Ω。

2)粗同轴电缆。粗同轴电缆的直径为 1.27 cm，最大传输距离可达到 500 m。由于直径相当粗，因此它的弹性较差，不适合架设在室内狭窄的环境内。粗同轴电缆连接头的制作方式相对细同轴电缆要复杂许多，并不能直接与计算机连接，它需要通过一个转接器转成 AUI 接头，然后再接到计算机上。由于粗同轴电缆的强度较强，最大传输距离也比细同轴电缆长，因此粗同轴电缆的主要用途是扮演网络主干的角色，用来连接若干个由细同轴电缆所结成的网络。粗同轴电缆的阻抗是 75 Ω。

同轴电缆曾经广泛应用于局域网，它的主要优点如下：与双绞线相比，它在长距离数据传输时所需要的中继器更少。它比非屏蔽双绞线较贵，但比光缆便宜。然而同轴电缆要求外导体层妥善接地，这加大了安装难度。正因为如此，虽然它有独特的优点，现在也不再被广泛应用于以太网了。

同轴电缆的主要特征如下：

a. 传输速率与吞吐量为 10～100 Mb/s。

b. 每节点平均成本较低。

c. 介质尺寸为中等。

d. 最大线缆长度为 500 m。

6.6.2 光介质

目前，计算机网络中应用到的光介质是光纤。光纤是光导纤维的简写，是一种利用光在玻璃或塑料制造的纤维中的全反射原理而制成的光传导工具。

1. 光纤的组成

光纤一般由五个部分组成：纤芯、覆层、缓冲层、加强材料、外套。如图 6.13 所示，纤芯是供光传输的光缆中心部分，纤芯传递所有的光信号。纤芯主要由二氧化硅和其他元素制成。纤芯的外面是覆层，也由二氧化硅制成，但其对光的折射率相对要低，这样一来穿过纤芯的光纤在纤芯和覆层的交界处反射回纤芯，从而较少光损失，如图 6.14 所示。覆层的外面是一层缓冲材料（通常为塑料），用来保护纤芯和覆层。缓冲材料的外面是一层加强材料，保证光缆在安装或移动时不被拉断。加强材料是由 Kevlar 制成的，与防弹背心的材料相同。光缆最外一层是外套，用来保护光纤不被磨损、腐蚀。

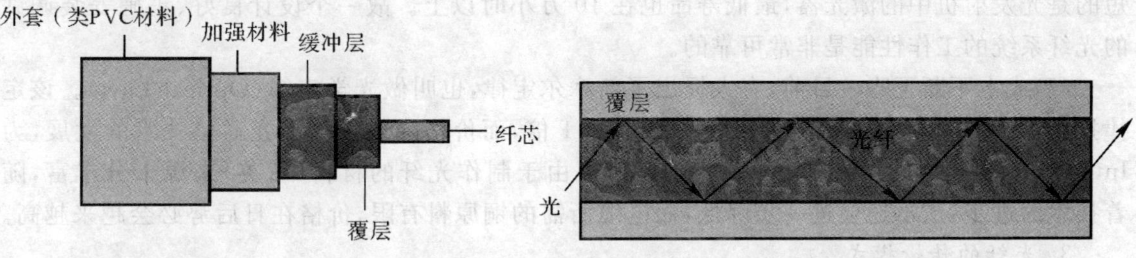

图 6.13　光缆的五个组成部分　　图 6.14　光信号传输示意图

2. 光纤的优点

光纤传输有许多突出的优点：

(1)频带宽。频带的宽窄代表传输容量的大小。载波的频率越高，可以传输信号的频带宽度就越大，光的频率达 100 000 GHz，可见光纤的传输容量是非常可观的。尽管由于光纤对不同频率的光有不同的损耗，使频带宽度受到影响，但在最低损耗区的频带宽度也可达 30 000 GHz。目前单个光源的带宽只占了其中很小的一部分（多模光纤的频带约几百兆赫，好的单模光纤可达 10 GHz 以上），采用先进的相干光通信可以在 30 000 GHz 范围内安排 2 000 个光载波，再进行波分复用，可以容纳上百万个频道。

(2)损耗低。在同轴电缆组成的系统中，最好的电缆在传输 800 MHz 信号时，每公里的损耗都在 40 dB 以上。相比之下，光导纤维的损耗则要小得多。传输 1.31 μm 的光，每公里损耗在 0.35 dB 以下，若传输 1.55 μm 的光，每公里损耗更小，可达 0.2 dB 以下，比同轴电缆的功率损耗要小 1 亿倍，因此光纤传输的距离要远得多。此外，光纤传输损耗还有两个特点，一是在全部有线电视频道内具有相同的损耗，不需要像电缆干线那样必须引入均衡器进行均衡；二是其损耗几乎不随温度而变，不用担心因环境温度变化而造成干线电平的波动。

(3)重量轻。因为光纤非常细，单模光纤芯线直径一般为 4～10 μm，外径也只有 125 μm，加上防水层、加强筋、护套等，用 4～48 根光纤组成的光缆直径还不到 13 mm，比标准同轴电缆的直径 47 mm 要小得多。光纤是玻璃纤维，比重小，使它具有直径小、重量轻的特点，安装十分方便。

(4)抗干扰能力强。因为光纤的基本成分是石英，只传光，不导电，在其中传输的光信号不受电磁场的影响，故光纤传输对电磁干扰、工业干扰有很强的抵御能力。也正因为如此，在光纤中传输的信号不易被窃听，因而利于保密。

(5)保真度高。因为光纤传输一般不需要中继放大，不会因为放大而引入新的非线性失真。只要激光器的线性好，就可高保真地传输信号。实际测试表明，好的调幅光纤系统的载波组合三次差拍比 C/CTB 在 70 dB 以上，交调指标 CM 也在 60 dB 以上，远高于一般电缆干线系统的非线性失真指标。

(6)工作性能可靠。一个系统的可靠性与组成该系统的设备数量有关。设备越多，发生故障的机会越大。因为光纤系统包含的设备数量少(不像电缆系统那样需要几十个放大器)，可靠性自然也就高，加上光纤设备的寿命都很长，无故障工作时间达 50～75 万小时，其中寿命最短的是光发射机中的激光器，最低寿命也在 10 万小时以上。故一个设计良好、正确安装调试的光纤系统的工作性能是非常可靠的。

(7)成本不断下降。目前，有人提出了新摩尔定律，也叫做光学定律(Optical Law)。该定律指出，光纤传输信息的带宽，每 6 个月增加 1 倍，而价格降低 1 倍。光通信技术的发展，为 Internet 宽带技术的发展奠定了良好的基础。由于制作光纤的材料(石英)来源十分丰富，随着技术的进步，成本还会进一步降低，而电缆所需的铜原料有限，价格在日后势必会越来越高。

3. 光纤的传输模式

光纤按光在光纤中的传输模式可分为多模光纤和单模光纤。

多模光纤(Multi-mode Fiber)：中心玻璃芯较粗(芯径一般为 50 或 62.5 μm)，可传多种模式的光，但其模间色散较大，这就限制了传输数字信号的频率，而且随距离的增加会更加严重。例如：600 MB/KM 的光纤在 2 KM 时则只有 300 MB 的带宽。因此，多模光纤传输的距离就比较近，一般只有几公里。多模光纤跳纤用橙色表示，也有的用灰色表示，接头和保护套用米色或者黑色，传输距离较短。

单模光纤(Single-mode Fiber)：中心玻璃芯较细(芯径一般为 9 或 10 μm)，只能传输一种模式的光，因此，其模间色散很小，适用于远程通信，但其色度色散起主要作用，这样单模光纤对光源的谱宽和稳定性有较高的要求，即谱宽要窄，稳定性要好。单模光纤，一般光纤跳纤用黄色表示，接头和保护套为蓝色，传输距离较长。

表 6.1 比较了单模光纤和多模光纤的特征。

表 6.1　单模光纤和多模光纤的特征

特　征	单模光纤	多模光纤
纤芯特征	小芯(10 μm 或更小)	大芯(56,62.5 μm 或更大)
散射特征	很少散射	允许散射，存在信号丢失
距离特征	适用与长距离的应用(最长为 3 km)	支持长距离应用，但距离比单模短(最多 2 km)
光　源	用激光作光源，通常用于园区骨干，距离达数公里	用发光二极管作光源，通常用于局域网内或园区网中数百米的距离

提 高 篇

第7章 计算机网络协议

计算机网络的最大特点是通过不同的通信介质把不同厂家、不同操作系统的计算机和其他相关设备连接到一起，打破时间和空间的界限，共享软硬件资源和进行信息传输。然而，如何实现不同传输介质上的不同软、硬件资源之间的共享，网络上的计算机之间又是如何交换信息的呢。就像说话需要利用某种语言一样，在网络中的计算机之间也有一种语言，这就是网络协议，不同的计算机之间必须使用相同的网络协议才能进行通信。网络协议是网络上所有设备之间通信规则的集合，它规定了通信时信息必须采用的格式以及这些格式的意义。

网络协议为信息的传输定义严格的格式（语法）和传输顺序（文法），而且还定义所传输信息的词汇表和这些词汇所表示的意义（语义）。语法、文法和语义构成了网络协议的三大要素。

7.1 TCP/IP 协议集

目前，计算机网络的体系结构是以TCP/IP协议为主的Internet结构。TCP/IP协议集将计算机网络分为四层：应用层、传输层、Internet层和网络访问层。TCP/IP协议集详细描述了各个层次的应用协议。

7.1.1 应用层

TCP/IP的应用层协议包含了OSI参考模型中的会话层、表示层和应用层的各种功能。TCP/IP应用层主要用来处理高层协议和有关表示、编码及会话控制的问题。TCP/IP协议集将所有与应用层相关的功能整合为一层，并且保证这一层的数据能被下一层争取封装。TCP/IP协议集详细描述了一线常用的应用层协议，这些协议主要包括：HTTP，FTP，TFTP，NFS，SMTP，SNMP，TELNET，DHCP，DNS，Gopher，IMAP4，IRC，NNTP，XMPP，POP3，SIP，SSH，RPC，RTCP，RTSP，TLS，SDP，SOAP，GTP，STUN，NTP等协议。下面将详细地介绍一些常用的应用层协议。

1. HTTP协议

HTTP协议（Hyper Text Transfer Protocol）称为超文本传输协议，是用于从（万维网WWW）服务器传输超文本到本地浏览器的传送协议。HTTP协议使浏览器运行更加高效，不仅保证计算机正确快速地传输超文本文档，还确定了传输文档中的哪一部分以及哪部分内容首先显示等。

（1）URL。统一资源定位符（Uniform Resource Locator，简称URL）是在浏览器的地址

栏里输入的网站地址。当在浏览器的地址框中输入一个 URL 或是单击一个超级链接时，URL 就确定了要浏览的网页地址。浏览器通过超文本传输协议（HTTP），将 Web 服务器上站点的网页代码提取出来，并翻译成网页。对于一个 URL，如：http://www.baidu.com/index.htm。它的含义如下：

1）http://。它代表超文本传输协议，通知 baidu.com 服务器显示 Web 页。

2）www。它代表一个 Web（万维网）服务器。

3）baidu.com/。它是装有网页的服务器的域名或站点服务器的名称。

4）index.htm。它是文件夹中的一个 HTML 文件（网页）。

（2）HTTP 协议结构。HTTP 报文由从客户机到服务器的请求和从服务器到客户机的响应构成。请求报文的内容包括请求行、通用信息头、请求头、实体头、报文主体。应答报文内容有状态行、通用信息头、响应头、实体头、报文主体。

（3）HTTP 协议的工作原理。一次 HTTP 请求的工作过程可分为以下四个步骤：

1）首先客户机与服务器建立连接。只要在浏览器的地址栏上输入一个网址或单击一个超级链接，HTTP 的工作就开始了。

2）建立连接后，客户机发送一个请求给服务器。请求信息的格式为统一资源标识符（URL）、协议版本号和后边的 MIME 信息。这个 MIME 信息的内容包括请求修饰符、客户机信息和可能的内容。

3）服务器接到请求后，给予相应的响应信息。响应信息的格式为一个状态行，包括信息的协议版本号、一个成功或错误的代码以及后边的 MIME 信息。这个 MIME 信息包括服务器信息、实体信息等。

4）客户端接收服务器所返回的信息，并通过浏览器显示在用户的显示屏上，然后客户机与服务器断开连接。

如果以上四个过程中的某一步出现错误，那么产生错误的信息将返回到客户端并由显示屏输出。对于用户来说，这些过程是由 HTTP 自己完成的，用户只要用鼠标点击，等待信息显示就可以了。在 Internet 上，HTTP 通信通常发生在 TCP/IP 连接之上，缺省端口是 80 端口（也可用其他的端口）。但这并不预示着 HTTP 协议在 Internet 或其他网络的其他协议之上才能完成。HTTP 只预示着一个可靠的传输。

2. TFTP 协议

TFTP（Trivial File Transfer Protocol）称为简单文件传输协议。该协议是一种用来传输文件的简单协议，运行在 UDP（用户数据报协议）上。TFTP 只能从远程服务器上读、写文件（邮件）或者读、写文件传送给远程服务器。

当前 TFTP 有三种传输模式：一是 netASCII 模式，即 8 位 ASCII；二是 8 位组模式；三是邮件模式，在这种模式中，传输给用户的不是文件而是字符。主机双方可以自己定义其他模式。在 TFTP 协议中，任何一个传输进程都以请求读写文件开始，同时建立一个连接。如果服务器同意请求，则连接成功，文件就以固定的 512 B 块的长度进行传送。每个数据包都包含一个数据块,在发送下一个包之前,数据块必须得到确认响应包的确认。少于 512 B 的数据包表示传输结束。如果数据包在网络中丢失,接收端就会超时并重新发送对丢失包的请求,发送者收到请求后重新发送丢失包。传输的双方都可以看做发送者和接收者。一方发送数据并接收确认响应,另一方发送确认响应并接受数据。

3. FTP 协议

FTP(File Transfer Protocol),称为文件传输协议。用于 Internet 上的控制文件的双向传输。同时,该协议也是一个应用程序,用户可以通过它把自己 PC 机与世界各地所有运行 FTP 协议的服务器相连,访问服务器上的大量程序和信息。FTP 的主要作用就是让用户连接上一个远程计算机,并可以把文件从远程计算机上下载到本地计算机或把本地计算机的文件送到远程计算机上去。

(1)FTP 传输模式。FTP 协议的任务是从一台计算机将文件传送到另一台计算机,它与这两台计算机所处的位置、连接的方式、甚至是否使用相同的操作系统无关。假设两台计算机通过 FTP 协议对话,并且能访问 Internet,就可以用 FTP 命令来传输文件。虽然每种操作系统在使用上有一些细微差别,但是每种协议基本的命令结构是相同的。FTP 的传输有两种方式:ASCII 传输模式和二进制数据传输模式。

1)ASCII 传输方式。假定用户正在拷贝的文件包含简单 ASCII 码文本,如果在远程机器上运行的不是 Unix,当文件传输时 FTP 通常会自动地调整文件的内容以便把文件解释成另一台计算机存储文本文件的格式。但是常常有这样的情况,用户正在传输的文件包含的不是文本文件,它们可能是程序、数据库、字处理文件或者压缩文件。在下载任何非文本文件之前,用二进制命令告诉 FTP 逐字拷贝,不要对这些文件进行处理,这也是下面要讲的二进制传输。

2)二进制传输模式。在二进制传输中,须要保存文件的位序以便原始文件和拷贝文件是逐位对应的,即使目的计算机上包含位序列的文件是没意义的。如果在 ASCII 方式下传输二进制文件,二进制文件仍会被转译,使传输稍微变慢或可能损坏数据,或使文件变得不能用。在大多数计算机上,ASCII 方式一般假设每一字符的第一有效位无意义,因为 ASCII 字符组合不使用它,而对于二进制文件来说,所有位都是重要的。

(2)FTP 的工作方式。FTP 支持两种工作模式:一种叫做 PORT(也就是 Standard 方式,主动方式),另一种是 PASV(也就是 Passive,被动方式)。PORT 模式 FTP 的客户端发送 PORT 命令到 FTP 服务器。Passive 模式 FTP 的客户端发送 PASV 命令到 FTP Server。

PORT 模式下,FTP 客户端首先和 FTP 服务器的 TCP 21 端口建立连接,通过这个通道发送命令。客户端需要接收数据的时候在这个通道上发送 PORT 命令,PORT 命令指明了客户端用什么端口接收数据。在传送数据的时候,服务器端通过自己的 TCP 20 端口连接至客户端的指定端口发送数据。FTP Server 必须和客户端建立一个新的连接用来传送数据。

Passive 模式在建立控制通道的时候和 PORT 模式类似,但建立连接后发送的不是 PORT 命令,而是 PASV 命令。FTP 服务器收到 PASV 命令后,随机打开一个高端端口(大于 1024 的端口号),并且发送在这个端口上传送数据的请求,客户端连接 FTP 服务器此端口,然后 FTP 服务器将通过这个端口进行数据的传送，这时 FTP Server 不再需要建立一个新的和客户端之间的连接。很多防火墙在设置的时候都是不允许接受外部发起的连接的，所以许多位于防火墙后或内网的 FTP 服务器不支持 PASV 模式，原因在于客户端无法穿过防火墙打开 FTP 服务器的高端端口。而至于许多内网的客户端不能用 PORT 模式登陆 FTP 服务器，原因则在于从服务器的 TCP 20 无法和内部网络的客户端建立一个新的连接。

4. NFS 协议

NFS(Network File System)，称为网络文件系统。该协议起初由 Sun 公司进行开发，后经 IETF 扩展，现在能够支持在不同类型的系统之间通过网络进行文件共享。换言之，NFS 可用于不同类型计算机、操作系统、网络架构和传输协议运行环境中的网络文件远程访问和共享。

NFS 使用客户端/服务器架构，并由一个客户端程序和服务器程序组成。服务器程序向其他计算机提供对文件系统的访问，其过程就叫做“输出”。NFS 客户端程序对共享文件系统进行访问时，把它们从 NFS 服务器中“输送”出来。NFS 传输协议用于服务器和客户机之间文件访问和共享的通信，该协议还支持服务器通过输出控制向一组受到限制的客户计算机分配远程访问特权。NFS 版本 2，是 NFS 最早被广泛应用的版本，起初完全运行于 UDP 协议之上，并且不保留状态。但随后几大厂商扩展了 NSF 版本 2，使之支持 TCP 传输。NFS 版本 3 整合了 TCP 传输。使用了 TCP 传输后，使得广域网中的 NFS 应用更为灵活。在继承了以前版本优点的基础之上，目前，NFS 版本 4 在功能上有如下的改进：

(1) NFS 版本 4 提高了经由 Internet 进行访问的性能。本协议能够很容易地通过防火墙；在等待时间较长时带宽较小的情况下，其性能较先前各版本更为优越；且每台服务器所连接用户的数目可扩展到相当大的数目。

(2)NFS 版本 4 将许可条款内置到协议之中，安全性得到了极大的加强。在对远程过程调用(RPC) PRCSEC_GSB 协议的支持上，本协议则建立在 ONCRPC 工作组的工作之上。另外，NFS 版本 4 支持客户机与服务器之间的安全对话，并要求客户机和服务器支持最简单的安全计划。

(3)NFS 版本 4 支持扩展协议。本协议接受所支持协议的标准扩展。

5. SMTP 协议

SMTP(Simple Mail Transfer Protocol)称为简单 Mail 传输协议，目标是向用户提供高效、可靠的邮件传输服务。SMTP 的一个重要特点是它能够在传送中接力传送邮件，即邮件可以通过不同网络上的主机以接力的方式传送。该协议工作在两种情况下：一是电子邮件从客户机传输到服务器；二是从某一个服务器传输到另一个服务器。SMTP 是个请求/响应协议，它监听 25 号端口，用于接收用户的 Mail 请求，并与远端 Mail 服务器建立 SMTP 连接。

SMTP 通常有两种工作模式：发送 SMTP 和接收 SMTP。其具体工作方式为：当发送 SMTP 在接到用户的邮件请求后，判断此邮件是否为本地邮件，若是则直接投送到用户的邮箱；否则向 DNS 查询远端邮件服务器的 MX 纪录，并建立与远端接收 SMTP 之间的一个双向传送通道。此后 SMTP 命令由发送 SMTP 发出，由接收 SMTP 接收，而应答则反方向传输。一旦传输通道建立，SMTP 发送者发送 MAIL 命令指明邮件发送者。如果 SMTP 接收者可以接收邮件则返回 OK 应答。SMTP 发送者再发出 RCPT 命令确认邮件是否接收到。如果 SMTP 接收者能够接收到，则返回 OK 应答；如果不能接收到，则发出拒绝接收应答（但不中止整个邮件操作），双方将如此重复多次。当接收者收到全部邮件后会接收到特别的序列，如果接收者成功处理了邮件，则返回 OK 应答。

SMTP 是一种提供可靠且有效的电子邮件传输协议。SMTP 是建模在 FTP 文件传输服务上的一种邮件服务，主要用于传输系统之间的邮件信息并提供来信通知服务。SMTP 独立于特定的传输子系统，且只需要可靠有序的数据流信道支持。SMTP 重要特性之一是其能跨越网络传输邮件，即 SMTP 邮件中继。使用 SMTP，可实现相同网络上处理机之间的邮件传输，也可通过中继器或网关实现某处理机与其他网络之间的邮件传输。在这种方式下，邮件的发送可能经过从发送端到接收端路径上的大量中间中继器或网关主机。域名服务系统（DNS）的邮件交换服务器可以用来识别出传输邮件的下一跳 IP 地址。

6. SNMP 协议

SNMP（Simple Network Management Protocol）称为简单网络管理协议，是由互联网工程任务组（Internet Engineering Task Force，简称 IETF）定义的一套网络管理协议。该协议基于简单网关监视协议（Simple Gateway Monitor Protocol，简称 SGMP）。利用 SNMP，一个管理工作站可以远程管理所有支持这种协议的网络设备，包括监视网络状态、修改网络设备配置、接收网络事件警告等。虽然 SNMP 开始是面向基于 IP 的网络管理协议，但作为一个工业标准也被成功用于电话网络管理中。

（1）SNMP 基本原理。SNMP 采用了 Client/Server 模型的特殊形式：客户端/服务器模型，对网络的管理与维护是通过管理工作站与 SNMP 代理间的交互工作完成的。每个 SNMP 从代理负责回答 SNMP 管理工作站（主代理）关于管理信息库（MIB）定义信息的各种查询。SNMP 代理和管理站通过 SNMP 协议中的标准消息进行通信，每个消息都是一个单独的数据报。SNMP 使用 UDP（用户数据报协议）作为第四层协议（传输协议），进行无连接操作。SNMP 消息报文包含两个部分：SNMP 报头和协议数据单元 PDU。SNMP 消息报文结构如图 7.1 所示。

版本标识符	团体名	协议数据单元(PDU)

图 7.1　SNMP 消息报文示意图

1）版本识别符（Version Identifier）。它是确保 SNMP 代理使用相同的协议，每个 SNMP 代理都直接抛弃与自己协议版本不同的数据报。

2）团体名（Community Name）。它是用于 SNMP 从代理对 SNMP 管理站进行认证；如果网络配置成要求身份验证时，SNMP 从代理将对团体名和管理站的 IP 地址进行认证，如果失败，SNMP 从代理将向管理站发送一个认证失败的 Trap 消息。

3)协议数据单元(PDU)。PDU 指明了 SNMP 的消息类型及其相关参数。

(2)SNMP 的五种消息类型。SNMP 中定义了五种消息类型，它们分别是 Get-request，Get-Response，Get-next-request，Set-request，Trap。

1)Get-request，Get-next-request 与 Get-response。SNMP 管理站用 Get-request 消息从拥有 SNMP 代理的网络设备中检索信息，而 SNMP 代理则用 Get-response 消息响应。Get-next-request 用于和 Get-request 组合起来查询特定的表对象中的列元素。

2)Set-request。SNMP 管理站用 Set-request 可以对网络设备进行远程配置(包括设备名、设备属性、删除设备或使某一个设备属性有效/无效等)。

3)Trap。SNMP 代理使用 Trap 向 SNMP 管理站发送非请求消息，一般用于描述某一事件的发生。

7. TELNET 协议

TELNET 协议是 TCP/IP 协议族中的一员，是 Internet 远程登陆服务的标准协议。应用 TELNET 协议能够把本地用户所使用的计算机变成远程主机系统的一个终端。该协议提供了三种基本服务：一是 TELNET 定义一个网络虚拟终端为异地系统提供一个标准接口，客户机程序不必详细了解远的系统，他们只须构造使用标准接口的程序；二是 TELNET 包括一个允许客户机和服务器协商选项的机制，而且它还提供一组标准选项；三是 TELNET 对称处理连接的两端，即 TELNET 不强迫客户机从键盘输入，也不强迫客户机在屏幕上显示输出。

(1)TELNET 的工作原理。当用 TELNET 登录进入远程计算机系统时，事实上启动了两个程序，一个叫 TELNET 客户程序，它运行在用户的本地机上；另一个叫 TELNET 服务器程序，它运行在用户要登录的远程计算机上，本地机上的客户程序要完成如下功能：

1)建立与服务器的 TCP 连接。

2)接收从键盘上输入的字符。

3)把输入的字符串变成标准格式并送给远程服务器。

4)从远程服务器接收输出的信息。

5)把该信息显示在屏幕上。

远程计算机的服务程序通常被称为精灵，它平时不声不响地等候在远程计算机上，一接到请求，马上活跃起来，并完成如下功能：

1)通知发送信息的计算机，远程计算机已经准备好了。

2)等候输入命令。

3)对命令做出反应(如显示目录内容，或执行某个程序等)。

4)把执行命令的结果送回计算机。

5)重新等候命令。

(2)TELNET 命令。TELNET 通信的两个方向都采用带内信令方式。字节 0xff(十进制的 255)叫做 IAC(Interpret As Command，意思是作为命令来解释)。该字节后面的一个字节才是命令字节。如果要发送数据 255,就必须发送两个连续的字节 255。表 7.1 列出了所有的 TELNET 命令。

表 7.1　TELNET 命令列表

名　称	代码(十进制)	描　述
EOF	236	文件结束符
SUSP	237	挂起当前进程(作业控制)
ABORT	238	异常中止进程
EOR	239	记录结束符
SE	240	子选项结束
NOP	241	无操作
DM	242	数据标记
BRK	243	中断
IP	244	中断进程
AO	245	异常中止输出
AYT	246	对方是否还在运行
EC	247	转义字符
EL	248	删除行
GA	249	继续进行
SB	250	子选项开始
WILL	251	选项协商
WONT	252	选项协商
DO	253	选项协商
DONT	254	选项协商
IAC	255	数据字节 255

8. DHCP 协议

DHCP(Dynamic Host Configuration Protocol)称为动态主机配置协议,是一种使网络管理员能够集中管理和自动分配 IP 网络地址的通信协议。在 IP 网络中,每个连接 Internet 的设备都需要分配唯一的 IP 地址。DHCP 使网络管理员能从中心节点监控和分配 IP 地址。当某台计算机移到网络中的其他位置时,能自动收到新的 IP 地址。这些被分配的 IP 地址都是 DHCP 服务器预先保留的一个由多个地址组成的地址集,并且它们一般是一段连续的地址。使用 DHCP 时必须在网络上有一台 DHCP 服务器,而其他机器执行 DHCP 客户端。当

DHCP 客户端程序发出一个信息,要求一个动态的 IP 地址时,DHCP 服务器会根据目前已经配置的地址,提供一个可供请求方使用的 IP 地址和子网掩码给客户端。

(1)DHCP 的优点。DHCP 使服务器能够动态地为网络中的其他服务器提供 IP 地址。通过使用 DHCP,可以给 Intranet 网中除 DHCP,DNS 和 WINS 服务器外的任何服务器设置和维护静态 IP 地址,从而大大简化配置客户机的 TCP/IP 的工作,尤其是当某些 TCP/IP 参数改变时,如网络的大规模重建而引起的 IP 地址和子网掩码的更改。

DHCP 服务器是运行 Microsoft TCP/IP,DHCP 服务器软件和 Windows NT Server 的计算机,DHCP 客户机则是请求 TCP/IP 配置信息的 TCP/IP 主机。DHCP 使用客户机/服务器工作模型,网络管理员可以创建一个或多个维护 TCP/IP 配置信息的 DHCP 服务器,并且将其提供给客户机。DHCP 服务器上的 IP 地址数据库包含如下项目:

1)对互联网上所有客户机有效配置参数。

2)在缓冲池中指定给客户机的有效 IP 地址,以及手工指定的保留地址。

3)服务器提供租约时间,租约时间即指定 IP 地址可以使用的时间。

在网络中配置 DHCP 服务器有如下优点:

1)管理员可以集中为整个互联网指定通用和特定子网的 TCP/IP 参数,并且可以定义使用保留地址的客户机的参数。

2)提供安全可信的配置。DHCP 避免了在每台计算机上手工输入数值引起的配置错误,还能防止网络上计算机配置地址所产生的冲突。

3)使用 DHCP 服务器能大大减少配置开销和重新配置网络上计算机的时间,服务器可以在指派地址租约时配置所有的附加配置值。

4)客户机不需手工配置 TCP/IP。

5)客户机在子网间移动时,旧的 IP 地址自动释放以便再次使用。在再次启动客户机时,DHCP 服务器会自动为客户机重新配置 TCP/IP。

6)大部分路由器可以转发 DHCP 配置请求,因此,互联网的每个子网并不都需要 DHCP 服务器。

(2)DHCP 分配地址。DHCP 使用客户机/服务器工作模式,网络管理员建立一个或多个 DHCP 服务器,在这些服务器中保存了可以提供给客户机的 TCP/IP 配置信息。这些信息包括网络客户的有效配置参数、分配给客户的有效 IP 地址(其中包括为手工配置而保留的地址)、服务器提供的租约持续时间。

如果将 TCP/IP 网络上的计算机设定为从 DHCP 服务器获得 IP 地址,这些计算机则成为 DHCP 客户机。启动 DHCP 客户机时,它与 DHCP 服务器通信以接收必要的 TCP/IP 配置信息。该配置信息至少包含一个 IP 地址和子网掩码,以及与配置有关的租约。

DHCP 服务器有三种为 DHCP 客户机分配 TCP/IP 地址的方式:

1)手工分配。在手工分配中,网络管理员在 DHCP 服务器上通过手工方法配置 DHCP 客户机的 IP 地址。当 DHCP 客户机要求网络服务时,DHCP 服务器把手工配置的 IP 地址传递给 DHCP 客户机。

2)自动分配。在自动分配中,不需要进行任何的 IP 地址手动分配。当 DHCP 客户机第一次向 DHCP 服务器租用到 IP 地址后,这个地址就永久地分配给了该 DHCP 客户机,而不会再分配给其他客户机。

3)动态分配。当 DHCP 客户机向 DHCP 服务器租用 IP 地址时,DHCP 服务器只是暂时分配给客户机一个 IP 地址。只要租约到期,这个地址就会返还给 DHCP 服务器,以供其他客户机使用。如果 DHCP 客户机仍需要一个 IP 地址来完成工作,则可以再向 DHCP 服务器请求另外一个 IP 地址。

在三种 IP 地址分配方式中,动态分配方法是唯一能够自动重复使用 IP 地址的方法,它对于暂时连接到网上的 DHCP 客户机来说尤其方便,对于永久性与网络连接的新主机来说也是分配 IP 地址的好方法。DHCP 客户机在不再需要时才放弃 IP 地址,如 DHCP 客户机要正常关闭时,它可以把 IP 地址释放给 DHCP 服务器,然后 DHCP 服务器就可以把该 IP 地址分配给其他申请 IP 地址的 DHCP 客户机。使用动态分配方法可以有效解决 IP 地址不够用的困扰,例如 C 类网络只能支持 254 台主机,而网络上的主机有 300 多台,但如果网上同一时间最多有 200 个用户,此时如果使用手工分配或自动分配将不能解决这一问题。而动态分配方式的 IP 地址并不固定分配给某一客户机,只要有空闲的 IP 地址,DHCP 服务器就可以将它分配给有需求的客户机,当客户机不再需要 IP 地址时,就由 DHCP 服务器重新收回。

9. DNS 协议

DNS(Domain Name Service)称为域名服务协议,当在浏览器的地址栏上输入:www. baidu. com 的时候,可以说就是使用了 DNS 的服务了。如果知道 www. baidu. com 的 IP 地址,即直接输入 220.181.6.19 也同样可以到达这个网址。其实,计算机使用的只是 IP 位址而已(最终也是“0”和“1”),www. baidu. com 仅仅是为便于人们记忆而设的。因为人们对一些比较有意义的文字的记忆,比记忆那些毫无规律的号码容易得多。DNS 的作用就是为我们在文字和 IP 之间担当翻译,将域名翻译成 IP 地址。

在早期的 IP 网络世界里面,每台计算机都只用 IP 地址来表示,这是很难记忆的。于是一些 Unix 的管理者,就建立一个 HOSTS 对应表,将 IP 和主机名字对应起来,这样用户只须输入计算机名字,就可以代替 IP 来进行沟通了。不过这个 HOSTS 档是要由管理者手工维护的,最大的问题是无法适用于大型网络,而且更新也是件令人非常头痛的事情。

(1)DNS 的结构。DNS 是一个分层级的分散式名称对应系统,有点像计算机的目录树结构:在最顶端的是一个“root”,然后其下分为好几个基本类别,如:com,org,edu 等;再下面是组织,如:IBM,Microsoft,Intel 等;继而是主机,如:www,mail,ftp 等。因为当初 Internet 是从美国发展起的,所以当时并没有国域名称,但随着后来 Internet 的蓬勃发展,DNS 也加进了诸如 tw,hk,cn 等国域名称。所以一个完整的 DNS 名称是:www. baidu. com. cn,而整个名称对应的只是一个(或多个) IP 地址。

在早期的设计下,root 下面只有六个组织类别:edu(教育、学术单位)、org(组织、机构)、

net(网络、通信单位)、com(公司、企业)、gov(政府机构)、mil(军事单位)。

(2)DNS的工作原理。在设定IP网路环境的时候,要告诉每台主机关于DNS服务器的地址(可以手动的在每一台主机上面设置,也可以使用DHCP来指定)。其目的就是请DNS来解析主机名称与IP地址。在这个设定过程中,DNS被称为Resolver(负责解析的DNS Server),而被设定主机只是单纯的DNS Client(解析请求的主机)。DNS的运行过程如下:

1)客户端向服务器提出查询项目。

2)当被询问到有关本域名之内的主机名称的时候,DNS服务器会直接做出回答。

3)如果所查询的主机名称属于其他域名的话,则检查快取记忆体(Cache),查看是否有相关资料。

4)如果没有发现相关资料,则会转向Root伺服器查询。

5)然后Root服务器会将以该域名的下一层授权(Authoritative)服务器的地址告知。

6)然后本地服务器会向其中的一台服务器查询,并将这些伺服器名单存到记忆体中,以备将来之需。

7)远方伺服器回应查询。

8)若该回应并非最后一层的答案,则继续往下一层查询,直到获得客户端所查询的结果为止。

9)将查询结果回应给客户端,并同时将结果储存一个备份在自己的快取记忆里面。

10)如果在存放时间尚未结束之前再接到相同的查询,则以存放于快取记忆里面的资料来做回应。

10. Gopher协议

Gopher(The Internet Gopher Protocol)称为(RFC-1436)网际Gopher协议,它是Internet上一个非常有名的信息查找系统。Gopher协议将Internet上的文件组织成某种索引,可以很方便地将用户从Internet的一处带到另一处。它允许用户使用层叠结构的菜单与文件,以发现和检索信息,它拥有世界上最大、最神奇的编目。Gopher客户端程序和Gopher服务器相连,并能使用菜单结构显示它的菜单、文档或文件和索引。同时可通过TELNET远程访问其他应用程序。Gopher协议使得Internet上的所有Gopher客户程序,能够与Internet上的所有已注册的Gopher服务器进行对话。

Gopher可以说是Internet工具中最闪耀的成员之一,它使新用户不必成为技术专家就能迅速找到Internet爱好者们为之欢呼的许多优秀的资源。在WWW出现之前,Gopher软件是Internet上最主要的信息检索工具,Gopher站点也是最主要的站点。在WWW出现后,Gopher失去了昔日的辉煌。尽管如此,今天Gopher仍很流行,因为Gopher站点能够容纳大量的信息,供用户查询。

Gopher菜单选项由一些链接代表,单击一个链接就可以选中那个选项。如果这个选项引导另一个菜单,那么它会在窗口中显示出来。如果它引导一个某种类型的文件,这个文件将以标准方式被传输。并且如果Netscape能够显示和播放它,则可以显示其完整的信息。

由于信息技术快速的发展，如今 Gopher 的特性很类似于信息传播系统，它可以被用来传播任何信息，当然也可以被用来作为商业客户服务系统等。目前，通过 Gopher 可以进行以下类型的信息查询：

(1)远程登录 TELNET 信息查询。

(2)文本文件信息查询。

(3)电话簿查询。

(4)多媒体信息查询。

(5)专有格式信息查询。

7.1.2　传输层

传输层是用来提供从源主机到目的主机的传输服务的，在发送主机和接收主机之间建立逻辑连接。传输层的协议，将上层应用程序发送的数据进行分段和重组，并在端点之间重组成同一数据流。传输层的数据流提供端到端的传输服务。传输层的应用协议主要有：TCP，UDP，DCCP，SCTP，RTP，RSVP，PPTP 等协议。下面来介绍传输层常用的几种协议。

1. TCP 协议

TCP(Transmission Control Protocol)称为传输控制协议，建立的在 IP 协议提供的服务基础上，TCP 协议软件增加了确认-重发、滑动窗口和复用/解复用等机制，提供面向链接的、可靠的、流投递服务。该协议弥补了 IP 协议的某些不足，其中比较突出的有以下两个方面：

(1)TCP 协议能够保证在 IP 数据包丢失时进行数据重发，能够删去重复收到的 IP 数据包，还能保证准确地按原发送端的发送顺序重新组装数据。

(2)TCP 协议能区别属于同一应用报文的一组 IP 数据包，并能鉴别应用报文的性质。这一功能使得某些具有四层协议功能的高端路由器可以对 IP 数据包进行流量、优先级、安全管理、负荷分配和复用等智能控制。

下面将从几个方面来了解 TCP 协议：

(1)TCP 协议的特性。TCP 协议在 IP 协议软件提供的服务基础上，支持面向链接的、可靠的、面向流的投递服务。表 7.2 列举了 TCP 协议的主要特征及其含义。

表 7.2　TCP 协议的主要特征

主要特性	含　　义
面向流的投递服务	应用程序之间传输的数据可视为无结构的字节流(或位流)，流投递服务保证收发的字节顺序完全一致
面向链接的投递服务	数据传输之前，TCP 模块之间须建立链接(类似虚电路)，其后的 TCP 报文在此链接基础上传输

续 表

主要特性	含　义
可靠传输服务	接收方根据收到的报文中的校验和，判断传输的正确性：如果正确，进行应答，否则丢弃报文。发送方如果在规定的时间内未能获得应答报文，自动进行重传
缓冲传输	TCP 模块提供强制性传输（立即传输）和缓冲传输两种手段。缓冲传输允许将应用程序的数据流积累到一定的体积，形成报文，再进行传输
全双工传输	TCP 模块之间可以进行全双工的数据流交换
流量控制	TCP 模块提供滑动窗口机制，支持收发 TCP 模块之间的端到端流量控制

(2)TCP 端口和连接。TCP 模块以 IP 模块为传输基础，同时又可向多种应用程序提供传输服务。为了能够区分出对应的应用程序，引入了 TCP 端口的概念。TCP 端口与一个 16 位的整数值相对应，该整数值也被称为 TCP 端口号。需要服务的应用进程与某个端口号进行连接，这样 TCP 模块就可以通过该 TCP 端口与应用进程通信了。

由于 IP 地址只对应到 Internet 中的一台主机，而 TCP 端口号可对应到主机上的某个应用进程，因此，TCP 模块采用 IP 地址和端口号来标识 TCP 连接的端点。一条 TCP 连接实质上对应了一对 TCP 端点，如图 7.2 所示。

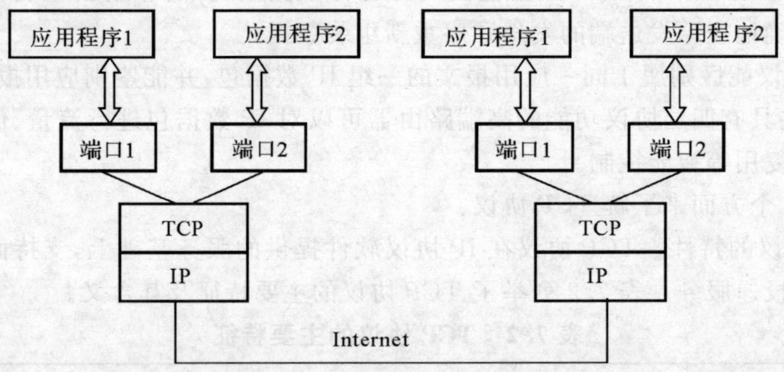

图 7.2　TCP 协议端口作用示意图

(3)TCP 协议的窗口机制。TCP 的特点之一是提供体积可变的滑动窗口机制，支持端到端的流量控制。TCP 的窗口以字节为单位进行调整，以此来适应接收方的处理能力。处理过程如下：

1）TCP 连接阶段，双方协商窗口尺寸，同时接收方预留数据缓存区。

2）发送方根据协商的结果，发送符合接收方窗口尺寸的数据字节流，并等待对方的确认。

3）发送方根据确认信息，改变窗口的尺寸，增加或者减少发送未得到确认的字节流中的字节数。其调整过程包括:如果出现发送拥塞,发送窗口缩小为原来的一半,同时将超时重传的时间间隔扩大一倍。TCP 的窗口机制和确认保证了数据传输的可靠性和流量控制。

(4)TCP 数据的封装。图 7.3 展示了 TCP 协议中的数据封装过程。

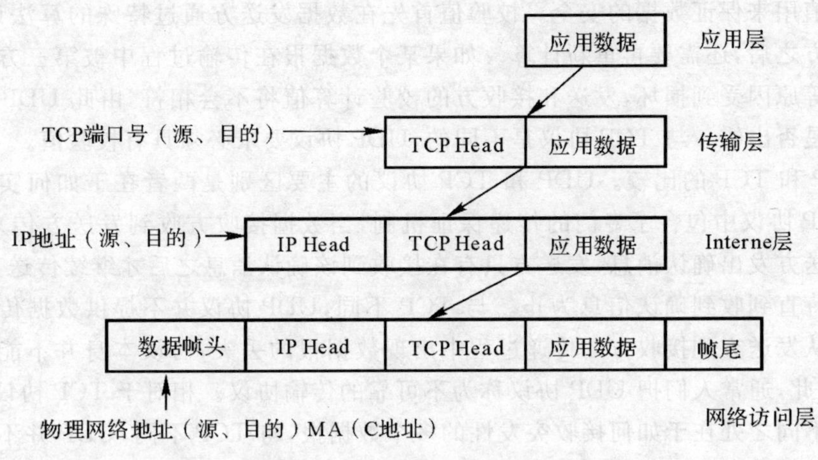

图 7.3　TCP 协议数据封装过程

2. UDP 协议

UDP(User Datagram Protocol)称为用户数据报协议,主要用来支持那些需要在计算机之间传输数据的网络应用,包括网络视频会议系统在内的众多的客户/服务器模式的网络应用都需要使用 UDP 协议。UDP 协议从问世至今依然在被使用,虽然其最初的光彩已经被一些类似协议所掩盖,但是即使是在今天看来,UDP 仍然不失为一项非常实用和可行的网络传输层协议。

与 TCP 协议一样,UDP 协议直接位于 IP 协议的顶层。UDP 协议的主要作用是将网络数据流量压缩成数据报的形式。一个典型的数据报就是一个二进制数据的传输单位。每一个数据报的前 8 个字节用来包含报头信息,剩余字节则用来包含具体的传输数据。下面从以下三个方面来认识 UDP 协议。

(1)UDP 报头。UDP 报头由四个域组成,其中每个域各占用 2 个字节,分别为:源端口号、目标端口号、数据报长度、校验值。

1)UDP 协议使用端口号为不同的应用保留其各自的数据传输通道。UDP 和 TCP 协议正是采用这一机制实现对同一时刻内多项应用同时发送和接收数据的支持。数据发送方(客户端或服务器端)将 UDP 数据报通过源端口发送出去,而数据接收方则通过目标端口接收数据。有的网络应用只能使用预先为其预留或注册的静态端口,而另外一些网络应用则可以使用未被注册的动态端口。因为 UDP 报头使用两个字节存放端口号,所以端口号的有效范围是从 0 到 65 535。一般来说,大于 49 151 的端口号都代表动态端口。

2)数据报的长度是指包括报头和数据部分在内的总的字节数。因为报头的长度是固定的，所以该域主要被用来计算可变长度的数据部分(又称为数据负载)。数据报的最大长度根据操作环境的不同而不同。理论上说，包含报头在内的数据报的最大长度为 65 535 B。不过，一些实际应用往往会限制数据报的大小，有时会降低到 8 192 B。

3)校验值用来保证数据的安全。校验值首先在数据发送方通过特殊的算法计算得出，在传递到接收方之后，还需要再重新计算。如果某个数据报在传输过程中被第三方篡改或者由于线路噪声等原因受到损坏，发送和接收方的校验计算值将不会相符，由此 UDP 协议可以检测传输过程是否出错。与 TCP 协议是不同的，UDP 协议要求必须具有校验值。

(2)UDP 和 TCP 的比较。UDP 和 TCP 协议的主要区别是两者在于如何实现信息的可靠传递。TCP 协议中包含了专门的传递保证机制，当数据接收方收到发送方传来的信息时，会自动向发送方发出确认消息，发送方只有在接收到该确认消息之后才继续传送其他信息，否则将一直等待直到收到确认信息为止。与 TCP 不同，UDP 协议并不提供数据传送的保证机制。如果在从发送方到接收方的传递过程中出现数据报的丢失，协议本身并不能做出任何检测或提示，因此，通常人们把 UDP 协议称为不可靠的传输协议。相对于 TCP 协议，UDP 协议的另外一个不同之处在于如何接收突发性的多个数据报，与 TCP 不同，UDP 并不能确保数据的发送和接收顺序。

(3)UDP 协议的应用。既然 UDP 是一种不可靠的网络协议，那么还有什么使用价值或必要呢。其实，在有些情况下 UDP 协议可能会变得非常有用，因为 UDP 具有 TCP 所望尘莫及的速度优势。虽然 TCP 协议中植入了各种安全保障功能，但是在实际执行的过程中会占用大量的系统开销，无疑会使速度受到严重的影响。而 UDP 由于排除了信息可靠传递机制，将安全和排序等功能移交给上层应用来完成，极大地减少了执行时间，使传输速度得到了保证。关于 UDP 协议的最早规范是 RFC768，于 1980 年发布。尽管时间已经很长，但是 UDP 协议仍然继续在主流应用中发挥着作用，包括视频电话会议系统在内的许多应用都证明了 UDP 协议的存在价值。因为相对于可靠性来说，这些应用更加注重实际性能，所以为了获得更好的使用效果(例如，更高的画面帧刷新速率)往往可以牺牲一定的可靠性(例如，会面质量)。这就是 UDP 和 TCP 两种协议的权衡之处。根据不同的环境和特点，两种传输协议都将在今后的网络世界中发挥更加重要的作用。

3. DCCP 协议

DCCP (Datagram Congestion Control Protocol)称为数据报拥塞控制协议，该协议是一种面向信息的传输层协议。DCCP 提供双向单播连接的拥塞控制不可靠数据报。DCCP 实施可靠的连接建立、拆卸、ECN、拥塞控制和功能协商。DCCP 适合传输大量数据的应用程序，它能从及时性和可靠性之间的权衡取舍中受益。DCCP 协议是 IETF 提出取代 UDP 的新传输协议，用来传输实时业务。

DCCP 提供了一种不必在应用程序层执行的拥塞控制机制。它考虑到基于流的语法，就像在 TCP 中的一样，但并不提供可靠的顺序递送。DCCP 在递送数据时对有时间限制的应用程序是有用的，但是如果可靠的顺序递送与拥塞避免相结合可能对接收器来说变得毫无用处。

这样的应用程序有可能包括流媒体和网络电话。这类应用程序或者满足 TCP 或使用 UDP 和实施它们自己的拥塞控制机制(或根本没有拥塞控制)。一个 DCCP 连接包含被确认流量以及数据流量。确认告诉发件人它的数据包已抵达以及他们是否是 ECN 标准的。Acks 和在使用要求中的拥塞控制机制一样被可靠传输,或许是完全可靠的。DCCP 有一个非常长的(48位)序列号与一个数据包 ID 相匹配的选项(而不是像在 TCP 中的一个字节的 ID),这个长的序列号码的用意在于防止一些盲目的攻击。

4. SCTP 协议

SCTP(Stream Control Transmission Protocol)称为串流控制传输协议,该协议是在 2000 年由 IETF(因特网工程任务组)定义的一个传输层协议。作为一个传输层协议,SCTP 可以理解为和 TCP 及 UDP 相类似的一种控制传输协议。它提供的服务有点像 TCP,又同时将 UDP 的一些优点相结合。是一种可靠、高效、有序的数据传输协议。相比之下 TCP 是面向字节的,而 SCTP 是针对成帧的消息。

SCTP 主要的贡献是对多重联外线路的支持,一个端点可以由多于一个 IP 地址组成,使得传输可在主机间或网卡间做到透明的网络容错备援。

CTP 主要被设计用来在 IP 网络上(也能用于更宽的应用程序)传输 PSTN 信令信息 SS7/C7。SCTP 是一种执行在无连接包网络,如 IP 上面的可靠传输协议,其被设计来解决 TCP 在传输实时信令和数据如网络上的信令时所存在的局限性和复杂性问题。此外 SCTP 也能运行在 UDP 层上。SCTP 提供如下服务:

(1)承认响应用户数据的错误释放非复制转换。

(2)数据碎片遵从于发现路径的大小。

(3)在多重流中,为个人用户信息的发送到达顺序提供了一个选项,用户信息可以按顺序发送。为进入单个 SCTP 包的多重用户信息提供可选包。

(4)通过连接的一个终端或两个终端支持多重自导引来提供网络故障公差。

5. RTP 协议

RTP(Real-time Transport Protocol)称为实时传输协议,是 Internet 上针对多媒体数据流的一种传输协议。RTP 被定义为在一对一或一对多的传输情况下工作,其目的是提供时间信息和实现流同步。RTP 通常使用 UDP 来传送数据,但 RTP 也可以在 TCP 或 ATM 等其他协议之上工作。当应用程序开始一个 RTP 会话时将使用两个端口:一个给 RTP,一个给 RTCP。RTP 本身并不能为按顺序传送数据包提供可靠的传送机制,也不提供流量控制或拥塞控制,它依靠 RTCP 提供这些服务。通常 RTP 算法并不作为一个独立的网络层来实现,而是作为应用程序代码的一部分。

RTCP(Real-time Transport Control Protocol:实时传输控制协议)和 RTP 一起提供流量控制和拥塞控制服务。在 RTP 会话期间,各参与者周期性地传送 RTCP 包。RTCP 包中含有已发送的数据包的数量、丢失的数据包的数量等统计资料,因此,服务器可以利用这些信息动态地改变传输速率,甚至改变有效载荷类型。RTP 和 RTCP 相互配合使用,能以有效的反馈和最小的开销使传输效率最佳化,因而特别适合传送网上的实时数据。

6. RSVP 协议

RSVP(Resource ReserVation Protocol)称为资源预留协议,是一种允许 Internet 上质量聚合服务的资源预留装备协议。

RSVP 允许通信双方的主机请求特殊质量服务以保证流体数据传输的质量。(RSVP)路由器使用 RSVP 发送服务质量(QoS)请求给所有节点(沿着流路径)并建立和维持这种状态以提供请求服务。通常 RSVP 请求将会引起每个节点数据路径上的资源预留。RSVP 只在单方向上进行预留请求,因此,尽管相同的应用程序,进程同时可能既担当发送者也担当接受者。但 RSVP 对发送者与接收者是不同对待的。RSVP 运行在 IPV4 或 IPV6 上层,占据协议栈中传输协议的空间。RSVP 不传输应用数据,但支持 Internet 控制协议,如 ICMP,IGMP 或者路由选择协议。正如路由选择和管理类协议的运行一样,RSVP 的运行也是在后台执行,而并非在数据转发路径上。RSVP 在本质上并不是路由选择协议,它的设计目标是运行当前和未来的单播(Unicast)和组播(Multicast)路由选择协议。RSVP 处理器协商本地路由选择数据以获得传送路径。在组播情况下,例如主机发送 IGMP 信息到组播组,然后沿着组播组传送路径,发送 RSVP 信息以预留资源。路由选择协议决定数据包转发位置。RSVP 只考虑根据路由选择所转发的数据包的 QoS。为了有效适应大型组、动态组成员以及不同机种的接收端需求,通过 RSVP,接收端可以请求一个特定的 QoS。QoS 请求从接收端主机应用程序被传送至本地 RSVP 处理器,然后 RSVP 协议沿着预留数据路径,将此请求传送到所有节点(路由器和主机),直到接收端数据路径加入到组播分配树中。所以,接收端 RSVP 预留开销是成对数关系而非线性。

7. PPTP 协议

PPTP(Point to Point Tunneling Protocol)称为点对点隧道协议,是一种支持多协议虚拟专用网络的网络技术。通过该协议,远程用户能够通过 Microsoft Windows NT 工作站、Windows 95 或 Windows 98 操作系统以及其他装有点对点协议的系统安全访问公司网络,并能拨号连入本地 ISP,通过 Internet 安全链接到公司网络。PPTP 协议假定在 PPTP 客户机和 PPTP 服务器之间有连通并且可用的 IP 网络,因此,如果 PPTP 客户机本身已经是 IP 网络的组成部分,那么即可通过该 IP 网络与 PPTP 服务器取得连接。而如果 PPTP 客户机尚未连入网络,譬如在 Internet 拨号用户的情形下,PPTP 客户机必须首先拨打 NAS 以建立 IP 连接。这里所说的 PPTP 客户机也就是指使用 PPTP 协议的 VPN 客户机,而 PPTP 服务器亦即使用 PPTP 协议的 VPN 服务器。PPTP 只能通过 PAC 和 PNS 来实施,其他系统没有必要知道 PPTP。拨号网络可与 PAC 相连接而无须知道 PPTP。标准的 PPTP 客户机软件可继续在隧道 PPTP 链接上操作。PPTP 使用 GRE 的扩展版本来传输用户 PPP 包。这些增强允许为在 PAC 和 PNS 之间传输数据的隧道提供低层拥塞控制和流控制。这种机制允许高效使用隧道可用带宽并且避免了不必要的重发和缓冲区溢出。PPTP 没有规定特定的算法用于低层控制,但它确实定义了一些通信参数来支持这样的算法工作。

7.1.3 Internet 层

在 TCP/IP 参考模型的第三层——Internet 层中，最主要的协议就是 IP 协议。在通过 TCP/IP 协议集传输数据时，所有的上层和底层通行都必须通过 IP 协议。Internet 层的主要目的是利用相应的本层协议发送分组。决定最佳路径和分组交换都在这一层完成。Internet 层的应用协议主要包括：IP，ARP，RARP，ICMP，IGMP，BGP，IPsec 等协议。下面来介绍一些常用的 Internet 层协议。

1. IP 协议

IP(Internet Protocol)称为网络协议，该协议是为计算机网络相互连接进行通信而设计的协议。在 Internet 中，它的作用是使连接到网上的所有计算机网络实现相互通信的一套规则。任何厂家生产的计算机系统，只要遵守 IP 协议就可以与 Internet 相互通信。正是因为有了 IP 协议，Internet 才得以迅速发展成为世界上最大的开放计算机通信网络，因此，IP 协议也可以叫做因特网协议。

IP 协议是网络上信息从一台计算机传递给另一台计算机的方法或者协议。网络上每台计算机(主机)至少拥有一个 IP 地址将其与网络上其他计算机区别开。当发送或者接受信息时，信息被分成几个小块，称为信息包。每个信息包都包含了发送者和接收者的网络地址。网关计算机能读出信息包中所包含的目的地址，接下来信息包继续向前到下一个邻近的网关照例读出目的地址，如此一直通过网络，直到某一个网关确认这个信息包属于其最紧邻或者其范围内的计算机，最终直接进入到其指定地址的计算机。因为一个信息被分成了许多信息包，如果必要，每个信息包能够通过网络不同的路径发送。信息包能按照与它们发送时的不同顺序到达。IP 协议的作用仅仅是发送这些信息包，在另一个协议——TCP(传输控制)协议——的控制下才能将信息包按照正确顺序组合回原样。IP 是一个无连接协议，这就意味着在通信的终点之间没有连续的线路连接。每个信息包作为一个的独立的单元在网络上传输，这些单元之间没有相互的联系。在 OSI(开放的系统互连)参考模型中 IP 协议位于第三层——网络层。如今最广泛应用的 IP 版本是 IPv4。然而，IP 版本 6(IPv6)目前也已经开始使用了。IPv6 为了更长的地址作准备，因此可以满足更多网络使用者的需要。IPv6 包括了 IPv4 的功能，任何支持 IPv6 信息包的服务器同样也支持 IPv4 信息包。

下面从几个方面来学习 IP 协议：

(1)IP 地址。IP 地址也可以称为互联网地址或 Internet 地址，是用来唯一标识互联网上计算机的逻辑地址。每台计算机都依靠 IP 地址来标识自己，全世界的电话号码都是唯一的，通过电话号码来找到相应的电话，类似于电话号码，IP 地址也全球唯一的。IP 地址是 IP 网络中数据传输的依据，它标识了 IP 网络中的一个连接，一台主机可以有多个 IP 地址。IP 分组中的 IP 地址在网络传输中是保持不变的。现在的 IP 网络使用 32 位地址，以点分十进制表示，如 192.168.1.1。IP 地址的格式为(见图 7.4)：

IP 地址＝网络地址＋主机地址或 IP 地址＝主机地址＋子网地址＋主机地址。

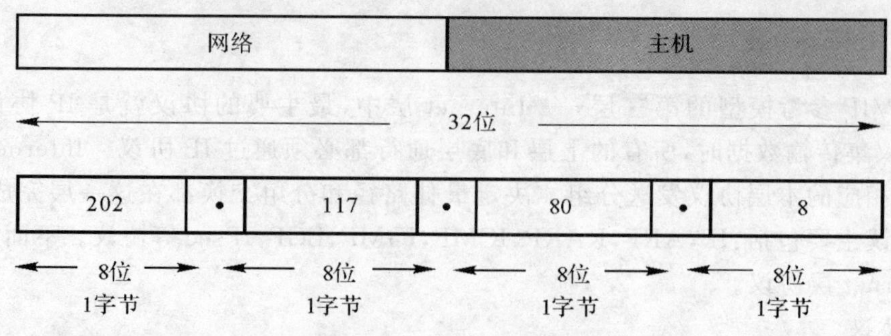

图 7.4 IP 地址格式示意图

网络地址用于识别主机所在的网络位置。主机地址是用于识别该网络中的主机。网络地址是由 Internet 权力机构(InterNIC)统一分配的,目的是为了保证网络地址的全球唯一性。主机地址则是由各个网络的系统管理员分配,因此,网络地址的唯一性与网络内主机地址的唯一性确保了 IP 地址的全球唯一性。

(2)IP 地址的分类。

1)IP 地址分为 A,B,C,D,E 五类:A 类保留给政府机构;B 类分配给中等规模的公司;C 类分配给任何需要的人;D类用于组播;E 类用于实验。

a. A 类地址组成。如图 7.5 所示,A 类地址可以支持超大型网络,A 类 IP 地址的网络部分只占用第一个八位组,其他三个八位组用来标识 IP 地址的主机部分。

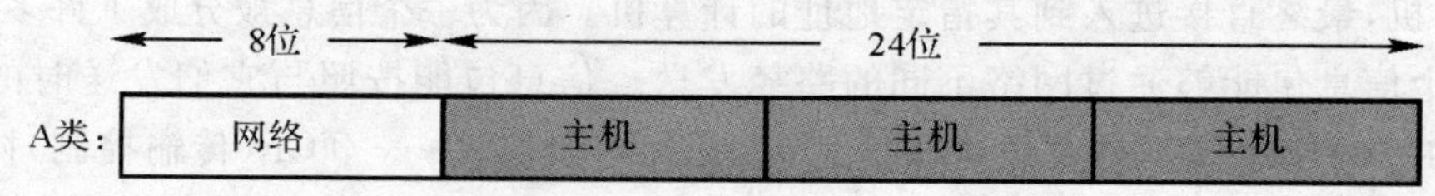

图 7.5 A 类地址示意图

当用二进制表示 IP 地址时,A 类地址的第一位(最左边)总是 0。第一个八位组的标识范围为:00000000~01111111(0~127)。数字 0 和 127 保留使用,不作为网络地址。0 网络用来回环测试——路由器或计算机可以使用该地址向自己发送分组。任何第一个八位组在 1~126 之间的网络地址都是 A 类地址。

b. B 类地址组成。如图 7.6 所示,B 类地址可以满足中大型网络的需求。B 类 IP 地址的网络部分占用前两个八位组,其他两个八位组用来标识 IP 地址的主机部分。

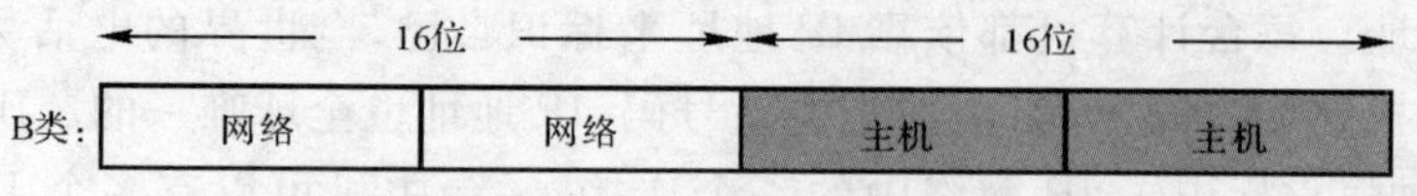

图 7.6 B 类地址示意图

B 类地址的前两位总是 10,因此,B 类地址的第一个八位组的标识范围是:10000000~

10111111(128～191)。任何第一个八位组在128～191之间的网络地址都是B类地址。

c. C类地址。如图7.7所示,C类地址用以满足小型网络的需求,它是最初的地址类型中最常用的。C类IP地址的网络部分占用前三个八位组,剩下的一个个八位组用来标识IP地址的主机部分。C类地址的前两位总是110,因此,C类地址的第一个八位组的标识范围是:11000000～11011111(192～223)。任何第一个八位组在192～223之间的网络地址都是C类地址。

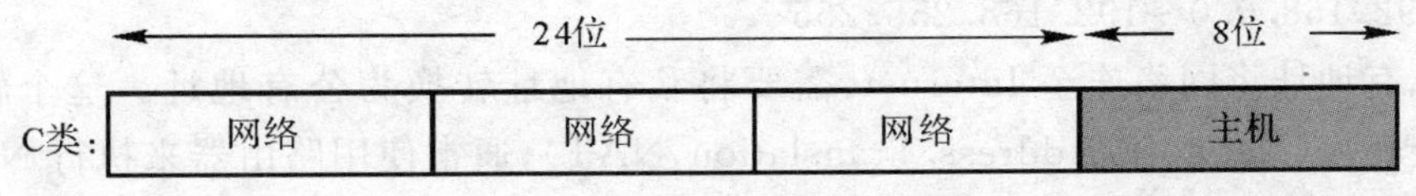

图7.7　C类地址示意图

d. D类地址组成。D类地址用来支持组播。组播地址是唯一的网络地址,用来转发预先定义的一组IP地址作为目的地址的分组。所以,一台计算机可以将单一的数据流传送给多个接收者。

与A,B,C类地址一样,D类地址也有自己的地址空间范围。D类IP地址的前四位是1110,因此,其第一个八位组的标识范围为:11100000～11101111(224～239)。任何第一个八位组在224～239之间的网络地址都是D类地址。

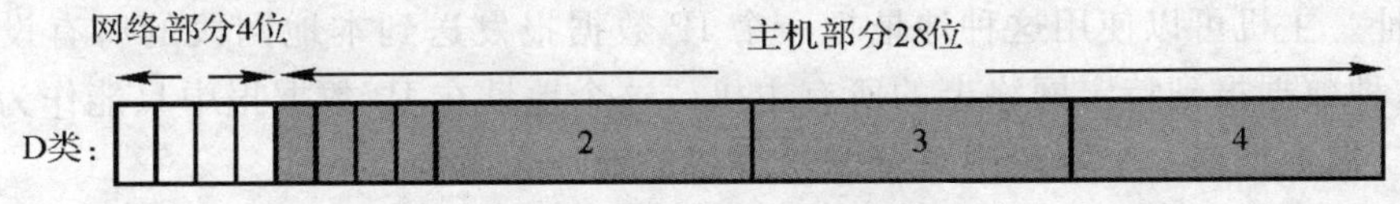

图7.8　D类地址示意图

e. E类地址组成。IETF(Internet工程任务组)保留E类地址作为研究使用,所以,Internet上没有服务E类地址。E类地址的前4位总是1111,因此,E类地址的第一个八位组的标识范围是:11110000～11111111(240～255)。图7.9所示为E类地址的示意图。

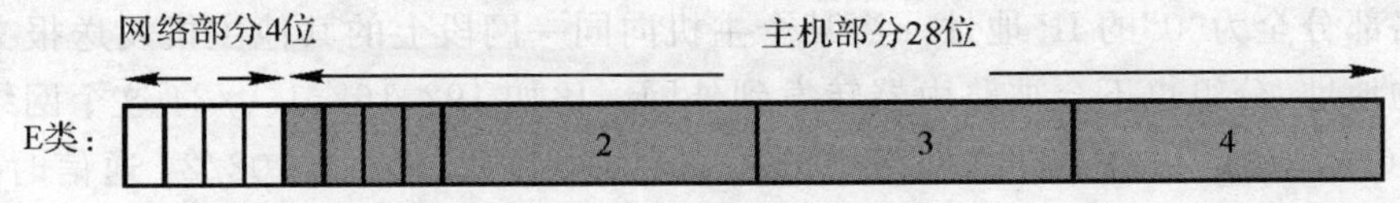

图7.9　E类地址示意图

2)公有地址和私有地址。根据用途和安全性级别的不同,IP地址可以大致分为两类:公有地址和私有地址。

公有地址(Public Address)由Inter NIC(Internet Network Information Center,因特网信息中心)负责。这些IP地址分配给注册并向Inter NIC提出申请的组织机构。通过它直接访问因特网。

私有地址(Private Address)属于非注册地址,专门供组织机构内部使用。

RFC 1918 留出了 3 块 IP 地址空间(1 个 A 类地址段,16 个 B 类地址段,256 个 C 类地址段)作为私有的内部使用的地址。在这个范围内的 IP 地址不能被路由到 Internet 骨干网上。以下列出留用的内部私有地址:

A 类 10.0.0.0～10.255.255.255

B 类 172.16.0.0～172.31.255.255

C 类 192.168.0.0～192.168.255.255

使用私有地址将网络连至 Internet,需要将私有地址转换为公有地址。这个转换过程称为网络地址转换(Network Address Translation,NAT),通常使用路由器来执行 NAT 转换。

(3)特殊的 IP 地址。在 IP 地址空间中,有些 IP 地址不能为设备分配,有的 IP 地址不能用在公网,有的 IP 地址只能在本机使用,诸如此类的特殊 IP 地址众多。

1)受限广播地址。广播通信是一种一对多的通信方式。若一个 IP 地址的二进制数全为“1”,也就是 255.255.255.255,则这个地址用于定义整个互联网。发送目的地址全为“1”的广播包会使该广播包被整个 Internet 所接收。但是这样会给整个互联网带来灾难性的负担。因此网络上的所有路由器都阻止具有这种类型的分组被转发出去,使这样的广播仅限于本地网段。

2)直接广播地址。一个网络中的最后一个地址定义为直接广播地址,也就是 HostID 全为“1”的地址。主机可以使用这种地址把一个 IP 数据报发送到本地网段的所有设备上,路由器会转发这种数据报到特定网络上的所有主机。这个地址在 IP 数据报中只能作为目的地址。另外,直接广播地址使一个网段中可分配给设备的地址数减少了一个。

3)IP 地址是 0.0.0.0。若 IP 地址全为“0”,也就是 0.0.0.0,则这个 IP 地址在 IP 数据报中只能用做源 IP 地址使用。当设备启动时但又不知道自己的 IP 地址情况下,设备会给自己分配这个全“0”的地址。在使用 DHCP 分配 IP 地址的网络环境中,这样的地址是很常见的。用户主机为了获得一个可用的 IP 地址,就给 DHCP 服务器发送 IP 分组,并用全“0”的地址作为源地址,目的地址为 255.255.255.255(因为主机这时还不知道 DHCP 服务器的 IP 地址)。

4)网络部分全为“0”的 IP 地址。当某个主机向同一网段上的其他主机发送报文时就可以使用这样的地址,分组也不会被路由器转发到外网。比如 192.168.1.0/24 这个网络中的一台主机 192.168.1.101/24 在与同一网络中的另一台主机 192.168.1.102/24 通信时,目的地址可以是 0.0.0.102。

5)环回地址。127 网段的所有地址都称为环回地址,主要用来测试网络协议是否工作正常。比如使用 ping 127.0.0.1 就可以测试本地 TCP/IP 协议是否已正确安装。另外一个用途是当客户进程用环回地址发送报文给位于同一台机器上的服务器进程,比如在浏览器里输入 127.0.0.3,这样可以在排除网络路由的情况下用来测试 IIS 是否正常启动。

6)专用地址。IP 地址空间中,有一些 IP 地址被定义为专用地址,这样的地址不能为 Internet 网络的设备分配,只能在企业内部使用,因此也称为私有地址。若要在 Internet 网上使用这样的地址，必须使用网络地址转换或者端口映射技术。

这些专有地址是：

10/8 地址范围：10. 0. 0. 0～10. 255. 255. 255 共有 2^{24}个 IP 地址。

172. 16/12 地址范围：172. 16. 0. 0～172. 31. 255. 255 共有 2^{20}个 IP 地址。

192. 168/16 地址范围：192. 168. 0. 0～192. 168. 255. 255 共有 2^{16}个 IP 地址。

(4) IP 地址查询网址。

1)http://www. ip180. com，它是目前最完整的 IP 数据库查询网站；

2)http://www. cz88. net/；

3)http://www. ip138. com/；

4)http://tool. chinaz. com/；

5)http://www. ipchaxun. com/。

(4) IP 网络互连。各个厂家生产的网络系统和设备，如以太网、分组交换网等，它们相互之间是不能互相通信的，主要原因是它们所传送数据的基本单元(技术上称之为“帧”)的格式不同。IP 协议实际上是一套由软件程序组成的协议软件，它把各种不同格式的“帧”统一转换成“IP 数据包”格式，这种转换是因特网的一个最重要特点，使所有各种计算机都能在因特网上实现互相通信，具有“开放性”的特点。

数据包是分组交换的一种形式，即把所传送的数据先分段打成包，再传送出去。但是，与传统的连接型分组交换不同的是，它属于无连接型，是把打成的每个包(分组)都作为一个独立的报文发送出去，所以叫做数据包。这样，在开始通信之前就不需要先连接好一条电路，各个数据包不一定都通过同一条路径传输，所以叫做无连接型。这一特点非常重要，也正是由此，它大大提高了网络的坚固性和安全性。

每个数据包都有包头和包文这两个部分，包头中有源、目的地址等必要内容，使每个数据包即使不经过同样的路径都能准确地到达目的地。在目的地重新组合还原成原数据。IP 具有分组打包和集合组装的功能。

在实际传送过程中，数据包还要能根据所经过网络规定的分组大小来改变数据包的长度，IP 数据包的最大长度可达 65 535 B。IP 协议中还有一个非常重要的内容，那就是给因特网上的每台计算机和其他设备都规定了一个唯一的 IP 地址。由于有这种唯一的地址，才保证了用户在连网的计算机上操作时，能够高效而且方便地从千千万万台计算机中选出自己所需的对象来。

2. ARP 协议

ARP (Address Resolution Protocol)称为地址解析协议。在局域网中，网络中实际传输的是“帧”，帧里面包含目标主机的 MAC(物理)地址。在以太网中，一个主机和另一个主机进行直接通信前，必须要知道目标主机的 MAC 地址。这个目标 MAC 地址就是通过地址解析协议获得的。所谓“地址解析”就是主机在发送帧前将目标 IP 地址转换成目标 MAC 地址的过程。ARP 协议的基本功能就是通过目标设备的 IP 地址，查询目标设备的 MAC 地址，以保证通信的顺利进行。ARP 协议主要负责将局域网中的 32 位 IP 地址转换为对应的 48 位物理地址，即网卡的 MAC 地址。

(1)ARP 协议的工作原理。在每台安装有 TCP/IP 协议的计算机里都有一个 ARP 缓存表，表里的 IP 地址与 MAC 地址是一一对应的。

以主机 A(192.168.1.1)向主机 B(192.168.1.2)发送数据为例。当发送数据时，主机 A 会在自己的 ARP 缓存表中寻找是否有目的主机的 IP 地址。如果找到了，也就知道了目标 MAC 地址，直接把目标 MAC 地址写入帧里面发送就可以了。如果在 ARP 缓存表中没有找到相对应的 IP 地址，主机 A 就会在网络上发送一个广播包，目的 MAC 地址是"FF.FF.FF.FF.FF.FF"，这表示向同一网段内的所有主机发出这样的请求：我想知道 192.168.1.2 的 MAC 地址。网络上其他主机并不响应 ARP 询问，只有主机 B 接收到这个帧时才向主机 A 做出这样的回应：192.168.1.2 的 MAC 地址是 00-AB-13-6F-CA-09。如此，主机 A 就知道了主机 B 的 MAC 地址，接着它就可以向主机 B 发送信息了，同时它还更新了自己的 ARP 缓存表，下次再向主机 B 发送信息时，直接从 ARP 缓存表里查找就可以了。ARP 缓存表采用了老化机制，在一段时间内如果表中的某一行没有被使用，就会被删除，这样可以大大减少 ARP 缓存表的长度，加快查询速度。

(2) ARP 的报头主要包括以下几方面的内容。

1)硬件类型字段。它指明了发送方想知道的硬件接口类型，以太网的值为 1。

2)协议类型字段。它指明了发送方提供的高层协议类型，IP 协议为 0800(十六进制)。

3)硬件地址长度和协议长度。它指明了硬件地址和高层协议地址的长度，这样 ARP 报文就可以在任意硬件和任意协议的网络中使用。

4)操作字段。它用来表示该报文的类型，ARP 请求为 1，ARP 响应为 2，RARP 请求为 3，RARP 响应为 4。

5)发送方的硬件地址(0～2 B)。它是源主机硬件地址的前 3 B。

6)发送方的硬件地址(3～5 B)。它是源主机硬件地址的后 3 B。

7)发送方 IP(0～1 B)。它是源主机硬件地址的前 2 B。

8)发送方 IP(2～3 B)。它是源主机硬件地址的后 2 B。

9)目的硬件地址(0～1 B)。它是目的主机硬件地址的前 2 B。

10)目的硬件地址(2～5 B)。它是目的主机硬件地址的后 4 B。

11)目的 IP(0～3 B)。它是目的主机的 IP 地址。

3. RARP 协议

RARP(Reverse Address Resolution Protocol)称为逆向地址解析协议，它与 ARP 协议的功能正好相反，就是将局域网中某个主机的物理地址转换为 IP 地址，比如局域网中有一台主机只知道物理地址而不知道 IP 地址，那么可以通过 RARP 协议发出征求自身 IP 地址的广播请求，然后由 RARP 服务器负责回答。

RARP 的工作原理如下：

(1)主机发送一个本地的RARP广播包，在此广播包中，声明自己的MAC地址并且请求任何收到此请求的RARP服务器分配一个IP地址。

(2)本地网段上的RARP服务器在收到此请求后，检查其RARP列表，查找该MAC地址对应的IP地址。

(3)如果存在，RARP服务器就给源主机发送一个响应数据包并将此IP地址提供给对方主机使用。

(4)如果不存在，RARP服务器对此不做任何的响应。

(5)源主机收到从RARP服务器的响应信息，就利用得到的IP地址进行通信。如果一直没有收到RARP服务器的响应信息，表示初始化失败。

(6)如果在第(1)～(3)步中被ARP病毒攻击，则服务器做出的反映就会被占用，源主机同样得不到RARP服务器的响应信息，此时并不是服务器没有响应而是服务器返回的源主机的IP被占用。

4. ICMP协议

ICMP(Internet Control Message Protocol)称为Internet控制消息协议。它是TCP/IP协议族的一个子协议，用于在IP主机、路由器之间传递控制消息。控制消息是指网络是否通畅，主机是否可达，路由是否可用等网络自身的消息。这些控制消息虽然并不传输用户数据，但是对于用户数据的传递起着重要的作用。网络中经常会使用到ICMP协议，只不过我们觉察不到而已。比如我们经常使用的用于检查网络通不通的PING命令，这个“PING”的过程实际上就是ICMP协议工作的过程。还有其他的网络命令如跟踪路由的Tracert命令也是基于ICMP协议的。ICMP协议对于网络安全具有极其重要的意义。ICMP协议本身的特点决定了它非常容易被用于攻击网络上的路由器和主机。利用操作系统规定的ICMP数据包最大尺寸不超过64KB这一规定，向主机发起“PING of Death”(死亡之PING)攻击。“PING of Death”攻击的原理是：如果ICMP数据包的尺寸超过64KB上限时，主机就会出现内存分配错误，导致TCP/IP堆栈崩溃，致使主机死机。此外，向目标主机长时间、连续、大量地发送ICMP数据包，也会最终导致系统瘫痪。大量的ICMP数据包会形成“ICMP风暴”，使得目标主机耗费大量的CPU资源，疲于奔命。

虽然ICMP协议给黑客以可乘之机，但是ICMP攻击也并非无药可治。只要在日常网络管理中未雨绸缪，提前做好准备，就可以有效地避免ICMP被攻击。对于“PING of Death”攻击，可以采取两种方法进行防范：第一种方法是在路由器上对ICMP数据包进行带宽限制，将ICMP占用的带宽控制在一定的范围内，这样即使有ICMP攻击，它所侵占的带宽也是非常有限的，对整个网络的影响非常小。第二种方法就是在主机上设置ICMP数据包的处理规则，最好是设定拒绝所有的ICMP数据包。

5. IGMP协议

IGMP(Internet Group Multicast Protocol)称为Internet组织管理协议，该协议运行于主机和与主机直接相连的组播路由器之间，是IP主机用来报告多址广播组成员身份的协议。通过 IGMP 协议,一方面可以通过 IGMP 协议主机通知本地路由器希望加入并接收某个特定组播组的信息;另一方面,路由器通过 IGMP 协议周期性地查询局域网内某个已知组的成员是否处于活动状态。

IGMP 协议的主要作用是解决网络上广播时占用带宽的问题。在网络中,当支持 ICMP 的交换机给所有客户端发出广播信息时,它会将广播信息不经过滤地发给所有客户端。但是这些信息只需要通过组播的方式传输给某一个部分的客户端。基于 IGMP 协议,主机要求加入一个组的请求不必到达离数据流传输主机最近的路由器。如果一台主机申请加入数据流传输路由中的某个多播组,那么离数据流传输路由器最近的路由器便会将这些数据包进行复制,然后从这一请求多播的端口大量地向下传输给提出申请的主机。因此尽管每台提出请求的主机都可以接收到数据流,但由于这些请求并没有传输到源服务器,而数据流也只在需要多播的路由器上进行复制而不是在源服务器上复制,因此可以节省整个网络的带宽。

如果某一系统只能进行单播而不能进行多播,那么每个请求都必须返回到源服务器,然后单独从源服务器获得所需的数据流。尽管在某种意义上来说这样比较方便,例如主机可在从开始到结束的整个过程中的任一时候按自己的需要加入,但这种方法效率较低,而且浪费网络资源。

7.1.4 网络访问层

网络访问层也被称为主机-网络层(Host-to-network)。该层主要任务是在参与传输 IP 分组时建立和网络介质的物理连接。本层包括了局域网和广域网的布线、通行技术。

网络访问层的功能包括 IP 地址与物理硬件地址的映射,以及将 IP 分组封装成帧。应用在网络访问层的主要技术有:802.11,802.16,帧中继,以太网,令牌环网,ATM,DTM,ISDN,FDDI,Wi-Fi,WiMAX,PPP,HDLC 等协议。帧中继、以太网、令牌环网、ATM(异步传输模式)、ISDN(综合业务数字网)、FDDI(光纤分布式数据接口)已经在其他章节介绍过了,这里就不再赘述。下面介绍其他常用的协议。

1. 802.11 标准

802.11 标准是 IEEE 制定的一个无线局域网标准,主要用于办公室局域网和校园网,用户与用户终端的无线接入,业务主要限于数据存取,速率最高只达到 2 Mb/s。由于 802.11 在速率和传输距离上都不能满足人们的需要,因此,IEEE 小组又相继推出了 802.11b 和 802.11a 两个新标准。三者之间技术上的主要差别在于 MAC 子层和物理层。

(1)IEEE 802.11a。802.11a 是 802.11 原始标准的一个修订版,于 1999 年获得批准。802.11a 标准采用了与原始标准相同的核心协议,工作频率为 5GHz,使用 52 个正交频分多路复用副载波,最大原始数据传输率为 54 Mb/s,这达到了现实网络中等吞吐量(20Mb/s)的要求。802.11a 拥有 12 条不相互重叠的频道,8 条用于室内,4 条用于点对点传输。它不能与 802.11b 进行互操作,除非使用了对两种标准都采用的设备。

(2)IEEE 802.11b。IEEE 802.11b 是无线局域网的一个标准。其载波的频率为

2.4 GHz,传送速度为 11 Mb/s。IEEE 802.11b 是所有无线局域网标准中最著名,也是普及最广的标准。它有时会被错误地标为 Wi-Fi。实际上 Wi-Fi 是无线局域网联盟(WLANA)的一个商标,它的作用在于保障使用该商标的商品互相之间可以合作,与标准本身实际上没有关系。在 2.4-GHz-ISM 频段共有 14 个频宽为 22 MHz 的频道可供使用。

(3)802.11 全家族。

1)IEEE 802.11,1997 年,原始标准(2 Mb/s,工作在 2.4 GHz)。

2)IEEE 802.11a,1999 年,物理层补充(54 Mb/s,工作在 5 GHz)。

3)IEEE 802.11b,1999 年,物理层补充(11 Mb/s 工作在 2.4 GHz)。

4)IEEE 802.11c,符合 802.1D 的媒体接入控制层桥接(MAC Layer Bridging)。

5)IEEE 802.11d,根据各国无线电规定做的调整。

6)IEEE 802.11e,对服务等级(Quality of Service, QoS)的支持。

7)IEEE 802.11f,基站的互连性(IAPP, Inter-Access Point Protocol),2006 年 2 月被 IEEE 批准撤销。

8)IEEE 802.11g,2003 年,物理层补充(54 Mb/s,工作在 2.4 GHz)。

9)IEEE 802.11h,2004 年,无线覆盖半径的调整,室内(indoor)和室外(outdoor)信道(5 GHz 频段)。

10)IEEE 802.11i,2004 年,无线网络的安全方面的补充。

11)IEEE 802.11j,2004 年,根据日本规定做的升级。

12)IEEE 802.11l,预留及准备,不使用。

13)IEEE 802.11m,维护标准,互斥及极限。

14)IEEE 802.11n,草案,更高传输速率的改善,支持多输入多输出技术(Multi Input Multi Output,简称 MIMO)。

15)IEEE 802.11k,该协议规范规定了无线局域网络频谱测量规范。

2. 802.16 标准

802.16 标准定义了无线 MAN(城域网)空中接口规范(正式的名称为 IEEE Wireless MAN 标准)。当前,许多客户都在 DSL 服务范围之外或不能得到宽带有线基础设施的支持(商业区通常没有布线)。但是依靠无线宽带,这些问题都可迎刃而解。因为其无线特性,所以无线宽带部署速度更快,扩展能力更强,灵活性更高,因此能够为那些无法享受到或不满意其有线宽带接入的客户提供服务。

无线宽带接入的设置类似于蜂窝系统,使用的是服务半径为几英里/千米的基站。但其基站无须安装在高高的发射塔之上。一直以来,基站天线都安装在高大建筑物或其他突出结构的顶部,由客户端设备负责将基站与客户连接起来。然后信号通过标准以太网线缆或直接路由到一台计算机,或路由到一个 802.11 热点或有线以太网局域网。

802.16 标准使企业和居民获得了一种可更快速地享受到宽带服务的新方法。通过使用可支持大面积城域网接入的 802.16 标准设备,无线服务的部署可快速完成。

7.2 路由选择协议

IP 路由选择协议用有效的、无循环的路由信息填充路由选择表(路由表),从而为数据包在网络之间传递提供可靠的路径信息。路由选择协议又分为距离矢量、链路状态和平衡混合三种。

(1)距离矢量(Distance Vector)路由协议。计算网络中所有链路的矢量和距离并以此为依据确认最佳路径。使用距离矢量路由协议的路由器定期向其相邻的路由器发送全部或部分路由表。典型的距离矢量路由协议是 RIP 和 IGRP。

(2)链路状态(Link State)路由协议。用于为每个路由器创建的拓扑数据库来创建路由表,每个路由器通过此数据库建立一个整个网络的拓扑图。在拓扑图的基础上通过相应的路由算法计算出通往各目标网段的最佳路径,并最终形成路由表。典型的链路状态路由协议是 OSPF。

(3)平衡混合(Balanced Hybrid)路由协议。该协议结合了链路状态和距离矢量两种协议的优点,此类协议的代表是 EIGRP,即增强型内部网关路由协议。

7.2.1 RIP 协议

RIP(Routing Information Protocol)称为路由信息协议,该协议是一种古老的基于距离矢量算法的路由协议,属于内部网关协议,最初由 Xeron 公司在 20 世纪 70 年代开发的。它通过计算抵达目的地的最少跳数(hop)来选取最佳路径,缺省每 30 s 向其相邻设置发出一个包含整个路由表副本的 RIP 更新信息。RIP 协议的跳数可以最多计算到 15 跳,当超过这个数字时,RIP 协议会认为目的地不可达。由于单纯地以跳数作为选路的依据不能充分描述路径特性,可能会导致所选的路径不是最优,因此 RIP 协议只适用于中小型的网络中。RIP 具有版本 1(RIPv1)和版本 2(RIPv2)两个版本,版本 2(RIPv2)增加了鉴别、自动路由汇总和支持变长子网掩码(VLSM)等功能。

1. RIP 协议工作原理

RIP 协议基于 Bellham-Ford(距离向量)算法,此算法在 1969 年被用于计算机路由选择,正式协议首先是由 Xerox 于 1970 年开发的,当时是作为 Xerox 的“Networking Services (NXS)”协议族的一部分。由于 RIP 实现简单,迅速成为使用范围最广泛的路由协议。

路由器的关键作用是用于网络的互连,每个路由器与两个以上的实际网络相连,负责在这些网络之间转发数据报。在 IP 进行选路和对报文进行转发时,总是假设路由器包含了正确的路由,而且路由器可以利用 ICMP 重定向机制来要求与之相连的主机更改路由。但在实际情况下,IP 进行选路之前必须先通过某种方法获取正确的路由表。在小型的、变化缓慢的互连网络中,管理者可以用手工方式来建立和更改路由表。而在大型的、迅速变化的环境下,人工更新的办法很明显由于效率低而不能被接受。这就需要自动更新路由表的方法,即所谓的动态路由协议,RIP 协议是其中最简单的一种。

在路由实现时,RIP 作为一个系统长驻进程(daemon)而存在于路由器中,负责从网络系统的其他路由器接收路由信息,从而对本地 IP 层路由表作动态的维护,保证 IP 层发送报文时选择正确的路由。同时负责广播本路由器的路由信息,通知相邻路由器作相应的修改。RIP 协议处于 UDP 协议的上层,RIP 所接收的路由信息都封装在 UDP 协议的数据报中,RIP 在 520 号 UDP 端口上接收来自远程路由器的路由修改信息,并对本地的路由表做相应的修改,同时通知其他路由器。通过这种方式,达到全局路由的一致。

RIP 路由协议用更新(Uupdates)和请求(Requests)这两种分组来传输信息的。每个具有 RIP 协议功能的路由器每隔 30 s 用 UDP520 端口给与之直接相连的机器广播更新信息。更新信息包含了该路由器所有的路由选择信息数据库。路由选择信息数据库的每个条目由局域网上能达到的 IP 地址和与该网络的距离两部分组成。请求信息用于寻找网络上能发出 RIP 报文的其他设备。

RIP 用路程段数(即“跳数”)作为衡量网络距离的尺度。每个路由器在给相邻路由器发出路由信息时,都会给每个路径加上内部距离。然而在实际的网络路由选择上并不总是由跳数决定的,还要结合实际的路径连接性能综合考虑。

2. 路由器收敛机制

任何距离向量路由选择协议(如 RIP)都有一个问题,路由器不知道网络的全局情况,路由器必须依靠相邻路由器来获取网络的可达信息。由于路由选择更新信息在网络上传播慢,距离向量路由选择算法有一个慢收敛问题,这个问题将导致不一致性产生。RIP 协议使用以下机制减少因网络上的不一致带来的路由选择环路的可能性。

(1)记数到无穷大机制。RIP 协议允许的最大跳数为 15。大于 15 的目的地被认为是不可达。这个数字在限制了网络大小的同时也防止了一个叫做计数到无穷大的问题。如果计数到无穷大问题,路由选择信息将从一个路由器传到另一个路由器,每次段数加 1。路由选择环路问题将无限制地进行下去,除非达到某个限制。这个限制就是 RIP 的最大跳数。当路径的跳数超过 15,这条路径才从路由表中删除。

(2)水平分割法。水平分割规则是路由器不向路径到来的方向回传此路径。当打开路由器接口后,路由器记录路径是从哪个接口来的,并且不向此接口回传此路径。

Cisco 路由器可以对每个接口关闭水平分割功能。这个特点在非广播多路访问(Non Broadcast Mutilple Access,简称 NBMA)环境下十分有用。

(3) 破坏逆转的水平分割法。水平分割是路由器用来防止把一个接口得来的路径又从此接口传回导致的问题。水平分割方案忽略在更新过程中从一个路由器获取的路径又传回该路由器。有破坏逆转的水平分割方法是在更新信息中包括这些回传路径,但这种处理方法会把这些回传路径的跳数设为 16(无穷)。通过把跳数设为无穷,并把这条路径告诉源路由器,有可能立刻解决路由选择环路。否则,不正确的路径将在路由表中驻留到超时为止。破坏逆转的缺点是它增加了路由更新的数据大小。

(4) 保持定时器法。保持定时器法可防止路由器在路径从路由表中删除后一定的时间内(通常为 180 s)接受新的路由信息。它的思想是保证每个路由器都收到了路径不可达信息,而且没有路由器发出无效路径信息。

(5) 触发更新法。有破坏逆转的水平分割将任何两个路由器构成的环路打破,但三个或更多个路由器构成的环路仍会发生,直到 16(无穷)时为止。触发式更新法可加速收敛时间,它的工作原理是当某个路径的跳数改变了,路由器立即发出更新信息,不论路由器是否到达常规信息更新时间都发出更新信息。

7.2.2 IGRP 协议

IGRP(Interior Gateway Routing Protocol)称为内部网关路由协议,是一种在自治系统(Autonomous System,简称 AS)中提供路由选择功能的路由协议。在 20 世纪 80 年代中期,最常用的内部路由协议是路由信息协议(RIP)。尽管 RIP 对于实现小型或中型同机种互联网络的路由选择是非常有用的,但是随着网络的不断发展,其受到的限制也越加明显。思科路由器的实用性和 IGRP 的强大功能性,使得众多小型互联网络组织用 IGRP 取代了 RIP。早在 20 世纪 90 年代,思科就推出了增强的 IGRP,进一步提高了 IGRP 的操作效率。

IGRP 是一种距离向量(Distance Vector)内部网关协议(IGP)。距离向量路由选择协议采用数学上的距离标准计算路径大小,该标准就是距离向量。距离向量路由选择协议与链路状态路由选择协议(Link-state Routing Protocols)相对,这主要在于距离向量路由选择协议是对互联网中的所有节点发送本地连接信息。

为具有更大的灵活性,IGRP 支持多路径路由选择服务。在循环(Round Robin)方式下,两条同等带宽线路能运行单通信流,如果其中一根线路传输失败,系统会自动切换到另一根线路上。多路径可以是具有不同标准但仍然奏效的多路径线路。例如,一条线路比另一条线路优先 3 倍(即标准低 3 级),那么意味着这条路径可以使用 3 次。只有符合某特定最佳路径范围或在差量范围之内的路径才可以用做多路径。差量(Variance)是网络管理员可以设定的另一个值。

7.2.3 EIGRP 协议

EIGRP(Enhanced Interior Gateway Routing Protocol)称为增强的内部网关路由选择协议,是增强版的 IGRP 协议。

Enhanced IGRP 与其他路由选择协议之间主要区别包括收敛宽速(Fast Convergence)、支持变长子网掩模(Subnet Mask)、局部更新和多网络层协议。执行 Enhanced IGRP 的路由器存储了所有其相邻路由表,以便能快速利用各种选择路径(Alternate Routes)。如果没有合适路径,Enhanced IGRP 会查询其邻居以获取所需路径,直到找到合适路径,Enhanced IGRP 查询才会终止,否则一直持续下去。

EIGRP 协议对所有的 EIGRP 路由进行任意掩码长度的路由聚合,从而减少路由信息传输,节省带宽。另外 EIGRP 协议可以通过配置,在任意接口的位边界路由器上支持路由聚合。Enhanced IGRP 不作周期性更新。取而代之的是,当路径度量标准改变时,Enhanced IGRP 只发送局部更新(Partial Updates)信息。局部更新信息的传输自动受到限制,从而使得只有那些需要信息的路由器才会更新。基于以上这两种性能,因此 Enhanced IGRP 损耗的带宽比 IGRP 少得多。

7.2.4 OSPF 协议

OSPF(Open Shortest Path First)称为开放式最短路径优先,是一种链路状态路由协议,属于内部网关协议,由 IETF(Internet 工程任务协会)在 1988 年开发。每一个运行 OSPF 的路由器都维护着一个相同的网络拓扑数据库,称为链路状态数据库。通过这个数据库,可以构建一个最短路径树来计算路由表。OSPF 的收敛速递比 RIP 要快,而且在更新路由信息时,产生的流量也较少。为了管理大规模的网络,OSPF 采用分层的连接结构,将自治系统分为不同的区域,以减少路由重计算的时间。此外,OSPF 还支持路由聚合,从而限制了链路状态数据库中的条目数目,在大型复杂的网络中,可以大大减少网络流量。

1. OSPF 基本算法

(1)SPF 算法及最短路径树。SPF 算法是 OSPF 路由协议的基础。SPF 算法有时也被称为 Dijkstra 算法,这是因为最短路径优先算法 SPF 是 Dijkstra 发明的。SPF 算法将每一个路由器作为根(Root)来计算其到每一个目的地路由器的距离,每一个路由器根据一个统一的数据库会计算出路由域的拓扑结构图,该结构图类似于一棵树,在 SPF 算法中,被称为最短路径树。在 OSPF 路由协议中,最短路径树的树干长度,即 OSPF 路由器至每一个目的地路由器的距离,称为 OSPF 的 Cost,其算法为 Cost = 100×106/链路带宽。链路带宽以单位 b/s 来表示,也就是说,OSPF 的 Cost 与链路的带宽成反比,带宽越高,Cost 越小,表示 OSPF 到目的地的距离越近。

(2)链路状态算法。作为一种典型的链路状态的路由协议,OSPF 还得遵循链路状态路由协议的统一算法。链路状态的算法非常简单,这里将链路状态算法归纳为以下几个步骤:

当路由器初始化或当网络结构发生变化(例如增减路由器,链路状态发生变化等)时,路由器会产生链路状态广播数据包 LSA(Link State Advertisement),该数据包里包含路由器上所有相连链路,也即为所有端口的状态信息。

所有路由器会通过一种被称为刷新(Flooding)的方法来交换链路状态数据。Flooding 是指路由器将其 LSA 数据包传送给所有与其相邻的 OSPF 路由器,相邻路由器根据其接收到的链路状态信息更新自己的数据库,并将该链路状态信息转送给与其相邻的路由器直至稳定的过程。当网络重新稳定下来,也可以说当 OSPF 路由协议收敛下来时,所有的路由器会根据其各自的链路状态信息数据库计算出各自的路由表。该路由表中包含路由器到每一个可到达目的地的 Cost 以及到达该目的地所要转发的下一个路由器(Next-hop)。

当网络状态比较稳定时,网络中传递的链路状态信息是比较少的,或者可以说,当网络稳定时，网络中是比较安静的。这也正是链路状态路由协议与距离矢量路由协议的一大区别。

2. OSPF 路由协议的基本特征

前面已经说明了 OSPF 路由协议是一种链路状态的路由协议，为了更好地说明 OSPF 路由协议的基本特征，将 OSPF 路由协议与距离矢量路由协议之一的 RIP(Routing Information Protocol)协议作一比较，归纳为如下几点：

(1)RIP 路由协议中用于表示目的网络远近的唯一参数为跳(HOP)，也即到达目的网络所要经过的路由器个数。在 RIP 路由协议中，该参数的最大值被限制为 15，也就是说 RIP 路由信息最多能传递至第 16 个路由器。而对于 OSPF 路由协议，路由表中表示目的网络的参数为 Cost，该参数为一虚拟值，与网络中链路的带宽等相关，也就是说 OSPF 路由信息不受物理跳数的限制。并且，OSPF 路由协议还支持 ToS(Type of Service)路由，因此，OSPF 比较适合大型网络。

(2)RIP 路由协议不支持变长子网屏蔽码(VLSM)，这被认为是 RIP 路由协议不适用于大型网络的又一重要原因。采用变长子网屏蔽码可以在最大限度上节约 IP 地址。此外，OSPF 路由协议对 VLSM 有良好的支持性。

(3)RIP 路由协议路由收敛较慢。该协议周期性地将整个路由表作为路由信息广播至网络中，其广播周期为 30 s。在一个较为大型的网络中，RIP 协议会产生很大的广播信息，占用较多的网络带宽资源，并且由于 RIP 协议 30 s 的广播周期，影响了 RIP 路由协议的收敛，甚至出现不收敛的现象。而 OSPF 是一种链路状态的路由协议，当网络比较稳定时，网络中的路由信息是比较少的，并且其广播也不是周期性的，因此 OSPF 路由协议即使是在大型网络中也能够较快地收敛。

(4)在 RIP 协议中，网络是一个平面的概念，并无区域及边界等定义。随着无级路由 CIDR 概念的出现，RIP 协议就明显落伍了。在 OSPF 路由协议中，一个网络，或者说是一个路由域可以划分为很多个区域，每一个区域通过 OSPF 边界路由器彼此相连，区域间可以通过路由总结来减少路由信息，减小路由表，提高路由器的运算速度。

(5)OSPF 路由协议支持路由验证，只有互相通过路由验证的路由器之间才能交换路由信息。并且 OSPF 可以对不同的区域定义不同的验证方式，以此提高网络的安全性。

(6)OSPF 路由协议对负载分担的支持性能较好。OSPF 路由协议支持多条 Cost 相同的链路上的负载分担，目前一些厂家的路由器可支持 6 条链路的负载分担。

3. 区域及域间路由

在 OSPF 路由协议的定义中，可以将一个路由域或者一个自治系统 AS 划分为几个区域。在 OSPF 中，由按照一定的 OSPF 路由法则组合在一起的一组网络或路由器的集合称为区域。

在 OSPF 路由协议中，每一个区域中的路由器都按照该区域中定义的链路状态算法来计算网络拓扑结构，这意味着每一个区域都有着该区域独立的网络拓扑数据库及网络拓扑图。对于每一个区域，其网络拓扑结构在区域外是不可见的，同样，在每一个区域中的路由器对其域外的其余网络结构也不了解。这意味着 OSPF 路由域中的网络链路状态数据广播被区域的边界挡住了,这样做有利于减少网络中链路状态数据包在全网范围内的广播,这也是 OSPF 将其路由域或一个 AS 划分成很多个区域的重要原因。

区域概念的引入,意味着同一个 AS 内的所有路由器并不都有一个相同的链路状态数据库,而是路由器具有与其相连的每一个区域的链路状态信息,即该区域的结构数据库,当一个路由器与多个区域相连时,称之为区域边界路由器。一个区域边界路由器有与自身相连的所有区域的网络结构数据。在同一个区域中的两个路由器有着对该区域相同的结构数据库。

可以根据 IP 数据包的目的地地址及源地址将 OSPF 路由域中的路由分成两类,当目的地与源地址处于同一个区域中时,称为区域内路由,当目的地与源地址处于不同的区域甚至处于不同的 AS 时,称之为域间路由。

4. OSPF 的骨干区域及虚拟链路(Virtual-link)

在 OSPF 路由协议中存在一个骨干区域(Backbone),它包括属于这个区域的网络及相应的路由器,骨干区域必须是连续的,同时也要求其余区域必须与骨干区域直接相连。骨干区域一般为区域 0,其主要工作是在其余区域间传递路由信息。所有的区域,包括骨干区域之间的网络结构情况是互不可见的,当一个区域的路由信息对外广播时,其路由信息是先传递至区域 0(骨干区域),再由区域 0 将该路由信息向其余区域作广播。

在实际网络中,可能会存在 Backbone 不连续的或者某一个区域与骨干区域物理不相连的情况,在这两种情况下,系统管理员可以通过设置虚拟链路的方法来解决。

虚拟链路是设置在两个路由器之间,这两个路由器都有一个端口与同一个非骨干区域相连。虚拟链路通常被认为是属于骨干区域的,在 OSPF 路由协议看来,虚拟链路两端的两个路由器被一个点对点的链路连在一起。在 OSPF 路由协议中,通过虚拟链路的路由信息是作为域内路由来看待的。

7.3 广域网应用协议

常用的广域网协议有 PPP(Point to Point Protocol),HDLC(High-level Data Link Control),Frame-relay。Frame-relay(帧中继)在前面已经学习过了,下面主要来介绍其他两个广域网协议。

7.3.1 PPP 协议

PPP(Point-to Point Protocol)称为点到点协议,是为在同等单元之间传输数据包这样的简单链路设计的链路层协议。这种链路提供全双工操作,并按照顺序传递数据包。设计目的主要是通过拨号或专线方式建立点对点连接发送数据,使其成为各种主机、网桥和路由器之间简单连接的一种共通的解决方案。

在网络通信中,“包”(Packet)和“帧”(Frame)的概念相同,均指通信中的一个数据块。对于具体某种通信网络,一般使用术语“帧”。一种网络的帧格式可能与另一种网络不同,通常使用术语“包”来指一般意义的帧。串行通信的数据格式有面向字符型的数据格式，如单同步、双同步、外同步，也有面向比特型的数据格式，这以帧为单位传输，每帧由六个部分组成，分别是标志区、地址区、控制区、信息区、帧校验区和标志区。

串行通信协议属于ISO国际参考标准的第三层——数据链路层。数据链路层必须使用物理层提供给它的服务。物理层所做的工作是接收一个原始的比特流，并准备把它交给目的地。但并不能保证这个比特流无差错。所接收的比特的数量也许少于，也许等于或多于所传递的比特的数量，它们具有不同的值。一直要上到数据链路层才能进行检测，如果需要的话，再进行纠正错误。对于数据层，通常的方法是把比特流分成离散的帧，并对每一帧计算出校验和。当一帧到达目的地后重新计算校验和时，如果新算出的校验和不同于帧中所包括的值，数据链路层就知道出现差错了，从而会采取措施处理差错(即，丢弃坏帧，并发回一个差错报告)。

数据链路层的任务是在两个相邻节点间的线路上无差错地传送以帧为单位的数据。每一帧包括数据和必要的控制信息。人们发现，对于经常产生误码的实际链路，只要加上合适的控制规程，就可以使通信变为比较可靠的。如IBM公司推出了著名的体系结构SNA，在SNA的数据链路规程采用了面向比特的规程SDLC，后来ISO把它修改后称为HDLC，译为高级数据链路控制。在Internet中，用户与ISP(Internet服务提供者)之间的链路上使用得最多的协议就是SLIP和PPP。

7.3.2 HDLC协议

HDLC(High-level Data Link Control-protocol)称为高级数据链路控制协议，该协议是基于的一种数据链路层协议，促进传送到下一层的数据在传输过程中能够准确地被接收(也就是差错释放中没有任何损失并且序列正确)。HDLC的另一个重要功能是流量控制，换句话说，一旦接收端收到数据，便能立即进行传输。HDLC具有两种不同的实现方式：高级数据链路控制正常响应模式即HDLC NRM(又称为SDLC)和HDLC链路访问过程平衡(LAPB)，其中，第二种使用更为普遍。

HDLC是X.25栈的一部分，HDLC是面向比特的同步通信协议，主要为全双工点对点操作提供完整的数据透明度。它支持对等链路，表现在每个链路终端都不具有永久性管理站的功能；HDLC NRM包括一个永久基站以及一个或多个次站。

HDLC LAPB是一种高效协议，为确保流量控制、差错监测和恢复它要求额外开销最小。如果数据在两个方向上(全双工)相互传输，数据帧本身就会传送所需的信息从而确保数据完整性。

1. HDLC协议结构

如图7.10所示，HDLC协议的结构包括以下几个部分：

(1)Flag 该字段值恒为0x7E。

(2)Address Field 定义发送帧的次站地址，或基站发送帧的目的地。该字段包括服务访问点(6比特)、命令/响应位(表示帧是否与节点发送的信息帧有关或帧是否被节点接收)、地址扩展位(通常设置为 1 字节长)。当设置错误时,表示一个附加字节。Extended Address — HDLC 为基本格式提供了另一种扩展。通过多方协定,Address Field 可以扩展为多个字节。

(3)Control Field 识别帧类型。根据帧的不同类型,该字段还包括了序列号,控制特性和差错跟踪等信息。

(4) Information 协议信息。

(5)FCS 帧校验序列。FCS 字段通过许可传输帧数据的完整性,使高层物理差错控制可以被校验。

1 B	1～2 B	1 B	Variable	2 B	1 B
Flag	Address field	Control field	Informatio	FCS	Flagst

图 7.10　HDLC 协议结构示意图

2. HDLC 协议的操作过程

(1)建立数据链路连接阶段。当网络层向链路层发出连接请求时,链路层的发送端向接收端发出 SNRM(置正常响应模式)无编号帧,若接收端准备就绪,则发出 UA(无编号帧确认)无编号帧,表示同意建立数据链路连接,此时,链路连接就建立好了。

(2)传递数据阶段。链路连接建立好后,发送端开始按照某种流量控制策略发送信息帧。如果采用滑动窗口流量控制,那么一次允许连续发送多帧而无需对方应答。接收端收到信息帧后,通过帧校验序列来检验接收的数据是否正确。若正确则发出确认监督帧,否则发出否认监督帧。

3. HDLC 具有的特点

协议不依赖于任何一种字符编码集;数据报文可透明传输,用于实现透明传输的"0 比特插入法"易于硬件实现;全双工通信,不须等待,确认便可连续发送数据,有较高的数据链路传输效率;所有帧均采用 CRC 校验,对信息帧进行编号,可防止漏收或重复,传输可靠性高;传输控制功能与处理功能分离,具有较大灵活性和较完善的控制功能。

第8章　局域网与广域网

在第7章只简单介绍了局域网和广域网，本章将继续深入介绍局域网和广域网。

8.1　局　域　网

局域网是一种在小范围内实现的计算机网络，一般在一个建筑物内或一个工厂、一个事业单位内部，为单位独有。局域网距离可在十几公里以内，布线容易，结构简单。如图8.1是局域网中常常采用的技术。

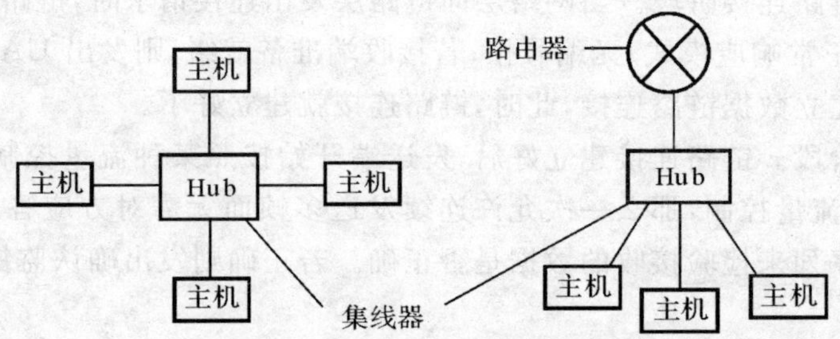

图8.1　简单局域网示意图

1. 局域网常用拓扑结构(Topology)

大多数广域网，如公共电话交换网(PSTN)就使用网状拓扑结构。而局域网，由于用户数据终端设备相距很近，可采用简单的拓扑结构。常用的有星形、总线、环形和集线器等四种拓扑结构。

应用最广的、用于本地计算机设备互连以进行数据通信的局域网拓扑结构是集线器拓扑结构。这种拓扑结构是总线和环形拓扑结构的变种。

2. 局域网常用传输介质(Transmission media)

双绞线、同轴电缆和光纤是局域网采用的三种主要传输媒体。

3. 局域网常用介质访问控制方法 (Medium access control methods)

局域网中采用了两种介质访问控制技术。它们是用于总线网络拓扑结构的带冲突检测的载波侦听/多路访问(CSMA/CD)和既可用于总线又可用于环形网络的令牌控制技术。

CSMA/CD用来要求多路访问网络中每个节点在试图发送信息前先“侦听”，等待通信线路空闲后再发送数据。如果两个节点在同一时刻要发送数据，则会出现冲突，这两个站点必须各自“后退”一步，再重新尝试发送数据。

令牌控制是一种用令牌去控制访问共享传输介质的方法。当网络中的一个节点获得这一令牌时，它才能发送数据，而在发送完数据之后，再将令牌释放，以便使其他节点能够访问传输介质。

8.1.1　局域网的分类

目前所能看到的局域网主要是以双绞线为代表传输介质的以太网，该类局域网基本上是企、事业单位的局域网。在网络发展的早期或在其他各行各业中，因其行业特点所采用的局域网也不一定都是以太网，目前在局域网中常见的有：以太网(Ethernet)、令牌网(Token Ring)、FDDI 网、异步传输模式网(ATM)等几类，下面分别做一些简要介绍。

1. 以太网(Ethernet)

以太网最早是由 Xerox(施乐)公司提出的，1980 年由 DEC，Intel 和 Xerox 三家公司联合开发。以太网是目前应用最为广泛的局域网，包括标准以太网(10 Mb/s)、快速以太网(100 Mb/s)、千兆以太网(1 000 Mb/s)和 10 Gb/s 以太网，它们都符合 IEEE802.3 系列标准规范。

(1)标准以太网 。最早期的以太网只有 10 Mb/s 的吞吐量，它所使用的是 CSMA/CD(载波侦听多路访问/冲突检测)的访问控制方法，通常把这种最早期的 10 Mb/s 以太网称之为标准以太网。以太网主要有两种传输介质，那就是双绞线和同轴电缆。所有的以太网都遵循 IEEE 802.3 标准，下面列出的是 IEEE 802.3 的一些以太网络标准，在这些标准中前面的数字表示传输速率，单位是“Mb/s”，最后一个数字表示单段网线长度(基准单位是 100 m)，Base 表示“基带”的意思，Broad 代表“带宽”。

1)10Base—5 使用粗同轴电缆，最大网段长度为 500 m，基带传输方法。

2)10Base—2 使用细同轴电缆，最大网段长度为 185 m，基带传输方法。

3)10Base—T 使用双绞线电缆，最大网段长度为 100 m。

4)1Base—5 使用双绞线电缆，最大网段长度为 500 m，传输速率为 1 Mb/s。

5)10Broad—36 使用同轴电缆(RG－59/U CATV)，最大网段长度为 3 600 m，是一种宽带传输方法。

6)10Base—F 使用光纤传输介质，传输速率为 10 Mb/s；

(2)快速以太网(Fast Ethernet)。随着网络规模的不断发展，传统的标准以太网技术已难以满足人们日益增长的对网络数据流量的需求。1993 年 10 月以前，对于要求 10 Mb/s 以上数据流量的 LAN，只有光纤分布式数据接口(FDDI)可供选择，但它的价格非常昂贵且是基于 100 Mb/s 光缆的 LAN。1993 年 10 月，Grand Junction 公司推出了世界上第一台快速以太网集线器 FastSwitch10/100 和网络接口卡 FastNIC100，快速以太网技术正式得以应用。随后 Intel，SynOptics，3COM，BayNetworks 等公司亦相继推出自己的快速以太网装置。与此同时，IEEE802 工程组亦对 100 Mb/s 以太网的各种标准，如 100BASE－TX，100BASE－T4，MI，、中继器，全双工等标准进行了研究。1995 年 3 月 IEEE 宣布了 IEEE802.3u 100BASE－

T 快速以太网标准(Fast Ethernet),就这样开始了快速以太网的时代。

快速以太网与原来在 100 Mb/s 带宽下工作的 FDDI 相比具有许多的优点,最主要体现在快速以太网技术可以有效地保障用户在布线基础实施上的投资,它支持 3,4,5 类双绞线以及光纤的连接,能有效地利用现有的设施。快速以太网的不足其实也是以太网技术的不足,那就是快速以太网仍是基于载波侦听多路访问和冲突检测(CSMA/CD)技术,当网络负载较重时,仍会造成效率的降低,当然这可以使用交换技术来弥补。

100 Mb/s 快速以太网标准又分为:100 BASE - TX,100 BASE - FX,100 BASE - T4 三个子类。

1)100 BASE - TX。它是一种使用五类非屏蔽双绞线或屏蔽双绞线的快速以太网技术。它使用两对双绞线,一对用于发送数据,一对用于接收数据。在传输中使用 4B/5B 编码方式,信号频率为 125MHz。符合 EIA586 的五类布线标准和 IBM 的 SPT 1 类布线标准。使用同 10 BASE - T相同的 RJ - 45 连接器。它的最大网段长度为 100 m,且支持全双工的数据传输。

2)100 BASE - FX。它是一种使用光缆的快速以太网技术,可使用单模和多模光纤(62.5 和 125 μm)。多模光纤连接的最大距离为 2 000 m。单模光纤连接的最大距离为 3 000 m。在传输中使用 4B/5B 编码方式,信号频率为 125 MHz。它使用 MIC/FDDI 连接器、ST 连接器或 SC 连接器。它的最大网段长度为 150 m,412 m,2 000 m 或更长至 10 km,这与所使用的光纤类型和工作模式有关,并支持全双工的数据传输。100 BASE - FX 特别适合于有电气干扰的环境、较大距离连接或高保密环境等情况下的适用。

3)100 BASE - T4。它是一种可使用 3,4,5 类非屏蔽双绞线或屏蔽双绞线的快速以太网技术。它使用 4 对双绞线,3 对用于数据传输,1 对用于检测冲突信号。在传输中使用 8B/6T 编码方式,信号频率为 25 MHz,符合 EIA586 结构化布线标准。它使用与 10 BASE - T 相同的 RJ - 45 连接器,最大网段长度为 100 米。

(3)千兆以太网(GB Ethernet)。随着以太网技术的深入应用和发展,企业用户对网络连接速度的要求越来越高,1995 年 11 月,IEEE 802.3 工作组委任了一个高速研究组(Higher Speed Study Group),研究如何将快速以太网速度增至更高。该研究组研究了将快速以太网速度增至 1 000 Mb/s 的可行性和一些相应方法。1996 年 6 月,IEEE 标准委员会批准了千兆位以太网方案授权申请(Gigabit Ethernet Project Authorization Request)。随后 IEEE 802.3 工作组成立了 802.3z 工作委员会。IEEE 802.3z 委员会的目的是建立千兆位以太网标准:包括在1 000 Mb/s通信速率的情况下的全双工和半双工操作、802.3 以太网帧格式、载波侦听多路访问和冲突检测(CSMA/CD)技术、在一个冲突域中支持一个中继器(Repeater)、10 BASE - T和 100 BASE - T 向下兼容技术使得千兆以太网具有以太网的易移植、易管理特性。千兆以太网在处理新应用和新数据类型方面具有很强的灵活性,它是在赢得了巨大成功的 10 Mb/s 和 100 Mb/s IEEE 802.3 以太网标准的基础上的延伸,提供了 1 000 Mb/s 的数据带宽。这使得千兆位以太网成为高速、宽带网络应用的战略性选择。传输速率为 1 000 Mb/s 的千兆以太网目前主要有以下三种技术版本:1000 BASE - SX,- LX 和- CX 版本。1000 BASE - SX

系列采用低成本短波的 CD(Compact Disc,光盘激光器)或者 VCSEL(Vertical Cavity Surface Emitting Laser,垂直腔体表面发光激光器)发送器;而 1000 BASE－LX 系列则使用相对昂贵的长波激光器;1000 BASE－CX 系列则打算在配线间使用短跳线电缆把高性能服务器和高速外围设备连接起来。

(4)10Gb/s 以太网。现在 10 Gb/s 的以太网标准已经由 IEEE 802.3 工作组于 2000 年正式制定,10 Gb/s 以太网仍使用与以往 10 Mb/s 和 100 Mb/s 以太网相同的形式,它允许直接升级到高速网络。同样使用 IEEE 802.3 标准的帧格式、全双工业务和流量控制方式。在半双工方式下,10 Gb/s 以太网使用基本的 CSMA/CD 访问方式来解决共享介质的冲突问题。此外,10 Gb/s以太网使用由 IEEE 802.3 小组定义的和以太网相同的管理对象。总之,10 Gb/s以太网仍然是以太网,只不过数据传输速度更快。但由于 10 Gb/s 以太网技术的复杂性及原来传输介质的兼容性问题(目前只能在光纤上传输,与原来企业常用的双绞线不兼容),而且这类设备造价太高,所以这类以太网技术目前还处于研发的初级阶段,并没有得到实质上的应用。

2. 令牌环网

令牌环网是 IBM 公司于 20 世纪 70 年代发布的,现在这种网络比较少见。在老式的令牌环网中,数据传输速率为 4 Mb/s 或 16 Mb/s,新型的快速令牌环网速率可达 100 Mb/s。令牌环网的传输方法在物理上采用了星形拓扑结构,但逻辑上仍是环形拓扑结构。节点间采用多站访问部件(Multistation Access Unit,简称 MAU)连接在一起。MAU 是一种专业化集线器,它是用来围绕工作站计算机的环路进行传输。由于数据包看起来像在环中传输,所以在工作站和 MAU 中没有终结器。

在这种网络中,有一种专门的帧称为“令牌”,在环路上持续地传输来确定一个节点何时可以发送包。令牌为一个 24 位长,有 3 个 8 位的域,分别是首定界符(Start Delimiter,简称 SD)、访问控制(Access Control,简称 AC)和终定界符(End Delimiter,简称 ED)。首定界符是一种与众不同的信号模式,作为一种非数据信号表现出来,用途是防止它被解释成其他东西。这种独特的 8 位组合只能被识别为帧首标识符(SOF)。由于目前以太网技术发展迅速,令牌自身又存在固有缺点,令牌网在整个计算机局域网内已不多见,原来提供令牌网设备的厂商多数也退出了市场。

3. FDDI 网

FDDI 网(Fiber Distributed Data Interface)的中文名为光纤分布式数据接口,它是于 20 世纪 80 年代中期发展起来的一项局域网技术,它提供的高速数据通信能力要高于当时的以太网(10 Mb/s)和令牌网(4 或 16 Mb/s)。FDDI 标准由 ANSI X3T9.5 标准委员会制定,为繁忙网络上的高容量输入输出提供了一种访问方法。FDDI 技术同 IBM 的 Tokenring 技术相似,并具有 LAN 和 Tokenring 所缺乏的管理、控制和可靠性,FDDI 支持长达 2 km 的多模光纤。FDDI 网络的主要缺点是价格同前面所介绍的快速以太网相比要贵许多,且因为它只支持光缆和 5 类电缆,所以使用环境受到限制、从以太网升级到 FDDI 网更是面临大量移植问题。

当数据以 100 Mb/s 的速度输入输出时,FDDI 与 10 Mb/s 的以太网和令牌环网相比性能有相当大的改进。但是随着快速以太网和千兆以太网技术的发展,用 FDDI 的人就越来越少了。因为 FDDI 使用的通信介质是光纤,这一点它比快速以太网及现在的 100 Mb/s 令牌网传输介质要贵许多,然而 FDDI 最常见的应用是提供对网络服务器的快速访问,所以到目前为止 FDDI 技术并没有得到充分的认可和广泛的应用。

FDDI 的访问方法与令牌环网的访问方法类似,在网络通信中均采用"令牌"传递。它与标准的令牌环网又有所不同,主要在于 FDDI 使用定时的令牌访问方法。FDDI 令牌沿网络环路从一个节点向另一个节点移动,如果某节点不需要传输数据,FDDI 将获取令牌并将其发送到下一个节点中。如果处理令牌的节点需要传输,那么在指定的称为目标令牌循环时间(Target Token Rotation Time,简称 TTRT)的时间内,可以按照用户的需求来发送尽可能多的帧。因为 FDDI 采用的是定时的令牌方法,所以在给定时间中,来自多个节点的多个帧可能都在网络上,以此为用户提供高容量的通信。

FDDI 可以发送两种类型的包同步的和异步的。同步通信用于要求连续进行且对时间敏感的传输(如音频、视频和多媒体通信);异步通信用于不要求连续脉冲串的普通的数据传输。在给定的网络中,TTRT 等于某节点同步传输需要的总时间加上最大的帧在网络上沿环路进行传输的时间。FDDI 使用两条环路,所以当其中一条出现故障时,数据可以从另一条环路上到达目的地。连接到 FDDI 的节点主要有两类,即 A 类和 B 类。A 类节点与两个环路都有连接,由网络设备如集线器等组成,并具备重新配置环路结构以在网络崩溃时使用单个环路的能力;B 类节点通过 A 类节点的设备连接在 FDDI 网络上,B 类节点包括服务器或工作站等。

4. ATM 网

ATM 的英文全称为 Asynchronous Transfer Mode,中文名为异步传输模式,它的开发始于 20 世纪 70 年代后期。ATM 是一种较新型的单元交换技术,同以太网、令牌环网、FDDI 网络等使用可变长度包技术不同,ATM 使用 53 B 固定长度的单元进行交换。它是一种交换技术,它没有共享介质或包传递带来的延时,非常适合音频和视频数据的传输。ATM 主要具有以下优点:

(1)ATM 使用相同的数据单元,可实现广域网和局域网的无缝连接。

(2)ATM 支持 VLAN(虚拟局域网)功能,可以对网络进行灵活的管理和配置。

(3)ATM 具有不同的速率,分别为 25,51,155,622 Mb/s,从而为不同的应用提供不同的速率。

ATM 是采用信元交换来替代包交换进行实验,发现信元交换的速度是非常快的。信元交换将一个简短的指示器称为虚拟通道标识符,并将其放在 TDM 时间片的开始。这使得设备能够将它的比特流异步地放在一个 ATM 通信通道上,使得通信变得能够预知且具有持续性,这种方式主要用在视频和音频上。通信可以预知的另一个原因是 ATM 采用的是固定的信元尺寸。ATM 通道是虚拟的电路,并且 MAN 传输速度能够达到 10 Gb/s。

5. 无线局域网

无线局域网(Wireless Local Area Network,简称 WLAN)是目前最新,也是最为热门的一种局域网,特别是自 Intel 推出首款自带无线网络模块的迅驰笔记本处理器以来。无线局域网与传统的局域网主要不同之处就是传输介质不同,传统局域网都是通过有形的传输介质进行连接的,如同轴电缆、双绞线和光纤等,而无线局域网则是采用空气作为传输介质的。正因为它摆脱了有形传输介质的束缚,所以这种局域网的最大特点就是自由,只要在网络的覆盖范围内,可以在任何一个地方与服务器及其他工作站连接,而不需要专门铺设电缆。这一特点非常适合那些移动办公一族,有时在机场、宾馆、酒店等,只要无线网络能够覆盖到,它都可以随时随地连接上无线网络,甚至 Internet。

无线局域网所采用的是 802.11 系列标准,它也是由 IEEE 802 标准委员会制定的。目前这一系列标准主要有 4 个标准,分别为 802.11b,802.11a,802.11g 和 802.11z,前三个标准都是针对传输速度地热异常进行的改进,最开始推出的是 802.11b,它的传输速率为 11Mb/s,因为它的连接速度比较低,随后推出了 802.11a 标准,它的连接速率可达 54Mb/s。但由于两者不互相兼容,致使一些早已购买 802.11b 标准的无线网络设备在新的 802.11a 网络中不能用,所以在前期正式推出了兼容 802.11b 与 802.11a 两种标准的 802.11g,这样原有的 802.11b 和 802.11a 两种标准的设备都可以在同一网络中使用。802.11z 是一种专门为了加强无线局域网安全的标准。因为无线局域网的无线特点,致使任何进入此网络覆盖区的用户都可以轻松的以临时用户身份进入网络,给网络带来了极大的不安全因素,为此 802.11z 标准专门就无线网络的安全性作了明确规定,加强了用户身份论证制度,并对传输的数据进行加密。

8.1.2 局域网的工作模式

以下是局域网的几种工作模式。

1. 专用服务器结构

专用服务器结构(Server Based)又称为工作站/文件服务器结构,由若干台微机工作站与一台或多台文件服务器通过通信线路连接起来组成工作站存取服务器文件,共享存储设备。文件服务器以共享磁盘文件为主要目的,对于一般的数据传递来说已经够用了,但是当数据库系统和不断增加的用户应用系统到来的时候,服务器已经不能承担这样的任务了。因为随着用户的增多,为每个用户服务的程序也增多,然而每个程序都是独立运行的大文件,服务器运行变得极慢,因此催生了客户机/服务器模式。

2. 客户机/服务器模式

客户机/服务器模式(Client/Server),集中进行共享数据库的管理和存取的一台或几台较大的计算机,称为服务器,而将其他的应用处理工作分散到网络中其他计算机上去做,构成分布式的处理系统,服务器控制管理数据的能力已由文件管理方式上升为数据库管理方式,因此,C/S 的服务器也称为数据库服务器,注重于数据定义及存取安全后备及还原,并发控制及事务管理,执行诸如选择检索和索引排序等数据库管理功能,它有足够的能力做到把通过其处理后用户所需的那一部分数据而不是整个文件通过网络传送到客户机,减轻了网络的传输负荷。C/S结构是数据库技术的发展和普遍应用与局域网技术发展相结合的结果。

3. 对等式网络

在拓扑结构上与专用Server与C/S相同。在对等式网络(Peer to Peer)结构中,没有专用服务器,每一个计算机既可充当客户机又可充当服务器。

8.1.3 虚拟局域网

虚拟局域网(Virtual Local Area Network,简称VLAN),是一种通过将局域网内的设备逻辑地而不是物理地划分成一个个网段从而实现虚拟工作组的新兴技术。IEEE于1999年颁布了用以标准化VLAN实现方案的802.1Q协议标准草案。VLAN技术允许网络管理者将一个物理的LAN逻辑地划分成不同的广播域(或称虚拟LAN,即VLAN),每一个VLAN都包含一组有着相同需求的计算机工作站,与物理上形成的LAN有着相同的属性。但由于它是逻辑的而不是物理的划分,所以同一个VLAN内的各个工作站无须被放置在同一个物理空间里,即这些工作站不一定属于同一个物理LAN网段。一个VLAN内部的广播和单播流量都不会转发到其他VLAN中,从而有助于控制流量,减少设备投资,简化网络管理,提高网络的安全性。

1. 虚拟局域网的划分

VLAN的实现是建立在交换机的基础上。交换机和集线器一样都是早期的集中设备,不同之处在于交换机的功能比集线器更好。

集线器连接的所有设备都处于同一个带宽域,会引发冲突,而且集线器是半双工的工作模式,网络通信介质的利用率不高。交换机又称做多端口网桥,提供多端口的连接,是目前星型网络结构的以太局域网的标准技术。连接在交换机上的两台设备会在交换机提供的一条独享的点到点的虚线路上进行通信,因此不会引发冲突。交换机采用全双工的工作模式。

VLAN可以分为五类:

(1)基于端口划分的VLAN。这种划分VLAN的方法是根据以太网交换机的端口来划分(见图8.2),比如Quidway S3526的1～4端口为VLAN 10,5～17为VLAN 20,18～24为VLAN 30,当然,这些属于同一VLAN的端口可以不连续,如何配置,由管理员决定。如果有多个交换机,可以指定交换机1的1～6端口和交换机2的1～4端口为同一VLAN,即同一VLAN可以跨越数个以太网交换机,根据端口划分是目前定义VLAN的最广泛的方法。IEEE 802.1Q规定了依据以太网交换机的端口来划分VLAN的国际标准。这种划分方法的优点是在定义VLAN的成员时非常简单,只要将所有的端口都定义一遍就可以了。它的缺点是如果VLAN A的用户离开了原来的端口,到了一个新的交换机的某个端口,那么就必须对其重新定义。

(2)基于MAC地址划分的VLAN。这种划分VLAN的方法是根据每个主机的MAC地址来划分,即对每个MAC地址的主机都配置一个组。这种划分VLAN的方法的最大优点就是当用户物理位置移动时，即当从一个交换机换到其他的交换机时，VLAN 不用重新配置，所以，可以认为这种根据 MAC 地址的划分方法是基于用户的 VLAN。这种方法的缺点是当初始化时，所有的用户都必须进行配置，如果有几百个甚至上千个用户的话，配置起来工作量是非常大的。而且这种划分方法会引起交换机执行效率的降低，因为在每一个交换机的端口都可能存在很多个 VLAN 组的成员，这样就无法限制广播包。另外，对于使用笔记本电脑的用户来说，他们的网卡可能经常更换，这样，VLAN 就必须不停地进行配置。

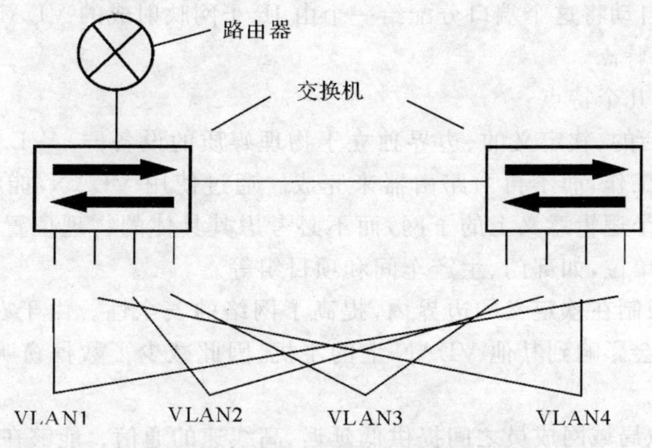

图 8.2 基于端口划分的 VLAN 示意图

(3)基于网络层划分的 VLAN。这种划分 VLAN 的方法是根据每个主机的网络层地址或协议类型(如果支持多协议)划分的。虽然这种划分方法是根据网络地址，比如 IP 地址，但它不是路由，与网络层的路由毫无关系。它虽然查看每个数据包的 IP 地址，但由于不是路由，所以，没有 RIP，OSPF 等路由协议，而是根据生成树算法进行桥交换，这种方法的优点是虽然用户的物理位置改变了，但是不需要重新配置所属的 VLAN，而且可以根据协议类型来划分 VLAN，这对网络管理者来说很重要。另外，这种方法不需要附加的帧标签来识别 VLAN，这样可以减少网络的通信量。这种方法的缺点是效率低，因为检查每一个数据包的网络层地址是需要消耗处理时间的(相对于前面两种方法)，一般的交换机芯片都可以自动检查网络上数据包的以太网帧头，但要让芯片能检查 IP 帧头，需要更高的技术，同时也更费时。当然，这与各个厂商的实现方法有关。

(4)根据 IP 组播划分的 VLAN。IP 组播实际上也是一种 VLAN 的定义，即认为一个组播组就是一个 VLAN，这种划分的方法将 VLAN 扩大到了广域网，因此这种方法具有更大的灵活性，而且也很容易通过路由器进行扩展。当然这种方法不适合局域网，主要是效率不高。鉴于当前业界 VLAN 发展的趋势，综合考虑各种 VLAN 划分方式的优缺点，为了最大程度地满足用户在具体使用过程中需求，减轻用户在 VLAN 的具体使用和维护中的工作量，大部分交换机采用根据端口来划分 VLAN 的方法。

(5)基于规则的 VLAN。基于规则的 VLAN 也称基于策略的 VLAN。这是最灵活的

VLAN 划分方法，具有自动配置的能力，能够把相关的用户连成一体，在逻辑划分上称为“关系网络”。只须在网管软件中确定划分 VLAN 的规则(或属性)，那么当一个站点加入网络中时，将会被“感知”，并被自动包含进正确的 VLAN 中。同时，对站点的移动和改变也可自动识别和跟踪。采用这种方法，整个网络可以非常方便地通过路由器扩展网络规模。有的产品还支持一个端口上的主机分别属于不同的 VLAN，这在交换机与共享式集线器共存的环境中显得尤为重要。自动配置 VLAN 时，交换机中软件会自动检查进入交换机端口的广播信息的 IP 源地址，然后软件自动将这个端口分配给一个由 IP 子网映射成的 VLAN。

2. 虚拟局域网的特点

VLAN 具有以下几个特点：

(1)VLAN 是灵活的、软定义的、边界独立于物理媒质的设备群。VLAN 的引入，使交换机承担了网络的分段工作，而不再由路由器来完成。通过使用 VLAN，能够把原来一个物理的局域网划分成很多个逻辑意义上的子网，而不必考虑其具体的物理位置，每一个 VLAN 都可以对应于一个逻辑单位，如部门、生产车间和项目组等。

(2)广播流量被限制在软定义的边界内，提高了网络的安全性。由于在相同 VLAN 内的主机间传送的数据不会影响到其他 VLAN 上的主机，因此减少了数据窃听的可能性，极大地增强了网络的安全性。

(3)在同一个虚拟局域网成员之间提供低延迟、高线速的通信。能够在网络内划分网段或者微网段，提高网络分组的灵活性。VLAN 技术通过把网络分成逻辑上的不同广播域，使网络上传送的包只在与位于同一个 VLAN 的端口之间交换。这样就限制了某个局域网只与同一个 VLAN 的其他局域网互连，避免浪费带宽，从而消除了传统的桥接/交换网络的固有缺陷——包经常被传送到并不需要的局域网中。这也改善了网络配置规模的灵活性，尤其是在支持广播/多播协议和应用程序的局域网环境中，常常会遭遇到如潮水般涌来的包。而在 VLAN 结构中，可以轻松地拒绝其他 VLAN 的包，从而大大减少网络流量

3. 虚拟局域网的标准

对 VLAN 的标准，这里只是介绍两种比较通用的标准，当然也有一些公司具有自己的标准，比如 Cisco 公司的 ISL 标准，虽然不是一种大众化的标准，但是由于 Cisco Catalyst 交换机的大量使用，ISL 也成为了一种不是标准的标准。

(1)802.10VLAN 标准。在 1995 年，Cisco 公司提倡使用 IEEE 802.10 协议。在此之前，IEEE 802.10 曾经在全球范围内作为 VLAN 安全性的统一规范。Cisco 公司试图采用优化后的 802.10 帧格式在网络上传输 Frame Tagging 模式中所必须的 VLAN 标签。然而，大多数 802 委员会的成员都反对推广 802.10。因为，该协议是基于 Frame Tagging 方式的。

(2)802.1Q。在 1996 年 3 月，IEEE 802.1Internetworking 委员会结束了对 VLAN 初期标准的修订工作。新出台的标准进一步完善了 VLAN 的体系结构，统一了 Frame Tagging 方式中不同厂商的标签格式，并确定了 VLAN 标准在未来一段时间内的发展方向，形成的 802.1Q 的标准在业界获得了广泛的推广。它成为 VLAN 史上的一块里程碑。802.1Q 的出

现打破了虚拟网依赖于单一厂商的僵局，从一个侧面推动了 VLAN 的迅速发展。另外，来自市场的压力使各大网络厂商立刻将新标准融合到他们各自的产品中。

(3) Cisco ISL 标签。ISL(Inter Switch Link)是 Cisco 公司的专有封装方式，因此只能在 Cisco 的设备上支持。ISL 是一个在交换机之间、交换机与路由器之间及交换机与服务器之间传递多个 VLAN 信息及 VLAN 数据流的协议，通过在交换机直接的端口配置 ISL 封装，即可跨越交换机进行整个网络的 VLAN 分配和配置。

8.1.4　以太网

在局域网中，最常用的技术就是以太网技术。由于以太网的种种优点，使其成为应用范围最广的局域网。下面就深入了解以太网。

1. 以太网的物理层

在局域网中，设备的硬件地址又称为物理地址或 MAC(Media Access Control)地址。MAC 地址用来在全球范围内唯一地标识一个设备的物理地址。计算机的 MAC 地址是在网卡上的，网卡在出厂时就已经加载了其独有的 MAC 地址。对于路由器、交换机来说，它们的 MAC 地址在其端口上，每个端口都有一个唯一的 MAC 地址。MAC 地址的组成形式：

(1)MAC 地址的组成。MAC 地址是用 48 个二进制位来表示的，但由于 48 位的长度很长，所以在一般情况下用 12 个十六进制位来表示，如：AC-DE-48-00-00-80。MAC 地址的前 24 位是机构唯一标识符，用来标识设备的生产厂家。后面的 24 位是扩展标识符，用来标识设备的出厂编号。也就是说，MAC 地址表示了一个设备是被谁生产出来的，是什么时候或第几个被生产出来的等信息，如图 8.3 所示。

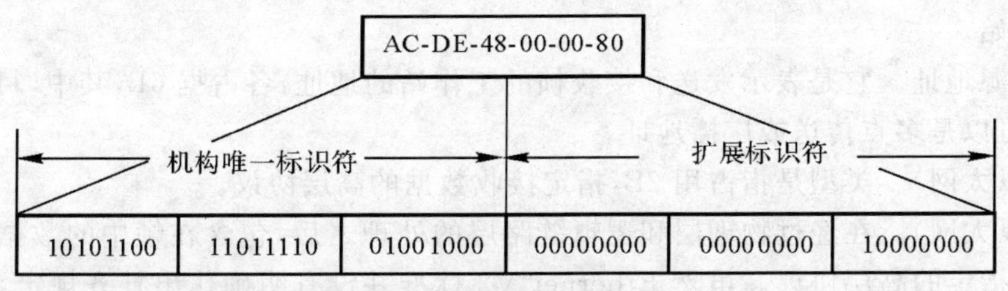

图 8.3　MAC 地址组成

(2)MAC 地址的用途。当源计算机向目的计算机发送数据时，数据是以包的形式来发送的，这个数据包也称为帧。数据包中除包含要发送的数据外，还包含了源计算机的地址和目的计算机的地址，这些地址就是用 MAC 地址来表示的。这样数据包在传输介质中就会告诉其他设备它从哪儿来要到哪儿去，网络中的交换设备就是根据数据包中的 MAC 地址来进行数据转发的，如图 8.4 所示。当目的计算机的网卡从网络中收到数据包后，就用自己的 MAC 地址和数据包中目的地址进行比较，如果相同则说明数据包是发往本计算机的，网卡就将收到的数据包做进一步的处理。如果地址不匹配，网卡就会丢弃该数据包不进行任何处理。

2. 以太网的 MAC 帧

以太网中的数据都是以帧的格式传输的,因此帧必须有一定统一的格式来规范网络的数据传输,这样才能提高网络的传输效率。常用的以太网 MAC 帧有两种标准:IEEE 802.3 标准和 DIX Ethernet V2 标准。IEEE 802.3 标准帧现在已经很少见了,目前最常用的就是 DIX Ethernet V2 标准帧。

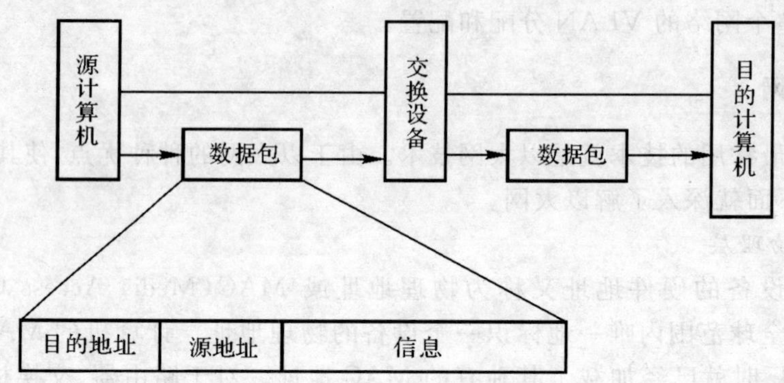

图 8.4 MAC 地址的用途

(1)以太网 V2 的 MAC 帧格式。以太网 V2 的 MAC 帧主要包括以下几个部分:

1)前同步码。它是由 0,1 间隔代码组成,可以通知目标站作好接收准备。前同步码占用 7B,紧随其后的是长度为 1B 的帧首定界符(SOF)。以太网帧把 SOF 包含在了前导码当中,因此,前同步码的长度扩大为 8B。

2)帧首定界符(SOF)。以太网 V2 的 MAC 帧中的定界字节,以两个连续的代码 1 结尾,表示帧实际开始。

3)目标和源地址。它是表示发送和接收帧的工作站的地址,各占据 6B,其中,目标地址可以是单址,也可以是多点传送或广播地址。

4)类型(以太网)。类型是指占用 2B,指定接收数据的高层协议。

5)数据(以太网)。在经过物理层和逻辑链路层的处理之后,包含在帧中的数据将被传递给在类型段中指定的高层协议。虽然 Ethernet V2 标准并没有明确作出补齐规定,但是以太网帧中数据段的长度最小应当不低于 46B。

6)帧校验序列(FSC)。该序列包含长度为 4B 的循环冗余校验值(CRC),由发送设备计算产生,在接收方被重新计算以确定帧在传送过程中是否被损坏。

(2)无效 MAC 帧。当一个帧发送出去时,并不是所有的帧都可以用来传送数据。帧在传输过程中可能被破坏或被干扰,形成无效帧。无效帧主要有以下几种情况。

1)帧的长度不是整数个字节。

2)用收到的帧检验序列 FCS 查出有差错。

3)数据字段的长度不在 46 ～ 1 500B 之间。

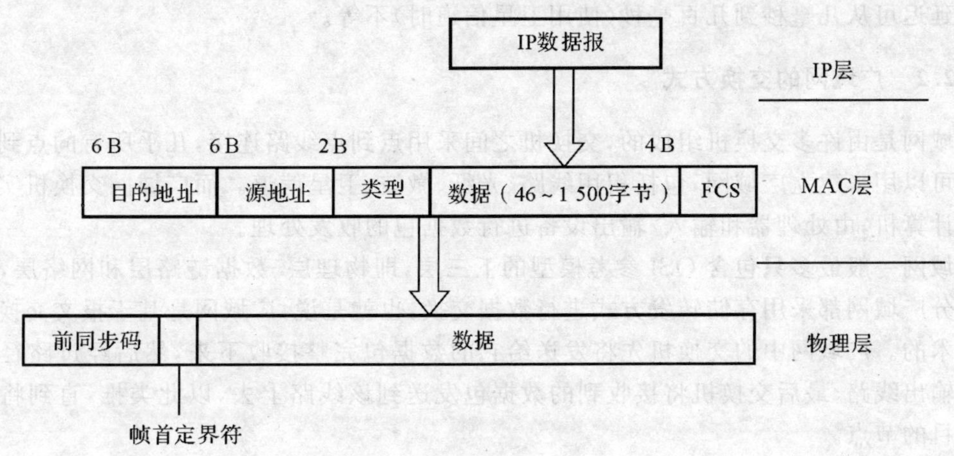

图 8.5　MAC 帧的组成

4)有效的 MAC 帧长度为 64 ～ 1 518B 之间。

对于检查出的无效 MAC 帧简单地丢弃就可以。以太网并不负责重传丢弃的帧。

(3)帧间最小间隔。帧间最小间隔为 9.6 μs，相当于 96 b 的发送时间。一个站在检测到总线开始空闲后，还要等待 9.6 μs 才能再次发送数据。这样做是为了使刚刚收到数据帧的站的接收缓存来得及清理，做好接收下一帧的准备。

8.2　广　域　网

8.2.1　广域网介绍

广域网(WAN，Wide Area Network)也称远程网。通常跨接很大的物理范围，所覆盖的范围从几十公里到几千公里，它能连接多个城市或国家，或横跨几个洲并能提供远距离通信，形成国际性的远程网络。广域网的通信子网主要使用分组交换技术。广域网的通信子网可以利用公用分组交换网、卫星通信网和无线分组交换网，它将分布在不同地区的局域网或计算机系统互连起来，达到资源共享的目的。

广域网的特点有如下几个方面：

(1)适应大容量与突发性通信的要求；

(2)适应综合业务服务的要求；

(3)开放的设备接口与规范化的协议；

(4)完善的通信服务于网络管理。

通常广域网的数据传输速率比局域网低，而信号的传播延迟却比局域网要大得多。广域网的典型速率是从 56 Kb/s 到 155 Mb/s，现在已有 622 Mb/s，2.4 Gb/s 甚至更高速率。广域网传播延迟可从几毫秒到几百毫秒(使用卫星信道时)不等。

8.2.2 广域网的交换方式

广域网是由许多交换机组成的,交换机之间采用点到点线路连接,几乎所有的点到点通信方式都可以用来建立广域网,包括租用线路、光纤、微波、卫星信道。而广域网交换机实际上就是一台计算机,由处理器和输入/输出设备进行数据包的收发处理。

广域网一般最多只包含 OSI 参考模型的下三层,即物理层、数据链路层和网络层,而且目前大部分广域网都采用存储转发方式进行数据交换,也就是说,广域网是基于报文交换或分组交换技术的。广域网中的交换机先将发送给它的数据包完整接收下来,然后经过路径选择找出一条输出线路,最后交换机将接收到的数据包发送到该线路上去,以此类推,直到将数据包发送到目的节点。

广域网有两种组网方式:虚电路(Virtual Circuit)方式和数据报(Diagram)方式。下面分别讨论广域网的两种组网方式,并将它们进行比较。

1. 虚电路方式

对于采用虚电路方式的广域网,源节点要与目的节点进行通信之前,首先必须建立一条从源节点到目的节点的虚电路(即逻辑连接),也就是说虚电路方式是面向连接的网络服务。数据通过该虚电路进行传送,传输结束时,释放该虚电路。

在虚电路方式中,每个交换机都持有一个虚电路表,用于记录经过该交换机的所有虚电路的情况,每条虚电路占据其中的一项。在虚电路方式中,其数据报文在其报头中除了序号、校验以及其他字段外,还必须包含一个虚电路号。在虚电路方式中,当某台机器试图与另一台机器建立一条虚电路时,会首先选择本机还未使用的虚电路号作为该虚电路的标识,同时在该机器的虚电路表中填上一项。由于每台机器(包括交换机)独立选择虚电路号,所以虚电路号仅仅具有局部意义,也就是说报文在通过虚电路传送的过程中,报文头中的虚电路号会发生变化。一旦源节点与目的节点建立了一条虚电路,就意味着在所有交换机的虚电路表上都登记有该条虚电路的信息。当两台建立了虚电路的机器相互通信时,可以根据数据报文中的虚电路号,通过查找交换机的虚电路表而得到它的输出线路,进而将数据传送到目的端。当数据传输结束时,必须释放所占用的虚电路表空间,具体做法是由任一方发送一个撤除虚电路的报文,清除沿途交换机虚电路表中的相关项。

虚电路技术的主要特点是,在数据传送以前必须在源端和目的端之间建立一条虚电路。值得注意的是,虚电路的概念不同于前面电路交换技术中电路的概念。后者对应着一条实实在在的物理线路,该线路的带宽是预先分配好的,是通信双方的物理连接。而虚电路的概念是指在通信双方建立了一条逻辑连接,该连接的物理含义是指明收发双方的数据通信应按虚电路指示的路径进行。虚电路的建立并不表明通信双方拥有一条专用通路,即不能独占信道带宽,到来的数据报文在每个交换机上仍需要缓存,并须在线路上进行输出排队。

2. 数据报方式

广域网的另一种组网方式是数据报方式，交换机不必登记每条打开的虚电路，它们只需要用一张表来指明到达所有可能的目的端交换机的输出线路，数据报方式是无连接的网络服务。由于虚电路方式中每个报文都要单独寻址，因此要求每个数据报包含完整的目的地址。虚电路方式与数据报方式之间的最大差别在于：虚电路方式为每一对节点之间的通信预先建立一条虚电路，后续的数据通信沿着建立好的虚电路进行，交换机不必为每个报文进行路由选择；而在数据报方式中，每一个交换机为每一个进入的报文进行一次路由选择，也就是说，每个报文的路由选择独立于其他报文。

3. 虚电路方式和数据报方式的对比

广域网是采用虚电路方式还是数据报方式，涉及很多因素。下面从两方面来比较这两种结构。一方面是从广域网内部来考察，另一方面是从用户的角度（即用户需要广域网提供什么服务）来考察。

(1)广域网内部。在广域网内部，虚电路和数据报之间有好几个须要权衡的因素。一个因素是交换机的内存空间与线路带宽的权衡。虚电路方式允许数据报文只含位数较少的虚电路号，而并不需要完整的目的地址，从而节省交换机输入输出线路的带宽。虚电路方式的代价是在交换机中占用内存空间用于存放虚电路表，而同时交换机仍然要保存路由表。另一个因素是虚电路建立时间和路由选择时间的比较。在虚电路方式中，虚电路的建立需要一定的时间，这个时间主要是用于各个交换机寻找输出线路和填写虚电路表，而在数据传输过程中，报文的路由选择却比较简单，仅仅查找虚电路表即可。数据报方式不需要连接建立过程，每一个报文的路由选择单独进行。虚电路还可以进行拥塞避免，原因是虚电路方式在建立虚电路时已经对资源进行了预先分配（如缓冲区）。而数据报广域网要实现拥塞控制就比较困难，原因是数据报广域网中的交换机不存储广域网状态。

(2)用户需要广域网提供什么服务。广域网内部使用虚电路方式还是数据报方式是对应于广域网提供给用户的服务。虚电路方式提供的是面向连接的服务；而数据报方式提供的是无连接的服务。

由于不同的集团支持不同的观点，20 世纪 70 年代发生的“虚电路”派和“数据报”派的激烈争论就说明了这一点。支持虚电路方式（如 X.25）的人认为，网络本身必须解决差错和拥塞控制问题，提供给用户完善的传输功能。而虚电路方式在这方面做得比较好，虚电路的差错控制是通过在相邻交换机之间“局部”控制来实现的。也就是说，每个交换机发出一个报文后要启动定时器，如果在定时器超时之前没有收到下一个交换机的确认，则它必须重发数据。而拥塞避免是通过定期接收下一站交换机的“允许发送”信号来实现的。这种在相邻交换机之间进行差错和拥塞控制的机制叫做“跳到跳”(hop-by-hop)控制。而支持数据报方式（如 IP）的人认为，网络最终能实现什么功能应由用户自己来决定，试图通过在网络内部进行控制来增强网络功能的做法是多余的，也就是说，即使是最好的网络也不要完全相信它。可靠性控制最终要通过用户来实现，利用用户之间的确认机制去保证数据传输的正确性和完整性，这就是所谓的“端到端”(end-to-end)

控制。以前支持相邻交换机之间实现“局部”控制的唯一理由是,传输差错可以迅速得到纠正。然而现在网络的传输介质误码率非常低,例如微波介质的误码率通常低于 10^{-7},而光纤介质的误码率更是低于 10^{-9},因传输差错而造成报文丢失的概率极小,可见“端到端”的数据重传对网络性能影响不大。既然用户总是要进行“端到端”的确认以保证数据传输的正确性,若再由网络进行“跳到跳”的确认只能是增加网络开销,尤其是增加网络的传输延迟。与偶尔的“端到端”数据重传相比,频繁的“跳到跳”数据重传将消耗更多的网络资源。

实际上,采用不合适的“跳到跳”过程只会增加交换机的负担,而不会增加网络的服务质量。由于在虚电路方式中,交换机保存了所有虚电路的信息,因而虚电路方式在一定程度上可以进行拥塞控制。但如果交换机由于故障而丢失了所有路由信息,则将导致经过该交换机的所有虚电路停止工作。与此相比,在数据报广域网中,由于交换机不存储网络路由信息,交换机的故障只会影响到目前在该交换机排队等待传输的报文。因此从这点来说,数据报广域网比虚电路方式更优越。

总而言之,数据报广域网无论在性能、健壮性以及实现的简单性方面都优于虚电路方式。基于数据报方式的广域网将得到更大的发展。表 8.1 对虚电路服务与数据报服务进行比较。

表 8.1　虚电路与数据报的比较

比较内容＼服务	虚电路服务	数据报服务
由来	可靠通信应当由网络来保证	可靠通信应当由用户主机来保证
连接建立	必须有	不需要
目的地址	尽在连接建立阶段使用,每个分组使用短的虚电路号	每个分组都有目的站点的全地址
分组转发	属于同一条虚电路的分组均按照同一路由来转发	每个分组独立选择路由进行转发
当节点出故障	所有通过出故障的节点的虚电路都不能工作	故障节点可能丢失分组,一些路由可能会发生变化
分组顺序	总是按发送顺序到达目的站点	不一定按发送顺序到达目的站点
端到端的流量控制和差错处理	可由分组交换网来负责,也可以由用户主机负责	由用户主机负责

8.2.3　广域网的通信网络类型

广域网在较大的地理范围内连接了各种各样的局域网。在广域网中连接局域网的是传统的通信网络,如电话网络。所以广域网的结构可分为:末端系统(两端的用户集合)和通信系统(中间链路)两部分。

通信网络是广域网的关键,它充当着广域网信息传输的载体。通信网络主要有公共电话网、综合业务数字网、专线、X.25 网、帧中继网和异步传输模式网。

(1)公共电话网:PSTN(Public Switched Telephone Network),该网传输速率通常在 9.6～28.8 Kb/s 之间,经压缩后最高可达 115.2 Kb/s,传输介质是普通电话线。它的特点是费用低,易于建立,且分布广泛。

(2)综合业务数字网。ISDN(Integrated Service Digital Network),也是一种拨号连接方式。低速接口为 128 Kb/s(高速可达 2 Mb/s),它使用 ISDN 线路或通过电信局在普通电话线上加装 ISDN 业务。ISDN 为数字传输方式,具有连接迅速,传输可靠等特点,并支持对方号码识别功能。ISDN 话费较普通电话略高,但它的双通道使其能同时支持两路独立的应用,是一项对个人或小型办公室较适合的网络接入方式。

(3)专线。Leased Line,在中国称为 DDN,是一种点到点的连接方式,速度一般选择 64 Kb/s～2.048 Mb/s。专线的好处是对数据传递有较好的保障,带宽恒定;但价格昂贵,而且点到点的结构不够灵活。

(4) X.25 网。它是一种出现较早且依然应用广泛的广域网方式,其传输速率为 9.6～64 Kb/s 具备冗余纠错功能,可靠性高,但由此带来的副效应是速度慢,延迟较大。

(5)帧中继网。Frame Relay,是在 X.25 基础上发展起来的较新技术,其传输速率一般选择为 64 Kb/s～2.048 Mb/s。帧中继的特点是灵活、弹性,可实现一点对多点的连接,并且在数据量大时可超越约定速率传送数据,是商业用户连接的一种较好的选择。

(6)异步传输模式网。ATM(Asynchronous Transfer Mode),是一种信元交换网络,最大特点是速率高、延迟小、传输质量有保障。ATM 大多采用光纤作为连接介质,速率可高达上千兆,但成本也很高。

8.2.4　广域网中的路由器

1. 路由器中的路由表

路由器的主要工作就是为经过路由器的每个数据报寻找一条最佳传输路径,并将该数据有效地传送到目的站点。由此可见,选择最佳路径的策略即路由算法是路由器的关键所在。为了完成这项工作,在路由器中保存着各种传输路径的相关数据——路由表(Routing Table),供路由选择时使用,表中包含的信息决定了数据转发的策略。所谓路由表,指的是路由器或者其他互联网网络设备上存储的表,该表中存有到达特定网络终端的路径信息,在某些情况下,还有一些与这些路径相关的度量。打个比方,路由表就像平时使用的地图一样,标识着各种路线,路由表中保存着子网的标志信息、网上路由器的个数和下一个路由器的名字等内容。路由表可以是由系统管理员固定设置好的,也可以由系统动态修改,或者由路由器自动调整,也可以由主机控制。

(1)路由表的分类。路由表主要分为静态路由表和动态路由表。

1)静态路由表。由系统管理员事先设置好固定的路由表称之为静态(Static)路由表,一般是在系统安装时就根据网络的配置情况预先设定的,它不会随未来网络结构的改变而改变。

2)动态路由表。动态(Dynamic)路由表是路由器根据网络系统的运行情况而自动调整的路由表。路由器根据路由选择协议(Routing Protocol)提供的功能,自动学习和记忆网络运行情况,在需要时自动计算数据传输的最佳路径。

路由器通常依靠所建立及维护的路由表来决定如何转发数据。路由表能力是指路由表内所容纳路由表项数量的极限。由于 Internet 上执行 BGP 协议的路由器通常拥有数十万条路由表项,所以该项目也是路由器能力的重要体现。

路由表中的一条路由信息称为路由表项。首先,路由表的每个项的目的字段含有目的网络前缀。其次,每个项还有一个附加字段,还有用于指定网络前缀位数的子网掩码(address mask)。再次,当下一跳字段代表路由器时,下一跳字段的值使用路由的 IP 地址。路由表中的每一项都被看做是一个路由,并且属于下列任意类型:

1)网络路由。网络路由提供到网际网络中特定网络 ID 的路由。

2)主路由。主路由是提供到网络的地址(网络 ID 和节点 ID)的路由。主路由通常用于将自定义路由创建到特定主机以控制或优化网络通信。

3)默认路由。如果在路由表中没有找到其他路由,则使用默认路由。例如,如果路由器或主机不能找到目标的网络路由或主路由,则使用默认路由。默认路由简化了主机的配置。使用单个默认的路由来转发带有在路由表中未找到的目标网络或网际网络地址的所有数据包,而不是为网际网络中所有的网络 ID 配置带有路由的主机。

(2)路由表的结构。路由表中的每项都由以下信息字段组成,如图 8.6 所示。

ID	转发地址	接　口	跳跃点数
1			
2			
3			
4			
5			
6			
7			

图 8.6　路由表示意图

1)网络 ID。主路由的网络 ID 或网际网络地址。在 IP 路由器上,有从目标 IP 地址决定 IP 网络 ID 的其他子网掩码字段。

2)转发地址。它是指数据包转发的地址。转发地址是硬件地址或网际网络地址,对于主机或路由器直接连接的网络,转发地址字段可能是连接到网络的接口地址。

3)接口。当将数据包转发到网络 ID 时所使用的网络接口。这是一个端口号或其他类型的逻辑标识符。

4)跃点数。路由首选项的度量。通常,最小的跃点数是首选路由,如果多个路由存在于给定的目标网络,则使用最低跃点数的路由。某些路由选择算法只将到任意网络 ID 的单个路由存储在路由表中,即使存在多个路由。在此情况下,路由器使用跃点数来决定存储在路由表中的路由。

(3)路由表的更新。路由表的更新根据不同的路由选择协议的差异而各具其特点。下面主要介绍一下路由表在 RIP 协议下的更新过程。

RIP 为每个目的地址记录一条路由的事实要求 RIP 积极地维护路由表的完整性。通过要求所有活跃的 RIP 路由器在固定时间间隔,广播其路由表内容至相邻的 RIP 路由器来做到这一点,所有收到的更新自动代替已经存储在路由表中的信息。RIP 依赖三个计时器来维护路由表,更新计时器、路由超时计时器和路由刷新计时器。

更新计时器用于在节点一级初始化路由表更新。每个 RIP 节点只使用一个更新计时器。相反的,路由超时计时器和路由刷新计时器为每一个路由维护一个。如此看来,不同的超时和路由刷新计时器可以在每个路由表项中结合在一起。这些计时器可以共同对 RIP 节点进行维护路由的完整性并且通过基于时间的触发行为使网络从故障中得到恢复。

1)初始化表更新。RIP 路由器每隔 3 0 s 触发一次表更新。更新计时器用于记录时间量。一旦时间到,RIP 节点就会产生一系列包含自身全部路由表的报文。这些报文广播到每一个相邻节点。因此,每一个 RIP 路由器大约每隔 30 s 钟应收到从每个相邻 RIP 节点发来的更新。在更大的基于 RIP 的自治系统中,这些周期性的更新会产生不能接受的流量。因此,一个节点一个节点地交错进行更新在现实中会显得更实际些。RIP 自动完成更新,每一次更新计时器会被复位,一个小的、任意的时间值加到时钟上。如果更新并没有如所希望的一样出现,说明互联网中的某个地方发生了故障或错误。故障可能是简单的,如把包含更新内容的报文丢掉了;故障也可能是严重的如路由器故障,或者是介于这两个极端之间的任何情况。显然,采取的措施会因不同的故障而有很大区别。由于更新报文丢失而作废一系列路由是不明智的(RIP 更新报文使用不可靠的传输协议以最小化开销),因此,当一个更新丢失时,不采取更正行为是合理的。为了帮助区别故障和错误的重要程度,RIP 使用多个计时器来标识无效路由。

2)标识无效路由。有两种方式使路由变为无效:路由终止、路由器从其他路由器处无法学习到可用路由。在任何一种情形下,RIP 路由器需要改变路由表以反映给定路由已不可达。一个路由如果在一个给定时间之内没有收到更新就中止。比如,路由超时计时器通常设为 180 s。当路由变为活跃或被更新时,这个时钟被初始化。180 s 是大致估计的时间,这个时间足以令一台路由器从它的相邻路由器处收到 6 个路由表更新报文(假设它们每隔 30 s 发送一次路由更新),如果 180 s 消逝之后,RIP 路由器没收到关于那条路由的更新,RIP 路由器就认为那个目的 I P 地址不再可达的,因此,路由器就会把那条路由表项标记为无效。通过设置它的路由度量值为 16 来实现,并且要设置路由变化标志。这个信息可以通过周期性的路由表更新来与相邻路由器交流。对于 RIP 节点而言,16 等于无穷。因此,简单的设置耗费度量值为 16 能作废一条路由。接到路由新的无效状态通知的相邻节点使用此信息来更新它们自己的路由表,这是路由变为无效的第二种方式。无效项在路由表中存在很短的时间,路由器决定是否应该删除它。即使表项保持在路由表中,报文也不能发送到那个表项的目的地址,因为

RIP 不能把报文转发至无效的目的地。

3)删除无效路由。一旦路由器认识到路由已无效,它会初始化一个秒计时器——路由刷新计时器。因此,在最后一次超时计时器初始化后 180 s,路由刷新计时器被初始化。这个计时器通常设为 90 s。如果路由更新在 270 s 之后仍未收到(180 s 超时加上 90 s 路由刷新时间),就从路由表中移去此路由(也就是刷新)。而为了路由刷新递减计数的计时器称为路由刷新计时器。

2. 路由器的接口

路由器不仅能实现局域网之间连接,更重要的应用还在于局域网与广域网、广域网与广域网之间的相互连接。路由器与广域网连接的接口称之为广域网接口(WAN 接口)。路由器中常见的广域网接口有以下几种。

(1)RJ-45 端口。它是常见的双绞线以太网端口,因为在快速以太网中也主要采用双绞线作为传输介质,所以根据端口的通信速率不同,RJ-45 端口又可分为 10 Base-T 网 RJ-45 端口和 100 Base-TX 网 RJ-45 端口两类,其中 10 Base-T 网的 RJ-45 端口在路由器中通常是标识为“ETH”,而 100 Base-TX 网的 RJ-45 端口则通常标识为“10/100bTX”,这主要是由于现在快速以太网路由器产品多数还是采用 10/100 Mb/s 带宽自适应的。其实这两种 RJ-45 端口仅就端口本身而言是完全一样的,但端口中对应的网络电路结构是不同的,所以也不能随便接。

(2)AUI 端口。它是用来与粗同轴电缆连接的接口,是一种“D”型 15 针接口,AUI 端口在令牌环网或总线型网络中是一种比较常见的端口之一。路由器可通过粗同轴电缆收发器实现与 10Base-5 网络的连接,但更多的是借助于外接的收发转发器(AUI-to-RJ-45),实现与 10Base-T 以太网络的连接。当然也可借助于其他类型的收发转发器实现与细同轴电缆(10Base-2)或光缆(10Base-F)的连接。这里所讲的路由器 AUI 接口主要用于以用粗同轴电缆作为传输介质的网络进行连接。

(3)高速同步串口。在路由器的广域网连接中,应用最多的端口还要算高速同步串口(SERIAL)了,这种端口主要用于连接目前应用非常广泛的 DDN、帧中继(Frame Relay)、X. 25、PSTN(模拟电话线路)等网络连接模式。在企业网之间有时也通过 DDN 或 X. 25 等广域网连接技术进行专线连接。这种同步端口一般要求速率非常高,因为一般来说,通过这种端口所连接的网络的两端都要求实时同步。

(4)异步串口(ASYNC)。它主要是应用于 Modem 或 Modem 池的连接,用于实现远程计算机通过公用电话网拨入网络。这种异步端口相对于上面介绍的同步端口来说在速率上要求宽松许多,因为它并不要求网络的两端保持实时同步,只要求能连续即可。所以我们在上网时所看到的并不一定就是网站上实时的内容,但这并不重要,因为毕竟这种延时是非常小的,相对更重要的是在浏览网页时能够保持网页正常的下载。

(5)ISDNBRI 端口。用于 ISDN 线路通过路由器实现与 Internet 或其他远程网络的连接,可实现 128 Kb/s 的通信速率。ISDN 有两种速率连接端口,一种是 ISDNBRI(基本速率接口),另一种是 ISDNPRI(基群速率接口),ISDNBRI 端口是采用 RJ-45 标准,与 ISDNNTI 的连接使用 RJ－45－to－RJ－45 直通线。

8.3　阅读材料
——帧中继

8.3.1　帧中继介绍

帧中继(Frame Relay,简称 FR)技术是在 OSI 第二层上用简化的方法传送和交换数据单元的一种技术。帧中继技术是在分组技术充分发展,数字与光纤传输线路逐渐替代已有的模拟线路,用户终端日益智能化的条件下诞生并发展起来的。帧中继仅完成 OSI 物理层和链路层核心层的功能,将流量控制、纠错等任务留给智能终端去完成,大大简化了节点机之间的协议。同时,帧中继采用虚电路技术,能充分利用网络资源,因而帧中继具有吞吐量高、延时低、适合突发性业务等特点。作为一种新的承载业务,帧中继具有很大的潜力,主要应用在广域网(WAN)中,支持多种数据型业务,如局域网(LAN)互连、计算机辅助设计(CAD)和计算机辅助制造(CAM)、文件传送、图像查询业务、图像监视等。

1. 帧中继的优点

帧中继和分组交换类似,但却以比分组容量大的帧为单位而不是以分组为单位进行数据传输。而且,它在网路上的中间节点对数据不进行误码纠错。帧中继技术在保持了分组交换技术的灵活及较低的费用的同时,缩短了传输时延,提高了传输速率。因此,帧中继技术成为了当今实现局域网(LAN)互连、局域网与广域网(WAN)连接及宽带接入等应用的理想解决方案。其优点如下：

(1)按需分配带宽,网络资源利用率高,网络费用低廉。

(2)采用虚电路技术,适用于突发性业务。

(3)不采用存储转发技术,延时小、传输速率高、数据吞吐量大。

(4)兼容 X.25,SNA,DECNET,TCP/IP 等多种网络协议,可为各种网络提供快速、稳定的连接。

帧中继技术适用于以下三种情况：

(1)当用户需要数据通信,其带宽要求为 64 Kb/s～1 Mb/s,而且参与通信的设备多于两个的时候使用帧中继是一种较好的解决方案。

(2)通信距离较长时,应优先选帧中继,因为帧中继的高效性使用户可以享有较好的经济性。

(3)当数据业务量为突发性时,由于帧中继具有动态分配带宽的功能,选用帧中继可以有效地处理突发性数据。

2. 帧中继的带宽管理

帧中继网络通过为用户分配带宽控制参数,对每条虚电路上传送的用户信息进行监视和控制，实施带宽管理，以合理地利用带宽资源。帧中继的带宽管理主要有以下两个方面：

(1)虚电路带宽控制。帧中继网络为每个用户分配三个带宽控制参数：Bc，Be 和 CIR。同时，每隔 Tc 时间间隔对虚电路上的数据流量进行监视和控制，Tc 值是通过如下计算得到的，Tc＝Bc/CIR。CIR 是网络与用户约定的用户信息传送速率。如果用户以小于等于 CIR 的速率传送信息，正常情况下，应保证这部分信息的传送 Be 网络允许用户在 Tc 时间间隔传送的数据量，Be 是网络允许拥护在 Tc 时间间隔内传送的超过 Bc 的数据量。

(2)网络容量配置。在网络运行开始时，网络运营部门为保证 CIR 范围内用户数据信息的传送，在提供可靠服务的基础上积累网管经验，使中继线容量等于经过该中继线的所有 PVC 的 CIR 之和，为用户提供充裕的数据带宽，以防止拥塞的发生。同时，还可以多提供一些 CIR＝0 的虚电路业务，充分利用帧中继动态分配带宽资源的特点，降低用户通信费用，以吸引更多用户。

随着用户数量的增加，在运营过程中可逐步增加 PVC 数量，以保证网络资源的充分利用。同时，CIR＝0 的业务应尽量提供给那些利用空闲时间（例如夜间)进行通信的用户，对要求较高的用户应尽量提供有一定 CIR 值的业务，以防止因发生阻塞而造成用户信息的丢失。

3. 帧中继的国际标准

1986 年 AT&T 公司，首先在其关于 ISDN 的技术规范中提出帧中继业务。1988 年，国际电信联盟(原 CCITT，现 ITU－T)公布第一个有关帧中继业务框架的标准 I. 122；1989 年，美国国家标准委员会(ANSI)开始帧中继技术标准的研究工作。1990 年帧中继产品生产厂家 CISCO，DEC，NT 和 STRATACOM 联合创建帧中继委员会。1991 年帧中继委员会改名为帧中继论坛(FR FORUM)，并开始其标准的制定工作，同时对产品的相关技术进行研究，以保证不同厂家产品的相互兼容。1992 年，ITU－T 和 ANSI 有关帧中继各方面的标准相继出台，FR FORUM 的成员也不断增加，并公布有关帧中继用户与网络接口(UNI)和网络——网络接口(NNI)的协定。1993 年，FR FORUM 的成员增加到 100 多个，公布了相应的帧中继标准系列；1994—1995 年帧中继技术更加成熟，标准日趋完善。

综上所述，制定帧中继标准的国际组织主要有国际电信联盟(现 ITU－T，原 CCITT)、美国国家标准委员会(ANSI)和帧中继论坛(FR FORUM)，这三个组织目前已制定了一系列帧中继标准。

(1)ITU－T 标准。

I. 122 帧中继承载业务框架；

I. 233 帧模式承载业务；

I. 370 帧中继承载业务的拥塞管理；

I. 372 帧中继承载业务的网络——网络间接口要求；

I. 555 帧中继承载业务的互通；

I. 655 帧中继网络管理；

Q. 922 用于帧模式承载业务的 ISDN 数据链路层技术规范；

Q. 933 1 号数字用户信令(DSS1)帧模式基本呼叫控制的信令规范；

X. 36 通过专线线路提供 FRDTS 的数据终端设备(DTE)和数据电路终接设备(DCE)的接口；

X. 76 提供 FRDTS 的公用数据网网间接口；

X. 144 国际帧中继 PVC 业务数据网络用户信息传送性能参数。

(2)ANSI 标准。

T1S1 结构框与业务描述；

T1. 620 ISDN 数据链路层信令规范；

T1. 606 帧中继承载业务描述；

T1. 617 帧中继承载业务的信令规范；

T1. 618 用于帧中继承载业务的帧协议核心部分。

(3)帧中继论坛标准。

FRF. 1 用户——网络接口实施协定；

FRF. 2 网络——网络接口实施协定；

FRF. 3 多协议包封实施协定；

FRF. 4 SVC 用户——网络接口实施协定；

FRF. 5 帧中继与 ATM PVC 网络互通实施协定

FRF. 6 帧中继业务用户网络管理实施协定；

FRF. 7 帧中继 PVC 广播业务和协议描述实施协定；

FRF. 8 帧中继与 ATM 业务互通实施协定。

4. 帧中继业务

(1)帧中继业务。帧中继业务是在用户—网络接口(UNI)之间提供用户信息流的双向传送,并保持原顺序不变的一种承载业务。用户信息流以帧为单位在网络内传送,用户与网络接口之间以虚电路进行连接,对用户信息流进行统计复用。

帧中继网络提供的业务有两种:永久虚电路和交换虚电路。目前已建成的帧中继网络大多只提供永久虚电路业务,对交换虚电路及有关用户可选业务的研究仍正在进行之中。

表 8.2 列举了帧中继业务的属性及其意义。

表 8.2　帧中继业务的属性及其意义

序　号	信息传递属性	值(含义)
1	信息传递方式	帧
2	信息传递速率	小于或等于用户信息接入通路的最大比特率和逻辑链路的吞吐量
3	信息传递能力	不受限制
4	结构	业务数据单元完整性
5	通信的建立	即时/永久
6	对称性	双向对称

续 表

序　号		信息传递属性	值(含义)
7		通信配置	点对点
8	接入属性	接入通路	D. B 或 H
9		信令接入协议第 1 层	建议 I. 430 或 I. 431 X. 36
9. 1		信令接入协议第 2 层	建议 Q. 921
9. 2		信令接入协议第 3 层	建议 Q. 933
9. 3		信令接入协议第 1 层	建议 I. 430 或 I. 431 X. 36
9. 4		信令接入协议第 2 层核心功能	核心功能建议 Q. 922
9. 5 9. 6		信令接入协议第 2 层数据链路控制	用户规定:为了与 X. 25 和帧交换互通要求 Q. 922
10	一般属性	提供的补充业务	待定
11 12		服务质量见	X. 144 建议。注:拥塞管理将影响服务质量(QoS)(建议 I. 370)
13		互通可能性	见 I. 500 系列建议
		运行与经营	待进一步研究

(2)帧交换承载业务。帧交换承载业务的基本特征与帧中继业务相同,其全部控制平面的程序在逻辑上是与用户面相分离的,而且物理层用户面程序使用 I. 430/I. 431 建议,链路层用户平面程序使用 I. 441 建议的核心功能,能够对用户信息流量进行统计复用,可以保证在两个 S 或 T 参考点之间双向传送的业务数据单元的顺序。

帧交换承载业务主要完成下列功能:

1)提供帧的证实传送。

2)对传输差错、格式差错和操作差错进行检测。

3)对丢失的帧或重复的帧进行检测和恢复。

4)提供流量控制。

8. 3. 2　帧中继的帧格式

帧中继的帧格式如图 8. 7 所示。图中各字段含义如下:

F	Address	Information	FCS	F

图 8. 7　帧中继的帧格式

(1)标志字段(F)。它是一个特殊的八比特组 01111110,其作用是标志一帧的开始和结束。

(2)地址字段(Address)。地址字段的主要用途是区分同一通路上多个数据链路连接,以便实现帧的复用/分路。地址字段的长度为 2～4 B。

1)地址字段扩展比特 EA。EA＝0 表示下一字节仍是地址字段;EA＝1 表示本字节是地址字段的最终字节。

2)命令/响应比特(C/R)。在数据链路层帧方式接入协议(LAPF)中作为标识该帧是命令帧还是响应帧。

3)可丢失指示比特(DE)。DE 置"1"说明当网络发生拥塞时,可考虑丢弃,以便网络进行带宽管理。

4)前向显式拥塞通知(FECN)。该比特由发生拥塞的网络来设置,用于通知用户启动拥塞避免程序,它说明与载有 FECN 批示的帧同方向的信息量情况。

5)后向显式拥塞通知(BECN)。该比特由发生拥塞的网络来设置,用于通知用户启动拥塞避免程序,它说明与载有 BECN 指示的帧反方向上的信息量情况。

6)DLCI 扩展/DL－CORE 控制控制指示比特(D/C)。D/C 比特置"1"表示最后一个字节包含数据链路核心协议(DL－CORE)控制信息;D/C 比特置"0"表示最后字节包含 DLCE 信息。

7)数据链路连接标识符(DLCI)。它用来标识用户网络接口或网络接口上承载通路连接。

(3)信息字段(Information)。信息字段包含的是用户数据,可以是任意的比特序列,它的长度必须是整数个字节,帧中继信息字节最大默认长度为 262 个字节。

(4)帧校验序列字段(FCS)。帧校验序列字段 FCS 是一个 16 比特的序列,它具有很强的检错能力,能检测出在任何位置上的 3 个以内的错误、所有的奇数个错误、16 个比特之内的连续错误以及大部分的大量突发错误。

8.3.3 帧中继的工作原理

1. 帧中继包

帧中继包是由一系列的字节所构成,它们分为头、用户数据体和检查和(CRC)在头字节后面的字节包含用户数据。它可以是任何类型、任何长度(至少在理论上是这样),允许帧中继按任何通信协议密封信息包。实际上,用户数据的最大长度取决于提供者的网络。帧中继的接口典型地被配置成其最大的信息包长度,从 256 到 8 192 个字节。

CRC,即用户数据之后的两个字节包,含一个 16 位的信息包头和用户数据的循环冗余校验和。网络中的每个节点都会检查这个值,用以确定这个信息包的完整性;如果检查失败,这个节点就丢弃该信息包。

2. 帧中继交换

客户的帧中继访问设备连接到服务提供者帧中继交换上的一个端口。每个帧中继交换器都检查将要进入的信息包的 DL－CI(数据链路在接标识符),并采取以下行动之一:如果 DLCI 是非零值,帧中继交换器就使用这个值确定它应当把这个信息包传送到哪一个输出端口;如果 DLCI

是零值,帧中继交换器则检查信息包中的控制数据,然后采取相应的行动。

帧中继交换器在需要时也允许进行信息包排队。如果信息包在队列中等待的时间太长,交换器将会给会谈者发送出现网络阻塞的信号,或者丢弃合适的信息包,或二者兼而有之。

3. 帧中继的实施

每个客户场地都有两种设备:内部计算环境,包括此场地完成自己的信息处理任务所使用的所有硬件和软件;帧中继访问环境,也包括用于将这些场地的内部终端环境连接到帧中继服务的所有的硬件和软件。

如果用户想要为与某些其他场地进行数据交换提供一条途径,就必须就地设置一种帧中继的访问环境。最通用的方法就是将内部的计算环境连接到一个 FRAD 或是一个路由器上。如果客户正连接在一个 56 Kb/s 的访问点上,这些设备就必须被连到一个数据服务部件(DSU)上,或当连接在一个 T1 访问点上时,这些设备必须连接到一个 DSU/CSU(数据服务部件/通道服务部件)上。这些设备主要包括以下几个:

(1)帧中继访问设备。帧中继访问设备(FRAD)是一个典型的独立部件,它能在一个或多个串行口上提取来自内部计算环境的数据,将其封装成帧中继信息包,然后通过 DSU 或 DSU/CSU 将这个信息包传送出该访问点。它也可以从访问点接收帧中继信息包,去除每个信息包的头和检查和,然后将这个数据传送到合适的串行口。

据 Dataquest 公司 1996 年 3 月公布的 1995 年全球广域网设备市场的调查结果,FRAD 市场增长了 80%,达到 2.66 亿美元,其中 Motorola 公司瓜分一半市场。

(2)路由器。路由器是一个独立的 LAN 设备,用户能将一个提供帧中继访问的扩展板插入到其中。这块板将来自内部计算环境,进入到路由器的 LAN 数据封装成帧中继信息包,然后通过 DSU/CSU 送出访问点。它也接收来自访问点的帧中继信息包。

最近,路由器生产厂家为他们的产品增加了串行接口,这使得路由器能封装和引导非 LAN 数据与来自 LAN 的信息包一起出入帧中继访问点。

(3)FRAD 与路由器的比较。当 FRAD 厂商将 LAN 加到他们的产品上,路由器厂商在他们的产品上支持传带的串行数据时,两种类型产品的分界线开始变得模糊不清了。不过,大多数的 FRAD 厂商都使用 Internet, Engineering, TaskForce(IETF)的 Request for, Commet (RFC)1490 规范来封装 SNA 的通信量。与主要的路由器厂家所使用的数据链路交换方法相比,RFC 1490 提供超级的性能。FRAD 一般也比路由器便宜;但另一方面,在需要一个帧中继访问点的多 LAN 环境中,路由器的使用会较之更频繁些。

(4)DSU 与 DSU/CSU 的比较。所有的 FRAD 和路由器都须要用 DSU 或 DSU/CSU 连接到帧中继服务。大多数的 FRAD 都能直接连到一个外部的 DSU,其他的 FRAD 为内部的 DSU 提供了一个扩展槽,直到最近,具有帧中继访问扩展板的路由器才不得不被连到外部的 DSU 上。现在某些板还包括一个内部的 DSU,如果用户须要考虑 ISDN 或 TI 线提供较高的带宽,那么,FRAD 或路由器就必须被连接到 DSU/CSU,也有能把多个帧中继接口连到一个单线上去的可选用 DSU/CSU。

第9章 计算机信息安全

随着计算机技术的发展和网络的广泛应用,计算机和信息技术成为信息时代的核心技术和中坚力量,它影响和决定着现代技术的走向。计算机的应用已经深入到各行各业,在电子商务、电子政务、电子税务、电子海关、网上银行、电子证券、网络书店、网上拍卖、网络防伪、网上选举等政治、军事、金融、商业、交通、电信和文教等方面发挥越来越大的作用。但是,只要这些领域中涉及有利益因素,那么,伴随着网络的公开性,许多威胁计算机安全的情况便随之而来。

本章将讲述计算机面临的各种安全威胁以及如何预防安全威胁。同时还将介绍信息系统的安全技术和计算机系统安全应解决的问题。保护计算机安全的方法除了使用加密技术、认证等方式外,还可以通过入侵检测、预防和监听网络的方法来保护数据。除此之外,还将介绍计算机系统的文件管理与保护和一些补救措施。

9.1 真实的计算机世界

当今社会中,计算机影响着我们生活中的方方面面,其作用无疑也越来越重要。然而,计算机的世界究竟是怎样的呢?如今常常能听到某种可怕的计算机病毒爆发,盗号木马又盗取了某人的账号,甚至有人正在入侵你的计算机等等安全问题的信息!但是,这仅仅是计算机世界里的一点小小的插曲。在今天看来,由于网络的普及,计算机的安全正经受着严峻的考验,威胁几乎无处不在。

9.1.1 威胁无处不在

1. 安全威胁概述

安全威胁是指对安全的一种潜在侵害,威胁的实施常称为攻击。计算机系统安全面临的威胁主要表现为三类:

(1)泄漏信息。它指敏感数据在有意或无意间被泄漏丢失。它通常包括,信息在传输中丢失或泄漏,信息在存储介质中丢失或泄漏。

(2)破坏信息。它是指以非法手段窃得对数据的使用权,并删除、修改、插入或重发某些重要信息,以取得有益于攻击者的响应;恶意添加,修改数据,以干扰用户的正常使用。

(3)拒绝服务。它不断对网络服务系统进行干扰,影响正常用户的使用,甚至使合法用户被排斥而不能进入计算机网络系统或不能得到相应的服务。

危害计算机信息安全的因素分人为和自然两类。自然因素通常包括温度、湿度、灰尘、雷击、静电、水灾、火灾、地震、空气污染和设备故障等因素;人为因素又有无意和故意之分,例如由于误操作删除数据的过失属于无意威胁,而如黑客行为则属于人为故意。信息受到侵犯的典型来源分布如图 9.1 所示。

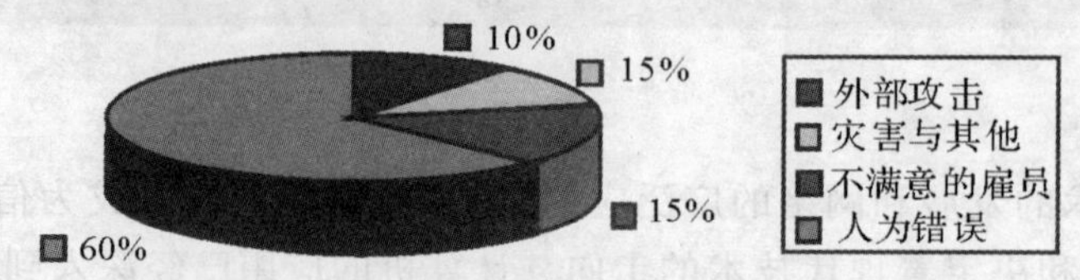

图 9.1 信息受到侵犯的典型来源分布

2. 网络威胁

上网"冲浪"这个几年前还很时髦的词在今天看来已经不再新鲜,计算机用户接入宽带几乎成了使用计算机的必备要素。但是网络不但越来越庞大而且越来越复杂。网络的复杂性体现在下面三个方面:

(1)局域网联入广域企业网中。

(2)向商业伙伴(客户、供应商)开放自己的网络。

(3)外部网接入 Internet。

随着网络应用的深入,人类生活越来越离不开网络,人们可以自由地访问网络,自由地使用和发布各种类型的信息,但同时也面临着来自网络的安全威胁,保护网络资源免受侵犯成为了时下网络应用中的一个关注热点。

网络开放带来了许多问题。Internet 具有四个特点:国际化、社会化、开放化、个人化。Internet 这几方面因素导致了网络环境下的计算机系统存在很多安全问题。为了解决这些安全问题,人们开发研究了各种安全机制、策略和工具。然而,即使在使用了现有的安全工具和机制的情况下,网络安全仍然面临着诸多威胁,在这些威胁中入侵者首当其冲。

(1)入侵者与入侵行为。谁是入侵者?人们的第一反应就是"黑客"(hacker),现在"黑客"一词在信息安全范畴内的普遍含义是特指对计算机系统的非法侵入者。其实,我们印象中的黑客是带有偏激的感情色彩的。黑客们与入侵者之间还是有一点区别,这是个度的问题,如果把握不好这个度,黑客就变成了入侵者。那么黑客与入侵者有什么区别呢?

黑客的一个定义是,他们对技术的局限性有充分认识,具有操作系统和编程语言方面的高级知识,热衷编程,查找漏洞,表现自我。他们不断追求更深的知识,并公开他们的发现,并与其他人分享。他们没有破坏数据的企图,中国的一些黑客自称"红客"(Honker)。

入侵者是指怀着不良的企图,闯入甚至破坏远程计算机系统完整性的人。入侵者的行为被定义为恶意的,凡是蓄意造成他人信息的破坏、丢失、泄密的行为都是入侵行为。在这些入侵者当中有一部分被称为"骇客"(Cracker),他们以破坏系统为目标。很显然,这些入侵者当中很大一部分就是所谓的黑客,美国警方把所有涉及"利用""借助""通过"或"阻挠"计算机的犯罪行为都定为“hacking”。

这些入侵者通常是基于以下原因去入侵他人的计算机的：

1)为了自己的强烈求知欲和个人自豪感，以闯入为乐趣，以侵入别人的计算机系统来展示自己的技术，也许这些人只是想尝试自己到底能入侵多少台计算机。他们当中很多只是在追求技术上的精进，没有反社会的动机。这些人有时还能起到一定的正面效果，比如他们在发现了某些程序或网络漏洞后，会主动向网络管理员指出或者干脆帮助修补网络错误以防止损失扩大。

2)被雇来对某个目标组织复仇的内部或外部人员。这些入侵者通常都是基于金钱等利益或者出于“道义”去进行入侵行为。

3)使用目标系统的机密数据来获得利益或获取其他好处(例如：企业利益，军事利益)。这类入侵者凭借高超的计算机技术，利用高技术手段干扰竞争对手的正常商业行为，或者非法闯入军事情报机关的内部网络，窃取、调阅和篡改有关军事资料，使高度敏感信息泄密，意图制造军事混乱或政治动荡。这类入侵者的危害很大，也是企业、政治机构、军事机构重点防范的对象。

4)以破坏目标系统安全为目的(包括敲诈和产业间谍活动)的罪犯或组织。这类入侵者也主要是以利益为目的进行入侵行为为主。在商业活动中不时发生类似这样的事件：某企业频繁遭到攻击，严重扰乱生产的正常进行。这时某公司就向他们推销安全防护产品，并且效果良好。这样就达到了他们的目的。

5)为达到某种政治目的的恐怖分子。例如领导人选举的时候就有可能发生这种情况；另外一些恐怖分子为了使他们的恐怖活动造成更大的影响，往往会采取如入侵行为来篡改一些网站。

入侵者攻击所采用的流程可用图 9.2 表示：

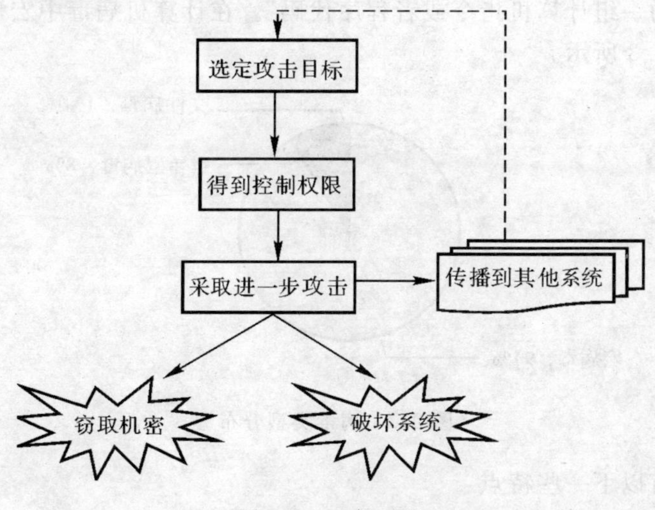

图 9.2　入侵过程

入侵过程大致是首先搜集信息，包括正在活动的主机，能够切入的端口和服务，弄清操作系统等。然后分析所获得的信息，利用一些手段获得对方的控制权(注意控制权是个很泛的概念，不一定是对整个系统的控制)。在获得控制权之后就可以展开攻击了，攻击的手段多种多样，令人防不胜防，具体细节将在后面介绍。

(2)恶意程序。恶意程序一般是指带有攻击系统、窃取信息、传播危害等意图的程序。这些程序都是人为编写并用于不正当用途的，目的是干扰计算机操作，记录、毁坏或删除数据，或者是令其自行传播到其他计算机和整个 Internet 从而造成大面积的信息传输受阻。这类恶意程序的威胁可以分为两类：需要宿主程序的威胁和彼此独立的威胁。前者基本上是不能独立于某个实际的应用程序、实用程序或系统程序的程序片段，只有在当宿主程序调用时被激活起来才能完成一个特定功能；后者是可以被操作系统调度和运行的自包含程序，由程序片段(如计算机病毒)或者由独立程序(如蠕虫)组成，在执行时可以在同一个系统或某个其他系统中产生自身的一个或多个副本。恶意程序主要包括：陷门、病毒、特洛伊木马、蠕虫、逻辑炸弹等。

1)陷门。计算机操作的陷门是指进入程序的秘密入口，它使得知道陷门的人可以不经过通常的安全检查过程而获得访问权。程序员为了进行调试和测试程序，已经将陷门技术合法的使用了多年。但当陷门被无所顾忌的程序员用来获得非授权访问时，陷门就变成了威胁。通过陷门获取操作系统的控制是困难的，必须将安全测试集中在程序开发和软件更新的行为上才能更好地避免这类攻击。

2)计算机病毒(Computer Virus)。计算机病毒是一种人为编制的程序或指令集合。这种程序能够潜伏在计算机系统中，并通过自我复制进行传播和扩散，在一定条件下被激活，并给计算机带来故障和破坏。这种程序具有类似于生物病毒的繁殖、传染和潜伏等特点，所以人们称之为计算机病毒。计算机病毒在《中华人民共和国计算机信息系统安全保护条例》中被明确定义，即“指编制或者在计算机程序中插入的破坏计算机功能或者破坏数据，影响计算机使用并且能够自我复制的一组计算机指令或者程序代码”。在计算机病毒中宏病毒所占比例最大，各种病毒比例如图 9.3 所示。

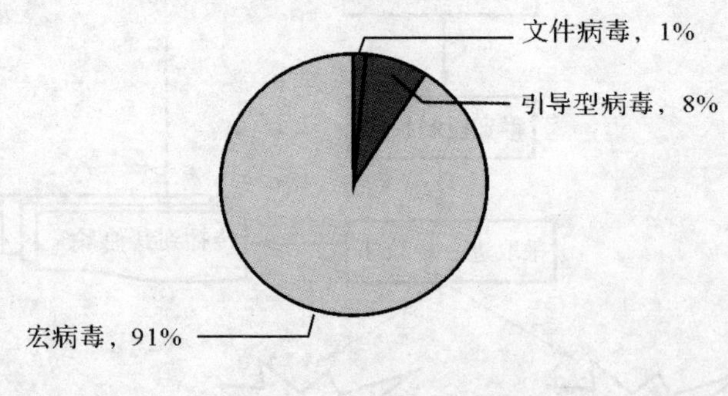

图 9.3　病毒类型分布

计算机病毒具有以下一些特点：

a)寄生性。计算机病毒寄生在其他程序之中，当执行这个程序时，病毒就起破坏作用，而在未启动这个程序之前，它是不易被人发觉的。

b)传染性。传染性是病毒的基本特征，计算机病毒不但本身具有破坏性，更可怕的是具有传染性，一旦病毒被复制或产生变种，其传播速度之快令人难以预防。计算机病毒会通过各种渠道从已被感染的计算机扩散到未被感染的计算机，如 U 盘、计算机网络去传染其他的计算机。传染性是判别一个程序是否为计算机病毒的最重要条件。病毒程序通过修改磁盘扇区信息或文件内容并把自身嵌入到其中的方法达到病毒的传染和扩散。被嵌入的程序叫做宿主程序。

c)潜伏性。计算机病毒的发作时间或者条件是人为设计好的，就像定时炸弹一样，比如著名的“黑色星期五”，激发条件是星期五且 13 日。潜伏性的第一种表现是时间上的潜伏，病毒程序不用专用检测程序是检查不出来的，因此病毒可以静静地躲在磁盘等介质里呆上几天，甚至几年，一旦时机成熟，就会四处繁殖、扩散，继续为害。潜伏性的第二种表现是条件上的潜伏，计算机病毒的内部往往有一种触发机制，不满足触发条件时，计算机病毒除了传染外不做什么破坏。触发条件一旦得到满足，病毒就会开始大肆破坏。

d)隐蔽性。计算机病毒具有很强的隐蔽性，有的可以通过病毒软件检查出来，有的根本就查不出来，有的时隐时现、变化无常，这类病毒处理起来通常很困难。

e)破坏性。各种病毒的破坏性不同，有的计算机中毒后，可能会导致正常的程序无法运行，把计算机内的文件删除或受到不同程度的损坏；有的可能只是恶作剧；还有的可能会破坏计算机的硬件，导致计算机永久瘫痪。

现在流行的病毒是由人为故意编写的，多数病毒可以找到作者和产地信息，从大量的统计分析来看，病毒作者主要是一些天才的程序员为了表现自己和证明自己的能力，或出于对上司的不满，为了好奇，为了报复，或为了得到控制口令，或为了报酬等，当然也有因政治、军事、宗教、民族、专利等方面的需求而特意编写的，其中也包括一些病毒研究机构和黑客的测试病毒。病毒的传播方式也是多种多样，但是通过 Internet 植入病毒更容易。病毒运行后可能损坏文件，使系统瘫痪，造成各种难以预料的后果。由于在网络环境下，计算机病毒具有不可估量的威胁性和破坏力，因此计算机病毒的防范是网络安全性建设中重要的一环。病毒不仅可以删除文件，使数据丢失，甚至破坏系统硬件造成巨大损失。

3)特洛伊木马(Trojan Horse)：即平时所称的木马，其名称取自特洛伊木马记，原因是木马的行为与当时的特洛伊木马战术如出一辙。木马表面上是一个有用的程序或命令(比如一封邮件、一个计算器)，但实际上却包含了一段隐藏的、激活时进行某种不想要的或者有害的功能的代码。最初还处于以平台为主的时期，木马就产生了，当时木马程序的功能相对简单，往往是将一段程序嵌入到系统文件中，用跳转指令来执行木马的功能。在这个时期木马的设计者和使用者大都是技术人员，具备相当的网络和编程知识。而后随着平台的日益普及，一些基于图形操作的木马程序出现了，用户界面的改善，使使用者不用懂太多的专业知识就可以熟练地操作木马，相应的木马入侵事件也更加频繁出现，而且由于木马技术已日趋成熟，对服务端的破坏也更大了。现在木马的危害已经远远超过病毒所造成的社会危害。

木马的基本特征：

a)隐蔽性是其首要的特征。如其他所有的病毒一样，木马也是一种病毒，它必须隐藏在你的系统之中，它会想尽一切办法不让你发现它。其隐蔽性主要是不产生图标，同时木马程序自动在任务管理器中隐藏，或以系统服务的方式欺骗操作系统。

b)能自动运行。木马是在系统启动时即自动运行的程序，或在启动宿主程序时能自动运行。

c)具有欺骗性。木马程序要达到其长期隐蔽的目的，就必须借助系统中已有的文件，以防被你发现，它经常使用的是常见的文件名或扩展名，如“dll，win，sys，ini”等字样更有甚者干脆就借用系统文件中已有的文件名，只不过它保存在不同路径之中。还有的木马程序为了隐藏自己，常把自己设置成一个 Zip 文件式图标，当不小心打开它时，就会立刻运行。

d)具备自动恢复功能。在很多的木马程序中的功能模块已不再是由单一的文件组成，而是具有多重备份，可以相互恢复。

e)能自动打开特别的端口。木马程序潜入用户的计算机之中的目的不主要为了破坏系统，更多的是为了获取系统中有用的信息，这样只要当上网能与远端客户进行通信时，木马程序就会用服务器/客户端的通信手段把信息告诉黑客们，以便黑客们控制你的机器，或实施更进一步入侵企图。这样木马通常就会去打开一些不常用的端口来为自己服务。

木马的主要动机是非法窃取他人有用信息、破坏数据。根据不同的特点可以将木马分为以下五大类：游戏盗号木马、网银盗号木马、针对即时通信工具的木马、为计算机制造后门的木马、广告木马。

4)蠕虫(Worm)。蠕虫是一种常见的计算机病毒。它的传染机理是利用网络进行复制和传播，传染途径是通过网络和电子邮件。一旦这种程序在系统中被激活，蠕虫可以表现得像计算机病毒，或者可以给计算机内注入木马程序，或者进行任何次数的破坏或毁灭行动。

蠕虫是计算机病毒的一种，但是它确实是病毒中的另类，所以我们通常将它单独分为一类。蠕虫表现出与计算机病毒同样的特征：潜伏、繁殖、触发和执行期。但是它又有自己独特的一面；蠕虫一般不采取利用 PE 格式插入文件的方法，而是复制自身在互联网环境下进行传播，病毒的传染能力主要是针对计算机内的文件系统而言，而蠕虫病毒的传染目标是互联网内的所有计算机。局域网条件下的共享文件夹，电子邮件 E-mail，网络中的恶意网页，大量存在着漏洞的服务器等都成为蠕虫传播的良好途径。网络的发展也使得蠕虫病毒可以在几个小时内蔓延全球，致使互联网通信受阻，而且蠕虫的主动攻击性和突然爆发性常使得人们手足无措。1998 年美国“莫里斯”病毒发作，一天之内使 6 000 多台计算机感染，损失达 9 000 万美元。再如 2006 年，令人谈毒色变的“熊猫烧香”，中毒计算机上会出现“熊猫烧香”图案，同时会出现计算机频繁重启以及系统硬盘中文件被破坏等现象，对社会造成了重大的影响。表 9.1 罗列了普通病毒与蠕虫病毒的区别。

表 9.1　普通病毒与蠕虫病毒的区别

病毒特征	普通病毒	蠕虫病毒
存在形式	寄存文件	独立程序
传染机制	宿主程序运行	主动运行
传染目标	本地文件	网络计算机表

5)逻辑炸弹。在病毒和蠕虫之前最古老的程序威胁之一是逻辑炸弹。逻辑炸弹是嵌入在某个合法程序里面的一段代码,被设置成当满足特定条件时就会发作,也可理解为“爆炸”,它具有计算机病毒明显的潜伏性。一旦触发,逻辑炸弹可能改变或删除数据或文件,引起机器关机或完成某种特定的破坏工作。

逻辑炸弹和病毒的共同点是都具有隐蔽性和攻击性。两者的不同点是病毒具有“传染性”,而逻辑炸弹没有传染性。逻辑炸弹的逻辑条件具有不可控制的意外性,其本身虽然不具备传播性,但是诱因的传播是不可控的,从而使逻辑炸弹还原和清除更加困难。

(3)窃取身份与侵害隐私。入侵者入侵计算机的一个很常见的目的就是为了窃取被入侵者的身份信息以及他们的隐私数据。入侵者通常使用以下手段:破解密码(Password Cracking)、包嗅探(Packet Sniffing)、社交工程(Social Engineering)、欺骗(Spoofing)、端口扫描(Port Scanning)等。计算机的信息安全应该至少包括三个方面,即保密性、完整性和可用性。保密性是指保障信息仅仅为那些被授权使用的人获取;完整性是指保护信息及其处理方法的准确性和完整性;可用性是指保障授权用户在需要时可以获取准确的信息。应该说,这几种攻击手段对数据完整性、保密性和可用性都造成一定的危害。下面就简单介绍这几种攻击方式的特点:

1)破解密码。破解密码是一项技术活,但也不一定需要很复杂的工具。有时用户可能将密码记录在某种东西上面。破解密码的难度完全依赖于用户密码的设置难度,有时用户密码过于简单将导致解密十分容易。有一种暴力破解技术称为垃圾搜寻,即攻击者首先把垃圾文件搜寻一遍以找出可能含有密码的废弃文档。如果用户密码不容易破解,那么就需要借助一些破解软件和一些更为高级的密码破解技术的帮助,这些技术主要有以下两项:

字典攻击(Dictionary attack)。大多数密码通常是简单的,很多时候用户为了记忆方便会将密码设置为一些容易记忆的信息,比如生日手机号码等,所以运行字典攻击通常足以实现目的了。到目前为止,一个简单的字典攻击是闯入机器的最快方法。字典文件(一个充满字典文字的文本文件)被装入破解应用程序(如 LophtCrack),它是根据由应用程序定位的用户账户运行的。

暴力攻击(Brute force attack)。暴力攻击是最全面的攻击形式,虽然它通常需要耗费很长的时间,而且这取决于密码的复杂程度。根据密码的复杂程度,某些蛮力攻击可能花费一个星期甚至更多的时间。

2)包嗅探。包嗅探使用特殊的数据包嗅探工具来截获网络上传输的信息。数据包嗅探器,也叫做分析器或数据包分组器或协议分析器,是能够捕获通过一个网络或部分网络的软件程序。作为通过网络来回移动的数据流,这个程序捕获每个分组和甚至解码和根据协议结构分组它的内容。

一般地,有人会在购物 Web 站点的主机上设置一个包嗅探器,这样一来,大多数截获的包将含有信用卡号码或其他一些对窃贼有用的信息。窃贼可截获无线电话或手机的呼叫,包嗅探器可通过类似方式在 Internet 上截获信息。当通过无线电话或手机订购商品,报出信用卡号码时,窃贼可截获呼叫并窃取号码。在包嗅探器截获信用卡号码后,它复制号码,将其发送给最终目标。而这一切,只有在下次付费时才能发现信用卡号码遭窃。别人通过包嗅探器截获信用卡号码是一种威胁,但这毕竟是遥远的,最大的危险来自于将自己的号码存储在公司的计算机上。计算机往往不够安全,黑客可以进入并窃取存储在那里的所有信用卡信息,而自己对此却束手无策。

3)社交工程:社交工程是利用人性的弱点或利用影响力来说服欺骗他人,从而获得有用的信息和数据,这是近年来给企业和个人造成极大威胁和损失的黑客攻击手法。

社交工程造成极大威胁的原因在于恶意人士不需要具备高超的计算机专业技术,只要企业人员对于安全防范没有足够的认识,这种方法就可以轻松通过企业的安全防护,从而骗取各种账号密码、数据资料等公司重要信息。这对企业造成的损害和威胁完全不亚于网络上的各种入侵行为。一个简单的例子是,攻击者给一家大公司的帮助台打电话,以下是通话内容:

帮助台:你好,这是帮助台。

攻击者:你好,我是 Jon,我需要一些帮助。

帮助台:需要什么样的帮助?

攻击者:是这样的,我是新进的员工,我的老板交给我一项任务,要求我在明天早上完成,但是他今天不在,他说让你们给我建立一个新账号。他说有一些关于表单的事,但是他没有时间填它。

帮助者:可是没有表单我们不能建立新账户!

攻击者:我知道,但是我们都是在为同一家公司做事而且我成功了,我们都会成功。你愿意帮助我度过难关吗?否则我就不能完成我的工作了。

帮助者:那好吧……

通过一系列的交谈,在不到 5 min 的时间里,攻击者获得了一个合法的账号。除了利用电话诈骗外,还有几种更为常见的攻击方式:

电子邮件隐藏病毒:黑客利用社交工程的概念,将病毒、蠕虫、木马等程序隐藏在电子邮件中。这些电子邮件伪装成用亲友或好友的信件骗取用户的信任。

网络钓鱼:首先也是利用电子邮件等方式骗取信任,比如伪装成某名企的录用通知书,当收件人打开邮件并建立了邮件中的连接后,就可能下载了恶意程序。

图片中的恶意程序:明星或情色图片也是社交工程技巧之一,这些都是利用使用者的好奇心来散布恶意程序。

伪装修补程序。另一种社交工程的欺骗手法是伪装成微软的修补更新程序,很多新手用户可能根本不会去验证到底有没有这样一种修补程序或者这个程序来源正确与否。

即时通信是社交工程的新途径。近年来,利用社交工程传播恶意程序或广告越来越普遍,如 MSN,QQ,YAHOO 即时通等。

4)端口扫描。端口扫描是指查找目标系统在网络上开放端口的过程。一个端口就是一个潜在的通信通道,也就是潜在的一个入侵通道。对目标计算机进行端口扫描,能得到许多有用的信息。进行扫描的方法很多,可以是手工进行扫描,也可以用端口扫描软件进行扫描。端口扫描可以借助扫描器,这是一种自动检测远程或本地主机安全性弱点的程序,通过使用扫描器你可以不留痕迹地发现远程服务器的各种 TCP/UDP 端口的分配及提供的服务和它们的软件版本!这就能间接地或直观地了解到远程主机所存在的安全问题。常用的端口扫描技术有 TCP connect 扫描、TCP SYN 扫描、TCP FIN 扫描、TCP FIN 扫描、IP 段扫描、TCP 反向 ident 扫描等。端口扫描可以为黑客们提供最基本的目标系统信息,进而为进一步攻击做准备。但要说明的是,端口扫描也有其积极的意义,比如,测试远程服务器的端口是否可达,防止沿途运营商、防火墙限制了端口导致服务不可用等。

(4)DoS 攻击。DoS 是 Denial of Service 的简称,即拒绝服务,造成 DoS 的攻击行为被称为 DoS 攻击,其目的是使计算机或网络无法提供正常的服务。最常见的 DoS 攻击有计算机网络带宽攻击和连通性攻击。带宽攻击指以极大的通信量冲击网络,使得所有可用网络资源都被消耗殆尽,最后导致合法的用户请求就无法通过。连通性攻击指用大量的连接请求冲击计算机,使得所有可用的操作系统资源都被消耗殆尽,最终使计算机无法再处理合法用户的请求。DoS 作为互联网上的一种攻击手段,已经有好几年的历史。到目前为止,还没有很好的解决办法来解决拒绝服务攻击问题。拒绝服务攻击是互联网上最为严重的威胁之一。专家一般认为,除非修改 TCP/IP 的内核,否则,从理论上没有办法解决拒绝服务攻击。

DDoS(Distribution Denial of Service)分布式拒绝服务攻击,是在传统的 DoS 攻击基础之上产生的一类攻击方式,也是当前网络的头号威胁。美国政府已经把网络攻击提高到数字珍珠港的预言的高度,尤其“9.11”之后,美国把网络列为可能成为恐怖分子利用的重要武器的范围。一些邪教组织已经开始利用网络,通过篡改网站内容,来达到宣传邪教的目标。目前已经发生的威胁和危害的领域包括,政府、军事、外交、银行、税务网络、交通、机场、电力、水利、铁路、证券、社会保险、核设施等涉及国家安全的领域。

当前主要有三种流行的 DDoS 攻击(见图 9.4):

1)SYN/ACK Flood 攻击。这种攻击方法是一种相当有效的经典 DDoS 方法,可通杀各种系统的网络服务,主要是通过向受害主机发送大量伪造源 IP 和源端口的 SYN 或 ACK 包,导致主机的缓存资源被耗尽或忙于发送回应包而造成拒绝服务,由于源都是伪造的故追踪起来比较困难,缺点是实施起来有一定难度,需要高带宽的僵尸主机支持。少量的这种攻击会导致主机服务器无法访问，但却可以 PING 的通，在服务器上用 Netstat -na 命令会观察到存在大量的 SYN_RECEIVED 状态，大量的这种攻击会导致 PING 失败、TCP/IP 栈失效，并会出现系统凝固现象，即不响应键盘和鼠标。普通防火墙大多无法抵御此种攻击。

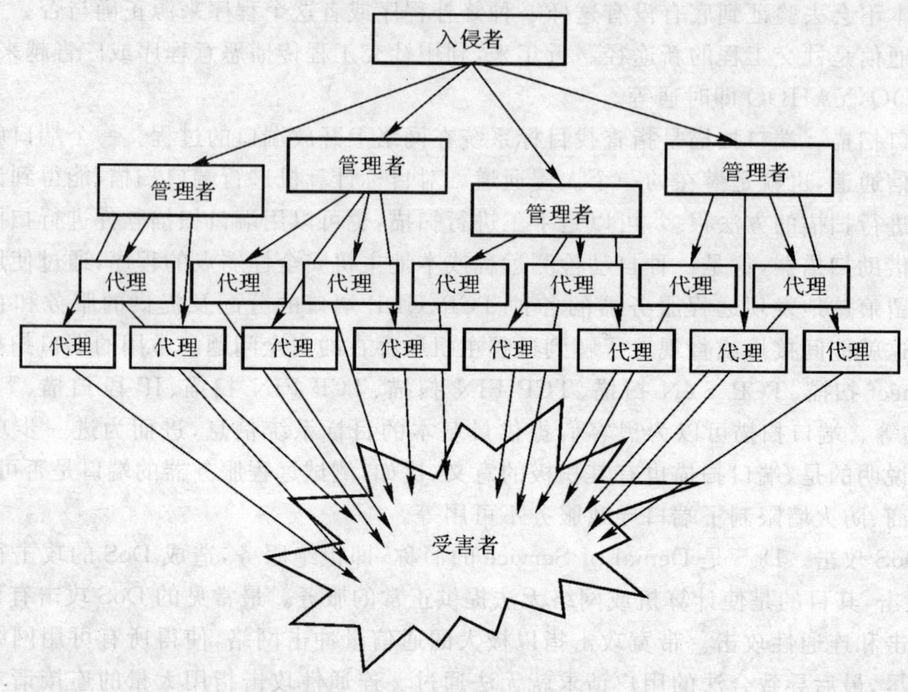

图 9.4　DDoS 攻击模型

Synflood：该攻击以多个随机的源主机地址向目的主机发送 SYN 包，而在收到目的主机的 SYN ACK 后并不回应，如图 9.5 所示。第三次握手 SYN 被屏蔽。这样，目的主机就为这些源主机建立了大量的连接队列，而且由于没有收到 ACK，所以主机一直维护着这些队列，造成了资源的大量消耗而不能向正常请求提供服务。

2）TCP 全连接攻击。这种攻击是为了绕过常规防火墙的检查而设计的，一般情况下，常规防火墙大多具备过滤 TearDrop，Land 等 DoS 攻击的能力，但对于正常的 TCP 连接是放过的，殊不知很多网络服务程序（如：IIS，Apache 等 Web 服务器）能接受的 TCP 连接数是有限的，一旦有大量的 TCP 连接，即便是正常的，也会导致网站访问速度非常缓慢甚至无法访问，TCP 全连接攻击就是通过许多僵尸主机不断地与受害服务器建立大量的 TCP 连接，直到服务器的内存等资源被耗尽而被拖跨，从而造成拒绝服务。这种攻击的特点是可绕过一般防火墙的防护而达到攻击目的，缺点是需要找很多僵尸主机，并且由于僵尸主机的 IP 是暴露的，因此容易被追踪。

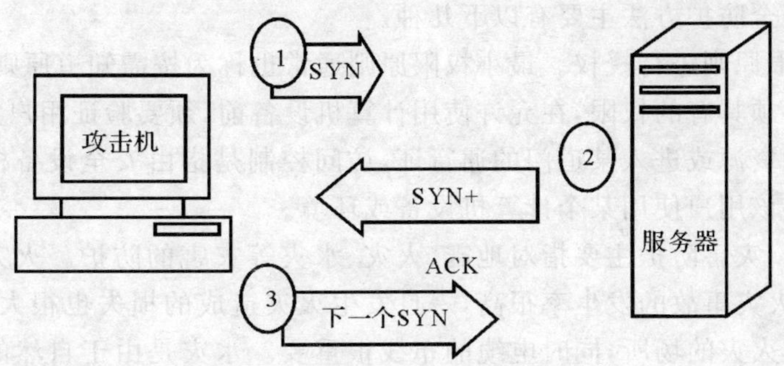

图 9.5 Syn Flood 攻击者恶意地不完成三次握手

3)刷 Script 脚本攻击。这种攻击主要是针对存在 ASP,JSP,PHP,CGI 等脚本程序,并调用 MSSQL Server,MySQL Server,Oracle 等数据库的网站系统而设计的,特征是和服务器建立正常的 TCP 连接,并不断地向脚本程序提交查询、列表等大量耗费数据库资源的调用,典型的以小搏大的攻击方法。一般来说,提交一个 GET 或 POST 指令对客户端的耗费和带宽的占用几乎可以忽略的,而服务器为处理此请求却可能要从上万条记录中去查出某个记录,这种处理过程对资源的耗费是很大的,常见的数据库服务器很少能支持数百个查询指令同时执行,而这对于客户端来说却是轻而易举,因此攻击者只须通过 Proxy 代理向主机服务器大量递交查询指令,只需数分钟就会把服务器资源消耗掉而导致拒绝服务,常见的现象就是网站访问速度慢如蜗牛、ASP 程序失效、PHP 连接数据库失败、数据库主程序占用 CPU 偏高。这种攻击的特点是可以完全绕过普通的防火墙防护,轻松找一些 Proxy 代理实施攻击,缺点是对付只有静态页面的网站效果则会大打折扣,并且有些 Proxy 会暴露攻击者的 IP 地址。

3. 物理威胁

计算机的物理威胁相对与网络威胁来说情况要简单很多,并且也更容易处理。物理安全是信息系统安全的先决条件,主要是指阻止入侵者进入计算机设备所在的场所,并保护计算机设备不受火灾、水灾和其他自然灾害及人为的破坏,它主要包括计算机设备安装场地的安全、计算机设备使用的物理防护措施以及对自然灾害的防护措施等。人为的对物理安全的威胁包括偷窃、间谍活动等。

物理安全主要包括三个方面:环境安全、设备安全和媒体安全。环境安全主要是区域保护和灾难保护,比如对灾难的预警以及事后的应急处理等;设备安全是指设备本身的安全,如防盗、防止线路截获等,比如安装报警器防止盗窃,安装抗电磁干扰屏蔽外界对设备的电磁干扰;媒体安全是对媒体及媒体数据的安全保护。媒体安全包括媒体的安全保管,媒体数据的安全,要防止不正当的拷贝、丢失。

由于计算机设备大多安装在计算中心等相对集中的空间里,因此计算中心地理位置的选择极为重要。主要考虑以下因素:是否易发生地震;地质结构是否易发生地基塌陷;电力供应系统的服务质量如何。

计算机物理安全防护方法主要有以下几种。

(1)按最小权限原则进行授权。最小权限原则通常也称为按需知道原则,即只允许用户知道完成其工作所必须具有的权限,在允许使用计算机设备前,须要验证用户身份。授权就是发放给用户使用某种资源或进入某道门的通行证,访问控制是指由安全设备根据用户的身份和权限决定是否允许该用户使用某个计算机设备或环境。

(2)灾害防护。灾害防护主要指对地震、火灾、水灾等灾害的防护。火灾的预防和应急是至关重要的,因为火灾事故的发生率很高,一旦发生火灾造成的损失也很大,这就要求计算机环境要远离易引发火灾的场所,同时电缆的布线很重要。水灾是由于自然的暴雨或山洪暴发甚至地下水引起的,因此机房选址时,一方面要选择不易发生水灾或水灾的地方;另一方面,还要注意用水的安全,水管的破裂或未关闭的水龙头可能导致机房的设施被水淹没,必要时应配置水泵。使用稳压电源和不间断电源保证供电系统的可靠性和稳定性,以防止因电压的瞬间急剧变化、断电或电压不足导致计算机系统被破坏。空调系统至关重要,由于机器的电子线路工作时会产生热量,因此必须保证室温处于一定的范围内;不适当的空气湿度或尘埃也可能导致计算机系统工作异常,因此要调节好机房的温度、湿度,同时还要保持机房的洁净。

(3)防电磁辐射的泄漏。已有试验表明,在一定的距离以内截获计算机因地线、电源线、信号线或计算机终端辐射导致的电磁泄漏的电磁信号,经过处理后可恢复出原信息,由此发展了电磁泄漏的防护和抑制技术,称为 TEMPEST 技术。TEMPEST 技术一方面抑制和屏蔽电磁泄漏,另一方面采用干扰性防护措施。此外,磁性备份介质要与计算机设备分开保存,磁性介质的报废处理要彻底。

总之,应当认识到要使一个计算机系统达到高的安全强度,除了综合使用多种安全技术措施外,还必须加强对单位或组织的纪律管理,尤其是对工作人员的管理。

9.1.2 安全现状

近年来,大规模的网络安全事件频繁发生,互联网上蠕虫、拒绝服务攻击、网络欺诈等新的攻击手段层出不穷,导致的泄密、数据破坏、业务无法正常进行等事件屡屡发生,甚至导致世界性的互联网瘫痪,造成的经济损失更是无法估量。总的来说,计算机信息安全在今天看来是一个与各种威胁较量的过程。一方面,每一种安全机制都有一定的应用范围和应用环境,安全机制不可能完全保护我们的信息安全;另一方面,只要有程序,就可能存在 BUG,甚至连安全工具本身也可能存在安全漏洞。系统 BUG 经常被黑客利用,而且这种攻击通常不会产生日志,几乎无据可查,现有的安全工具对于利用这些 BUG 的攻击几乎无法防范;此外,安全工具的使用受到人为因素的影响。一个安全工具能不能达到期望的效果,在很大程度上取决于使用者,包括系统管理者和普通用户,而不正当的设置则会产生不安全因素。

2000 年 5 月出版的《国家信息安全报告》指出,我国目前的信息安全度介于相对安全与轻度不安全之间。如按安全度满分为 9 分的话,我们的分值约在 5.5 分。虽然这是一组早期的数据,但它大体上反映了我国的安全现状的以下五个薄弱方面:

(1)信息与网络安全的防护能力较弱。对我国金融系统计算机网络现状，专家们有一形象的比喻:用不加锁的储柜存放资金(网络缺乏安全防护);让“公共汽车”运送钞票(网络缺乏安全保障);使用“邮寄”传送资金(转账支付缺乏安全渠道);用“商店柜台”存取资金(授权缺乏安全措施);拿“平信”邮寄机密信息(敏感信息缺乏保密措施)等。

(2)对引进的信息技术和设备缺乏保护信息安全所必不可少的有效管理和技术改造。我国从发达国家和跨国公司引进和购买了大量的信息技术和设备。在这些关键设备如计算机硬件、软件中，有一部分可能隐藏着“后门”，这对我国政治、经济、军事等方面的安全存在着巨大的潜在威胁。

(3)基础信息产业薄弱，核心技术严重依赖国外。虽然计算机制造业有很大的进步，但其中许多核心部件(如芯片)都是原始设备制造商的，我们对其的研发、生产能力很弱，关键部位完全处于受制于人的地位。在软件方面也几乎面临着被垄断的危险，比如杀毒软件，我国企业自主研制的防毒软件还很难与国外一流的防毒软件相抗衡。

(4)信息犯罪在我国有快速发展之趋势。随着信息设备特别是互联网的大幅普及，各类信息犯罪活动亦呈现出快速发展之势。以金融业计算机犯罪为例，从 1986 年发现第一起银行计算机犯罪案起，发案率每年以 30%的速度递增。近年来，境外一些反华势力还在因特网上频频散发反动言论，而各种计算机病毒及黑客对计算机网络的侵害事件亦屡屡发生。

(5)信息安全技术及设备的研发和应用有待提高。目前，我国信息网络安全技术及产品发展迅速，其中，计算机病毒防治、防火墙、安全网管、黑客入侵检测及预警、网络安全漏洞扫描、主页自动保护、有害信息检测、访问控制等一些关键性产品已实现国产化。但是，黑客的攻击手段在不断地更新，几乎每天都有新的系统安全问题出现。然而安全工具的更新速度太慢，绝大多数情况需要人为地参与才能发现以前未知的安全问题，这就使得它们对新出现的安全问题总是反应太慢。因此，我们还需要在理论基础和自主技术研发上进行强化。

9.1.3　计算机安全技术的重要性

在网络信息技术高速发展的今天，计算机与信息安全已变得至关重要，同时计算机安全也是一个十分复杂的课题。计算机网络安全问题涉及许多学科领域，既包括自然科学，又包括社会科学。就计算机系统的应用而言，安全技术涉及计算机技术、通信技术、存取控制技术、校验认证技术、容错技术、加密技术、防病毒技术、抗干扰技术、防泄露技术等是一个非常复杂的综合问题，并且其技术、方法和措施都要随着系统应用环境的变化而不断改变。当今，计算机病毒不断更新和传播，计算机网络被非法入侵，重要资料被窃密，甚至由此造成计算机系统和网络系统的瘫痪等事件不断出现，已经给各个国家以及众多公司造成巨大的经济损失，甚至危害到国家和地区的安全。

我国公安部计算机管理监察司对计算机安全的定义是“计算机安全是指计算机资产安全，即计算机信息系统资源和信息资源不受自然和人为有害因素的威胁和危害。”计算机安全从根本上来讲就是信息安全。从广义上来说，凡是涉及计算机网络上信息的保密性、完整性、可用性、真实性和可控性的相关技术和理论都是计算机安全的研究领域。然而,计算机资源最易受自然和人为有害因素的影响,因此,计算机安全技术在保护计算机资源免受人为或自然灾害威胁上来说是十分重要的。

威胁计算机系统安全的因素主要有:数据被修改或破坏、数据被泄露、数据或系统拒绝服务。为此,有针对性地提出了一些安全目标:

(1)保证数据的完整性:计算机系统中的信息资源只能被授予权限的用户修改。例如,工程计算、健康保健查询等提供一般处理支持的应用系统的主要安全目标是数据完整性。

(2)保证数据的保密性:计算机中的信息只能授予访问权限的用户读取(包括显示、打印等)。例如,利润支付与收入支出等财务管理系统的主要安全目标是数据完整性和保密性。

(3)保证系统的可用性:保障授权用户在需要时可以获取准确的信息。例如,航空控制与证券交易等实时控制系统的主要安全目标是系统可用性和数据完整性。

总之,计算机的应用直接涉及政治、经济和社会问题,计算机信息系统脆弱,必然会导致计算机化社会或信息化社会的脆弱。因此,计算机安全的重要性就不言而喻了。

9.2 安全技术

9.2.1 加密技术

1. 信息加密概述

最早的加密应用可追溯到公元前 2000 年古埃及人使用的象形文字。这种文字由复杂的图形组成,其含义只被为数不多的人掌握。而最早将现代密码学概念运用于实际的人是凯撒大帝(尤利西斯·凯撒,公元前 100 年—44 年)。由于凯撒大帝不相信负责他和他手下将领通信的传令官,因此发明了一种简单的加密算法把他的信件加密。第二次世界大战以后,由于与计算机技术的结合,密码学的理论研究与实际应用得到了飞速的发展,随之产生了很多新的分支理论,如微粒照片、数字图片水印技术和其他很多隐藏被传递和存储的信息的方法。其中,最常见的就是利用计算机技术将明文和密码变成密文和将密码和密文变成明文。

随着计算机联网的逐步实现,计算机信息的保密问题显得越来越重要。数据保密变换,或密码技术,是对计算机信息进行保护的最实用也是最可靠的方法。之所以要选择加密方法,是因为在互联网上进行文件传输、电子邮件商务往来时存在许多不安全因素,特别是一些大公司和一些机密文件在网络上传输,而且这种不安全性是互联网存在基础——TCP/IP 协议——所固有的,包括一些基于 TCP/IP 的服务。为了能在安全的基础上打开 Internet 的大门,为社会带来更加便捷的互联网服务,就必须选择数据加密和基于加密技术的数字签名等方案来保护信息传输过程。

加密在本地的应用是为了防止人为的物理威胁,在网络上的作用是为了防止有用或私有化信息在网络上被拦截和窃取。一个简单的例子就是银行账号密码的传输,这些密码账号极为重要，许多安全防护体系是基于密码的，密码的泄露在某种意义上来讲意味着其安全体系的全面崩溃。再比如，通过网络进行登录时，如果所键入的密码以明文的形式被传输到服务器，而又由于网络上的窃听是一件极为容易的事情，所以很有可能黑客会在传输过程中窃取用户的密码。这样的例子屡见不鲜，解决这些难题的方案就是加密。综上所述，加密势在必行。

密码是实现秘密通信的主要手段，是隐蔽语言、文字、图像的特种符号。凡是用特种符号按照通信双方约定的方法把电文的原形隐蔽起来，不为第三者所识别的通信方式称为密码通信。在计算机通信中，采用密码技术将信息隐蔽起来，再将隐蔽后的信息传输出去，使信息在传输过程中即使被窃取或截获，窃取者也不能了解信息的内容，从而保证信息传输的安全。一般而言，密码有以下四个作用：

(1)维持机密性。传输中的公共信道和存储的计算机系统非常脆弱，系统容易受到被动攻击和主动攻击，通过加密来掩盖原始信息可以有效保证数据的机密性。

(2)用于鉴别。由于网上的通信双方互不见面，必须在相互通信时(交换敏感信息时)确认对方的真实身份，即消息的接收者应该能够确认消息的来源并保证入侵者不可能伪装成他人。

(3)保证完整性。消息的接收者能够验证在传送过程中消息是否被篡改，从而使入侵者不可能用假消息代替合法消息。

(4)防止抵赖。在网上开展业务的各方在进行数据传输时，必须带有自身特有的、无法被别人复制的信息，以保证发生纠纷时有所对证。发送者事后不可能否认他发送的消息。

任何一个加密系统都至少包括下面四个组成部分：未加密的报文，也称明文；加密后的报文，也称密文；加密解密系统或算法；加密解密的密钥。

发送方用加密密钥，通过加密设备或算法，将信息加密后发送出去。接收方在收到密文后，用解密密钥将密文解密，恢复为明文。如果传输中有人窃取，也只能得到无法理解的密文，从而对信息起到保密作用，如图 9.6 所示。

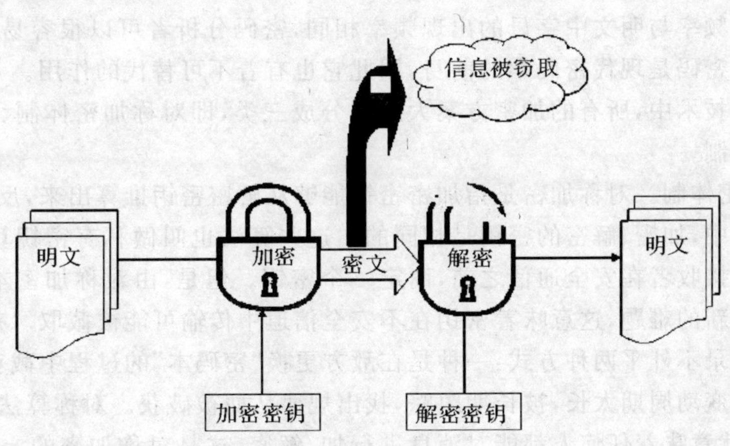

图 9.6　加密解密模型

2. 数据加密方案

数据加密的方案主要是以密码学为基础，一般可以将其分为五大类，如表 9.2 所示。

表 9.2 数据加密方案

划分类型	种　类
历史发展阶段	手工密码、机械密码、计算机密码
保密程度	理论上保密的密码、实际上保密的密码、不保密的密码
按密钥方式	对称式密码、非对称式密码
明文形态	模拟型密码、数字型密码

传统的加密方案主要是替代密文，就是用一组密文字母来代替一组明文字母以隐藏明文，但保持明文字母的位置不变。例如，如果将明文里的每个字母用它在字母表中的后一个字母表示，即用 B 代替 A，C 代替 B，F 代替 E，如表 9.3 所示，那么“密钥”就是每个字母移动的位置数和移动的方向。如果用户知道了“密钥”，就能从收到的消息里面通过向相反的方向移动字母而顺利地解密出明文。

表 9.3 数据加密案例

消　息	加密方法	加密后的消息
SECRET	左移两个字母	QCAPCR
MEET HERE	右移一个字母	NFFU IFSF

在换位密码中，明文的字母保持相同但顺序被打乱了，由于密文字符与明文字符相同，密文中字母的出现频率与明文中字母的出现频率相同，密码分析者可以很容易地根据统计特性进行判别。换位密码是现代密码学的前身，因此它也有着不可替代的作用。

在近代加密技术中，所有的加密方案大致可分成三类，即对称加密体制、公开密钥加密体制和混合加密体制。

(1)对称加密体制。对称加密是指加密密钥能够从解密密钥推算出来，反过来也成立。在大多数对称算法中，加密、解密的密钥是相同的。这些算法也叫做私有密钥算法或单钥算法，它要求发送者和接收者在安全通信之前，商定一个密钥。但是，由对称加密本身的特点来看，商定密钥又成了新的难题，这意味着密钥在不安全信道中传输可能被截取。在历史战争中，破获他国情报的纪录不外乎两种方式：一种是在敌方更换“密码本”的过程中截获对方密码本；另一种是敌人密钥变动周期太长，被长期跟踪，找出规律从而被破获。对称算法的安全性依赖于密钥，泄漏密钥就意味着任何人都能对消息进行加、解密，这是对称加密的一个缺陷，而且，尽管由于密钥强度增强，跟踪找出规律破获密钥的机会大大减小，但密钥分发的困难问题几乎无法解决。现代加密算法中应用私有密钥的有 DES，AES 和 RC4 算法等。

(2)公开密钥加密体制。对称加密的主要问题是密钥的生成、注入、存储、管理、分发等很复杂,特别是随着用户的增加,密钥的需求量成倍增加。在网络通信中,大量密钥的分配是一个难以解决的问题。例如,若系统中有 n 个用户,其中每两个用户之间需要建立密码通信,则系统中每个用户须掌握 $(n-1)/2$ 个密钥,而系统中所需的密钥总数为 $n(n-1)/2$ 个。以 10 个用户的情况为例,每个用户必须有 9 个密钥,系统中密钥的总数为 45 个。对 100 个用户来说,每个用户必须有 99 个密钥,系统中密钥的总数就为 4 950 个。这还仅仅是考虑用户之间的通信只使用一种会话密钥的情况。如此庞大数量的密钥生成、管理、分发确实是一个难处理的问题。

在这种背景条件下便产生了公开密钥加密体制。在公开密钥密码体制下,加密密钥不等于解密密钥。加密密钥可对外公开,使任何用户都可将传送给此用户的信息用公开密钥加密发送,而该用户唯一保存的私人密钥是保密的,也只有它能将密文复原、解密。不过,公开密钥加密体制由于其加密方案和算法设计上的特点决定了它加密速度不能很快,但是它解决了密钥分配和认证的问题。著名的公钥算法有 RSA,ECC 等。

(3)混合加密。鉴于对称加密和公开密钥加密各自的优缺点,人们提出了混和加密的概念,即充分发挥这两种加密算法的优势,将他们结合起来使用,这样不仅解决了密钥分配和管理的问题,同时加密速度也没有多少牺牲。简单来说就是将实际使用的加密密钥用公开密钥算法加密,以保证密钥的安全性,这样在网络上传输的就是加密后的密钥,而传输的是公钥算法中的公开密钥部分(又叫传输密钥);对于明文,仍然使用对称密钥加密,这样保证了加密速度。由于传输密钥使用过一次之后就被扔掉并随机产生新的传输密钥,所以即使有人能够通过暴力破解的方法解密消息,他也不能解密相同部分的其他消息。因此,混合加密方案比较安全,而且有了更简单的对称加密方法的高效率。

3. 加密的应用

出于对信息安全的基本保护,防止不正当窃取用户的隐私,加密技术在数字世界里被广泛应用,下面介绍几个加密技术应用的重要方面。

(1)电子邮件。电子邮件是最明显的使用加密技术的应用程序,特别是在商业用户都很依赖于它的今天。使用电子邮件应尽量加密,保证数据的安全性,否则,轻则丢失个人隐私,重则让公司的重要数据被盗,使公司和个人都蒙受巨大的损失。电子邮件主要通过三种方式保证邮件的安全性:一是利用对称加密算法加密邮件,对称加密算法是应用较早的加密算法,技术成熟。这种方式的邮件加密系统目前很少使用,因为其密码的协商和密钥管理是一个很恼人的问题。二是利用 PKI/CA 认证加密加密邮件,电子邮件加密系统目前大部分产品都是基于这种加密方式。PKI(Public Key Infrastructure)指的是公钥基础设施,CA 是认证中心,PKI/CA 的工作原理就是通过发放和维护数字证书来建立一套信任网络,在同一信任网络中的用户通过申请到的数字证书来完成身份认证和安全处理。三是端到端的加密,端到端的加密是从源设备到接收设备的完全加密,这种方法通过禁止插入点而提供最高级的安全,因为在这些插入点上纯文本数据就可以被任何人读取。网关到端点的加密是一种端到端的简化加密方式，它提供了从发送方网络内的网关系统到接受端点的完全加密。在这种方案中，消息以纯文本的形式从发送方发出，并在相对邻近于电子邮件服务器的网关上进行加密。这种模式取消了对任何加密软件的需要，或者取消了发送方的干预。

(2)加密磁盘等存储设备。一些用户为了在计算机被盗的情况下维持数据的保密性，他们选择加密整块硬盘。同时还可以加密档案，为档案建立检验和建立隐藏的、加密的磁盘存储环境。很显然，磁盘里的数据往往比一台计算机要重要，比如企业信息或者工作数据，因此，硬盘数据加密的重要性就凸现出来了。

(3)DVD 光盘 CSS 加密。内容扰乱系统(Content Scramble System，简称 CSS)是一种防止直接从盘片上复制文件的数据加密和鉴定方案，最初由 Matsushita 和东芝开发。每个 CSS 证书都有一把密钥，它是从存储在每张 CSS 加密盘片上由 400 个密钥组成的母集中取出来的。这样以后只要盘片上的密钥被移除，证书就无效了。CSS 解密算法与驱动器单元交换密钥，以生成加密用的密钥。这一生成的密钥用来扰乱盘片密钥与影片密钥的交换。影片密钥用来解密盘片上数据。DVD 播放机在解码和播放前，由 CSS 电路对数据进行解密。2000 年开始，新一代的 VD-ROM 驱动器必须支持与 CSS 连接的区域管理。制造 DVD 视频设备(驱动器，解码芯片，解码软件，显示适配器等)的厂商必须对 CSS 认证，CSS 由 DVD 论坛颁布。为了使 CSS 算法和密钥保密，证书是极其严格的。CSS 系统用于防止家庭用户利用任何 DVD-R，DVD-RAM 或 DV 之类的数字录制设备进行 DVD 内容的数字方式复制。除此以外，为防止利用 DV，Digital8，D-VHS 及 DVD Recorder 等高清晰数字录像器材来复制 DVD 机输出的模拟视频信号，还另加有防止复制脉冲，这些器材在录像状态时一旦检测到有复制脉冲，会马上停止执行录影功能，终止记录。

(4)数字信封。数字信封是公钥密码体制在实际中的一个应用，是用加密技术来保证只有指定的收信人才能阅读通信的内容。数字信封与普通信封类似，普通信封在法律的约束下保证只有收信人才能阅读信的内容；数字信封则采用密码技术保证了只有规定的接收人才能阅读信息的内容。数字信封中采用了对称密码体制和公钥密码体制。信息发送者首先利用对称密码算法加密信息，再利用接收方的公钥加密对称密码，被公钥加密后的对称密码被称之为数字信封。在传递信息时，信息接收方若要解密信息，必须先用自己的私钥解密数字信封，得到对称密码，然后才能利用对称密码解密所得到的信息。这样就保证了数据传输的真实性和完整性。

9.2.2 认证

1. 认证概述

在现实生活中，个人的身份主要是通过各种证件来确认的，比如：身份证、学生证等。认证(Authentication)是证明一个对象身份的过程，也是对网络中的主体进行验证的过程，用户必须提供主体身份的证明。计算机系统通常有三种方法来验证主体身份：

(1)只有该主体了解的秘密，如口令、密钥。

(2)主体携带的物品,如智能卡和令牌卡。

(3)只有该主体具有的独一无二的特征或能力,如指纹、声音、视网膜图或签字等。

身份认证不仅需要认证主体的确定信息,还需要专门的认证系统。身份认证系统架构包含三项主要组成元件:

(1)认证服务器(Authentication Server)。负责进行使用者身份认证的工作,服务器上存放使用者的私有密钥、认证方式及其他使用者认证的信息。

(2)认证系统用户端软件(Authentication Client Software)。认证系统用户端通常都是需要进行登陆(Login)的设备或系统,在这些设备及系统中必须具备可以与认证服务器协同运作的认证协定。

(3)认证设备(Authenticator)。认证设备是使用者用来产生或计算密码的软硬件设备。

2. 各种认证机制

(1)口令机制。用户名/口令认证技术是最简单、最普遍的身份识别技术,如各类系统的登录验证。口令具有共享秘密的属性,是相互约定的代码,只有用户和系统知道。口令有时由用户选择(比如自己的计算机口令),有时由系统分配(比如某些在线注册账号)。通常情况下,用户先输入某种标志信息,比如用户名和 ID,然后系统询问用户口令,若口令与用户文件中的相匹配,用户即可进入访问。口令有多种,如一次性口令,即一个口令只能使用一次;还有基于时间的口令,这种口令只有在固定的时间范围内使用才有效。

(2)数字证书。这是一种检验用户身份的电子文件,也是企业现在可以使用的一种工具。这种证书可以授权购买,提供更强的访问控制,并具有很高的安全性和可靠性。数字证书的基础是密码技术。非对称体制身份识别的关键是将用户身份与密钥绑定。认证授权机构 CA(Certificate Authority)通过给用户发放数字证书(Certificate)来证明用户公钥与用户身份的对应关系。

(3)智能卡。网络通过用户持有物件来识别的方法,一般是用智能卡或其他特殊形式的标志,这类标志可以从连接到计算机上的读出器读出。访问不但需要口令,也需要使用物理智能卡。智能卡技术将成为用户接入和用户身份认证等安全要求的首选技术。用户将从持有认证执照的可信发行者手里取得智能卡安全设备,也可从其他公共密钥密码安全方案发行者那里获得。这样智能卡的读取器必将成为用户接入和认证安全解决方案的一个关键部分。

(4)主体特征认证。目前,已有的设备包括视网膜扫描仪、声音验证设备、指纹识别器等,这些验证方式的安全性很高。例如:系统中存储了用户的指纹,当用户接入网络时,就必须在连接到网络的电子指纹机上提供他的指纹,只有指纹相符才允许其访问系统。

(5)数字签名。传统签名是在文件上的手写签名,在一段时间内曾一直被用做签名者身份的证明。而在当今社会的生活中,电子文档将逐步代替纸质文档成为信息交流的主体。简单地说,数字签名就是附加在数据单元上的一些数据,或是对数据单元所作的密码变换。这种数据或变换允许接收者用以确认数据单元的来源和数据单元的完整性并保护数据,防止被人(例如接收者)进行伪造。数字签名启用"完整性"和"认可"这两项重要安全功能,这是实施安全电子商务的基本要求。当数据以明文或未加密形式分发时，通常使用数字签名。因为在分布式计算环境中，网络上的任何人无论是否经过授权，只要使用适当的访问都可能读取或改变明文文本，在这些情况下，当消息本身的敏感度不能保证消息本身加密时，就可以使用强制数字签名以确保数据保持原始形式并且没有被冒名者发送。

(6)安全套接层协议。SSL (Secure Socket Layer)安全套接层协议，主要是使用公开密钥体制和 X.509 数字证书技术保护信息传输的机密性和完整性，它不能保证信息的不可抵赖性，主要适用于点对点之间的信息传输，常用 Web Server 方式。

安全套接层协议是网景(Netscape)公司提出的基于 Web 应用的安全协议，它包括服务器认证、客户认证(可选)、SSL 链路上的数据完整性和 SSL 链路上的数据保密性。对于电子商务应用来说，使用 SSL 可保证信息的真实性、完整性和保密性。但由于 SSL 不对应用层的消息进行数字签名，因此不能提供交易的不可否认性，这是 SSL 在电子商务中使用的最大不足。鉴于此，网景公司在从 Communicator 4.04 版开始的所有浏览器中引入了一种被称做“表单签名(Form Signing)”的功能，在电子商务中，可利用这一功能来对包含购买者的订购信息和付款指令的表单进行数字签名，从而保证交易信息的不可否认性。

9.3 预防、检测和补救

9.3.1 防火墙

1. 防火墙概述

防火墙指的是一个由软件和硬件设备组合而成，在内部网和外部网之间、专用网与公共网之间的界面上构造的一道保护屏障。防火墙实际上是一种将内部网和公网(如 Internet)分开的方法，是一种隔离技术。防火墙是在两个网络通信时执行的一种访问控制尺度，它能允许用户授权的人或数据进入用户的网络，同时将用户所拒绝的人和数据拒之门外，最大限度地阻止网络中的黑客来访问用户的网络。换句话说，如果不通过防火墙，公司内部的人就无法访问 Internet，Internet 上的人也无法和公司内部的人进行通信。防火墙主要由服务访问规则、验证工具、包过滤和应用网关四个部分组成，如图 9.7 所示。

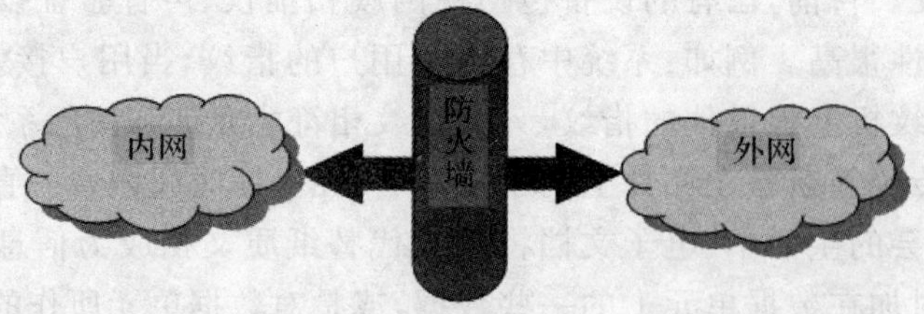

图 9.7　网络与防火墙示意图

自从 1986 年美国 Digital 公司在 Internet 上安装了全球第一个商用防火墙系统，提出了防火墙概念后，防火墙技术就开始了飞速的发展。目前国内外已有数十家公司推出了功能各不相同的防火墙产品系列。

2. 防火墙的用途与局限性

作为内部网络与外部公共网络之间的第一道屏障，防火墙是最先受到人们重视的网络安全产品之一。虽然从理论上看，防火墙处于网络安全的最底层，负责网络间的安全认证与传输，但随着网络安全技术的整体发展和网络应用的不断变化，现代防火墙技术已经逐步走向网络层之外的其他安全层次，其不仅要完成传统防火墙的过滤任务，同时还能为各种网络应用提供相应的安全服务。另外还有多种防火墙产品正朝着数据安全与用户认证、防止病毒与黑客侵入等方向发展。目前防火墙的主要用途是：

(1)作为"扼制点"，限制信息的进入或离开。企业对安全系统提出的问题是是否所有的 IP 都能访问到企业的内部网络系统？这就要求防火墙担负起限制和隔离的作用。在内部网络通过安全网卡访问外部网络时，将产生一个映射记录。系统将外出的源地址和源端口映射为一个伪装的地址和端口，让这个伪装的地址和端口通过非安全网卡与外部网络连接，这样对外就隐藏了真实的内部网络地址。在外部网络通过非安全网卡访问内部网络时，它并不知道内部网络的连接情况，而只是通过一个开放的 IP 地址和端口来请求访问。防火墙根据预先定义好的映射规则来判断这个访问是否安全。当符合规则时，防火墙认为访问是安全的，可以接受访问请求，也可以将连接请求映射到不同的内部计算机中。当不符合规则时，防火墙认为该访问是不安全的，不能被接受，便将屏蔽外部的连接请求。

(2)防止侵入者接近并破坏你的内部设施。在防火墙上可以很方便地监视网络的安全现状，并发出警报。

(3)监视、记录、审查重要的业务流。网络管理员可以在此向管理部门提供 Internet 连接的费用情况，查出潜在的带宽瓶颈的位置，并根据机构的核算模式提供部门级计费。

(4)实施网络地址转换，缓解地址短缺矛盾。网络防火墙可以作为部署 NAT(Network Address Translator，网络地址变换)的逻辑地址。因此，防火墙可以用来缓解地址空间短缺的问题，并消除机构在变换 ISP 时带来的重新编址的麻烦。

好的防火墙系统不仅能保证内部网络和外部网络之间传输的数据必须通过防火墙，而且能保证只有防火墙系统中安全策略允许的数据可以通过防火墙；此外，好的防火墙系统本身不受各种攻击的影响，但这点在通常情况下比较难保证。

虽然防火墙是目前保护网络免遭黑客袭击的一种有效手段，但也有明显不足，比如无法防范通过防火墙以外的其他途径的攻击；不能防止来自内部报复者和无意的用户们带来的威胁；也不能完全防止传送已感染病毒的软件或文件，以及无法防范数据驱动型的攻击。

3. 防火墙的分类及特点

根据防火墙所采用的技术不同，可以将它分为四种基本类型：包过滤型、网络地址转换(NAT)型、代理型和监测型。

(1)包过滤型。包过滤型产品是防火墙的初级产品,其技术依据是网络中的分包传输技术。网络上的数据都是以“包”为单位进行传输的,数据被分割成为一定大小的数据包,每一个数据包中都会包含一些特定信息,如数据的源地址、目标地址、TCP/UDP源端口和目标端口等。防火墙通过读取数据包中的地址信息来判断这些“包”是否来自可信任的安全站点,一旦发现来自危险站点的数据包,防火墙便会将这些数据拒之门外。系统管理员也可以根据实际情况灵活制订判断规则。

(2)网络地址转化(NAT)型。网络地址转换是一种用于把IP地址转换成外部临时注册的IP地址标准。它允许具有私有IP地址的内部网络访问因特网。它还意味着用户不需要为其网络中每一台机器取得注册的IP地址。

(3)代理型。代理型防火墙也可以被称为代理服务器,它的安全性要高于包过滤型产品,并已经开始向应用层发展。代理服务器位于客户机与服务器之间,完全阻挡了二者间的数据交流。从客户机来看,代理服务器相当于一台真正的服务器;而从服务器来看,代理服务器又是一台真正的客户机。当客户机需要使用服务器上的数据时,首先将数据请求发给代理服务器,代理服务器再根据这一请求向服务器索取数据,然后再由代理服务器将数据传输给客户机。由于外部系统与内部服务器之间没有直接的数据通道,外部的恶意侵害也就很难伤害到企业内部网络系统。

(4)监测型。监测型防火墙是新一代的产品,这一技术实际已经超越了最初的防火墙定义。监测型防火墙能够对各层的数据进行主动的、实时的监测,在对这些数据加以分析的基础上,监测型防火墙能够有效地判断出各层中的非法侵入。

虽然监测型防火墙在安全性上已超越了包过滤型和代理服务器型防火墙,但由于监测型防火墙技术的实现成本较高,也不易管理,所以目前在实用中的防火墙产品仍然以第二代代理型产品为主,但在某些方面也已经开始使用监测型防火墙。基于对系统成本与安全技术成本的综合考虑,用户可以选择性地使用某些监测型技术。这样既能够保证网络系统的安全性需求,同时也能有效地控制安全系统的总拥有成本。表9.4列出了各类防火墙的性能优缺点。

表9.4 各类防火墙的性能

防火墙类型	优 点	缺 点
包过滤型	简单实用,实现成本低	无法识别基于应用层的恶意侵入
网络地址转化(NAT)型	隐藏内部网络地址、方便	对系统性能影响大
代理型	安全性较高	管理复杂,对系统性能影响大
监测型	可以选择性地使用监测技术	成本较高、不易管理

一般来说,防火墙的特点是服务支持广泛,即通过将动态的、应用层的过滤能力和认证相结合,可实现WWW浏览器、HTTP服务器、FTP等;可对私有数据加密,保证通过Internet

进行虚拟私人网络和商务活动的安全;能够进行客户端认证,允许指定的用户访问内部网络或选择服务,同时具有反欺骗功能,即防火墙能监视有欺骗企图数据包并能扔掉它们。此外,防火墙一般都是 C/S 模式(客户端/服务器),并且具有跨平台的特点。

9.3.2　入侵检测

随着信息技术的不断发展,网络安全问题日趋复杂。这使得传统防火墙在网络安全防护方面暴露出来许多的不足和弱点:首先,传统的防火墙在工作时,防外不防内,防火墙完全不能阻止来自内部的袭击,而通过调查发现,50%～70%的攻击都来自于内部,对于企业内部心怀不满的员工来说,防火墙形同虚设;其次,防火墙不能抵御某些知道防火墙陷门的入侵者;再次,由于性能的限制,防火墙通常不具备提供实时的入侵检测能力,而这一点,对于现在层出不穷的攻击技术来说恰恰是至关重要的。

为了解决非法入侵所造成的各种安全问题,安全厂商提出了建立入侵检测系统(Intrusion Detective System,简称 IDS)的相应解决办法。IDS 系统被认为是防火墙之后的第二道安全闸门,它是一种用于检测计算机网络中违反安全策略行为的技术,它可从计算机网络系统中的若干关键点收集信息,并分析这些信息,检查网络中是否有违反安全策略的行为或遭到袭击的迹象。因此,入侵检测技术也成为抵御攻击的有效方式。尽管入侵检测技术还在不断完善发展之中,但是入侵检测产品的市场已经越来越大,真正掀起了网络安全的第三股热潮。

一个成功的入侵检测系统,不仅可使系统管理员时刻了解网络系统状况,还能给网络安全策略的制订提供依据。入侵检测系统应该在管理和配置上简单,使非专业人员非常容易地获得网络安全。入侵检测的规模还应根据网络规模、系统构造和安全需求的改变而改变。入侵检测系统在发现入侵后,会及时作出响应,包括切断网络连接、记录事件和报警等措施。IDS 分类入侵检测通过对入侵行为的过程与特征进行研究,使安全系统对入侵事件和入侵过程作出实时响应。

入侵检测的分类有如下方面:

(1)根据所采用的技术可以分为:异常检测和特征检测。

异常检测:异常检测的假设是入侵者活动异常于正常主体的活动,建立正常活动的“活动简档”,当前主体的活动违反其统计规律时,系统则认为可能是“入侵”行为。

特征检测:特征检测假设入侵者活动可以用一种模式来表示,系统的目标是检测主体活动是否符合这些模式。

(2)根据所检测的对象可以分为:基于主机的入侵检测系统和基于网络的入侵检测系统。

基于主机的入侵检测系统(HIDS)是通过监视与分析主机的审计记录检测入侵。能否及时采集到审计是这些系统的弱点之一,入侵者会将主机审计子系统作为攻击目标以避开入侵检测系统。

基于网络的入侵检测系统(NIDS):通过在共享网段上对通信数据的侦听采集数据,分析可疑现象。这类系统不需要主机提供严格的审计,对主机资源消耗少,并可以提供对网络通用的保护而无须顾及异构主机的不同架构。

两种检测系统的比较如表 9.5 所示。

表 9.5 基于主机和网路的入侵检测系统比较

	优　点	缺　点
基于网络的入侵检测	成本低:可在几个关键访问点上进行配置,不要求在各主机上装载并管理软件。 通过检测数据包的头部可发现基于主机的 IDS 所漏掉的攻击。 攻击者不易销毁证据:可实时记录攻击者的有关信息。但是黑客一旦入侵到主机内部都会修改审记记录,抹掉作案痕迹。 实时检测和响应:可以在攻击发生的同时将其检测出来,并做出更快的响应。 能检测未成功的攻击和不良意图。 操作系统无关性	只检查它直接连接网段的通信。 为了不影响性能,通常采用简单的特征检测算法,难以实现复杂计算与分析。 会将大量的数据传给检测分析系统。 难以处理加密会话。目前通过加密通道的攻击尚不多,但这个问题会越来越突出
基于主机的入侵检测	比基于网络的 IDS 更加准确地判断攻击是否成功。 监视特定的系统活动:监视用户和访问文件的活动,包括文件访问、改变文件权限;记录账户或文件的变更,发现并中止改写重要系统文件或者安装特洛伊木马的企图。 检测被基于网络 IDS 漏掉的、不经过网络的攻击。 可用于加密的和交换的环境。 接近实时的检测和响应。 不要求维护及管理额外硬件设备。 记录花费更加低廉	会降低应用系统的效率。此外,安装了主机入侵检测系统后,扩大了安全管理员访问权限。 依赖于服务器固有的日志与监视能力。如果服务器没有配置日志功能,则必须重新配置。 全面布署,代价较大。若部分安装,则存在保护盲点。 无法监测网络上的情况。对入侵行为的分析的工作量将随着主机数目增加而增加

(3)根据系统的工作方式可分为:离线检测系统和在线检测系统。

离线检测系统:离线检测系统是非实时工作的系统,它在事后分析审计事件,从中检查入侵活动。

在线检测系统:在线检测系统是实时联机的检测系统,它包含对实时网络数据包分析,实时主机审计分析。其工作实际上是指实时入侵检测进行在网络连接过程中,系统根据用户的历史行为模型、存储在计算机中的专家知识以及神经网络模型对用户当前的操作进行判断,一且发现入侵迹象立即断开入侵者与主机的连接，并收集证据和实施数据恢复。

9.3.3　网络监听

网络监听(Network Monitoring)是网络监测、负载分析等管理活动常用的方法，同时也是黑客非法窃取信息的手段，它是指当信息以明文的形式在网络上传输时，将网络接口设置在监听模式，便可以源源不断地截获网上传输的信息。当黑客成功地登录进一台网络上的主机，并取得了这台主机超级用户的权限之后，往往要扩大战果，尝试登录或者夺取网络中其他主机的控制权。而网络监听则是一种最简单而且最有效的方法，它常常能轻易地获得用其他方法很难获得的信息。网络监听技术是系统安全领域内一个非常敏感的话题，也是一项重要的技术，具有很强的现实应用背景。网络监听工具通过网络传输介质的共享特性实现抓包，获得当前网络的使用状况，为网络管理员对网络中的信息进行实时的监测、分析提供一个合适的工具；同时也使得黑客截获本网段的一些敏感信息，威胁网络安全。在网络上，监听效果最好的地方是在网关、路由器、防火墙一类的设备处，这些设备通常由网络管理员来操作。使用最方便的是在一个以太网中的任何一台上网的主机上，这是大多数黑客的做法。

网络监听的基本原理可以这样简单理解：共享式局域网采用的是广播信道，也就是说每台主机所发出的帧都会被整个网络内的所有主机接收到。接收主机对帧的处理根据网卡的工作模式来实现。一般网卡具有以下四种工作模式：广播模式、多播模式、直播模式和混杂模式。网卡缺省工作模式是工作在广播和直播模式下的，即只能接收发送给自己和广播的帧。正常情况下接收主机的网卡根据帧中所包含的目标 MAC 地址或是广播 MAC 地址进行判断，若等于自己的 MAC 地址或是广播 MAC 地址，则提交给上层处理程序，否则丢弃此数据包。当网卡处于混杂模式的时候，不作任何判断直接把接收到的所有帧交给上层处理程序。网络监听技术就是基于这个原理，来捕获网络中所有的数据包，实现网络监测和流量分析的。交换式以太网是基于数据链路层的点到点的信道，所以简单采用应用于共享式以太网的监听技术是完全失效的。

9.3.4　计算机病毒防治

病毒给计算机安全和信息安全都带来了严重的威胁，因此计算机病毒的预防十分重要，总体来讲计算机病毒预防主要应注意以下四点：

(1)尽量减少计算机的交叉使用，如果条件允许，要定人定机使用，这样有利于管理，并且可以遏制病毒的传播。

(2)适时地进行软件备份，对重要的可执行文件、磁盘引导扇区、程序和数据等要做一些备份。

(3)使用防毒卡，防毒卡是防止病毒侵入的工具。将防病毒程序放在一块硬件卡上，插入计算机的扩展槽上，防止外来信息写入硬盘。

(4)正确使用杀毒工具软件，了解各种病毒的特点、功能、发作机理、攻击性，掌握计算机病毒消除工具的使用方法。

想要知道自己的计算机中是否染有病毒，最简单有效的方法是使用较新的杀毒软件对磁盘进行全面的检测。但杀毒软件对于病毒来说总是致后的。虽然许多计算机病毒隐藏得很巧妙，而且具有一定时期的潜伏期，但是被计算机感染后的系统，无论如何高明的病毒，在其侵入系统后总会留下一些“蛛丝马迹”，在装入、运行、发作过程中总会表现出某些标志或特征，从这些表现特征就可以发现病毒的存在，甚至可以知道是何类何种病毒。当系统中毒后一般会出现下例一种或几种症状：

(1)计算机系统若传染了引导区型的计算机病毒后，系统引导的速度会明显地减慢，启动时间增长。

(2)计算机系统若传染了传染文件型的病毒后，在执行文件时，可能导致文件长度的增加。

(3)增加了一些无用的文件，并且这些文件无休止地增加。

(4)某些病毒在满足一定条件时会突然发作来表现自己。例如修改系统的时间等。

(5)无论是传染引导区的病毒还是传染文件的病毒，只要病毒要完成其传染和发作的目的，一般都要遇到如何绕过正常途径进入内存的问题，因此可以通过内存容量的减少来判断有没有感染病毒。

注意：由于病毒种类层出不穷，因此，必须对杀毒软件进行不断的升级，更新病毒库，才能保证查杀最新型的病毒。

清除计算机病毒主要应做以下工作：一是清除内存中的病毒，二是清除磁盘中的病毒，三是病毒发作后的善后处理。

清除引导扇区型病毒时，应预先准备好正常引导程序的备份，从软盘启动系统。对主引导区中的分区表信息应特别注意，因为一旦分区表信息被破坏，再要从硬盘中提取现有分区的状况并恢复分区表就比较困难了。对于将引导扇区转储的引导区型病毒，只要将原引导扇区找出并回写就可以了，但在回写前要检查其有效性，不然也可能会造成破坏，使原本在带病毒的情况下尚能存取的硬盘，在清除了病毒之后反而找不到硬盘了。这种情况一般为分区信息丢失。

对于文件被病毒彻底改写并覆盖的情况，最好将文件删除，因为这类文件已经不可恢复。对于可恢复的被感染文件，则反病毒软件也可以仿照病毒传染的逆过程，将病毒清除出被感染文件，并保持其原来的功能。

计算机病毒防治的几点建议：

(1)决不打开来历不明的邮件附件或本人并未预期接收到的附件，警惕带有欺骗性的邮件。

(2)安装防病毒产品并保证更新最新的病毒库。

(3)当用户首次在计算机上安装防病毒软件时，一定要花费些时间对机器做一次彻底的病毒扫描，以确保它尚未受过病毒感染。

(4)确保计算机对插入的软盘、光盘和其他的可插拔介质做自动查杀病毒的操作。

(5)不要从任何不可靠的渠道下载任何软件。因为通常我们无法判断什么是不可靠的渠道,所以比较保险的办法是对安全下载的软件在安装前先做病毒扫描。

(6)不要用共享的软盘安装软件,或者是复制共享的软盘。这是导致病毒从一台机器传播到另一台机器的一种常见方式。

(7)禁用 Windows Scripting Host。Windows Scripting Host 运行各种类型的文本,许多病毒使用 Windows Scripting Host,无需用户点击附件,就可自动打开一个被感染的附件。

(8)使用基于客户端的防火墙或过滤措施。如果你使用互联网,特别是使用宽带,并总是在线,那就非常有必要用个人防火墙保护你的隐私并防止不速之客访问你的系统。

9.3.5　数据备份

数据备份是容灾的基础,是指为防止系统出现操作失误或系统故障导致数据丢失,而将全部或部分数据集合从应用主机的硬盘或阵列复制到其他的存储介质的过程。可以想象,当计算机存有各种文档和数据而计算机硬盘突然被格式化了,这时候就知道备份到底有多么重要。对于企业等海量数据场合下数据备份的重要性就更能体现出来。

导致数据丢失的原因有很多,总结起来主要是以下几点:

(1)系统硬件故障。数据/系统磁盘的损坏将导致数据不能访问;网卡的损坏可使终端用户无法访问系统。

(2)应用程序或操作系统出错。由于操作系统或应用程序中可能存在不完善的地方,当碰到某种激发事件时,应用程序非正常终止或系统崩溃导致数据丢失。

(3)人为错误。一些人工的误操作,如删除系统或应用文件,终止系统或应用服务进程导致系统服务的无法访问,进而导致数据丢失。

(4)电脑病毒/黑客入侵。由于目前的大多数计算机系统均连接在网络上,若缺少有效的防范机制,很容易遭受病毒的感染或黑客的入侵,数据可能遭到严重的破坏。

(5)自然灾害。由于一些意外的不可抗拒的因素,如雷击、火灾、洪灾等导致的计算机系统破坏,致使数据丢失。

(6)正常的停机。主要是指在计划内的系统升级、安装软件、系统备份等过程中有时也会造成数据丢失。

数据备份方式主要有以下四类:

(1)完全备份。它是将所有的数据复制并备份。

(2)差分备份。它是复制最近一次完全备份后改变过的所有数据。

(3)递增备份。它是复制最近一次完全、差分或递增备份后改变过的所有数据。要注意的是第一次的递增备份也是完全备份后的差分备份。

(4)选择备份。它是只复制备份你选择的数据。

备份方法:相对时间建议备份周期完全备份@@@,一周或两周差分备份@@,完全备份之间递增备份@,差分备份之间选择备份@～@@。在备份选择的数据改变的时候为了防范意外的数据损失，数据备份应当经常进行。表 9.6 是比较了各种方法所花费的时间和对进行各种备份的时间的建议。

表 9.6　不同备份方法及备份的周期

备份方法	相对时间	建议备份周期
完全备份	@@@	一周或两周
差分备份	@@	完全备份之间
递增备份	@	差分备份之间
选择备份	@～@@	在你选择的数据改变的时候

9.4 阅读材料

9.4.1　硬盘加密

硬盘是计算机系统中最适于执行相关安全操作的位置，因为硬盘中保存了至关重要的数据，这些数据甚至比计算机本身还重要。另外，硬盘中的数据是很容易被窃取的，最简单的当然是获得计算机的用户口令，然后就理所当然地拥有了硬盘的访问权限。基于数据安全的原因，硬盘加密也就越来越受到关注。

1. EFS 加密

EFS(Encrypting File System，加密文件系统)是 Windows 2000/XP 所特有的一个实用功能，对于 NTFS 卷上的文件和数据，都可以直接被操作系统加密保存，在很大程度上提高了数据的安全性。

EFS 加密是基于公钥策略的。在使用 EFS 加密一个文件或文件夹时，系统首先会生成一个由伪随机数组成的 FEK (File Encryption Key，文件加密钥匙)，然后利用 FEK 和数据扩展标准 X 算法创建加密后的文件，并把它存储到硬盘上，同时删除未加密的原始文件。随后系统利用你的公钥加密 FEK，并把加密后的 FEK 存储在同一个加密文件中。而在访问被加密的文件时，系统首先利用当前用户的私钥解密 FEK，然后再利用 FEK 解密出文件。在首次使用 EFS 时，如果用户还没有公钥/私钥对(统称为密钥)，则会首先生成密钥，然后加密数据。要使用 EFS 加密，首先要保证你的操作系统符合要求。目前支持 EFS 加密的 Windows 操作系统主要有 Windows 2000 全部版本和 Windows XP Professional。EFS 加密只对 NTFS5 分区上的数据有效(注意，这里我们提到了 NTFS5 分区，这是指由 Windows 2000/XP 格式化过的 NTFS 分区；而由 Windows NT4 格式化的 NTFS 分区是 NTFS4 格式的，虽然同样是 NTFS 文件系统，但它不支持 EFS 加密)，你无法加密保存在 FAT 和 FAT32 分区上的数据。

对于想加密的文件或文件夹，只须用鼠标右键点击将其选中，然后选择“属性”，在常规选项卡下点击“高级”按钮，之后在弹出的窗口中选中“加密内容以保护数据”，然后点击确定，等待片刻数据就加密好了。如图 9.8 所示 EFS 加密对话框。

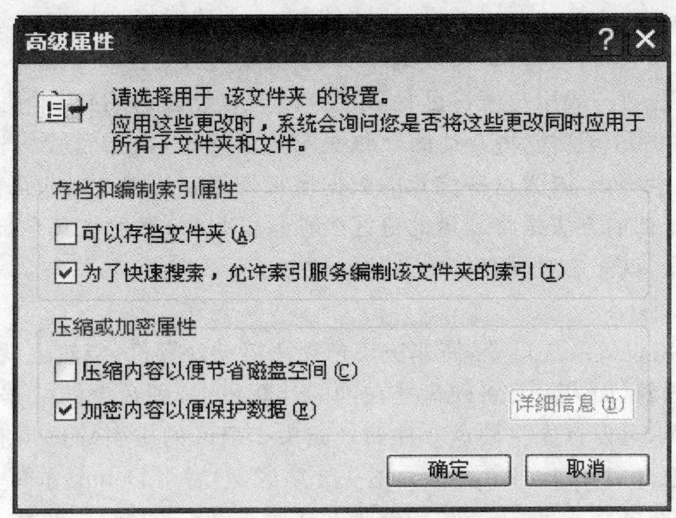

图 9.8　EFS 加密对话框

如果用户加密的是一个文件夹，系统还会询问，是把这个加密属性应用到文件夹上还是文件夹以及内部的所有子文件夹。用户可根据实际情况进行操作。解密数据也是很简单的，同样是按照上面的方法，把“加密内容以保护数据”前的钩消除，然后确定。另外，还可以在命令行模式下用“cipher”命令完成对数据的加密和解密操作，至于“cipher”命令更详细的使用方法则可以通过在命令符后输入“cipher”并回车获得。

注意：如果把未加密的文件复制到具有加密属性的文件夹中，这些文件将会被自动加密。若是将加密数据移出来，如果移动到 NTFS 分区上，数据依旧保持加密属性；如果移动到 FAT 分区上，这些数据将会被自动解密。

2. 修改硬盘分区表信息

硬盘分区表信息对硬盘的启动至关重要，如果找不到有效的分区表，将不能从硬盘启动计算机或即使从软盘启动也找不到硬盘。通常，第一个分区表项的第 0 子节为 80H，表示 C 盘为活动 DOS 分区，硬盘能否自检就依赖它。若将该字节改为 00H，则不能从硬盘启动。分区表的第 4 字节是分区类型标志，第一分区的此处通常为 06H，表示 C 盘为活动 DOS 分区，若对第一分区的此处进行修改可对硬盘起到一定加密作用。具体表现在：

(1)若将该字节改为 0，则表示该分区未使用，当然不能再从 C 盘启动了。从软盘启动后，原来的 C 盘不见了，你看到的 C 盘是原来的 D 盘，D 盘是原来的 E 盘，依此类推。

(2)若将此处字节改为 05H，则不但不能从硬盘启动，即使从软盘启动，硬盘的每个逻辑盘都不可访问,这样等于整个硬盘都被加密了。另外,硬盘主引导记录的有效标志是该扇区的最后两字节为55AAH。若将这两字节变为0,也可以实现对整个硬盘加锁而导致其不能被访问。硬盘分区表在物理0柱面0磁头1扇区,可以用Norton中的Diskedit直接将该扇区调出并修改后存盘。或者在Debug下用INT 13H的02H子功能将0柱面0磁头1扇区读到内存,在相应位置进行修改,再用INT 13H的03H子功能写入0柱面0磁头1扇区就可以了。

上面的加密处理,对一般用户来讲已足够了。但对有经验的用户,即使硬盘不可访问,也可以用INT 13H的02H子功能将0柱面0磁头1扇区读出,根据经验将相应位置数据进行修改,可以实现对硬盘解锁,因为这些位置的数据通常是固定的或有限的几种情形。另外一种虽然保险但略显得笨拙的方法是将硬盘的分区表项备份起来,然后将其全部变为0,这样别人由于不知道分区信息,就无法对硬盘解锁和访问硬盘了。

3. 对硬盘启动加口令

在CMOS中可以设置系统口令,使非法用户无法启动计算机,当然也就无法使用硬盘了。但这并未真正锁住硬盘,因为只要将硬盘挂在别的计算机上,硬盘上的数据和软件仍可使用。要对硬盘启动加口令,可以首先将硬盘0柱面0磁头1扇区的主引导记录和分区信息都储存在硬盘并不使用的隐含扇区,比如0柱面0磁头3扇区,然后用Debug重写一个不超过512字节的程序(实际上100多字节足矣)装载到硬盘0柱面0磁头1扇区。该程序的功能是执行它时首先需要输入口令,若口令不对则进入死循环;若口令正确则读取硬盘上存有主引导记录和分区信息的隐含扇区(0柱面0磁头3扇区),并转去执行主引导记录。

由于硬盘启动时首先是BIOS调用自检程序INT 19H将主硬盘的0柱面0磁头1扇区的主引导记录读入内存0000:7C00H处执行,而我们已经偷梁换柱,将0柱面0磁头1扇区变为自己设计的程序。这样从硬盘启动时,首先执行的不是主引导程序,而是自己所设计的程序。在执行所设计的程序时,口令若不对则无法继续执行,也就无法启动了。即使从软盘启动,由于0柱面0磁头1扇区不再有分区信息,硬盘也不能被访问。当然还可以将所设计的程序像病毒一样,将其中一部分驻留在高端内存,监视INT 13H的使用,防止0柱面0磁头1扇区被改写。

4. 对硬盘实现用户加密管理

在DOS系统下对硬盘管理系统进行改进,也可实现类似多用户管理的功能。该管理系统可以满足这样一些要求:①将硬盘分为公用分区C和若干专用分区D,其中"超级用户"来管理C区,可以对C区进行读写和更新系统;"特别用户"(如机房内部人员)通过口令可以使用自己的分区,以保护自己的文件和数据;"一般用户"(如到机房上机的普通人员)任意使用划定的公用分区。后两种用户都不能对C盘进行写操作,这样如果把操作系统和大量应用软件装在C盘,就能防止在公共机房中其他人有意或无意地对系统和软件的破坏,保证了系统的安全性和稳定性。②在系统启动时,需要使用软盘钥匙盘才能启动系统,否则硬盘被锁住,不能被使用。此方法的实现可通过利用硬盘分区表中各逻辑盘的分区链表结构,采用汇编编程来实现。

5. 对某个逻辑盘实现写保护

软盘上有写保护缺口,在对软盘进行写操作前,BIOS要检查软盘状态,如果写保护缺口被封住,则不能进行写操作。而写保护功能对硬盘而言无法进行,但可通过软件来实现。在DOS系统下,磁盘的写操作包括几种情况:①在 COMMAND. COM 支持下的写操作,如 MD,RD,Copy 等;②在 DOS 功能调用中的一些子功能如功能号为 10H,13H,3EH,5BH 等可以对硬盘进行写操作;③通过 INT 26H 将逻辑扇区转换为绝对扇区进行写操作;④通过 INT 13H 的子功能号 03H,05H 等对磁盘进行写操作。但每一种写操作最后都要调用 INT 13H 的子功能去实现。

因此,如果对 INT 13H 进行拦截,可以实现禁止对硬盘特定逻辑盘的写操作。由于磁盘上文件的写操作是通过 INT 13H 的 03H 子功能进行写,调用此子功能时,寄存器 CL 表示起始扇区号(实际上只用到低 6 位);CH 表示磁道号,在硬盘即为柱面号,该柱面号用 10 位表示,其最高两位放在 CL 的最高两位。对硬盘进行分区时可以将硬盘分为多个逻辑驱动器,而每个逻辑驱动器都是从某一个完整的柱面开始。如笔者的硬盘为 2.5GB,分为 C,D,E,F,G 五个盘。其中 C 盘起始柱面号为 00H,D 盘起始柱面号为 66H,E 盘起始柱面号为 E5H,F 盘起始柱面号为 164H,G 盘起始柱面号为 26BH。如果对 INT 13H 进行拦截,当 AH=03H,并且由 CL 高两位和 CH 共同表示的柱面号大于 E4H 并小于 164H,就什么也不做就返回,这样就可以实现对 E 盘禁止写。

9.4.2　防火墙与路由器

前面讲到了路由器,有很多用户认为既然网络中已经有了路由器,那么就可以实现包过滤功能,能够有效阻止非法网段的用户访问本地,那么为什么还要防火墙呢?防火墙是企业网络建设中的一个关键组成部分,防火墙与业界应用最多、最具代表性的路由器在安全方面还是有很大不同的,下面就来阐述为什么用户网络中有了路由器还需要防火墙。

第一,两种设备产生和存在的背景不同。

(1)两种设备产生的根源不同。路由器的产生是基于对网络数据包路由而产生的。路由器须要完成的是将不同网络的数据包进行有效的路由,它所关心的是能否将不同网段的数据包进行路由从而进行通信,好比特殊场所只允许使用规定的账号才能进入一样。至于为什么路由、是否应该路由、路由过后是否有问题,路由器根本不关心。

而防火墙却是产生于人们对于安全性的需求。它关心的是这个数据包是否应该通过,通过后是否会对网络造成危害,而数据包是否可以正确地到达、到达的时间、方向等不是防火墙关心的重点。

(2)根本目的不同。路由器的根本目的是保持网络和数据的有效畅通;防火墙的根本目的是保证任何非允许的数据包不能通过。

第二,两者的核心技术不同。一些路由器的访问控制列表是基于简单的包过滤,从防火墙技术实现的角度来说,防火墙是基于状态包过滤的应用级信息流过滤。路由器的默认配置对安全性的考虑不够,需要一些高级配置才能起到一些防范攻击的作用,安全策略的制定绝大多数都是基于命令行的,其针对安全性的规则的制定相对比较复杂,配置出错的概率较高;防火墙的默认配置即可以防止各种攻击,达到即用即安全。安全策略的制定是基于全中文的GUI的管理工具,其安全策略的制定人性化,配置简单、出错率低。

第三,两者对性能的影响不同。首先,路由器是被设计用来转发数据包的,而不是专门设计作为全特性防火墙的,所以用于进行包过滤时,需要进行的运算非常大,对路由器的CPU和内存的要求都非常高,而路由器由于其硬件成本比较高,其高性能配置时硬件的成本都比较大;防火墙的硬件配置非常高(采用通用的Intel芯片,性能高且成本低),其软件也为数据包的过滤进行了专门的优化,其主要模块运行在操作系统的内核模式下,设计之时特别考虑了安全问题,因此,其进行数据包过滤的性能非常高。其次,由于路由器是简单的包过滤,随着包过滤的规则条数的增加,Net规则的条数的增加,对路由器性能的影响都相应的增加,而防火墙采用的是状态包过滤,规则条数,Net的规则数对性能的影响接近于零。

第四,两者审计功能的强弱差异巨大。路由器本身没有日志、事件的存储介质,只能通过采用外部的日志服务器(如syslog,trap)等来完成对日志、事件的存储;其次路由器本身没有审计分析工具,对日志、事件的描述采用的是不太容易理解的语言;路由器对攻击等安全事件的响应不完整,对于很多的攻击、扫描等操作不能够产生准确及时的响应。审计功能的弱化,使管理员不能够对安全事件进行及时、准确的应对。

第五是两者防范攻击的能力不同。对于像Cisco这样的路由器,其普通版本不具有应用层的防范功能,不具有入侵实时检测等功能,如果需要具有这样的功能,就需要升级IOS为防火墙特性集,此时不单要承担软件的升级费用,同时由于这些功能都需要进行大量的运算,还需要进行硬件配置的升级,进一步增加了成本,而且很多厂家的路由器不具有这样的高级安全功能。

综上所述,可以得出结论:用户的网络拓扑结构的简单与复杂、用户应用程序的难易程度不是决定是否应该使用防火墙的标准,决定用户是否使用防火墙的一个根本条件是用户对网络安全的需求,即使用户的网络拓扑结构和应用都非常简单,使用防火墙仍然是必需的和必要的;如果用户的环境、应用比较复杂,那么防火墙将能够带来更多的好处,防火墙将是网络建设中不可或缺的一部分,对于一般的网络来说,路由器则是保护内部网的第一道关口,而防火墙则是第二道关口,也是最为严格的一道关口。

9.4.3 反监听技术

对发生在局域网内的其他主机上的监听问题,一直以来都缺乏很好的检测方法。这是由于产生网络监听行为的主机在工作时总是不做声地收集数据包,几乎不会主动发出任何信息。但目前网上已经有了一些解决这个问题的思路。

1. 利用PING模式进行监测

当一台主机进入混杂模式时,以太网的网卡会将所有不属于他的数据照单全收;向局域网内的主机发送非广播方式的,MAC地址不等于局域网内任何主机的硬件地址的icmp包,所以它不会去对比数据包的硬件地址,而是将数据包直接传到上层,上层检查数据包的IP地址,如果符合自己的 IP,则会对这个 PING 的包做出回应。这样,一台处于网络监听模式的主机就被发现了。

2. 利用 arp 数据包进行监测

除了使用 PING 进行监测外,目前比较成熟的方法有利用 arp 方式进行监测的。这种模式是上述 PING 方式的一种变体,它使用 arp 数据包替代了上述的 icmp 数据包。向局域网内的主机发送非广播方式的 arp 包。如果局域网内的某个主机响应了这个 arp 请求,那么就可以判断它很可能就是处于网络监听模式,这是目前相对而言比较好的监测模式。

3. 防范网络监听的手段

监听是发生在以太网内的,那么,很明显,首先就要确保以太网的整体安全性,因为监听行为要想发生,一个最重要的前提条件就是以太网内部,有一台存在漏洞的主机被攻破,只有利用被攻破的主机,才能进行监听,去收集以太网内敏感的数据信息。

其次,采用加密手段也是一个很好的办法,因为如果监听工具抓取到的数据都是以密文传输的,那对入侵者即使抓取到了传输的数据信息,意义也是不大的,比如作为 TELNET,FTP 等安全替代产品目前采用 SSH2 还是安全的。这是目前相对而言使用较多的手段之一。在实际应用中往往是指替换掉不安全的采用明文传输数据的服务,如在 server 端用 ssh,openssh 等替换 Unix 系统自带的 TELNET,FTP,rsh,在 client 端使用 securecrt,sshtransfer 替代 TELNET,FTP 等。

除了加密外,使用交换机目前也是一种应用比较多的方式。不同于工作在第一层的 Hub,交换机是工作在第二层,也就是数据链路层。对第二层设备而言,仅有两种情况会发送广播报文,一是数据报的目的 MAC 地址不在交换机维护的数据库中,此时报文向所有端口转发;二是报文本身就是广播报文。由此,可以看到,这在很大程度上解决了网络监听的困扰。

参考文献

[1] 曹天杰. 计算机系统安全. 2 版. 北京：高等教育出版社，2007.

[2] 高海春，王祥臣，姚静. 计算机选购·组装·维护教程. 北京：机械工业出版社，2002.

[3] 唐朔飞. 计算机组成原理. 北京：高等教育出版社，2000.

[4] 徐建平，黎彤，岳明，等. 电脑选购装机与急救. 北京：人民邮电出版社，2000.

[5] 孙淑霞，丁照宇. 大学计算机基础. 北京：高等教育出版社，2007.

[6] 王移芝，罗四维. 大学计算机基础教程. 北京：高等教育出版社，2006.

[7] 战德臣，孙大烈 . 大学计算机基础. 北京：电子工业出版社 2006.

[8] 李相伟，张体强. 计算机基础使用教程. 北京：国防工业出版社，2006.

[9] 杨振山，龚沛曾. 大学计算机基础. 4 版. 北京：高等教育出版社，2004.

[10] Cisco Systems 公司，Cisco Networking Academy Program. 思科网络技术学院教程. 3 版. 清华大学，北京大学，译. 北京：人民邮电出版社，2004.

[11] 周峰，周艳. 计算机操作系统原理教程与实训. 北京：北京大学出版社，2006.

[12] 林锐. 软件工程思想[EB/OL]. (2003-6-3)[2009-2-27]. http://www.xfocus.net/articles/200301/rjgcsx.pdf.

[13] Ben_kasim. 数据库. [EB/OL]. (2009-1-7)[2009-2-27]. http://baike.baidu.com/view/1088.htm.

[14] 灯光师.「Windows 优化大师」完全使用说明书. [EB/OL]. (2005-7-16)[2009-2-27)]. http://club.heima.com/show_topic.aspx? forumid=420202&topicid=613973.

[15] Discuz! NT. 计算机教程[EB/OL]. (2006-5-26)[2009-2-27)]. http://www.youzaiyouzai.cn.

[16] 印象小七. 360 安全卫士怎么用[EB/OL]. (2008-1-4)[2009-2-27)]. http://zhidao.baidu.com/question/42886515.html? si=1.

[17] 赛迪教育. 学习论坛[EB/OL]. (2007-3-6)[2009-2-27)]. http://www.ccidedu.com/.